陕西省“十四五”职业教育规划教材 GZZK 2023-1-087

高等职业教育数字媒体技术专业系列教材

3DS MAX 实操案例教程（第2版）

主 编 张 磊

副主编 赵革委 王蒙蒙

图书在版编目(CIP)数据

3DS MAX 实操案例教程 / 张磊主编 .--2 版.
西安:西安交通大学出版社，2024. 6.--ISBN 978-7
-5693-3869-0

Ⅰ. TP391. 414

中国国家版本馆 CIP 数据核字第 2024RZ6916 号

书　　名　3DS MAX 实操案例教程(第 2 版)
　　　　　　3DS MAX Shicao Anli Jiaocheng(Di 2 Ban)
主　　编　张　磊
策划编辑　曹　昳
责任编辑　刘艺飞
责任校对　张　欣
封面设计　任加盟

出版发行　西安交通大学出版社
　　　　　　(西安市兴庆南路 1 号　邮政编码 710048)
网　　址　http://www.xjtupress.com
电　　话　(029)82668357　82667874(市场营销中心)
　　　　　　(029)82668315(总编办)
传　　真　(029)82668280
印　　刷　西安五星印刷有限公司

开　　本　787 mm×1092 mm　1/16　**印张**　20　**字数**　480 千字
版次印次　2024 年 6 月第 2 版　　2024 年 6 月第 1 次印刷
书　　号　ISBN 978-7-5693-3869-0
定　　价　49.90 元

如发现印装质量问题，请与本社市场营销中心联系。
订购热线:(029)82665248　(029)82667874
投稿热线:(029)82668502
读者信箱:phoe@qq.com

前　言

Autodesk 3DS MAX 是世界顶级的三维建模、三维动画、三维效果制作软件之一，由于 3DS MAX 功能强大，使其从诞生以来就一直受到专业的 CG（computer graphics，电脑图形）艺术家，业余的模型制作、动画制作爱好者的喜爱。而它在高品质的模型效果、场景渲染、动画制作及特效处理等方面的优秀表现，使其在室内设计、建筑表现、影视与游戏制作等领域中稳稳占据领导地位，更使它成为全球最受欢迎的三维制作软件之一。

全书以项目为核心进行统筹，采用任务分解方式组织知识点，通过大量精心选取的任务反复训练技能，秉承“授人以鱼不如授之以渔”的理念，系统全面地讲解了以下几方面内容：中文版 3DS MAX 2014 的特点和应用领域；3DS MAX 2014 的工作界面、文件操作、视图调整和对象常用操作等；基础建模方法中的几何体和样条线创建模型的方法和技巧及修改器修改模型的方法和技巧；高级建模方法中多边形建模基础知识、方法和技巧；材质的创建和设置、贴图应用、材质分配的方法；灯光、摄影机的创建和应用及场景的渲染输出。

本书由具有二十年高职 3DS MAX 授课经验的一线教师精心策划编写，着重实际操作，将简化的真实案例转化为教学任务，理论内容的设计以“必需、够用、实用”为度，将相关知识点恰当融入任务。既避免了完全采用真实案例项目使内容显得高不可攀，又避免了传统教学按照知识点组织教学内容导致缺乏实践能力的培养等问题。为了便于学习，本书附带素材中提供了所有任务、项目考核中的实践操作题的原始文件、效果文件、贴图文件及 hdr 环境文件，书末还提供了常见的主界面快捷键、视频编辑、轨迹视图、UVW 贴图及 NURBS 编辑中的快捷键。

为了紧跟技术发展和时代发展要求，丰富教材资源，修正瑕疵，因此进行二次修改出版。此次出版将任务内容与课程思政进行充分融合，教材紧紧围绕二十大精神中的“全面建成社会主义现代化强国、实现第二个百年奋斗目标，以中国式现代化全面推进中华民族伟大复兴”，树立青年们科技兴邦、科技兴国的理想和信念，让青年学子形成知荣辱、明是非的正确世界观，培养学生们精益求精、团结奋进的职业素养。同时又紧跟技术发展需求，对部分知识和技术进行删减和修改。在过去的一年里，以教材为蓝本建成了在线金课，在线课程在建设过程中制作了大量的微课、动画等立体化在线资源。为了提高学习效率和效果，本次出版时将教材内容与在线课程的数字化资源进行整合，从不同角度、不同平台、不同介质为广大读者提供更好的服务。

本书由陕西工业职业技术学院张磊担任主编，陕西工业职业技术学院赵革委、王蒙蒙担任副主编，西安天和防务技术股份有限公司VR事业部总经理蔡鑫、技术总监李佼参编。具体编写分工如下：项目四由张磊编写；项目一、项目三由赵革委编写；项目二、项目五由王蒙蒙编写，项目六由蔡鑫编写，项目七由李佼编写；全书由张磊统稿。

本书在编写过程中，参阅了大量资料，借鉴了很多实践项目，在此向有关作者表示最诚挚的谢意！尽管经过多次修改和认真审校，但由于作者水平所限，本书仍有不足之处，恳请广大读者给予批评指正。

编者

2024年1月

目　录

项目一　3DS MAX 入门 ………………………………………………………… (1)
　项目目标 ………………………………………………………………… (1)
　项目概述 ………………………………………………………………… (1)
　项目任务 ………………………………………………………………… (2)
　　任务一　简易魔方 ………………………………………………………… (2)
　　任务二　场景合并 ………………………………………………………… (9)
　　任务三　小巧茶几 ………………………………………………………… (18)
　　任务四　抱枕摆放 ………………………………………………………… (22)
　项目总结 ………………………………………………………………… (26)
　项目考核 ………………………………………………………………… (27)
　教学指导 ………………………………………………………………… (29)

项目二　几何体建模 ………………………………………………………… (30)
　项目目标 ………………………………………………………………… (30)
　项目概述 ………………………………………………………………… (30)
　项目任务 ………………………………………………………………… (32)
　　任务一　戏台长条凳 ……………………………………………………… (32)
　　任务二　创意钟表 ………………………………………………………… (42)
　　任务三　简约落地灯 ……………………………………………………… (46)
　　任务四　极简沙发 ………………………………………………………… (49)
　　任务五　现代茶几 ………………………………………………………… (55)
　　任务六　LOVE 水杯 ……………………………………………………… (58)
　　任务七　酒店烟灰缸 ……………………………………………………… (65)
　　任务八　古朴花瓶 ………………………………………………………… (71)
　项目总结 ………………………………………………………………… (77)
　项目考核 ………………………………………………………………… (78)
　教学指导 ………………………………………………………………… (80)
　思政点拨 ………………………………………………………………… (80)

项目三　图形建模 …… (82)
项目目标 …… (82)
项目概述 …… (82)
项目任务 …… (83)
任务一　高脚玻璃杯 …… (83)
任务二　折叠电视柜 …… (95)
任务三　木质相框 …… (105)
任务四　莲瓣果盘 …… (116)
任务五　美丽牵牛花 …… (123)
任务六　心形咖啡杯 …… (130)
任务七　将军肚红酒瓶 …… (141)
项目总结 …… (148)
项目考核 …… (149)
教学指导 …… (151)
思政点拨 …… (151)
项目四　高级建模 …… (153)
项目目标 …… (153)
项目概述 …… (153)
项目任务 …… (154)
任务一　不锈钢水龙头 …… (154)
任务二　艺术书架 …… (162)
任务三　铁艺垃圾桶 …… (170)
任务四　木质椅子 …… (177)
任务五　欧式浴缸 …… (185)
任务六　时尚餐桌 …… (197)
任务七　休闲沙发 …… (208)
项目总结 …… (218)
项目考核 …… (218)
教学指导 …… (220)
思政点拨 …… (220)
项目五　材质与贴图 …… (222)
项目目标 …… (222)
项目概述 …… (222)

项目任务 …… (224)
任务一　塑料餐具 …… (224)
任务二　碗碟垫 …… (227)
任务三　不锈钢水壶 …… (231)
任务四　毛巾 …… (234)
任务五　发光灯管 …… (236)
任务六　植物叶片 …… (238)
任务七　地砖 …… (240)
任务八　渐变工艺瓷器 …… (243)
项目总结 …… (245)
项目考核 …… (245)
教学指导 …… (247)
思政点拨 …… (247)
项目六　灯光与摄影机 …… (249)
项目目标 …… (249)
项目概述 …… (249)
项目任务 …… (251)
任务一　台灯光效 …… (251)
任务二　射灯光效 …… (254)
任务三　阳光阴影 …… (258)
任务四　艺术灯泡 …… (260)
任务五　室内黄昏光照 …… (265)
任务六　花朵景深 …… (270)
任务七　测试光圈 …… (272)
项目总结 …… (274)
项目考核 …… (275)
教学指导 …… (276)
思政点拨 …… (276)
项目七　环境和效果 …… (278)
项目目标 …… (278)
项目概述 …… (278)
项目任务 …… (279)
任务一　规划图效果 …… (279)

任务二　燃烧的蜡烛 …… (283)
任务三　射入室内的光 …… (291)
任务四　旧课桌 …… (293)
任务五　镜头特效 …… (297)
项目总结 …… (299)
项目考核 …… (300)
教学指导 …… (302)
思政点拨 …… (302)
附件A　快捷键 …… (304)
附件B　中英文对照 …… (307)

项目一　3DS MAX 入门

项目一资源

3D Studio MAX，常简称为 3D MAX 或 3DS MAX，是 Discreet 公司(后被 Autodesk 公司合并)开发的基于 PC 系统的三维动画渲染和制作软件。其前身是基于 DOS 操作系统的 3D Studio 系列软件。在 Windows NT 出现以前，工业级的 CG 制作被 SGI 图形工作站所垄断。3D Studio MAX + Windows NT 组合的出现一下子降低了 CG 制作的门槛，最早应用于电脑游戏中的动画制作，后更进一步开始参与影视片的特效制作，例如 X 战警Ⅱ、最后的武士等。在 Discreet 3DS MAX 7 后，正式更名为 Autodesk 3DS MAX，最新版本是 3DS MAX 2021。

☞ 项目目标

- 熟悉 3DS Max 工作界面、标题栏与菜单栏；
- 掌握常用工具的使用方法和技巧；
- 掌握命令面板的使用方法和技巧；
- 掌握视图布局的调整方法和技巧；
- 掌握视图控件的操作方法和技巧；
- 深刻理解并实践“工欲善其事必先利其器”；
- 正确理解新时代下大国工匠在社会发展进步中的作用；
- 培养团队合作意识和合作精神。

☞ 项目概述

Autodesk 3DS MAX(以下简称 3DS MAX)目前是由 Autodesk 公司出品，世界顶级的三维设计软件之一，使其从诞生以来就一直受到 CG 艺术家的喜爱。从 3DS MAX 2009 开始，Autodesk 公司推出了两个版本的 3DS MAX，一个是面向影视动画专业人士的 3DS MAX；另一个是专门为建筑师、设计师及可视化设计量身定制的 3DS MAX Design，对于大多数用户而言，这两个版本是没有任何区别的。本书均采用中文版 3DS MAX 2014 版(普通版)来编写。目前 3DS MAX 已经升级到 2021 版本，其功能也变得更加强大。

3DS MAX 在模型塑造、场景渲染、动画及特效等方面具有强大的功能，能制作出高品质的作品，如图 1-1～图 1-4 所示，这也使其在影视动画、游戏、产品造型和效果图等领域一直占据领导地位。

在 3DS MAX 中，创建一个完整的作品通常包含 6 个步骤：建立对象模型、编辑材质、设置灯光、设置摄影机、制作动画和渲染输出。以上这 6 个步骤，除了在制作静态作品时可以省略制作

图 1 - 1

图 1 - 2

图 1 - 3

图 1 - 4

动画外，其他步骤可繁可简，但不能缺少。

安装好 3DS MAX 2014 后，可以通过以下两种方式来启动。

方法一：双击桌面上的快捷图标。

方法二：执行【开始/所有程序/Autodesk 3ds Max 2014/3ds Max 2014 - Simplified Chinese】命令，如图 1 - 5 所示。

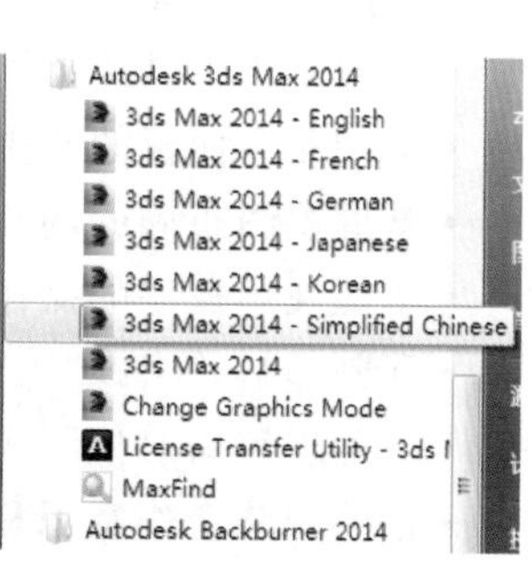

图 1 - 5

3DS Max 是一款在诸多领域均能作为工具使用且功能强大的软件，其操作界面也具有独特之处。俗语说，“工欲善其事必先利其器”，因此本项目通过四个任务来讲解这些基本操作。在制作任务时，有些需要从头制作，有些需要提供素材，但最终都组合成为一个模型，极具团队合作精神内涵。在任务学习过程中，除了学习技术和知识，更应重点培养自身的团队合作意识和合作精神。

☞项目任务

任务一　简易魔方

(一)理论基础——3DS MAX 工作界面

3DS MAX 启动完成后的工作界面如图 1 - 6 所示，主要有标题栏、菜单栏、主工具栏、视口区域、视口布局选项卡、建模工具选项卡、命令面板、时间尺、状态栏、时间控制按钮和视口导航控制按钮 11 个部分。

默认状态下，主工具栏、命令面板和视口布局选项卡分别停靠在界面的上方、右侧和左侧，

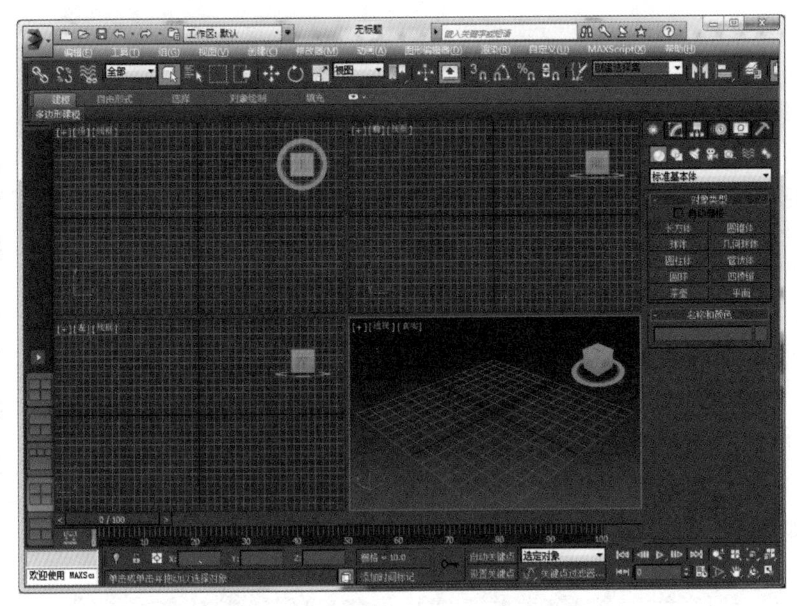

图 1 - 6

不过可以通过拖曳的方式将其移动到视图的其他位置，这时它将以浮动面板的形态出现在视图中。若想将浮动的工具栏/面板切换回停靠状态，可以将浮动的面板拖曳到任意一个面板或工具栏的边缘，直接双击工具栏/面板的标题名称也可返回到停靠状态。比如命令面板是浮动在界面中的，将光标放在命令面板的标题名称上，然后双击鼠标左键，这样命令面板就会返回到停靠状态，如图 1 - 7 所示。

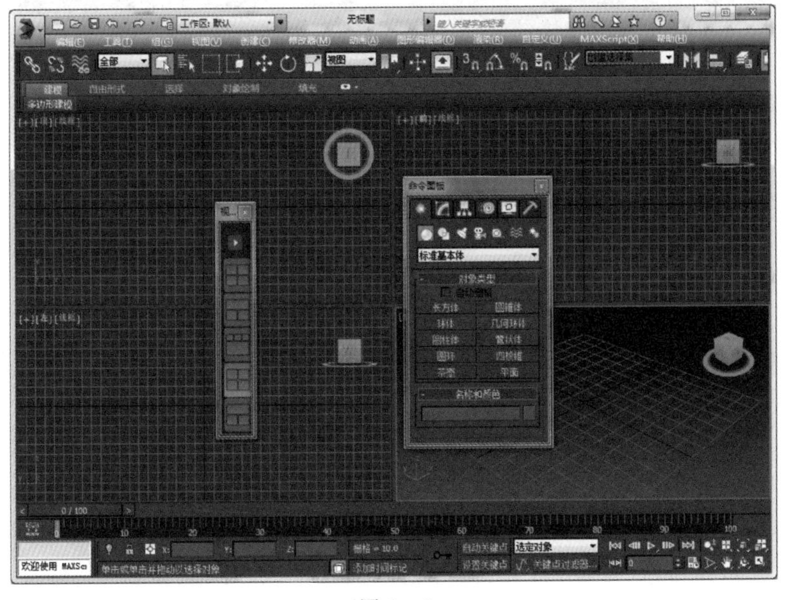

图 1 - 7

另外，也可以在工具栏/面板的顶部单击鼠标右键，然后在弹出的菜单中选择停靠菜单下的子命令来选择停靠位置，如图 1－8 所示。

3DS MAX 2014 的视口默认是四视图显示，如果要切换到单一的视图显示，可以单击界面右下角的【最大化视口切换】按钮图或按 Alt＋W 组合键，如图 1－9 所示。

1. 标题栏

3DS MAX 2014 的标题栏位于界面最顶部。标题栏上包含当前编辑的文件名称、版本信息，同时还有软件图标（这个图标也称为应用程序图标）、快速访问工具栏和信息中心 3 个非常人性化的工具栏，如图 1－10 所示。

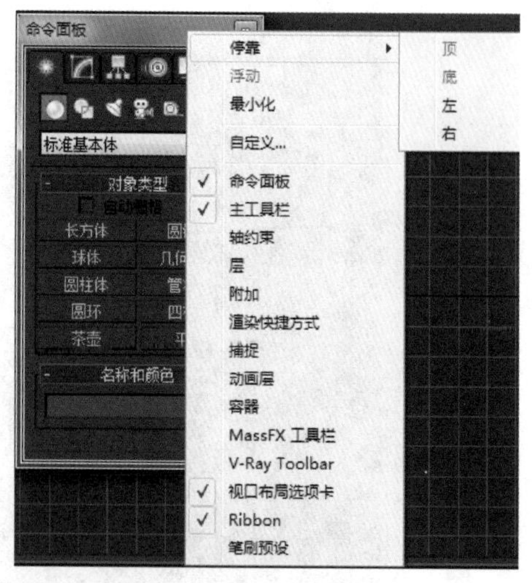

图 1－8

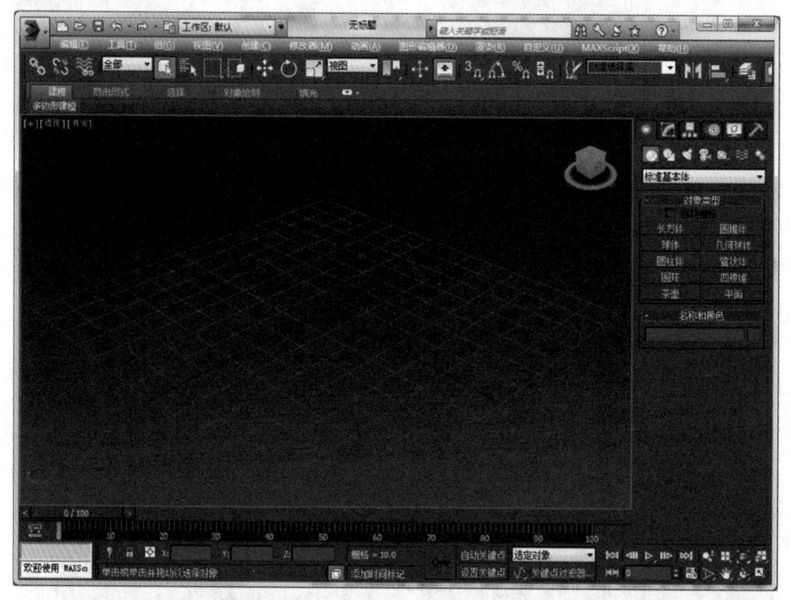

图 1－9

图 1－10

1）应用程序图标

单击应用程序图标会弹出一个用于管理场景文件的下拉菜单。这个菜单与之前版本的文件菜单类似，主要包括新建、重置、打开、保存、另存为、导入、导出、发送到、参考、管理、属性 11 个常用命令，如图 1－11 所示。

应用程序菜单下的命令都是一些常用的命令，使用频率很高，系统提供了快捷键，如表1－1

所示。使用快捷键，将大大提高工作效率。

表 1-1

命令	快捷键
新建	Ctrl+N
打开	Ctrl+O
保存	Ctrl+S
退出 3DS MAX	Alt+F4

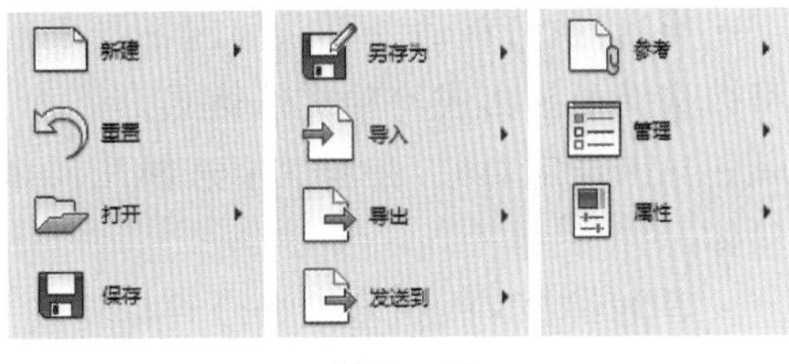

图 1-11

(1)新建。该命令用于新建场景，包含 3 种方式，新建全部、保留对象、保留对象和层次。

· 新建全部：新建一个场景，并清除当前场景中的所有内容。

· 保留对象：保留场景中的对象，但是删除它们之间的任意链接及任意动画键。

· 保留对象和层次：保留对象及它们之间的层次链接，但是删除任意动画键。

(2)重置。执行该命令可以清除所有数据，并重置 3DS MAX 设置(包括视口配置、捕捉设置、材质编辑器、视口背景图像等)。重置可以还原启动默认设置，并且可以移除当前所做的任何自定义设置。

(3)打开。该命令用于打开场景，包含 2 种方式。

· 打开：执行该命令或按 Ctrl+O 组合键可以打开【打开文件】对话框，在该对话框中可以选择要打开的场景文件。

· 从 Vault 中打开：执行该命令可以直接从 Autodesk Vault(3DS MAX 附带的数据管理提供程序)中打开 3DS MAX 文件。

(4)保存。执行该命令可以保存当前场景。如果先前没有保存场景，则执行该命令会打开【文件另存为】对话框，在该对话框中可以设置文件的保存位置、文件名及保存的类型。

(5)另存为。执行该命令可以将当前场景文件另存一份，包含 4 种方式。

· 另存为：执行该命令可以打开【文件另存为】对话框，在该对话框中可以设置文件的保存位置、文件名及保存类型。

· 保存副本为：执行该命令可以用一个不同的文件名来保存当前场景。

· 保存选定对象：在视口中选择一个或多个几何体对象以后，执行该命令可以保存选定的几何体。注意，只有在选择了几何体的情况下该命令才可用。

· 归档量：这是一个比较实用的功能。执行该命令可以将创建好的场景、场景位图保存为一个 ZIP 压缩包。对于复杂的场景，使用该命令进行保存是一种很好的保存方法，因为这样不会丢失任何文件。

(6)导入。该命令可以将其他几何体文件加载或合并到当前 3DS MAX 的场景文件中，包含 3 种方式。

· 导入：执行该命令可以打开【选择要导入的文件】对话框，在该对话框中可以选择要导入的文件。

· 合并：执行该命令可以打开【合并文件】对话框，在该对话框中可以将保存的场景文件中的对象加载到当前场景中。

· 替换:执行该命令可以替换场景中的一个或多个几何体对象。

(7)导出。该命令可以将场景中的几何体对象导出为各种格式的文件,包含 3 种方式。

· 导出:执行该命令可以导出场景中的几何体对象,在弹出的【选择要导出的文件】对话框中可以选择要导出成何种文件格式。

· 导出选定对象:在场景中选择几何体对象以后,执行该命令可以用各种格式导出选定的几何体。

· 导出到 DWF:执行该命令可以将场景中的几何体对象导出成".dwf"格式的文件,这种格式的文件可以在 AutoCAD 中打开。

(8)发送到。该命令可以将当前场景发送到其他软件中,以实现交互式操作。

(9)参考。该命令用于将外部的参考文件插入 3DS MAX,以供用户进行参考,可供参考的对象包含 5 种,常使用的功能为资源追踪。

· 资源追踪:执行该命令可以打开【资源追踪】对话框(快捷键 Shift+T),在该对话框中可以检入和检出文件、将文件添加至资源追踪系统(ATS)及获取文件的不同版本等。这些操作都可以在 3DS MAX 中实现。

(10)管理。该命令用于对 3DS MAX 的相关资源进行管理。

设置项目文件夹:执行该命令可以打开【浏览文件夹】对话框,在该对话框中可以选择一个文件夹作为 3DS MAX 当前项目的根文件夹。

(11)属性。该命令用于显示当前场景的详细摘要信息和文件属性信息。

2)快速访问工具

【快速访问工具栏】集合了用于管理场景文件的常用命令,便于用户快速管理场景文件,包括新建、打开、保存、撤销、重做和设置项目文件夹 6 个常用命令,同时用户也可以根据个人喜好对快速访问工具栏进行设置。

3)信息中心

信息中心用于访问有关 3DS MAX 2014 和其他 Autodesk 产品的信息。

2. 菜单栏

菜单栏位于工作界面的顶端,包含编辑、工具、组、视图、创建、修改器、动画、图形编辑器、渲染、自定义、MAX Script(MAX 脚本)和帮助 12 个主菜单。

【编辑】:该菜单下是一些编辑对象的常用命令,这些基本配有快捷键,如图 1-12 所示。

【工具】:该菜单主要包括对物体进行基本操作的常用命令,如图 1-13 所示。

【组】:该菜单中的命令可以将场景中的一个或者多个对象编辑成一组,同样也可以将成组的物体拆分为单个物体,如图 1-14 所示。

【视图】:该菜单中的命令主要用来控制视图的显示方式以及设置视图的相关参数(如视图的配置与导航器的显示等),如图 1-15 所示。

【创建】:该菜单中的命令主要用来创建几何体、二维图形、灯光和粒子对象,如图 1-16 所示。

【修改器】:该菜单中命令集合了所有的修改器,如图 1-17 所示。

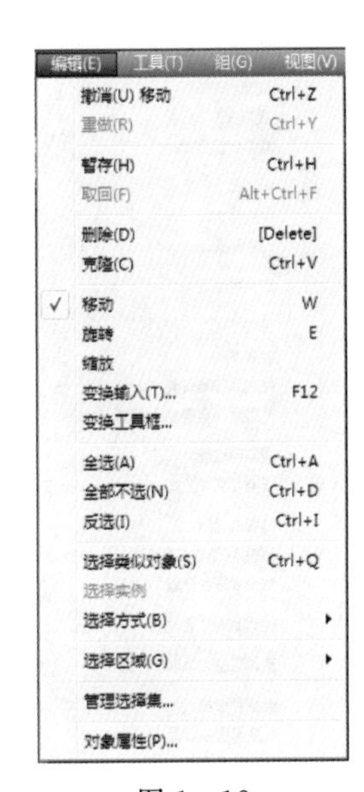

图 1-12

图 1-13

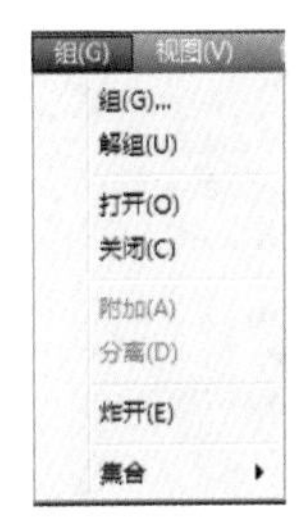

图 1-14

图 1-15

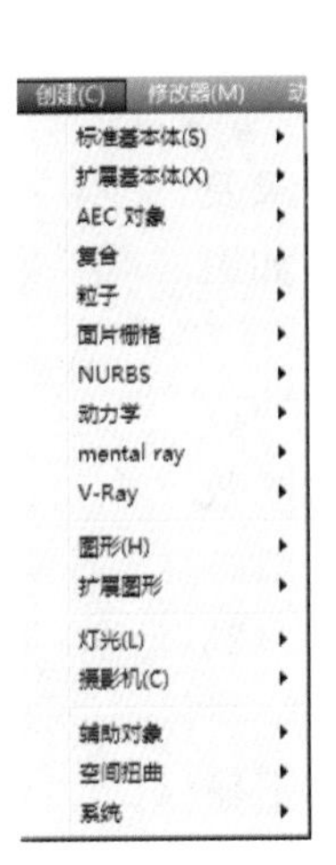

图 1-16

图 1-17

【动画】:该菜单主要用来制作动画,如图 1-18 所示。

【图形编辑器】:该菜单是场景元素之间用图形化视图方式来表达关系的菜单,包括【轨迹视图-曲线编辑器】、【轨迹视图-摄影表】、【新建图解视图】和【粒子试图】等，如图 1－19 所示。

【渲染】：该菜单主要是用于设置渲染参数，包括【渲染】、【环境】、【效果】等命令，如图 1－20 所示。

图 1－18

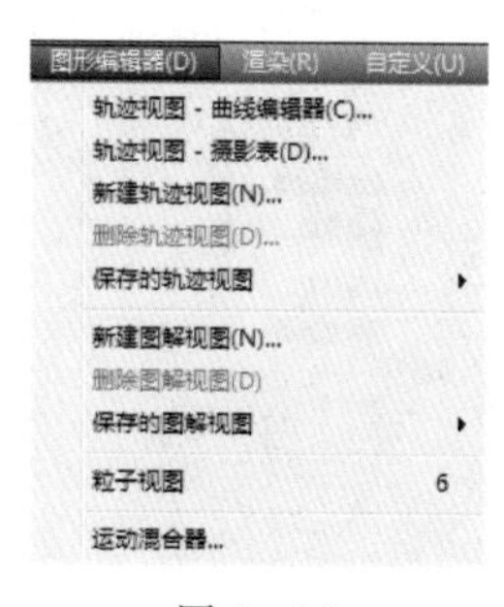

图 1－19

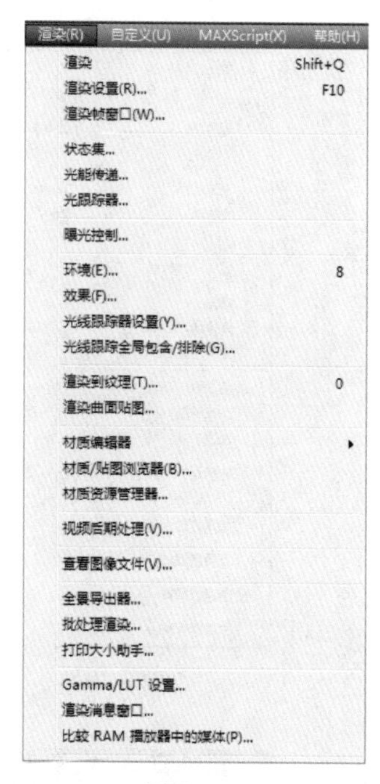

图 1－20

【自定义】：该菜单主要用来更改用户界面以及设置 3DS MAX 的首选项。通过这个菜单可以定制自己的界面，同时还可以对 3DS MAX 系统进行设置，例如设置场景单位和自动备份等。

（二）课堂案例——简易魔方制作

（1）打开【项目一\项目一素材、效果及源文件\任务一\魔方元素.max】文件，如图 1－21 所示。

（2）选择【魔方元素】模型，单击【工具/阵列】菜单，弹出【阵列】浮动窗口，设置参数如图1－22所示。

（3）单击【预览】按钮，效果如图 1－23 所示。

（4）单击【确定】按钮，英文输入法下输入【Shift＋Q】，渲染效果如图 1－24 所示。

图 1－21

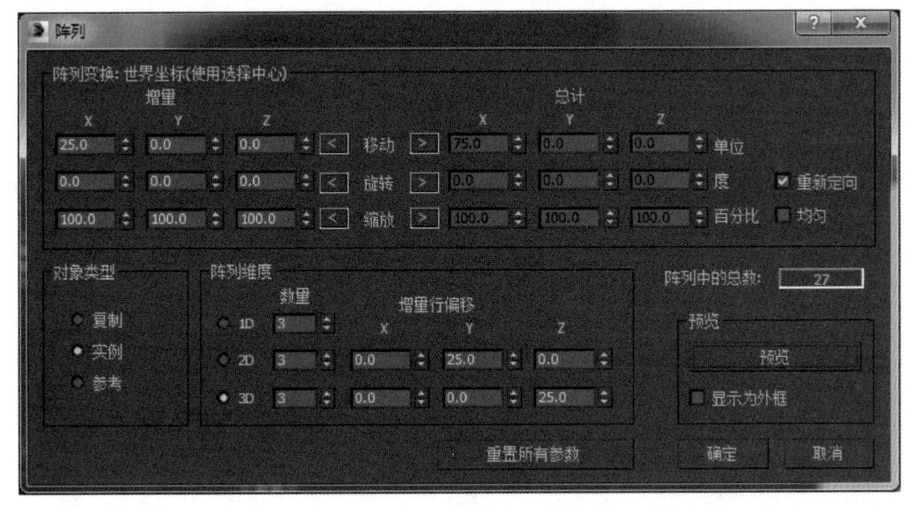

图 1-22

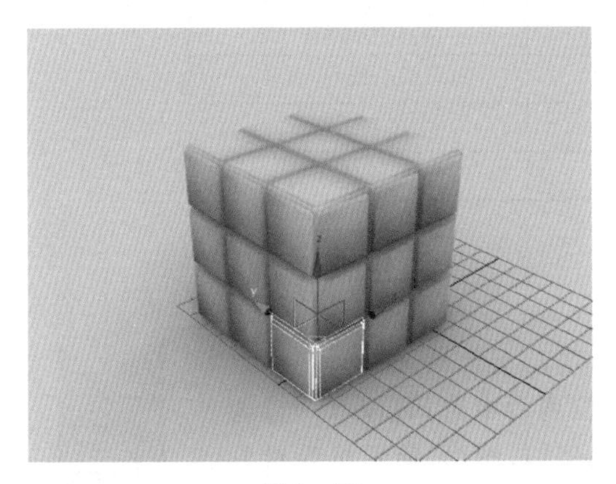

图 1-23

图 1-24

任务二　场景合并

(一)理论基础——主工具栏与动画控件

主工具栏中集合了最常用的一些编辑工具，如图 1-25 所示。某些工具栏的右下角有一个三角形的图标，单击该图标就会弹出下拉工具列表。

图 1-25

主工具栏中也设置有很多快捷键，方便快速操作，如表 1-2 所示。如果是单个字母做快捷键，必须在英文状态下输入。

表 1-2

工具名称	工具图标	快捷键
选择对象		Q
按名称选择		H
选择并移动		W
选择并旋转		E
选择并缩放		R
捕捉开关		S
角度捕捉切换		A
百分比捕捉切换		Shift+Ctrl+P
对齐		Alt+A
快速对齐		Shift+A
法线对齐		Alt+N
放置高光		Ctrl+H
材质编辑器		M
渲染设置		F10
渲染		F9/Shift+Q

1. 主工具栏上的常用工具

1)过滤器

过滤器主要用来过滤不需要选择的对象类型,这对于批量选择同一种类型的对象非常有用,如图 1-26 所示。例如,在下拉列表中选择【L-灯光】选项,那么在场景中选择对象时,只能选择灯光,而几何体、图形、摄影机等对象不会被选中。

图 1-26

2)选择对象

选择对象是最重要的工具之一,在想选择对象而又不想移动对象时,这个工具是最佳选择。使用该工具单击对象即可选择相应的对象。

加选对象:如果当前选择了一个对象,还想加选其他对象,可以按住 Ctrl 键单击其他对象,这样即可同时选中多个对象。

减选对象:如果当前选择了多个对象,想减去某个不想选择的对象,可以按住 Alt 键单击想要减去的对象,这样即可减去当前单击的对象。

反选对象:如果当前选择了某些对象,想要反选剩余的对象,可以按 Ctrl+I 组合键来完成。

孤立选择对象:这是一种特殊选择对象的方法,可以将选择的对象单独显示出来,以方便对其进行编辑。切换到孤立选择对象的方法主要有以下两种。

· 执行【工具/孤立当前选择】菜单命令或直接按 Alt+Q 组合键。

· 在视图中单击鼠标右键,然后在弹出的菜单中选择【孤立当前选择】命令。

3)按名称选择

单击【按名称选择】按钮会弹出【从场景选择】对话框,如图 1 - 27 所示,在该对话框中选择对象的名称后,单击【确定】按钮定即可将其选择。例如,在【从场景选择】对话框中选择 Sphere01,单击【确定】按钮,即可选择这个球体对象,可以按名称选择所需要的对象。

4)选择区域

选择区域工具包含 5 种模式,如图 1 - 28 所示,主要用来配合【选择对象】工具一起使用。

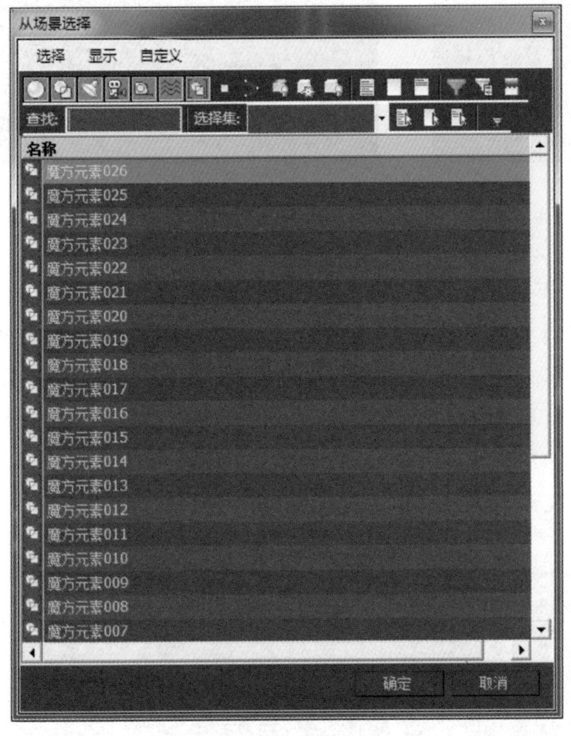

图 1 - 27

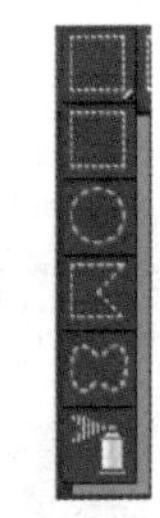
图 1 - 28

框选对象:这是选择多个对象的常用方法之一,适用于选择一个区域的对象。使用【选择对象】工具在视图中拉出一个选框,那么处于该选框内的所有对象都将被选中(这里以在【过滤器】列表中选择【全部】类型为例)。另外,在使用【选择对象】工具框选对象时,按 Q 键可以切换选框的类型,如当前使用的【矩形选择区域】模式,按一次 Q 键可切换为【圆形选择区域】模式,继续按 Q 键又会切换到换到【围栏选择区域】模式、【套索选择区域】模式、【绘制选择区域】模式,并一直按此顺序循环切换。

5)窗口/交叉

当【窗口/交叉】工具处于突出状态(即未激活状态)时,其显示效果为,这时如果在视图中选择对象,那么只要选择的区域包含对象的一部分即可选中该对象,如图 1 - 29 所示;当【窗口/交叉】工具处于凹陷状态(即激活状态)时,其显示效果为,这时如果在视图中选择对象,那么只有选择区域包含对象的全部才能将其选中,如图 1 - 30 所示。在实际工作中,一般都要让【窗口/交叉】工具处于未激活状态。

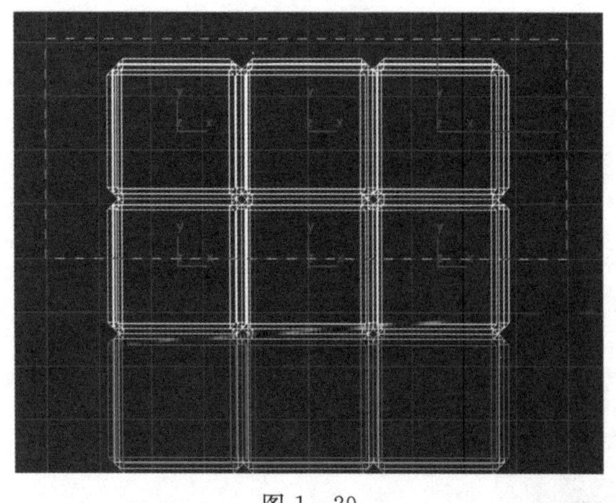

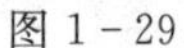

图 1-29

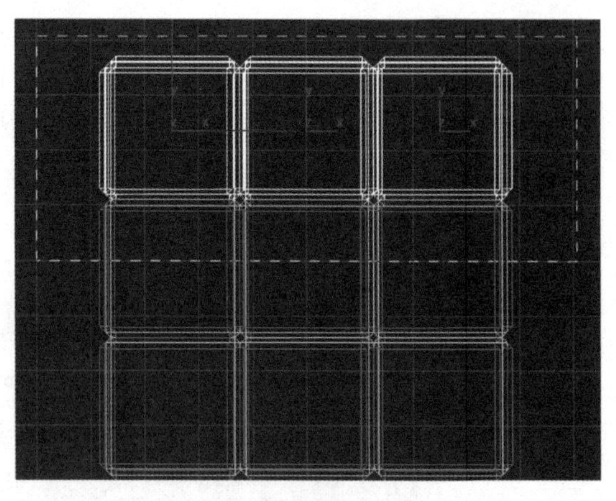

图 1-30

6)选择并移动

【选择并移动】工具(快捷键为 W 键)主要用来选择并移动对象,其选择对象的方法与【选择对象】工具相同。使用【选择并移动】工具可以将选中的对象移动到任何位置。当使用该工具选择对象时,在视图中会显示出坐标移动控制器,在默认的四视图中只有透视图显示的是 X、Y、Z 这 3 个轴向,而其他 3 个视图中只显示其中的某两个轴向,如图 1-31 所示。若想要在多个轴向上移动对象,可以将光标放在轴向的中间,然后拖曳光标即可;如果想在单轴向上移动对象,可以将光标放在这个轴向上,然后拖曳光标即可。

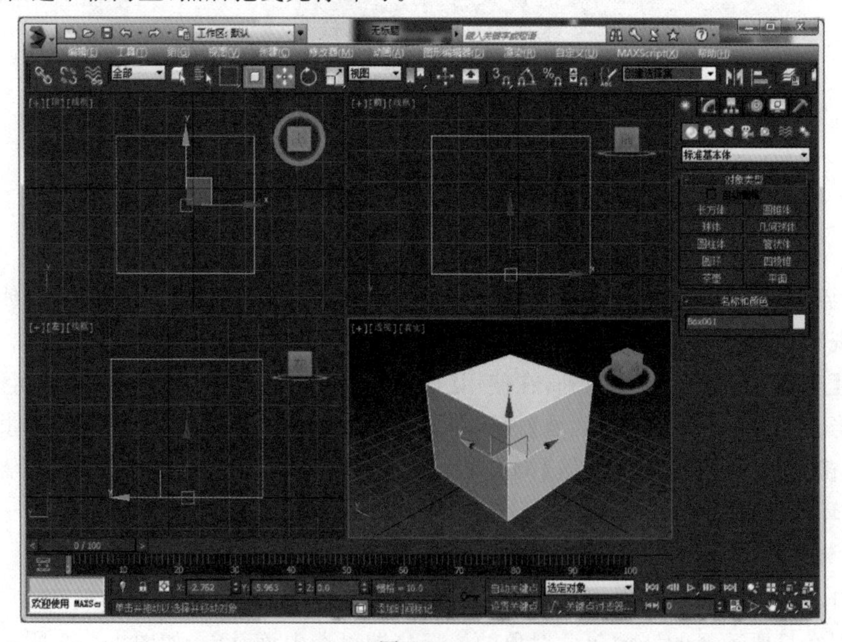

图 1-31

7)选择并旋转

【选择并旋转】工具(快捷键为 E 键)主要用来选择并旋转对象,其使用方法与【选择并移动】

工具相似。当该工具处于激活状态(选择状态)时,被选中的对象可以在 X、Y、Z 这 3 个轴上进行旋转。

8)选择并缩放

【选择并缩放】工具(快捷键为 R 键)主要用来选择并缩放对象。选择并缩放工具包含 3 种,如图 1-32 所示。使用【选择并均匀缩放】工具可以沿 3 个轴以相同量缩放对象,同时保持对象的原始比例;使用【选择并非均匀缩放】工具可以根据活动轴约束以非均匀方式缩放对象;使用【选择并挤压】工具可以创建【挤压】和【拉伸】效果。

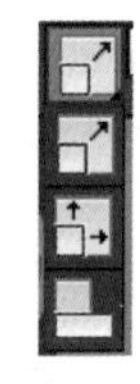

图 1-32

9)参考坐标系

参考坐标系可以用来指定变换操作(如移动、旋转、缩放等)所使用的坐标系统,包括视图、屏幕、世界、父对象、局部、万向、栅格、工作和拾取 9 种坐标系。

视图:在默认的【视图】坐标系中,所有正交视图中的 X、Y、Z 轴都相同。使用该坐标系移动对象时,可以相对于视图空间移动对象。

屏幕:将活动视口屏幕用作坐标系。

世界:使用世界坐标系。

父对象:使用选定对象的父对象作为坐标系。如果对象未链接至特定对象,则其为世界坐标系的子对象,其父坐标系与世界坐标系相同。

局部:使用选定对象的轴心点为坐标系。

万向:万向坐标系与 Euler XYZ 旋转控制器一同使用,它与局部坐标系类似,但其 3 个旋转轴相互之间不一定垂直。

栅格:使用活动栅格作为坐标系。

工作:使用工作轴作为坐标系。

拾取:使用场景中的另一个对象作为坐标系。

10)轴点中心

轴点中心工具包含【使用轴点中心】工具、【使用选择中心】工具和【使用变换坐标中心】工具 3 种,如图 1-33 所示。

【使用轴点中心】:该工具可以围绕其各自的轴点旋转或缩放一个或多个对象。

【使用选择中心】:该工具可以围绕其共同的几何中心旋转或缩放一个或多个对象。如果变换多个对象,该工具会计算所有对象的平均几何中心,并将该几何中心用作变换中心。

图 1-33

【使用变换坐标中心】:该工具可以围绕当前坐标系的中心旋转或缩放一个或多个对象。当使用【拾取】功能将其他对象指定为坐标系时,其坐标中心在该对象轴的位置上。

11)选择并操纵

使用【选择并操纵】工具可以在视图中通过拖曳【操纵器】来编辑修改器、控制器和某些对象的参数。

技巧与提示:

【选择并操纵】工具与【选择并移动】工具不同,它的状态不是唯一的。只要选择模式或变换模式之一为活动状态,并且启用了【选择并操纵】工具,那么就可以操纵对象。但是在选择一个操纵器辅助对象之前必须禁用【选择并操纵】工具。

12)键盘快捷键覆盖切换

当关闭【键盘快捷键覆盖切换】工具时,只识别【主用户界面】快捷键;当激活该工具时,可以同时识别主 UI 快捷键和功能区域快捷键。一般情况都需要开启该工具。

13)捕捉开关

【捕捉开关】工具(快捷键为 S 键)包含【2D 捕捉】工具、【2.5D 捕捉】工具和【3D 捕捉】工具 3 种。

(1)【2D 捕捉】:主要用于捕捉活动的栅格。

(2)【2.5D 捕捉】:主要用于捕捉结构或捕捉根据网格得到的几何体。

(3)【3D 捕捉】:可以捕捉 3D 空间中的任何位置。

技巧与提示:

在【捕捉开关】上单击鼠标右键,可以打开【栅格和捕捉设置】对话框,在该对话框中可以设置捕捉类型和捕捉的相关选项。

14)角度捕捉切换

【角度捕捉切换】工具可以用来指定捕捉的角度(快捷键为 A 键)。激活该工具后,角度捕捉将影响所有的旋转变换,在默认状态下以 5°为增量进行旋转。

15)百分比捕捉切换

使用【百分比捕捉切换】工具可以将对象缩放捕捉到自定的百分比(快捷键为 Shift+Ctrl+P 组合键),在缩放状态下,默认每次的缩放百分比为 10%。

16)微调器捕捉切换

【微调器捕捉切换】工具可以用来设置微调器单次单击的增加值或减少值。

17)编辑命名选择集

使用【编辑命名选择集】工具可以为单个或多个对象创建选择集,选中一个或多个对象后,单击【编辑命名选择集】工具可以打开【命名选择集】对话框,在该对话框中可以进行创建新集、删除集和添加、删除选定对象等操作。

18)创建选择集

如果选择了对象,在【创建选择集】中输入名称就可以创建一个新的选择集;如果已经创建了选择集,在列表中可以选择创建的集。

19)镜像

使用【镜像】工具可以围绕一个轴心镜像出一个或多个副本对象。选中要镜像的对象后,单击【镜像】工具,可以打开【镜像:世界坐标】对话框,在该对话框中可以对【镜像轴】、【克隆当前选择】和【镜像 IK 限制】进行设置。

20)对齐

【对齐】工具包括 6 种,分别是【对齐】工具、【快速对齐】工具、【法线对齐】工具、【放置高光】工具、【对齐摄影机】工具和【对齐到视图】工具。

【对齐】:使用该工具(快捷键为 Alt+A 组合键)可以将当前选定对象与目标对象进行对齐。

【快速对齐】:使用该工具(快捷键为 Shift+A 组合键)可以立即将当前选择对象的位置与目

标对象的位置进行对齐。如果当前选择的是单个对象，那么【快速对齐】需要使用到两个对象的轴；如果当前选择的是多个对象或多个子对象，则使用【快速对齐】可以将选中对象的选择中心对齐到目标对象的轴。

【法线对齐】：该功能(快捷键为 Alt＋N 组合键)用于基于每个对象的面或是以选择的法线方向来对齐两个对象。要打开【法线对齐】对话框，首先要选择对齐的对象，然后单击对象上的面，接着单击第 2 个对象上的面，释放鼠标后就可以打开【法线对齐】对话框。

【放置高光】：使用该工具(快捷键为 Crl＋H 组合键)可以将灯光或对象对齐到另一个对象，以便可以精确定位其高光或反射。在【放置高光】模式下，可以在任一视图中单击并拖动光标。

【对齐摄影机】：使用该工具可以将摄影机与选定的面法线进行对齐，该工具的工作原理与【放置高光】工具类似。不同的是它是在面法线上进行操作的，而不是入射角，并在释放鼠标时完成，而不是在拖曳鼠标期间时完成。

【对齐到视图】：使用该工具可以将对象或子对象的局部轴与当前视图进行对齐。该工具适用于任何可变换的选择对象。

21)层管理器

使用【层管理器】可以创建和删除层，也可以用来查看和编辑场景中所有层的设置及与其相关联的对象。单击【层管理器】工具可以打开【层】对话框，在该对话框中可以指定光能传递中的名称、可见性、渲染性、颜色、对象和层的包含关系等，如图 1－34 所示。

22)功能切换区(石墨建模工具)

【功能切换区】(3DS MAX 2014 之前的版本称石墨建模工具)是优秀的 PolyBoost 建模工具与 3DS MAX 的完美结合，其工具摆放的灵活性与布局的科学性大大地简化了多边形建模的流程。单击【主工具栏】中的【功能切换区】按钮即可调出建模工具选项卡，如图 1－35 所示。

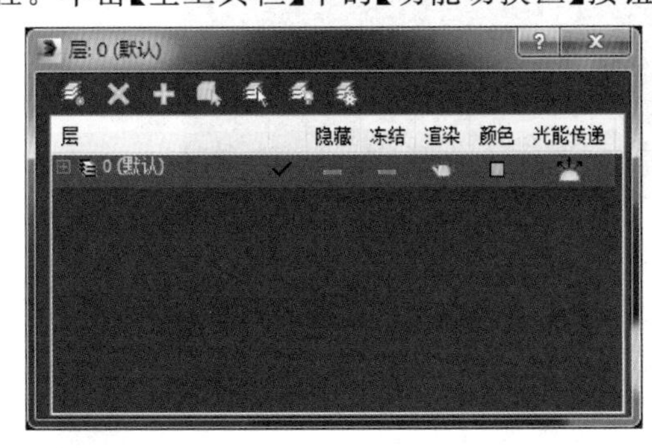

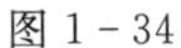
图 1－34

图 1－35

23)曲线编辑器

单击【曲线编辑器】按钮可以打开【轨迹视图-曲线编辑器】对话框。【曲线编辑器】是一种【轨迹视图】模式，可以用曲线来表示运动，而【轨迹视图】模式可以使运动的插值及软件在关键帧之间创建的对象变换更加直观。

24)图解视图

【图解视图】是基于节点的场景图，通过它可以访问对象的属性、材质、控制器、修改器、层次和不可见场景关系，同时在【图解视图】对话框中可以查看、创建并编辑对象间的关系，也可以创建层次、指定控制器、材质、修改器和约束等。

25)材质编辑器

【材质编辑器】是最重要的编辑器之一(快捷键为 M 键),主要用来编辑对象的材质。3DS MAX 2014 的【材质编辑器】分为【材质编辑器】和【Slate 材质编辑器】两种,如图 1－36 和图 1－37 所示。

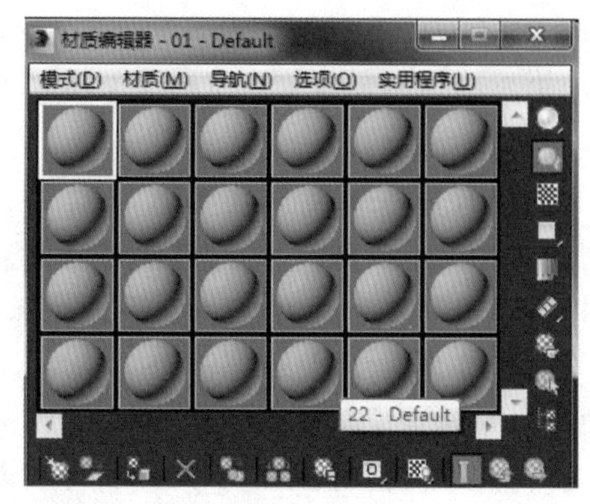

图 1－36

26)渲染设置

单击【主工具栏】中的【渲染设置】按钮(快捷键为 F10),可以打开【渲染设置】对话框,所有的渲染设置参数基本上都在该对话框中完成。

图 1－37

27)渲染帧窗口

单击【主工具栏】中的【渲染帧窗口】按钮可以打开【渲染帧窗口】对话框,在该对话框中可执行选择渲染区域、切换图像通道和存储渲染图像等任务。

28)渲染工具

渲染工具包含【渲染产品】工具、【渲染迭代】工具和【ActiveShade】工具 3 种,如图 1－38 所示。

图 1－38

2. 动画控件

1)时间尺

【时间尺】包括时间线滑块和轨迹栏两大部分,如图 1－39 所示。时间线滑块位于视图的最下方,主要用于制定帧,默认的帧数为 100 帧,具体数值可以根据动画长度来进行修改。拖曳时间线滑块可以在帧之间迅速移动,单击时间线滑块左右的向左箭头图标图与向右箭头图标图可以向前或者向后移动一帧。轨迹栏位于时间线滑块的下方，主要用于显示帧数和选定对象的关键点，在这里可以移动、复制、删除关键点及更改关键点的属性。

2)时间控制按钮

时间控制按钮位于状态栏右侧，如图 1－40 所示，这些按钮主要用来控制动画的播放效果，包括关键点控制和时间控制等。

图 1－39　　图 1－40

(二)课堂案例——场景合并制作

(1)打开【项目一\项目一素材、效果以及源文件\任务二\简易电视柜.max】，渲染效果如图 1－41 所示。

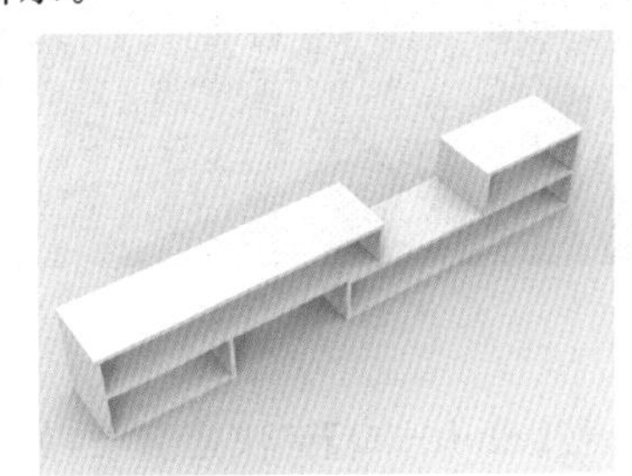

图 1－41

(2)单击，弹出管理场景文件的下拉菜单，如图 1－42 所示。

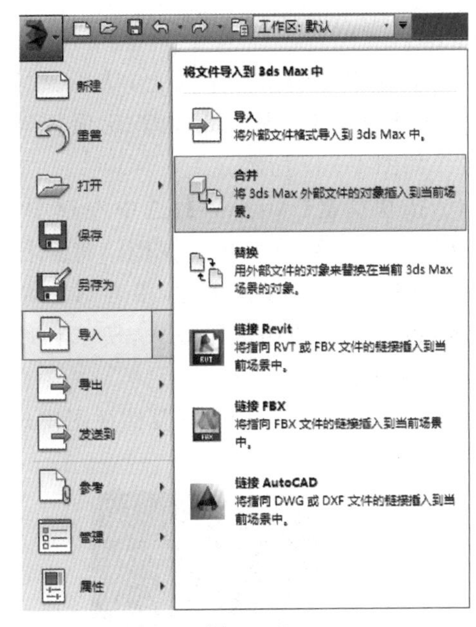

图 1－42

(3)弹出【合并文件】对话框，选择【项目一\项目一素材、效果以及源文件\任务二\水杯.max】，如图 1－43 所示。

(4)弹出【合并-水杯.max】对话框，单击【全部】按钮，单击【确定】，水杯被合并到茶几场景中，按快捷键【Alt＋W】，显示前视图，效果如图 1－44 所示。

图 1－43

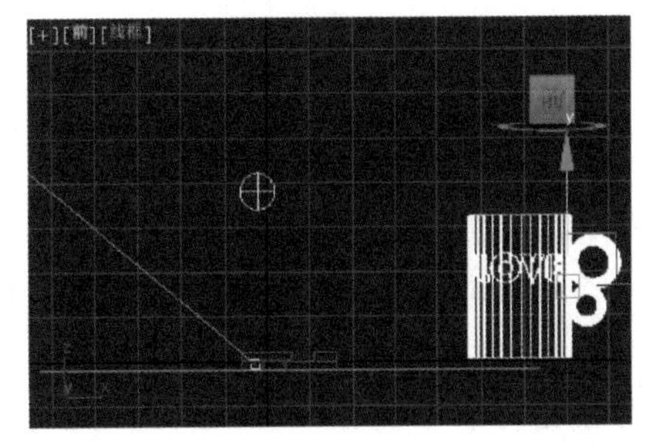

图 1－44

(5)右键单击主工具栏上的(选择并缩放)工具，弹出【缩放变换输入】对话框，将【偏移：屏幕】参数设置为【5】，如图 1－45 所示。

(6)将鼠标移动到 X 和 Y 坐标 0 点右上方，出现黄色区域，如图 1－46 所示。

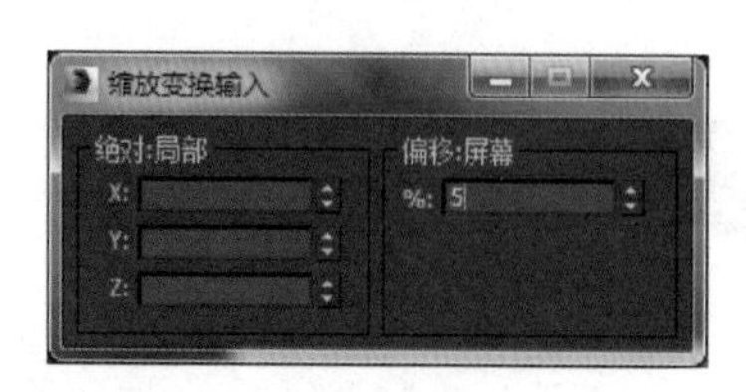

图 1－45

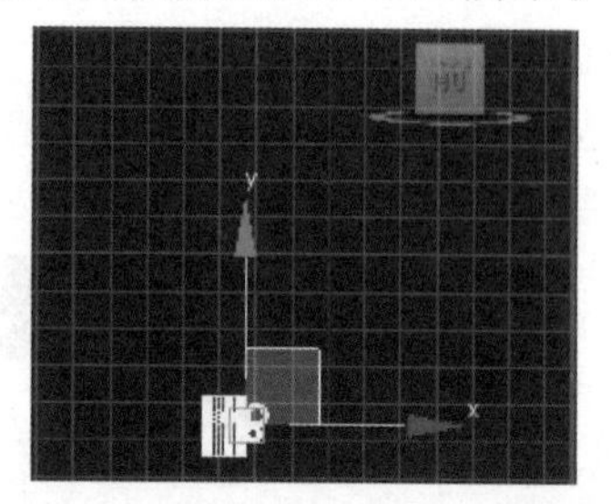

图 1－46

(7)移动水杯到简易茶几上，使用鼠标滚轮放大视图，将水杯底部和茶几顶部对齐，效果如图 1－47 所示。

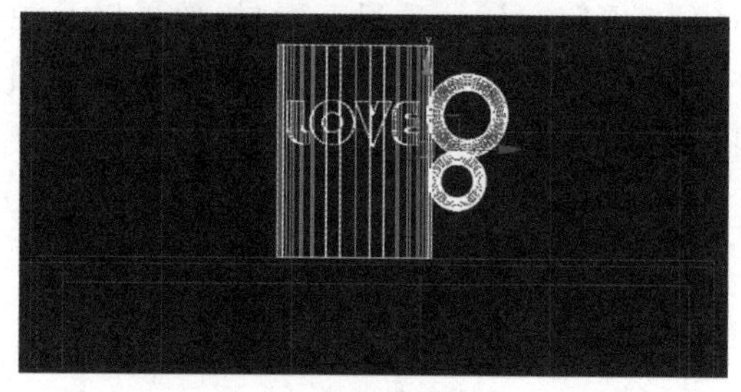

图 1－47

(8)按快捷键【Alt＋W】，选中左视图，继续按【Alt＋W】，最大化左视图。将鼠标放在 X 轴上，使 X 轴变成黄色，沿着 X 轴移动水杯，边移动边使用滚轮放大，使水杯放在茶几正上方，如图 1－48 所示。

(9)按快捷键【Alt＋W】恢复四视图模式，选择透视图，按【Shift＋Q】键快速渲染，如图 1－49 所示。

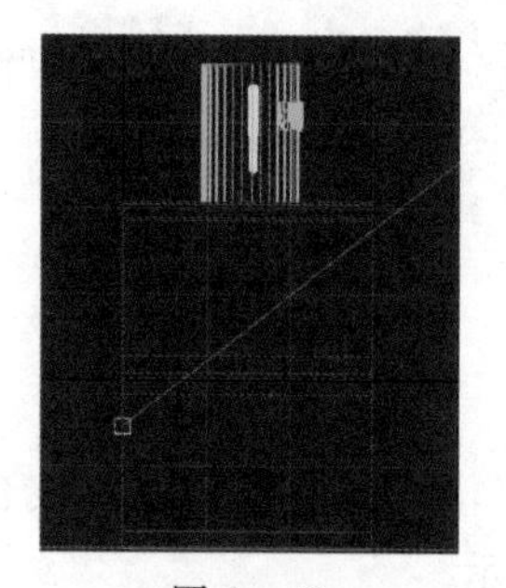

图 1－48

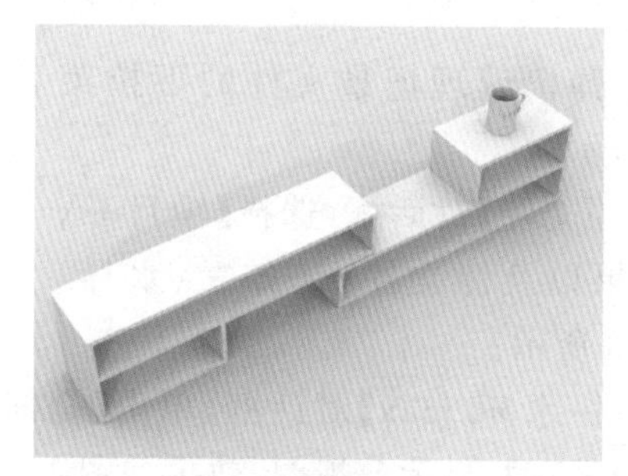

图 1－49

任务三　小巧茶几

(一)理论基础——命令面板

命令面板非常重要，场景对象的操作都可以在命令面板中完成。命令面板由 6 个用户界面面板组成，默认状态下显示的是创建面板，其他面板分别是修改面板、层次面板、运动面板、显示面板和实用程序面板，如图 1－50 所示。

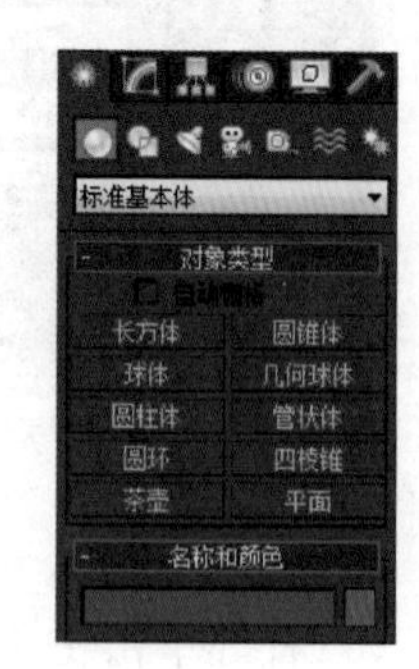

图 1－50

1)创建面板

创建面板是最重要的面板之一，在该面板中可以创建 7 种对象，分别是几何体、图形、灯光、摄影机、辅助对象、空间扭曲和系统。

【几何体】:主要用来创建长方体、球体和锥体等基本几何体,同时也可以创建出高级几何体,如布尔、阁楼及粒子系统中的几何体。

【图形】:主要用来创建样条线和 NURBS 曲线。

【灯光】:主要用来创建场景中的灯光。灯光的类型有很多种,每种灯都可以用来模拟现实世界中的灯光效果。

【摄影机】:主要用来创建场景中的摄影机。

【辅助对象】:主要用来创建有助于场景制作的辅助对象。这些辅助对象可以定位、测量场景中的可渲染几何体,并且可以设置动画。

【空间扭曲】:使用空间扭曲功能可以在围绕其他对象的空间中产生各种不同的扭曲效果。

【系统】:可以将对象、控制器和层次对象组合在一起,提供与行为相关联的几何体,并且包含模拟场景中的阳光系统和日光系统。

2)修改面板

修改面板主要用来调整场景对象的参数,同样可以使用该面板中的修改器来调整对象的几何形体,图 1-51 是默认状态下的修改面板。

3)层次面板

在层次面板中可访问调整对象间的层次链接信息,通过将一个对象与另一个对象链接,可以创建对象之间的父子关系。如图 1-52 所示。

轴:该工具下的参数主要用来调整对象和修改器中心位置,以及定义对象之间的父子关系和反向动力学 IK 的关节位置等。

IK:该工具下的参数主要用来设置动画的相关属性。

链接信息:该工具下的参数主要用来限制对象在特定轴中的移动关系。

4)运动面板

运动面板中的工具与参数主要用来调整选定对象的运动属性,如图 1-53 所示。

5)显示面板

显示面板中的参数主要用来设置场景中控制对象的显示方式,如图 1-54 所示。

6)实用程序面板

在实用程序面板中可以访问各种工具程序,包含用于管理和调用的卷展栏,如图 1-55 所示。

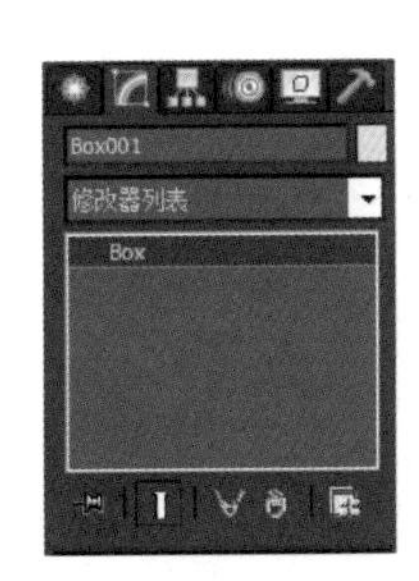

图 1-51

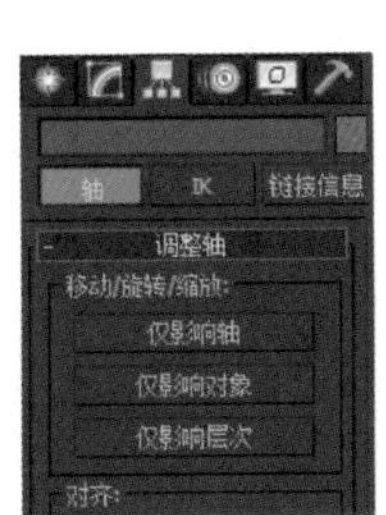

图 1-52

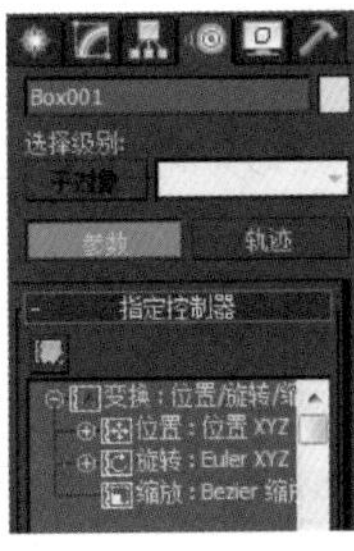

图 1-53

图 1-54

图 1-55

(二)课堂案例——小巧茶几制作

(1)单击桌面上的(应用程序)图标,打开 3DS MAX 软件。单击(创建)|(几何体)按钮,再单击标准基本体(标准基本体)按钮,弹出下拉列表框,选择【扩展基本体】,如图 1-56 所示。

(2)在下面的【对象类型】中选择切角圆柱体(切角圆柱体)按钮,如图 1-57 所示。

(3)在透视中创建【切角圆柱体】,参数如图 1-58 所示。

(4)选中圆柱体,按【W】键,在前视图将鼠标移动至 y 轴上,y 轴变成黄色,按住【Shift】向上移动,弹出的【克隆选项】中选择【复制】,复制一个圆柱体,单击(修改),将复制的圆柱体【参数】卷展栏下的【半径】改为【10】,效果如图 1-59 所示。

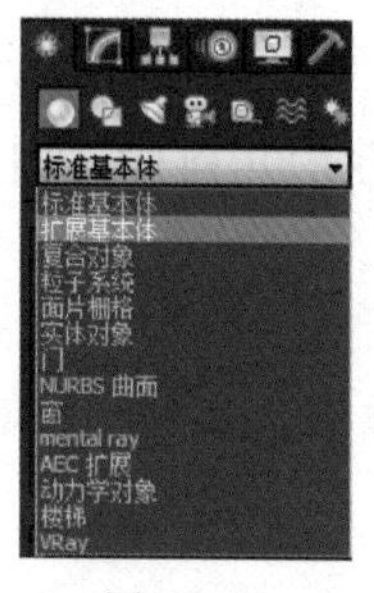

图 1-56

图 1-57

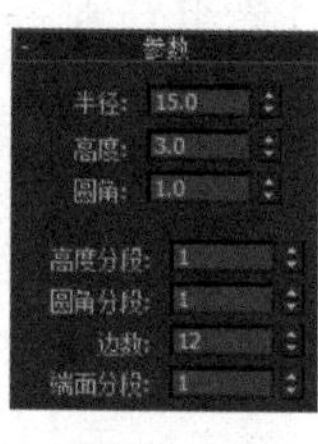

图 1-58

图 1-59

(5)在顶视图选中复制的圆柱体,右键单击(选择并旋转)工具,弹出【旋转变换输入】对话框,如图 1-60 所示,在【Z】轴输入 15,关闭对话框。

(6)单击(创建)|(图形)|螺旋线(螺旋线)按钮,在顶视图创建螺旋线,单击(修改),设置参数如下,如图 1-61 所示。

(7)调整螺旋线的位置,最终效果如图 1-62 所示。

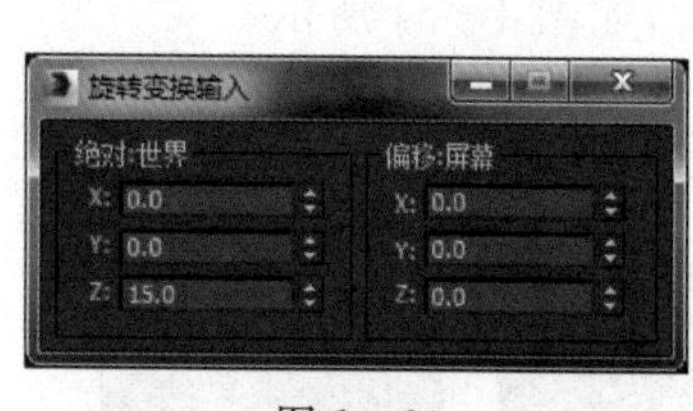

图 1-60

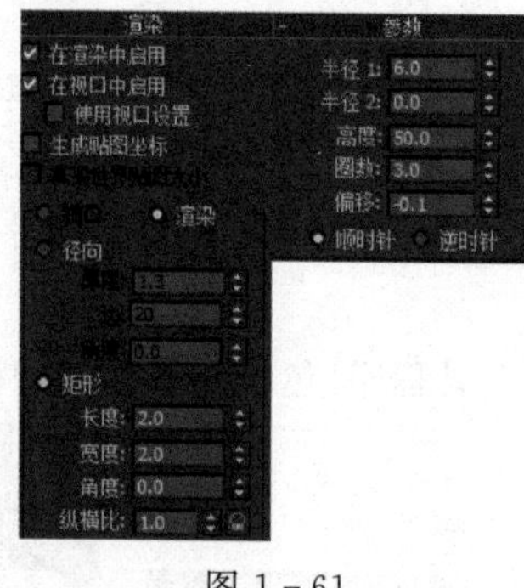

图 1-61

图 1-62

(8)选中复制的切角圆柱体,采用第(4)步同样的方法复制,修改【半径】为【10】,效果如图 1-63所示。

(9)在顶视图创建一个新切角圆柱体,参数如图 1-64 所示。

(10)将切角圆柱体移动到最底部,效果如图 1-65 所示。

(11)单击(创建)|(图形)|平面(平面)按钮,创建一个地面,效果如图 1-66 所示。

(12)按快捷键【M】,打开【材质编辑器】。选择第一个材质球,按住鼠标左键不松开,移动到

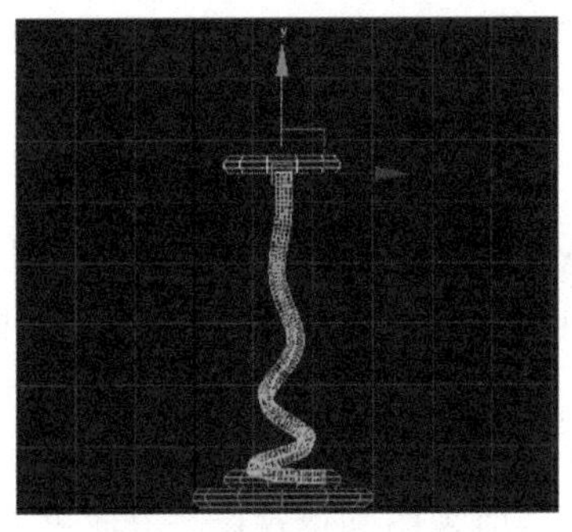

图 1－63

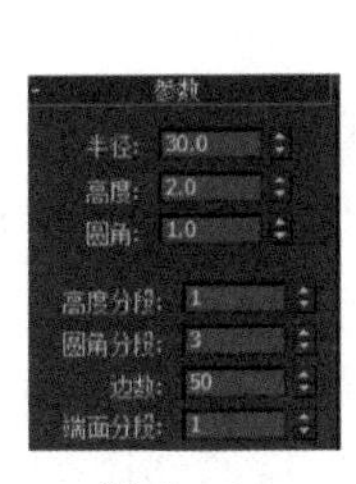

图 1－64

图 1－65

平面上，为地面赋材质。选择第二个材质球，将它拖动到其他物体上，为其他部分赋材质。单击【Blinn 基本参数】下的【漫反射】后面的颜色按钮，弹出【颜色选择器：漫反射颜色】对话框，设置【亮度】为【250】，单击【确定】按钮，效果如图 1－67 所示。

图 1－66

图 1－67

(13)单击(创建)|(灯光)按钮，单击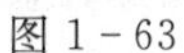按钮，在下拉菜单中选择【标准】，在下面的【对象类型】中选择【天光】，如图 1－68 所示。

(14)单击(修改)，设置【天光参数】卷展栏下的【倍增】值为【0.8】，勾选【渲染】下的【投射阴影】，如图 1－69 所示。

(15)按快捷键【Shift＋Q】，快速渲染透视图，效果如图 1－70 所示。

图 1－68

图 1－69

图 1－70

任务四　抱枕摆放

(一)理论基础——视口设置与导航控制

视口设置是操作界面中最大的一个区域,也是 3DS MAX 中用于实际工作的区域。状态栏的最右侧提供了视图导航控制按钮,用来控制视图的显示和导航。使用这些按钮可以对视图进行缩放、平移和旋转活动。

1. 视口设置

视口设置的默认状态为四视图显示,包括顶视图、左视图、前视图和透视图。在这些视图中可以从不同的角度对场景中的对象进行观察和编辑。每个视图的左上角都会显示视图的名称及模型的显示方式,右上角有一个导航器(不同视图显示的状态也不同)。

常用的几种视图都有其相对应的快捷键,顶视图的快捷键是 T、底视图的快捷键是 B、左视图的快捷键是 L、前视图的快捷键是 F、透视图的快捷键是 P、摄像机视图的快捷键是 C(所有快捷键需要在英文状态下使用)。

1)视图快捷键菜单

3DS MAX 2014 中视图的名称部分被分为 3 个小部分,用鼠标右键分别单击这 3 个部分会弹出不同的菜单,如图 1-71～图 1-73 所示。第 1 个菜单用于还原、激活、禁用视口及设置导航器等,第 2 个菜单用于切换视口的类型,第 3 个菜单用于设置对象在视口中的显示方式。

2)视口布局选项卡

视口布局选项卡位于操作界面的左侧,用于快速调整视口的布局,单击【创建新的视口布局选项卡】按钮,在弹出的【标准视口布局】面板中可以选择 3DS MAX 预设的一些标准视口布局,如图 1-74 所示。

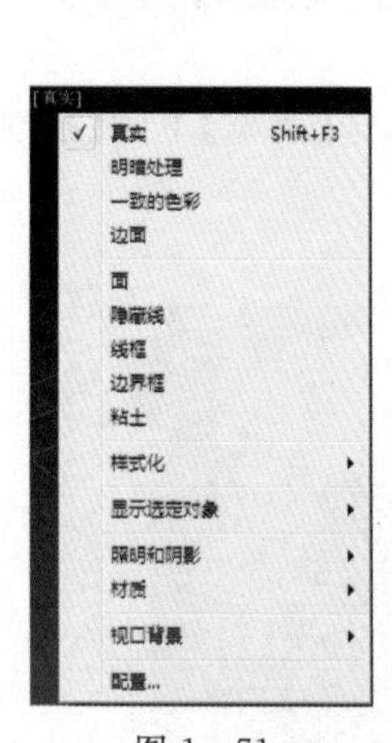

图 1-71

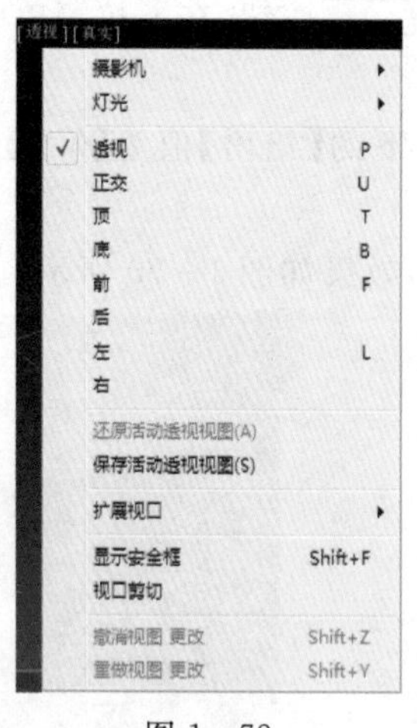

图 1-72

图 1-73

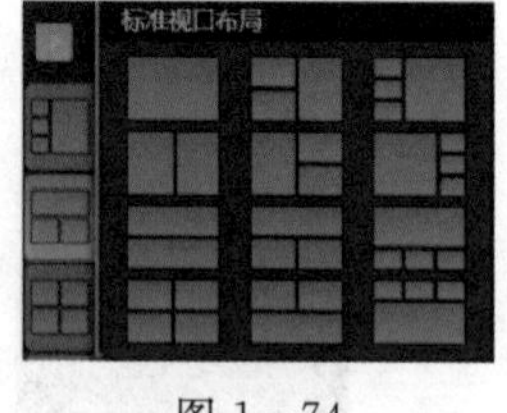

图 1-74

3)切换透视图背景色

在默认情况下,3DS MAX 2014 的透视图的背景颜色为灰色渐变色。如果用户不习惯渐变背景色,可以执行【视图/视口背景/纯色】菜单命令,将其切换为纯色显示,如图 1-75 所示。

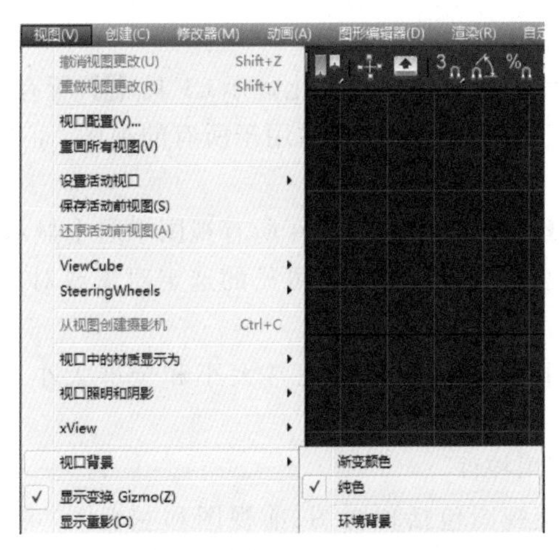

图 1－75

4)切换栅格的显示

栅格是多条直线交叉而形成的网格，严格来说是一种辅助计量单位，可以基于栅格捕捉绘制物体。默认条件下，每个视图中均有栅格，如图 1－76 所示。如果嫌栅格有碍操作，可以按 G 键取消栅格的显示(再次按 G 键可以恢复栅格的显示)。

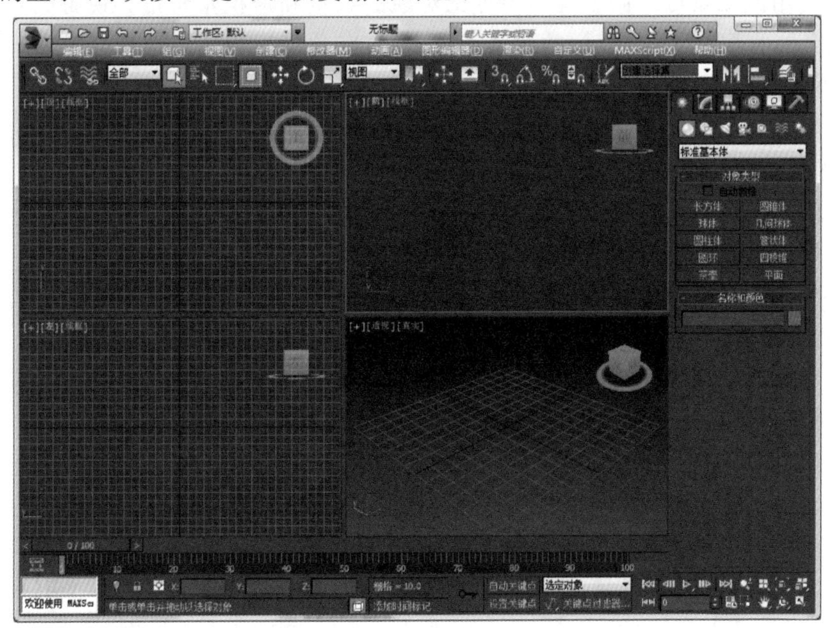

图 1－76

2. 视图导航控制按钮

视图导航控制按钮的主要作用是缩放、平移和旋转活动的视图，如图 1－77所示。

图 1－77

1)所有视图可用控件

所有视图可用控件包括(所有视图最大化显示)工具、(所有视图最大化显示选定对象)工具、(最大化视口切换)工具,这 3 个控件适用于所有的视图,而有些控件只能在特定的视图中才能使用。

【所有视图最大化显示】:将场景中的对象在所有视图中居中显示出来。

【所有视图最大化显示选定对象】:将所有可见的选定对象或对象集在所有视图中以居中最大化的方式显示出来。

【最大化视口切换】:可以将活动视口在正常大小和全屏大小之间进行切换,其快捷键为 Alt＋W组合键。

2)透视图和正交视图可用控件

透视图和正交视图(正交视图包括顶视图、前视图和左视图)可用控件包括(缩放)工具、(缩放所有视图)工具、(所有视图最大化显示)工具、(所有视图最大化显示选定对象)工具、(视野)工具、(缩放区域)工具、(平移视图)工具、(环绕)工具、(选定的环绕)工具、(环绕子对象)工具和(最大化视口切换)工具。

【缩放】:使用该工具可以在透视图或正交视图中通过拖曳光标来调整对象的显示比例。

【缩放所有视图】:使用该工具可以同时调整透视图和所有正交视图中对象的显示比例。

【视野】:使用该工具可以调整视图中可见对象的数量和透视张角量。视野的效果与更改摄影机的镜头相关,视野越大,观察到的对象就越多(与广角镜头相关),透视会扭曲,视野越小,观察到的对象就越少(与长焦镜头相关),透视会展平。

【缩放区域】:可以放大选定的矩形区域,该工具适用于正交视图、透视和三向投影视图,但不能用于摄像机视图。

【平移视图】:使用该工具可以将选定视图平移到任何位置。

【环绕】:使用该工具可以将视口边缘附近的对象旋转到视图范围以外。

【选定的环绕】:使用该工具可以让视图围绕选定的对象进行旋转,同时选定的对象会保留在视口中相同的位置。

【环绕子对象】:使用该工具可以让视图围绕选定的子对象或对象进行旋转的同时,使选定的子对象或对象保留在视口中相同的位置。

3)摄影机视图可用控件

创建摄影机后,按 C 键可以切换到摄影机视图,该视图中的可用控件包括(推拉摄影机)工具、(推拉目标)工具、(推拉摄影机＋目标)工具、(透视)工具、(侧滚摄影机)工具、(所有视图最大化显示工具)工具、(所有视图最大化显示选定对象)工具、(视野)工具、(平移摄影机)工具、(穿行)工具、(环游摄影机)工具、(摇移摄影机)工具和(最大化视口切换)工具(适用于所有视图),如图 1－78 所示。

图 1－78

【推拉摄影机/推拉目标/推拉摄影机＋目标】:这 3 个工具主要用来移动摄影机或其目标,同时也可以移向或移离摄影机所指的方向。

【透视】:使用该工具可以增加透视张角量,同时也可以保持场景的构图。

【侧滚摄影机】:使用该工具可以围绕摄影机的视线来旋转【目标】摄影机，同时也可以围绕摄影机局部的 z 轴来旋转【自由】摄影机。

【视野】:使用该工具可以调整视图中可见对象的数量和透视张角量。视野的效果与更改摄影机的镜头相关，视野越大，观察到的对象就越多(与广角镜头相关)，而透视会扭曲；视野越小，观察到的对象就越少(与长焦镜头相关)，而透视会展平。

3. 状态栏

状态栏位于轨迹栏的下方，它提供了选定对象的数目、类型、变换值和栅格数目等信息，并且状态栏可以基于当前光标和当前活动程序来提供动态反馈信息。

(二)课堂案例——抱枕摆放

(1)打开【项目一\项目一素材、效果及源文件\任务一\沙发. max】文件，渲染效果如图1-79所示。

(2)选中抱枕，移动到沙发上，在左视图将抱枕移动到沙发垫上方，如图 1-80 所示。

图 1-79

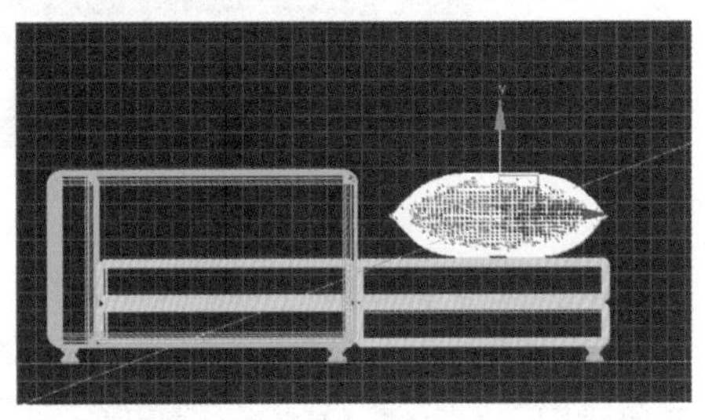

图 1-80

(3)选择前视图，将抱枕移动至沙发最左侧，如图 1-81 所示。

(4)选择顶视图，将抱枕移动至沙发最内侧，如图 1-82 所示。

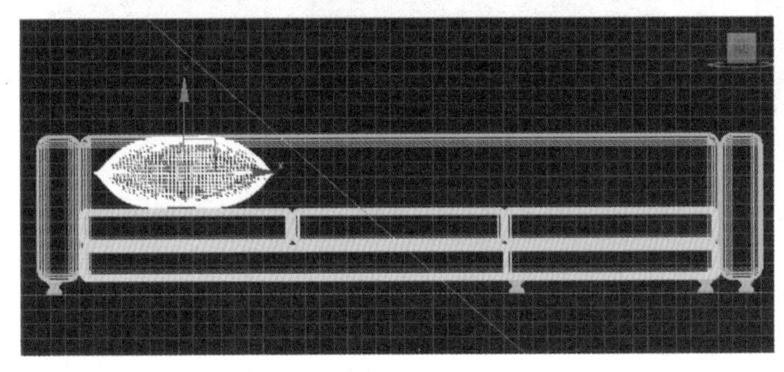

图 1-81

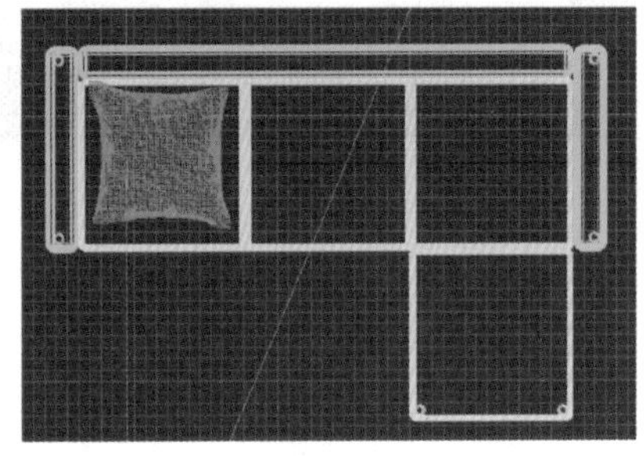

图 1-82

(5)单击工具栏上的(选择并旋转)工具，选择抱枕，在前视图将抱枕旋转 75 度左右(也可以右键单击工具，在【X】轴输入 75)，效果如图 1-83 所示。

(6)选中抱枕，在左视图移动至沙发靠背上，如图 1-84 所示。

(7)单击工具栏上的(选择并旋转)工具，将抱枕左右调水平，上下移动抱枕位置，使抱枕与紧贴沙发垫，如图 1-85 所示。

(8)选择抱枕，单击主工具栏上的(选择并移动)工具，按住【Shift】，向右移动，弹出【克隆选项】对话框，选择【对象】下的【复制】，将【副本数】设置为【2】，单击【确定】按钮，如图 1-86 所示。

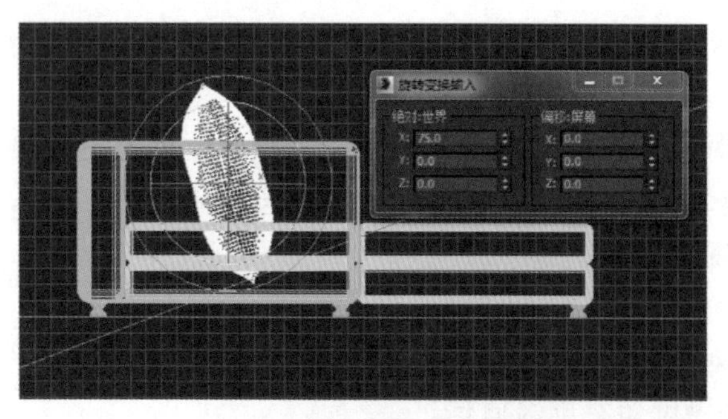

图 1-83

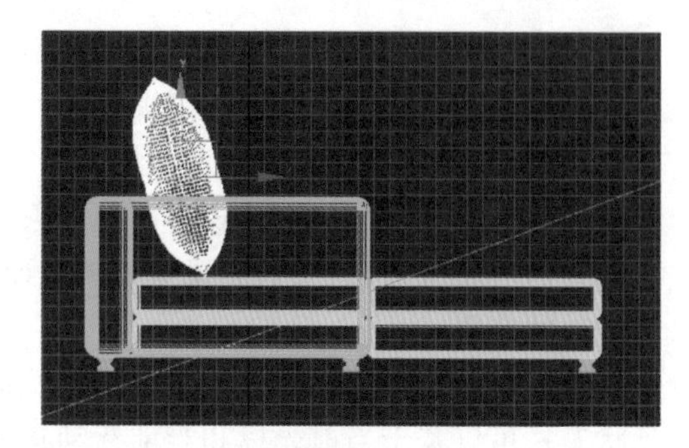

图 1-84

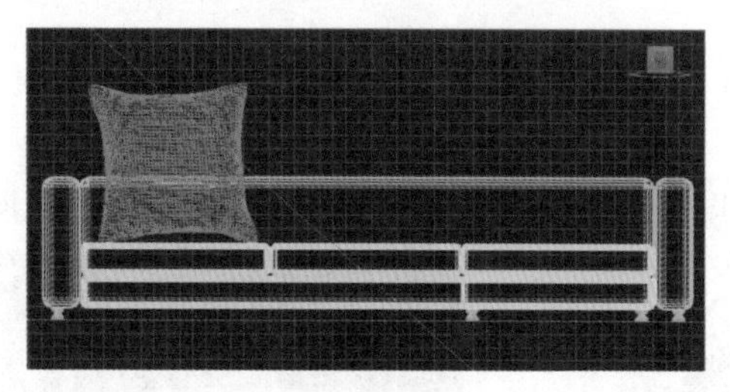

图 1-85

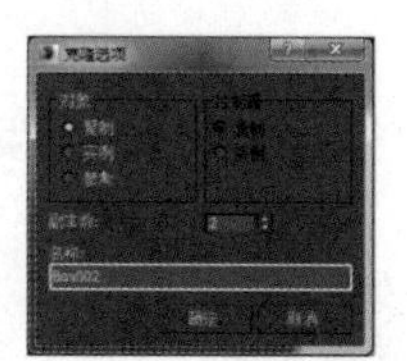

图 1-86

(9)调整 3 个抱枕的位置关系如图 1-87 所示。

(10)按【Shift+Q】快速渲染,效果如图 1-88 所示。

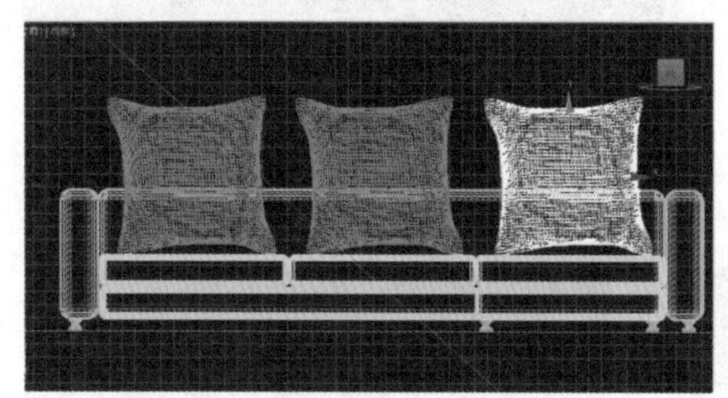

图 1-87

图 1-88

☞项目总结

本项目共有 4 个任务,任务一主要使用 3DS MAX 工作界面中菜单的相关知识完成魔方制作任务,同时需要学习者理解三维空间概念和建立三维空间思维模式。任务二通过主工具栏中的移动、缩放工具将物体大小、位置调整合适,主要用来熟悉物体最基本的移动、旋转和缩放操作。任务三通过反复使用命令面板中的几何体形状建立小巧的茶几,主要目的是熟悉命令版的基本操作,特别注意的是 3DS MAX 中的创建和修改是分开的,操作需要一个熟悉过程。任务四需要在不同的视口中,使用移动、旋转工具对物体进行操作,重点理解三视图的概念和处理方式,为将来利用点、线、面建立模型打下良好的基础。

☞项目考核

一、填空题

1. 3DS MAX 的应用领域主要集中在(　　　)、(　　　)、(　　　)和(　　　)等方面。

2. 主工具栏可以通过拖曳的方式将其移动到视图的其他位置，这时它将以(　　　)的形态出现在视图中。

3. 如果想让浮动的命令面板返回到停靠状态，只需要将光标放在命令面板的标题名称上，然后(　　　)。

4. 在四视图显示和单一视图显示之间进行切换的快捷键是(　　　)组合键。

5. 如果创建的场景需要设置单位，一般打开(　　　)菜单进行设置。

6. 如果要创建几何体，除了在命令面之外，还可以在(　　　)菜单中进行。

7. 在 3DS MAX 创建的场景中，(　　　)(可以或不可以)单独导出其中的某一个几何体。

8. 在使用【选择对象】工具框选对象时，按(　　　)键可以切换选框的类型。

9. 反选的快捷键是(　　　)。

10. 执行【工具＞孤立当前选择】菜单命令或直接按(　　　)组合键，都可以把当前选中对象单独显示出来。

11. 当【窗口/交叉】工具处于(　　　)(未激活或者激活)状态时，这时如果在视图中选择对象，那么只要选择的区域包含对象的一部分即可选中该对象。

12. 在默认的四视图中只有(　　　)显示的是 x、y、z 这 3 个轴向，其他视图均只显示两个轴向。

13. 角度捕捉切换工具的快捷键为(　　　)键。

14. 激活角度捕捉切换工具后，默认状态下以(　　　)度为增量进行旋转。

15. 创建对象应该在(　　　)面板中进行，修改对象应该在(　　　)面板进行。

二、选择题

1. 3DS MAX 创建一个完整的作品通常包含 6 步，但在制作静态作品时可以省略(　　　)。

A. 编辑材质　　B. 设置灯光和摄影机　　C. 制作动画　　D. 渲染输出

2. 默认状态下，主工具栏、命令面板和视口布局选项卡分别停靠在界面的(　　　)。

A. 上方、右侧和左侧　　B. 下方、右侧和左侧　　C. 上方、下侧和左侧　　D. 上方、下方和右侧

3. 新建场景并且还原为默认设置，应该(　　　)场景。

A. 新建全部　　B. 保留对象和层次　　C. 重　　D. 保留对象

4. 为了便于批量选择同一种类型的对象，经常先(　　　)，然后再使用选择工具。

A. 使用过滤器　　B. 命名　　C. 删除　　D. 隐藏

5. 为了能够在 AutoCAD 中打开 3DS MAX 中制作的文件，需要导出的文件格式

为(　　　)。

A. max　　B. dwf　　C. 3DS　　D. fbx

6. 如果当前选择了一些对象,加选其他对象,可以按住(　　　)键单击其他对象;减选其他对象,可以按住(　　　)键单击其他对象。

A. Ctrl,Shift　　B. Alt,Shift　　C. Tab,Alt　　D. Ctrl,Alt

7. 可以沿 3 个轴以相同量缩放对象,同时保持对象的原始比例的是(　　　)。

A. 选择并均匀缩放　　B. 选择并非均匀缩放　　C. 选择并缩放　　D. 选择并挤压

8. 如果想使用选定对象的轴心点为坐标系,应选择(　　　)。

A. 世界　　B. 万向　　C. 局部　　D. 屏幕

9. 选中长方体的不同顶点,分别对齐到不同的栅格上,则(　　　)。

A. 最好使用 2D 捕捉　　B. 最好使用 2.5D 捕捉

C. 最好使用 3D 捕捉　　D. 只能使用参数值

10. 常用的几种视图都有其相对应的快捷键,其中(　　　)。

A. 顶视图的快捷键是 T 键

B. 前视图的快捷键是 P 键

C. 摄像机视图的快捷键是 S 键

D. 左视图的快捷键是 B 键

11. Alt+W 组合键的功能是(　　　)。

A. 将场景中的对象在所有视图中居中显示

B. 将所有可见的选定对象或对象集在所有视图中以居中最大化的方式显示

C. 可以将活动视口在正常大小和全屏大小之间进行切换

D. 可以用来对移动摄影机视图进行推拉

三、实践操作

1. 打开【项目一\项目一素材、效果及源文件\实践操作 1\包.max】文件,制作下图效果。

2. 打开【项目一\项目一素材、效果及源文件\实践操作 2\网球拍.max】文件,制作下图效果。

(第 1 题图)

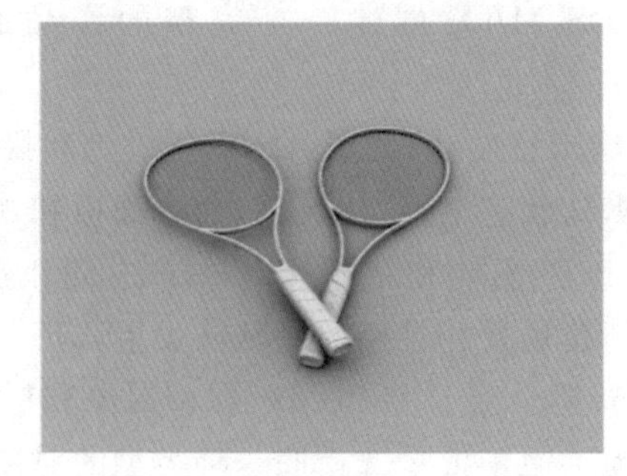

(第 2 题图)

3. 参考下图效果,利用【项目一\项目一素材、效果以及源文件\实践操作 3】文件夹中提供的

【桌子. max】和【长条凳. max】文件合并该场景。

4. 打开【项目一\项目一素材、效果及源文件\实践操作 4\长条凳(模型). max】文件，为长条凳添加贴图，效果如下图所示。

(第 3 题图)

(第 4 题图)

参考答案

一、1. 影视动画，游戏，产品造型，效果图　2. 浮动面板　3. 双击鼠标左键　4. Alt+W　5. 自定义　6. 创建　7. 可以　8. Q　9. Ctrl+I　10. Alt+Q　11. 未激活　12. 透视图　13. A　14. 5　15. 创建，修改

二、1. C　2. A　3. C　4. A　5. B　6. D　7. A　8. C　9. B　10. A　11. C

三、略

☞ 教学指导

3DS MAX 是三维立体制作软件，它具有强大的建模、材质与贴图、灯光与摄像机、环境与效果技术优势，在影视动画、游戏、产品造型和效果图等领域一直占据领导地位，因此其操作界面与其他软件存在极大的差别，同时需要学习者建立良好的三维空间概念和立体空间操作的习惯，这都是初学者在熟悉操作界面、学习菜单和主要工具的过程中需要重点掌握的，当然也是学习的难点。在命令面板的学习过程中，重点需要学习者注意的是分开的创建和修改，因为很多其他软件中创建和修改是一体的，这点操作方式的改变需要学习者快速适应。最后就是三维空间中的操作和视图的关系，不但要从知识层面清晰理解，而且要从操作层面快速掌握，这需要学习者反复训练和实践。

项目二　几何体建模

建模是制作三维效果的基础，3DS MAX 为用户提供了多种创建三维模型的方法，本项目主要学习其中一种最基本建模方法：利用基本几何体创建模型，几何体建模的主要方法是基本几何体拼接、运算及添加修改器。

☞项目目标

- 掌握几何体建模的思路和步骤；
- 掌握使用长方体、球体、圆柱体、管状体、圆环等常见基本体进行建模的方法和技巧；
- 掌握使用异面体、切角长方体、切角圆柱体等常见扩展基本体创建模型的方法和技巧；
- 掌握使用复合对象中的布尔、图形合并、放样等进行建模的方法和技巧；
- 培养创新意识和创新思维；
- 理解科技创新的在社会进步中的作用；
- 培养工匠的基本品质和职业素养。

☞项目概述

使用 3DS MAX 制作作品时，往往都遵循“建模→材质→灯光→渲染”这 4 个基本流程。建模是一幅作品的基础，没有模型，材质和灯光就是无稽之谈，图 2 - 1、图 2 - 2 就是比较优秀的建模作品。

图 2 - 1

图 2 - 2

一、建模思路解析

在开始学习建模之前，首先需要掌握建模的思路，在 3DS MAX 中，建模的过程就相当于现实生活中的“雕塑”过程。下面以一个壁灯为例来讲解建模的思路，如图 2－3 所示。

在创建这个壁灯模型的过程中，可以先将其分解为 9 个独立的部分来分别进行创建，如图 2－4 所示。

图 2－3

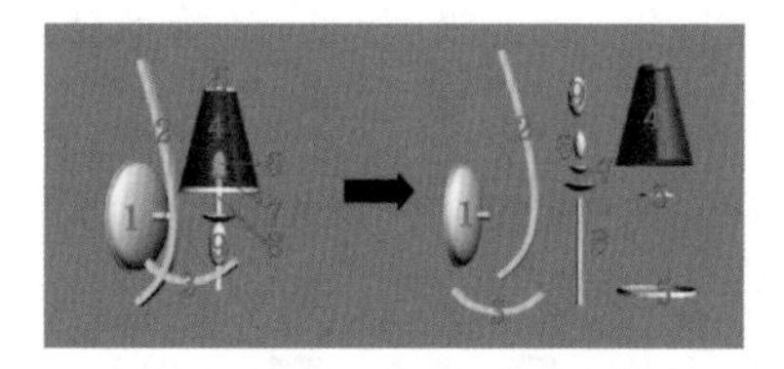

图 2－4

以图 2－4 为例，第 2、3、5、6、9 部分的创建非常简单，可以通过修改标准基本体(圆柱体、球体)和样条线来得到；而第 1、4、7、8 部分可以使用多边形建模方法来进行制作。

下面以第 1 部分的灯座来介绍一下其制作思路。灯座形状比较接近于半个扁的球体，因此可以采用以下 5 个步骤来完成，如图 2－5 所示。

第 1 步：创建一个球体。

第 2 步：删除球体的一半。

第 3 步：将半个球体“压扁”。

第 4 步：制作出灯座的边缘。

第 5 步：制作灯座前面的凸起部分。

图 2－5

二、建模的常用方法

建模的方法有很多种，大致可以分为内置模型建模、复合对象建模、二维图形建模、网格建模、多边形建模、面片建模和 NURBS 建模 7 种。确切地说他们不应该有固定的分类，因为它们之间都可以交互使用。

牛顿说：“如果说我看得比别人更远些，那是因为我站在巨人的肩膀上。”为了快速制作规则、简单的模型，软件提供了一些内置模型，包括【标准基本体】、【扩展基本体】和【复合对象】，模型制作时可以直接使用现有的模型，或者以现有的模型为基础，经过简单变形和处理，快速创建出一些规则且简单的模型效果，提高模型制作效率。社会进步和技术更新都是一代又一代的人站在前人的肩膀上，不断努力、不断创新的结果，而目前科学技术创新已经成为社会不断进步和发展的直接动力，需要青年人持续参与、继承和革新。

☞项目任务

任务一　戏台长条凳

本任务思政要素：或去繁就简或精益求精，按需而用。

(一)理论基础——长方体

标准基本体是 3DS MAX 中自带的一些模型，用户可以直接创建出这些模型。例如，想创建一个台阶，可以使用长方体来创建。

在命令面板中单击■(创建)|■(几何体)按钮，然后在下拉列表中选择几何体类型为标准基本体。标准基本体包含 10 种对象类型，分别是长方体、圆锥体、球体、几何球体、圆柱体、管状体、圆环、四棱锥、茶壶和平面，如图 2-6 所示。

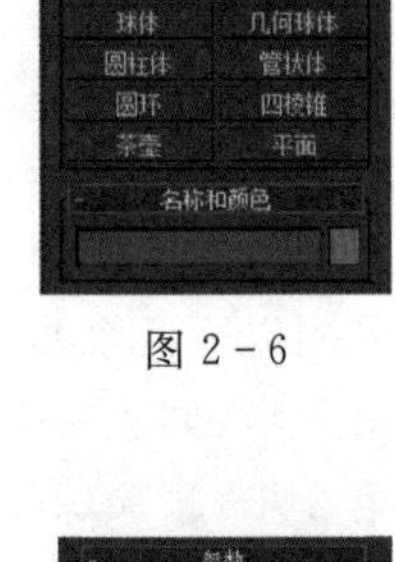

图 2-6

1. 长方体

长方体是建模中最常用的几何体，现实中与长方体接近的物体很多。可以直接使用长方体创建出很多模型，如方桌、凳子、墙体等，同时还可以将长方体用作多边形建模的基础物体。长方体的参数比较简单，包括长度、宽度、高度及相应的分段，如图 2-7 所示。

【长度、宽度、高度】：设置长方体对象的长度、宽度、高度，默认值为 0。

【长度分段、宽度分段、高度分段】：设置沿着对象每个轴的分段数量(创建前后设置均可)。

图 2-7

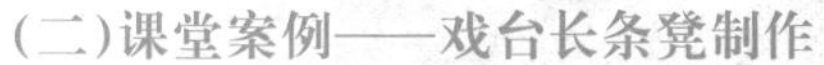

(二)课堂案例——戏台长条凳制作

(1)进入【创建】命令面板。选择【几何体】按钮进入几何体创建命令面板，单击【长方体】按钮，在透视图中创建如图 2-8 所示的几何体作为凳子面，参数如图 2-9 所示。

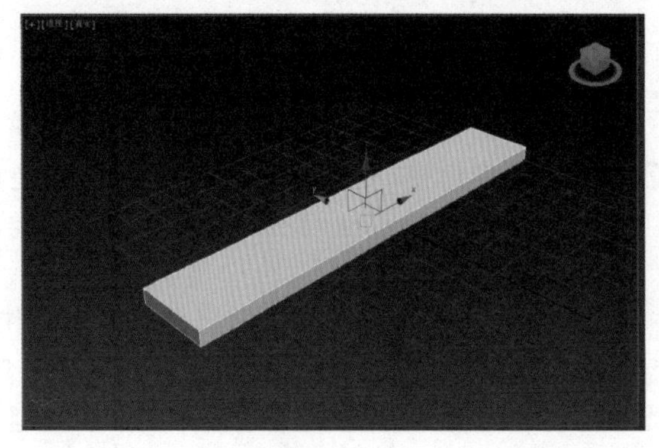

图 2-8

图 2-9

(2)选择长方体，右键单击按钮，弹出移动变换输入对话框，设置 X、Y、Z 轴坐标，参数如图 2 - 10 所示，效果如图 2 - 11 所示。

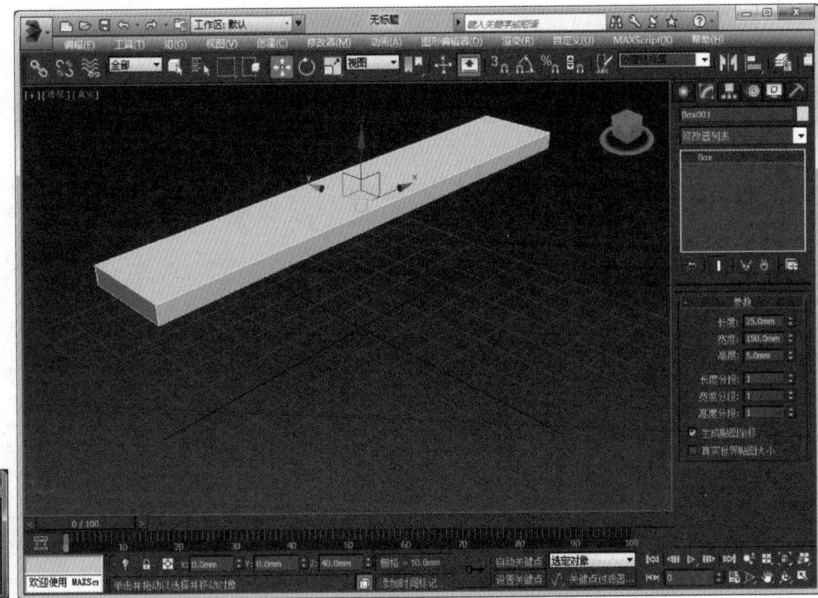

图 2 - 10　　图 2 - 11

(3)选择顶视图，再次创建长方体作为凳子腿，位置如图 2 - 12 所示，参数如图 2 - 13 所示。

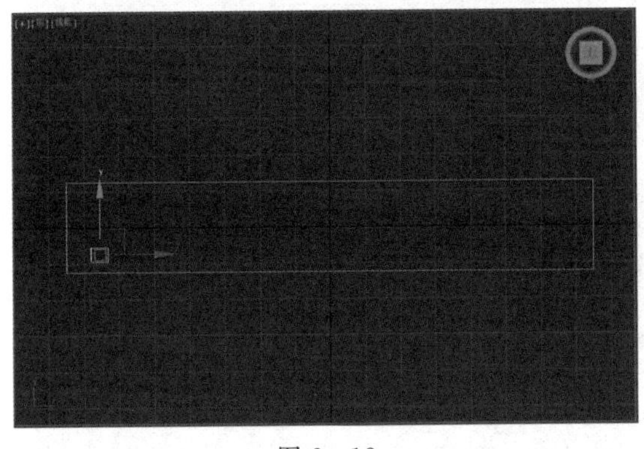

图 2 - 12

图 2 - 13

(4)选择左视图，选择刚刚创建的凳子腿，单击按钮，轻轻旋转一个角度，如图 2 - 14 所示。单击按钮，向左移动，效果图 2 - 15 所示。

(5)选择前视图，继续选择凳子腿，单击按钮，按住【Shift】键移动至如图 2 - 16 所示位置，弹出【克隆选项】对话框，如图 2 - 17 所示，单击【确定】按钮。

(6)选择顶视图，选择一个凳子腿，按住 Ctrl 键，选择另一个凳子腿，如图 2 - 18 所示。单击工具，弹出镜像对话框，选择【Y 轴】，选择【实例】，设置【偏移】值为 22 mm，参数如图 2 - 19 所示。使克隆出来的另外两条腿的位置如图 2 - 20 所示。

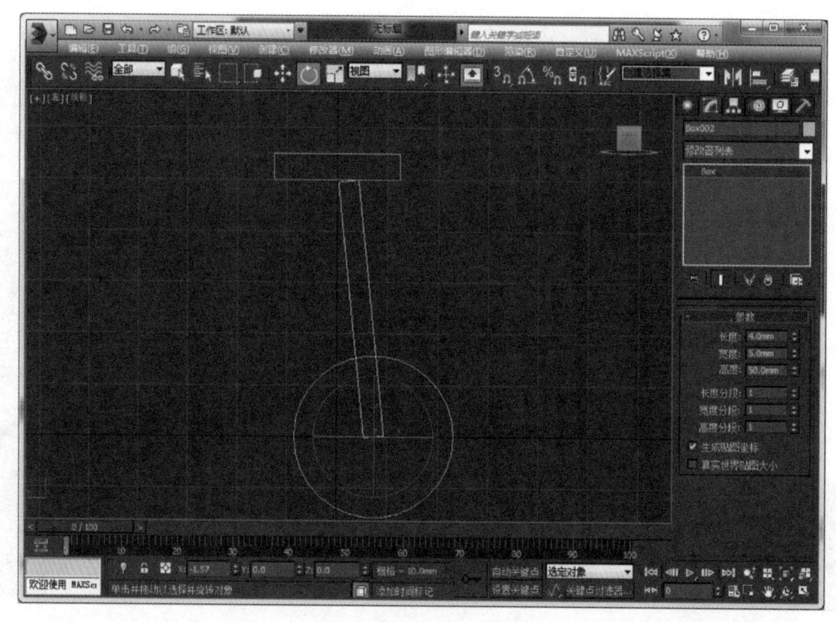

图 2 - 14

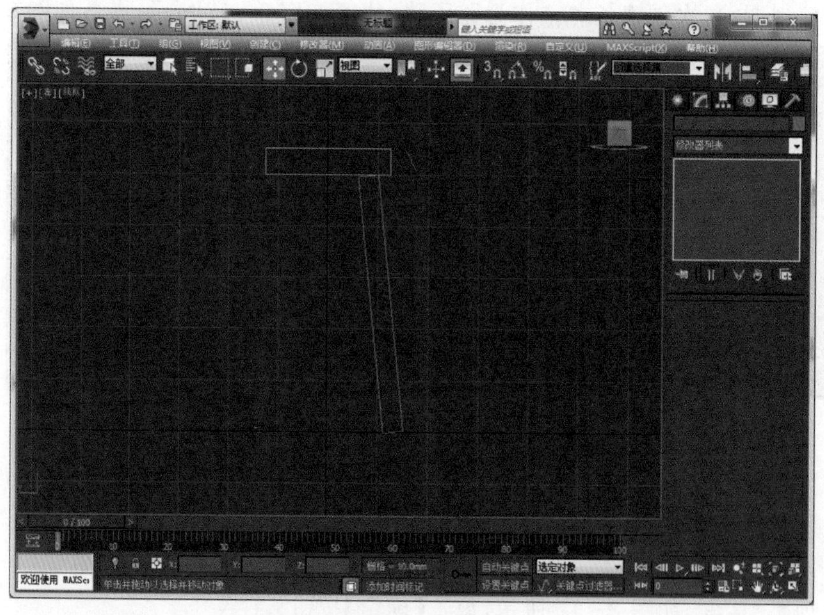

图 2 - 15

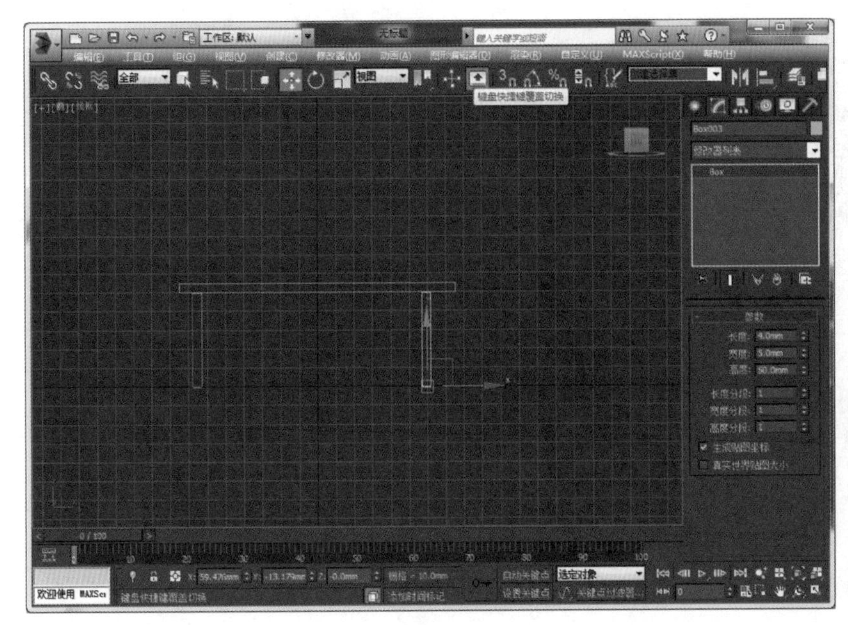

图 2－16

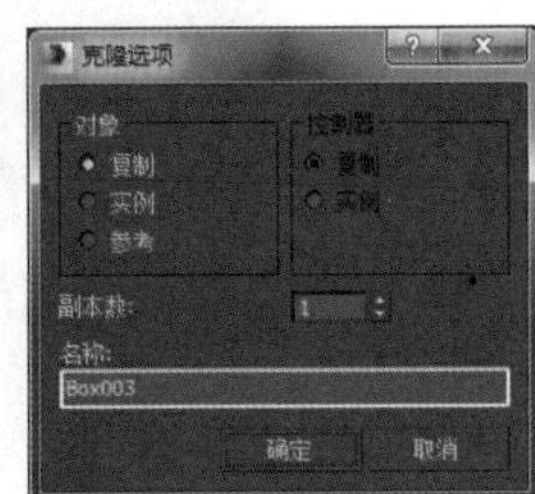

图 2－17

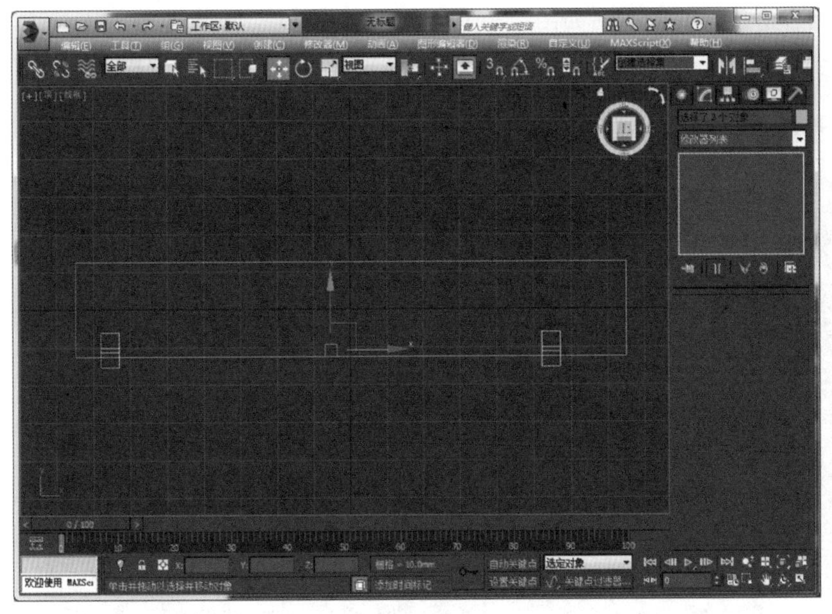

图 2－18

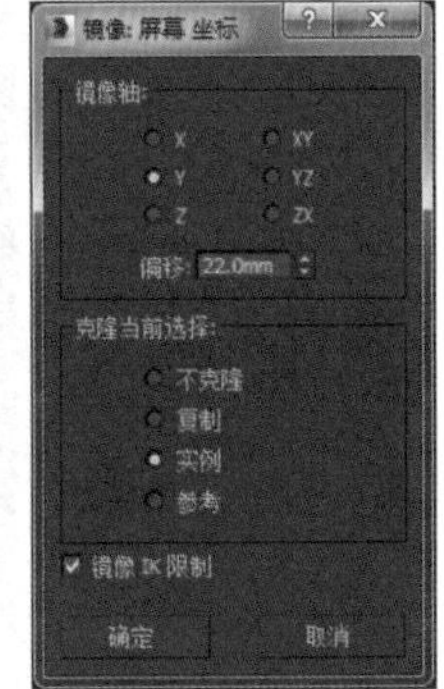

图 2－19

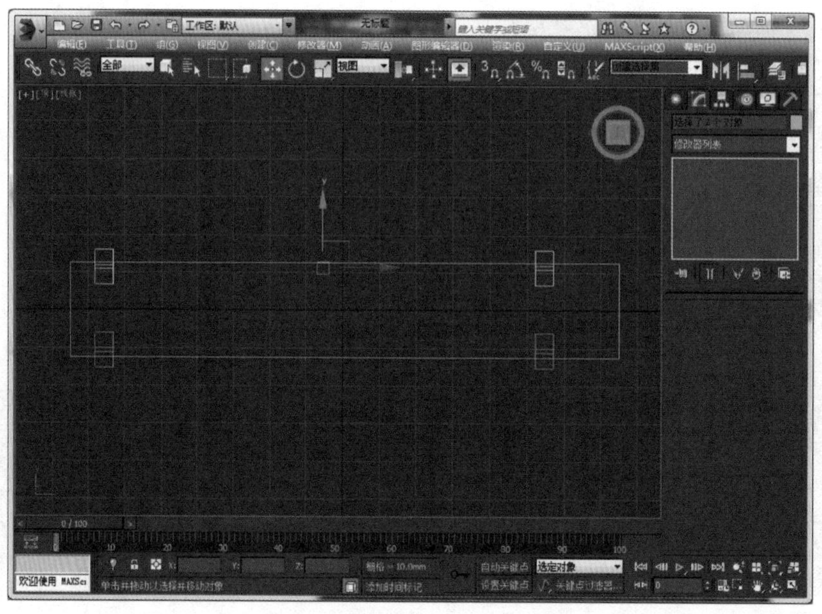

图 2 - 20

(7)选择左视图,创建长方体作为凳子腿的横档,参数如图 2 - 21 所示,效果如图 2 - 22 所示。选择顶视图,移动到合适位置。效果图如图 2 - 23 所示。

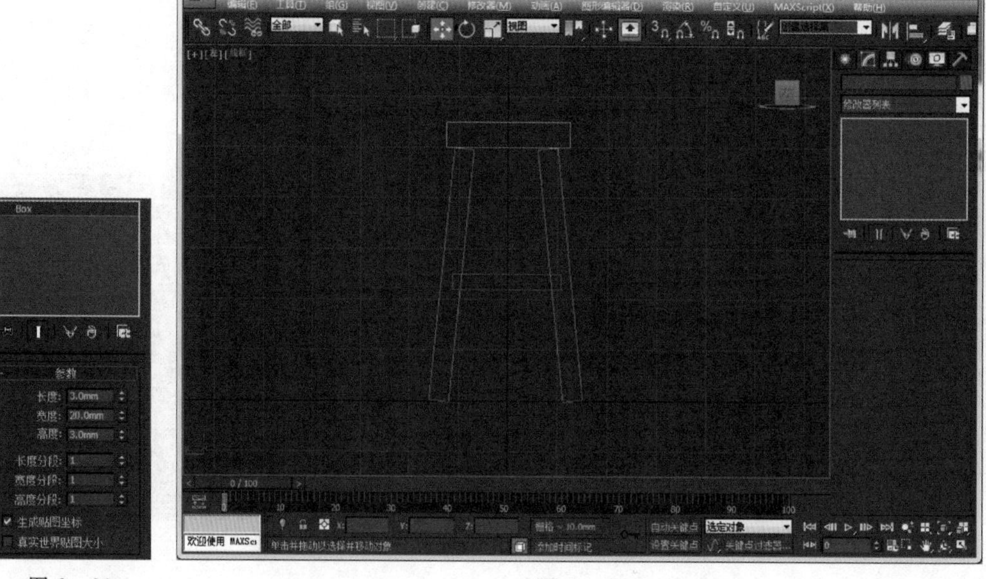

图 2 - 21　　图 2 - 22

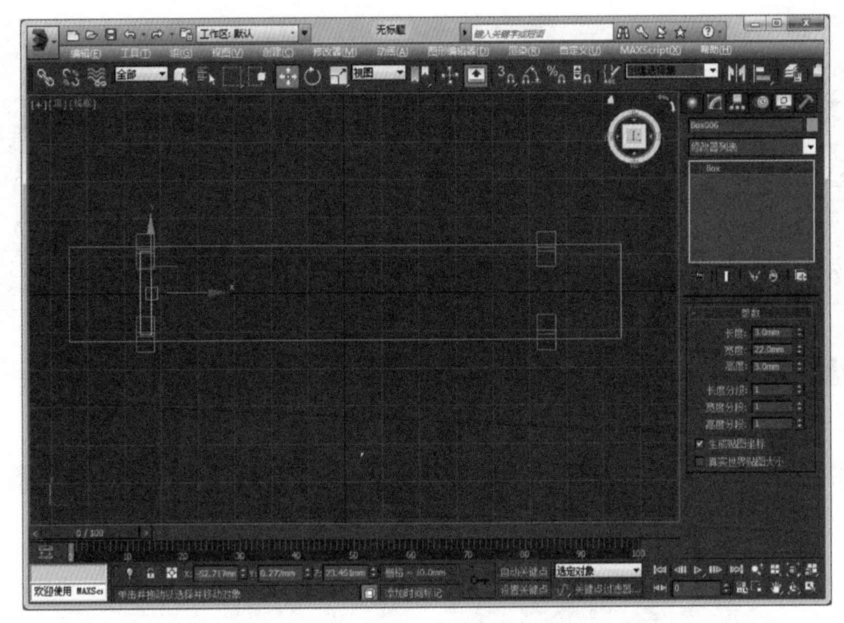

图 2 - 23

(8)使用【Shift】+工具,在另一边复制一个,效果如图 2 - 24 所示。用同样的方法创建第二条凳子腿横档,参数如图 2 - 25 所示,最终效果如图 2 - 26 所示。

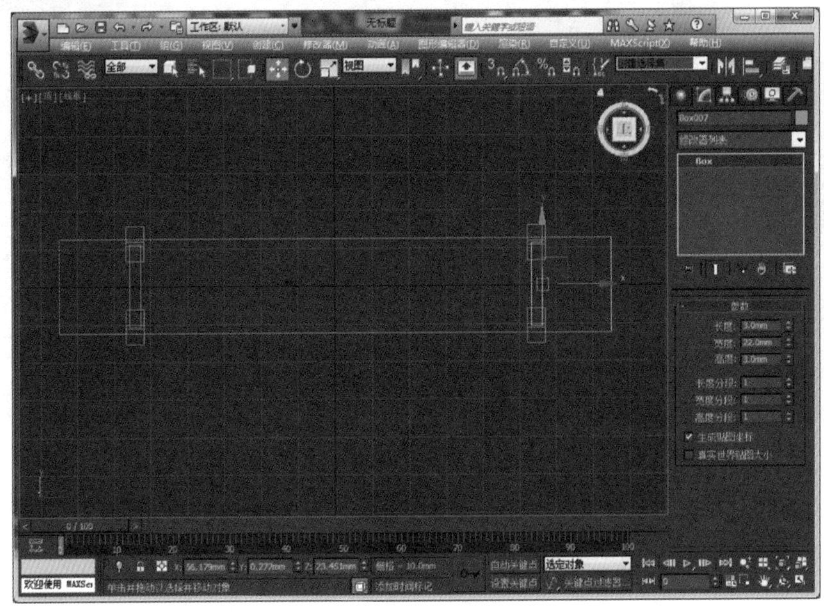

图 2 - 24

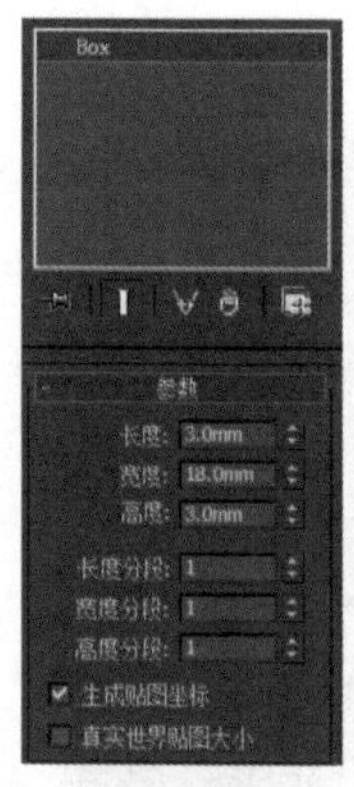

图 2-25

图 2-26

(9)使用快捷键【Shift+F】,添加安全线框。选择透视图,选择 下的 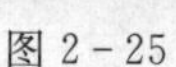,添加平面,使平面铺满安全线框,参数如图 2-27 所示,最终效果如图 2-28 所示。

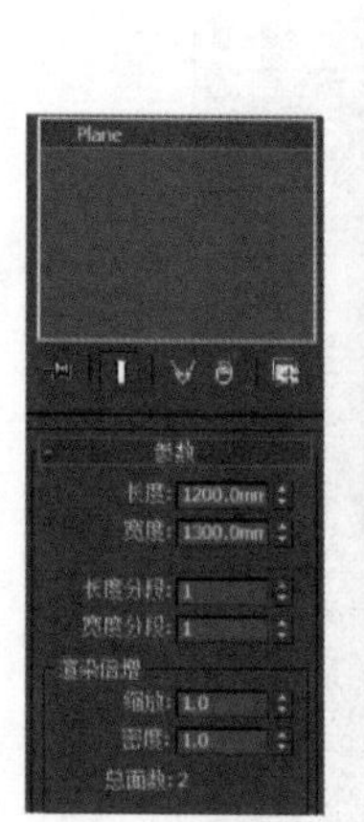

图 2-27

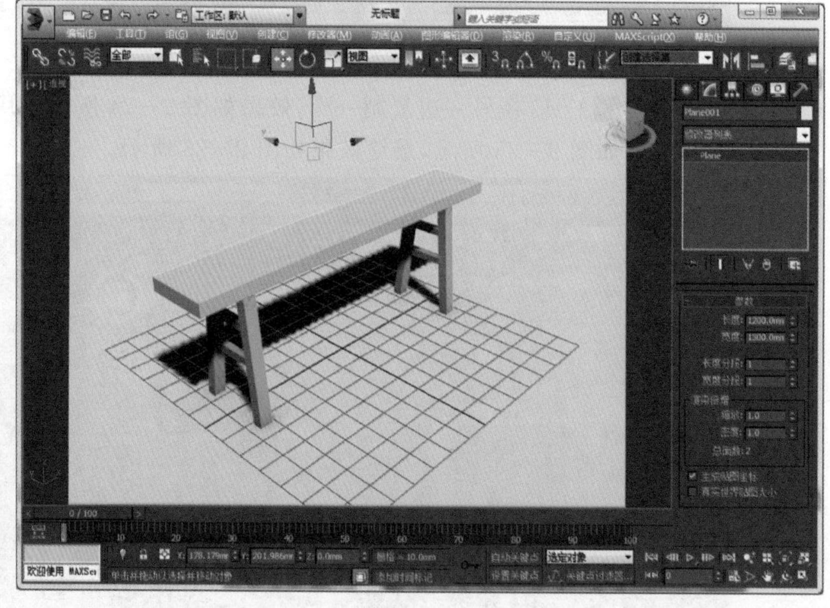

图 2-28

(10)单击 工具,弹出材质编辑器,如图 2-29 所示,拖动第一个材质球到地面,拖动第二个材质球给凳子面、四条腿和四个横档,效果图如图 2-30 所示。

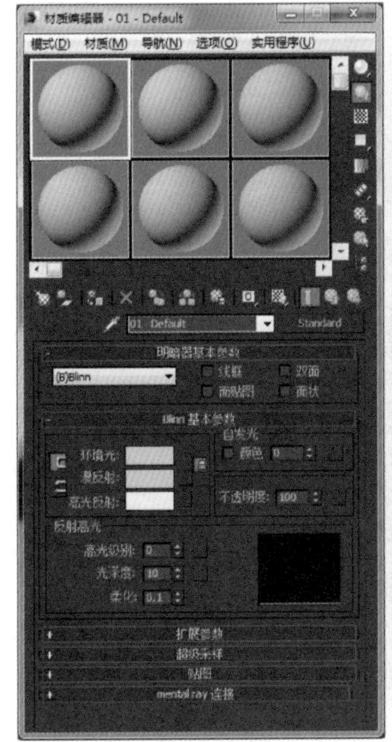

图 2-29

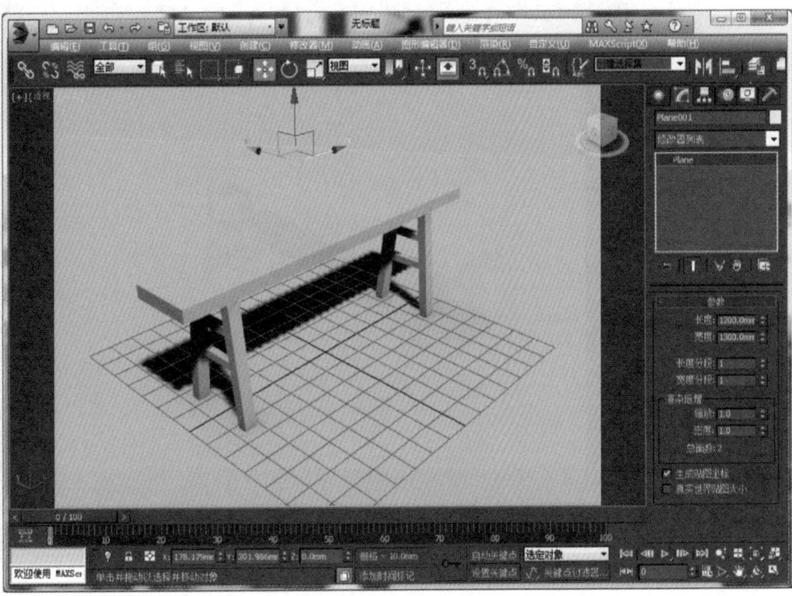

图 2-30

(11)选择材质编辑器中第一个材质球，单击【Blinn】下漫反射后面的色块，弹出颜色选择器，设置亮度为 200。选择第二个材质球，单击【Blinn】下漫反射后面的色块，弹出颜色选择器，设置亮度为 255。参数如图 2-31 所示，效果如图 2-32 所示。

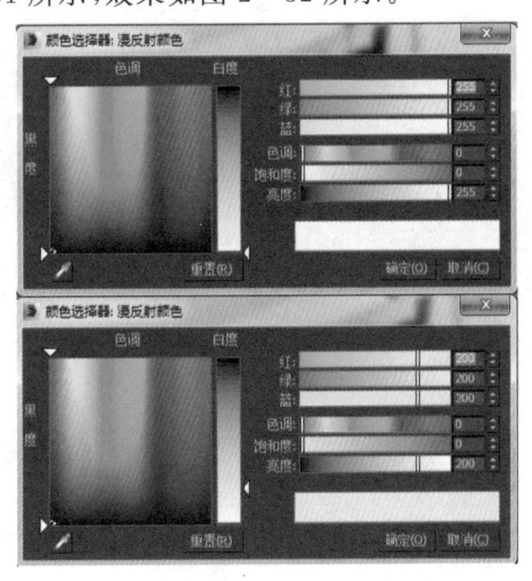

图 2-31

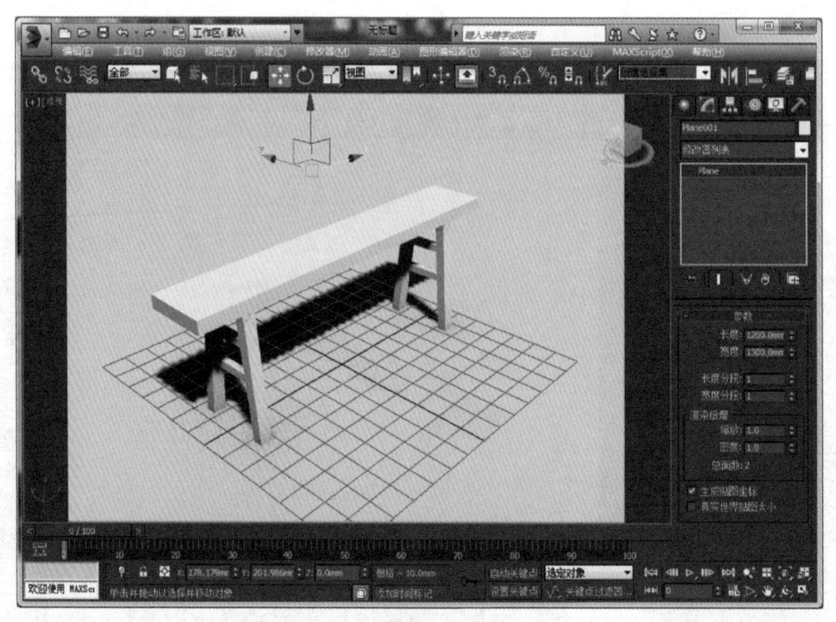

图 2－32

(12)选择创建,单击灯光,在下拉菜单中选择标准,如图 2－33 所示。单击天光按钮,在前视图创建【天光】,如图 2－34 所示。设置【倍增】为 0.8,勾选投射阴影,参数如图 2－35 所示。

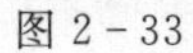

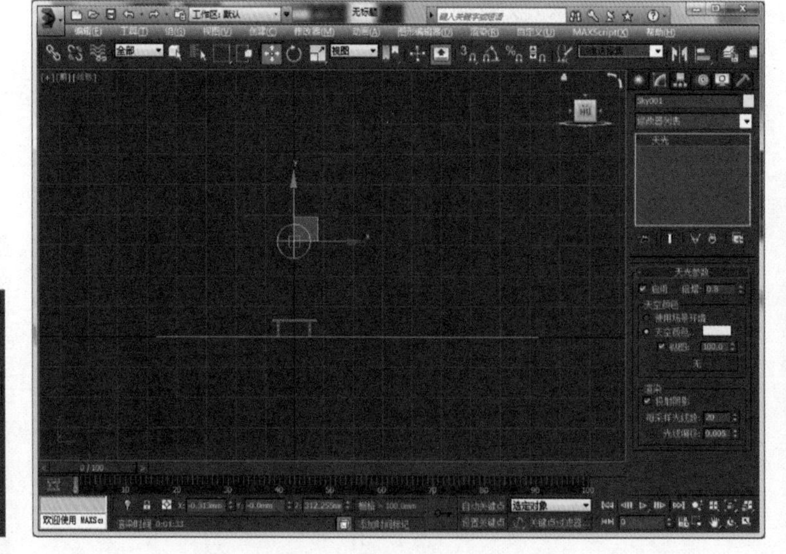

图 2－33　　图 2－34　　图 2－35

(13)选择左视图,使用滚轮缩小视图。单击【聚光灯】,从左下上向右上打光。单击【修改】,单击【常规参数】下的阴影单选框,将阴影效果改为【区域阴影】,设置【强度/颜色/衰减】中的强度为 0.2,调整灯光位置,如图 2－36 所示。最终效果如图 2－37 所示。

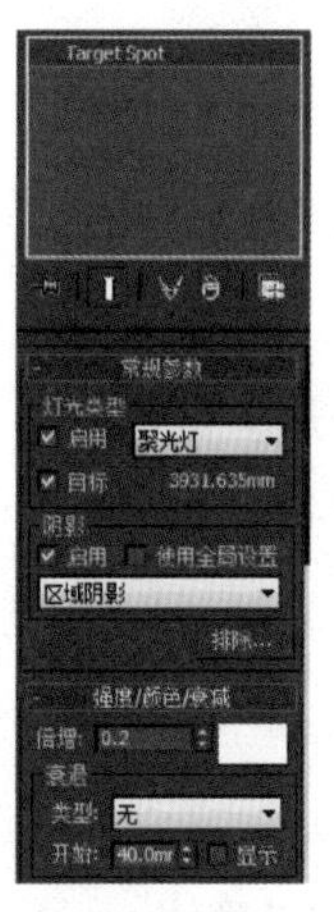

图 2 - 36

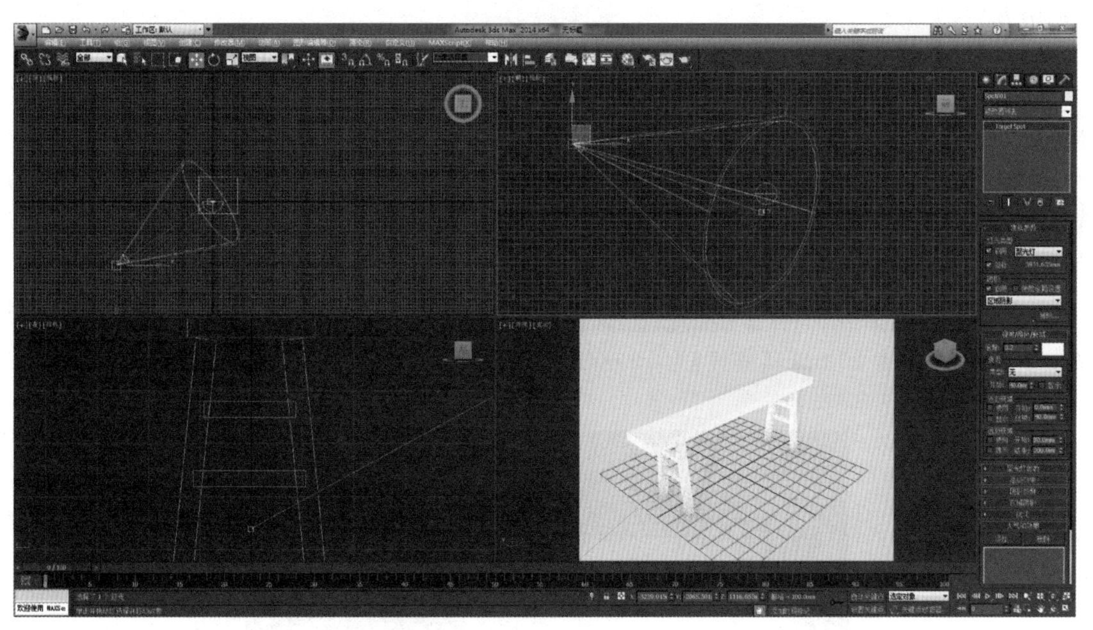

图 2 - 37

(14)按【F9】键渲染,效果如图 2 - 38 所示。

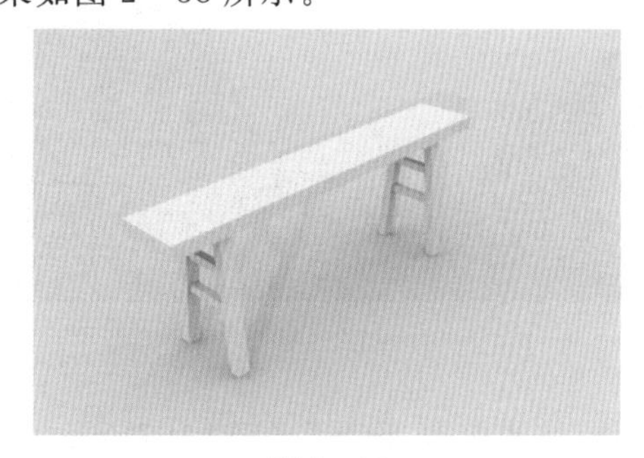

图 2 - 38

任务二 创意钟表

本任务思政要素:学会制作钟表,懂得珍惜时间。

(一)理论基础——球体

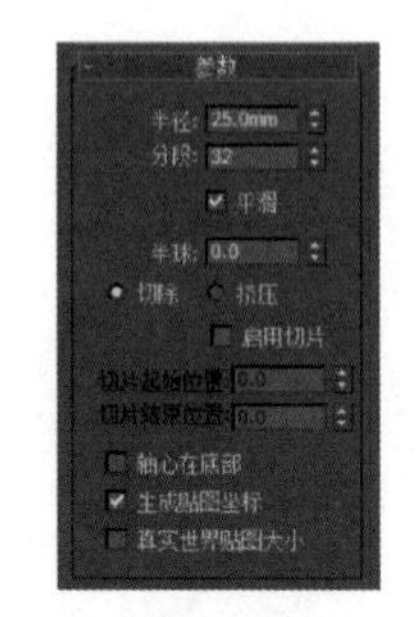

图 2 - 39

球体也是现实中常见的物体。使用球体工具制作完整的球体,也可以创建半球体或者球体的其他部分,还可以围绕球体的垂直轴对其进行切片修改,如图 2 - 39 所示。

【半径】:指定球体的半径。

【分段】:设置球体多边形分段的数目。

【平滑】:混合球体的面,从而在渲染视图中创建平滑的外观。

【半球】:过分增大该值将从底部“切断”球体,从而创建部分球体,取值范围为 0～1。

【切除】:通过在半球断开时将球体中的顶点数和面数“切除”来减少它们的数量。

【挤压】:保持原始球体中的顶点数和面数,将几何体向着球体的顶部挤压为越来越小的体积。

【轴心在底部】:在默认情况下,轴心位于球体中心的构造平面上。如果勾选“轴心在底部”选项,则会将球体沿着其局部 z 轴向上移动,使轴点位于其底部。

(二)课堂案例一:创意钟表制作

(1)单击创建/几何体/扩展基本体/切角圆柱体按钮,在顶视图中创建一个切角圆柱体,修改参数:【半径】为 25 mm,【高度】为 16 mm,【圆角】为 2.5 mm,【圆角分段】为 3,【边数】为 32,如图 2 - 40 所示。

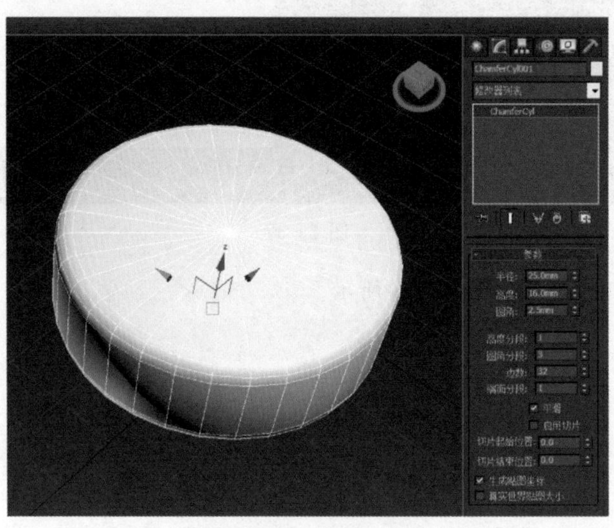

图 2 - 40

(2)在顶视图创建一个球体,修改参数:设置【半径】为 7 mm。继续在顶视图创建一个圆锥体，将其放置在球体后方，修改参数，设置【半径 1】为 9 mm，【半径 2】为 0 mm，【高度】为 6 mm，【边数】为 30，如图 2－41 所示。

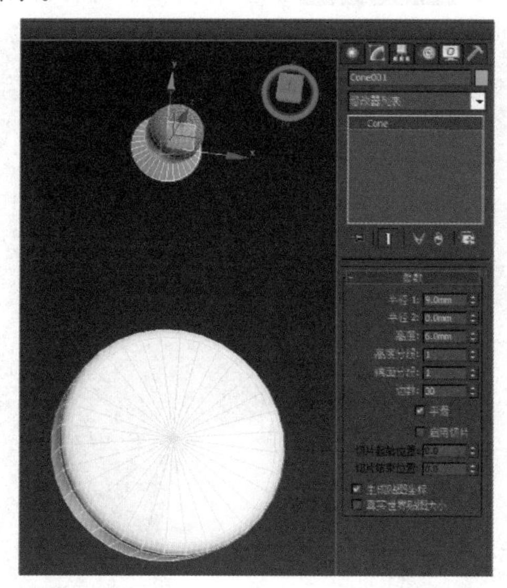

图 2－41

(3)选中球体和圆锥体，并选择菜单栏中的【组/成组】命令，在弹出的【组】对话框中将组命名为整点，如图 2－42 所示。

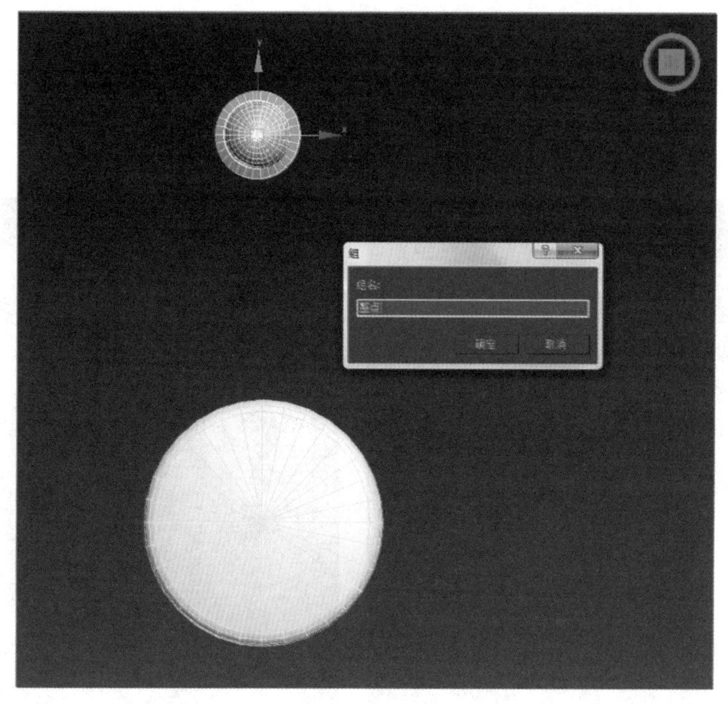

图 2－42

(4)选中上一步中的组，单击【层次】按钮，并单击仅影响轴按钮，接着将轴心移动到切角圆柱体的中心，最后再次单击仅影响轴按钮，将其取消，如图 2-43 所示。

图 2-43

(5)单击【选择并旋转】工具，单击【角度捕捉】工具，并按住【Shift】键向下旋转－30°，在弹出的【克隆选项】对话框中选择【实例】，并将副本数改为 11，如图 2-44 所示。点击确定后得到的模型效果如图 2-45 所示。

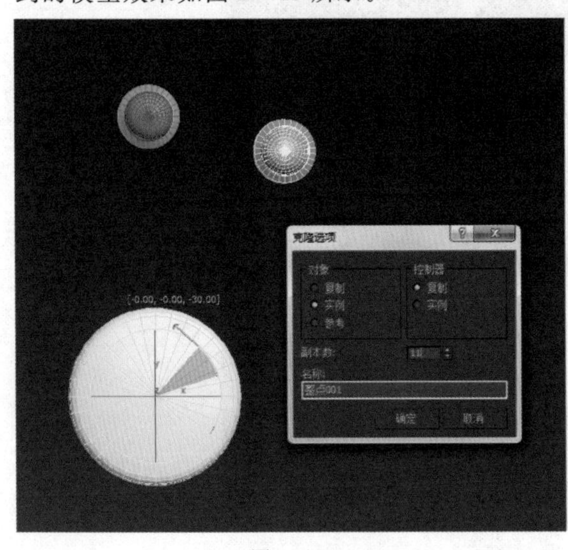

图 2-44

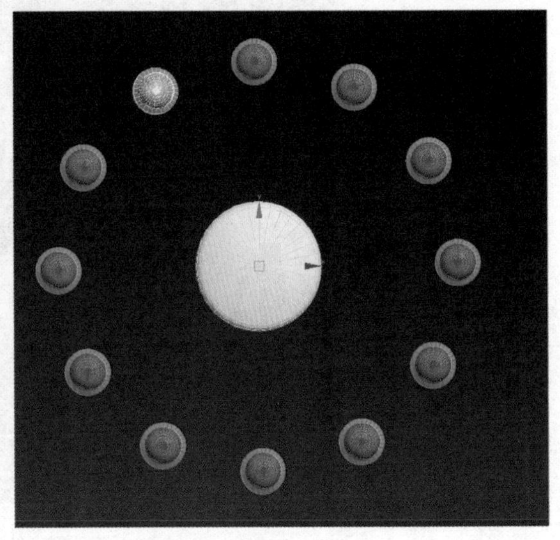

图 2-45

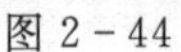

(6)使用【线】工具在顶视图绘制如图 2 - 46 所示图形,作为钟表的指针。

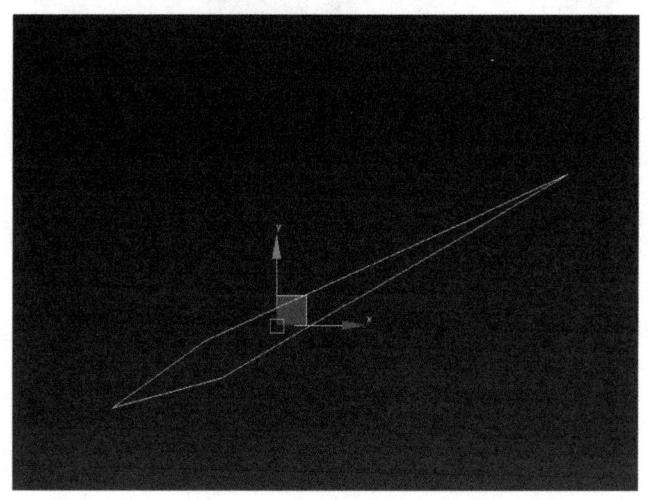

图 2 - 46

(7)为上一步所绘制得到的图形加载【挤出】修改器,设置【数量】为 1 mm。使用选择并移动工具,同时按住【Shift】键复制一个,接着使用(选择并均匀缩放)将其适当缩放,作为钟表的时针,如图 2 - 47 所示。

图 2 - 47

(8)最后使用【切角圆柱体】工具在顶视图中拖曳创建一个切角圆柱体。设置【半径】为 2 mm,【高度】为 0.5 mm,【圆角】为 0.13 mm,【边数】为 32,摆放至时针上方,如图 2 - 48 所示。创意钟表最终建模效果如图 2 - 49 所示。

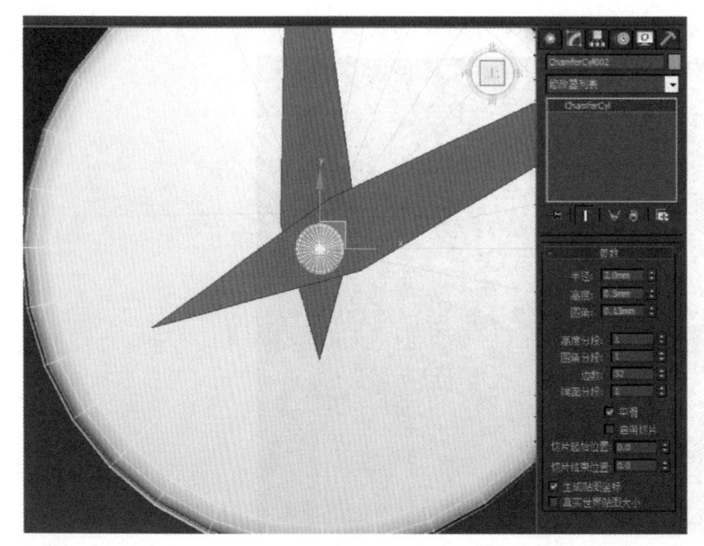

图 2-48

图 2-49

任务三　简约落地灯

本任务思政要素：生活的灯，用来驱散黑暗。心中有灯，才能穿越困境。

（一）理论基础——圆柱体、管状体、圆环

1. 圆柱体

圆柱体在现实生活中很常见，如玻璃杯和桌腿等。制作由圆柱体构成的物体时，可以将圆柱体转换成可编辑多边形，然后对细节进行调整。圆柱体的参数如图 2-50 所示。

图 2-50

【半径】：设置圆柱体的半径。

【高度】：设置沿着中心轴的维度。负值将在构造平面下方创建圆柱体。

【高度分段】：设置沿着圆柱体主轴的分段数量。

【端面分段】：设置围绕圆柱体顶部和底部中心的同心分段数量。

【边数】：设置圆柱体周围的边数。

2. 管状体

管状体的外形与圆柱体相似，不过管状体是空心的，因此管状体有两个半径，即外径【半径 1】和内径【半径 2】。管状体的参数如图 2-51 所示。

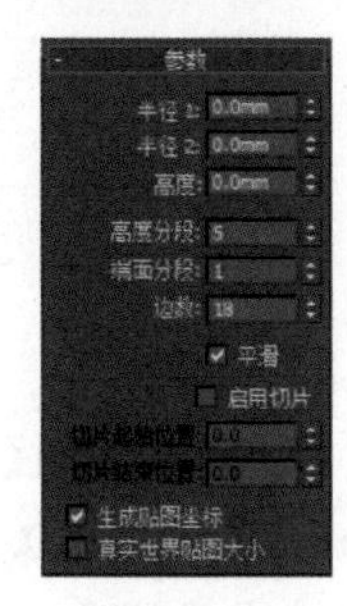

图 2-51

【高度】：设置沿着中心轴的维度。负值将在构造平面下方创建圆柱体。

【高度分段】：设置沿着圆柱体主轴的分段数量。

【端面分段】：设置围绕圆柱体顶部和底部中心的同心分段数量。

【边数】：设置圆柱体周围的边数。

3. 圆环

圆环可以用于创建环形或具有圆形横截面的环状物体。圆环的参数如图 2-52 所示。

【半径 1】：设置从环形的中心到横截面圆形中心的距离，这是环形环的半径。

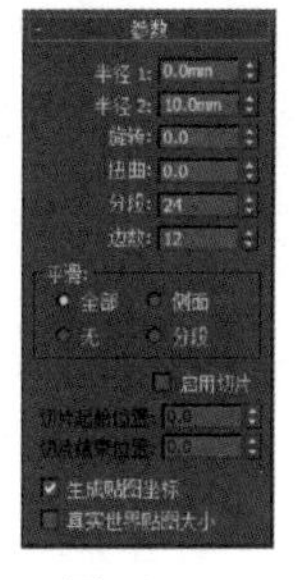
图 2 - 52

【半径 2】:设置横截面圆形的半径。

【旋转】:设置旋转的度数,顶点将围绕通过环形环中心的圆形非均匀旋转。

【扭曲】:设置扭曲的度数,横截面将围绕通过环形中心的圆形逐渐旋转。

【分段】:设置环形横截面圆形的边数。减小该数值,可以创建多边形环,而不是圆环。减小该数值,可以创建类似于棱锥的横截面,而不是圆形。

(二)课堂案例——简约落地灯制作

(1)单击(创建)/(几何体)/ 圆柱体 按钮,在顶视图创建一个圆柱体,接着在修改面板中设置【半径】为 45mm,【高度】为 6mm,【边数】为 32,如图 2 - 53 所示。

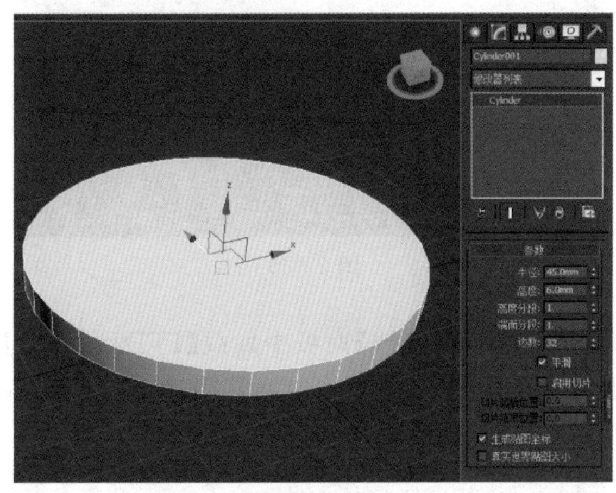
图 2 - 53

(2)在创建好的圆柱体的基础之上,用【选择并移动】工具,按住【Shift】键向上拖动至其上方,修改设置【半径】为 20 mm,【高度】为 4 mm,如图 2 - 54 所示。按住【Shift】键向上拖动至其上方,修改设置【半径】为 4 mm,【高度】为 240 mm,如图 2 - 55 所示。

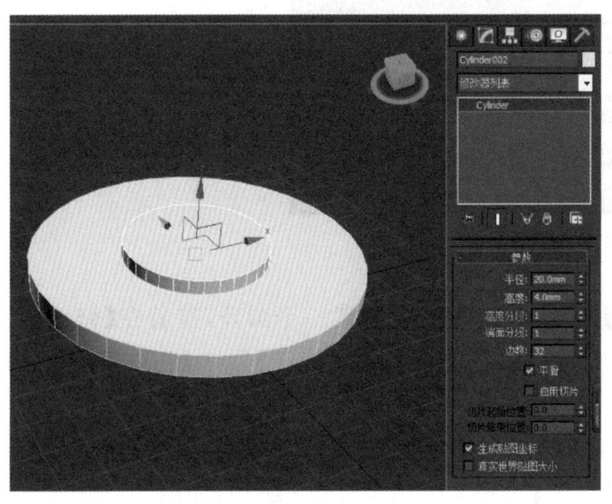
图 2 - 54

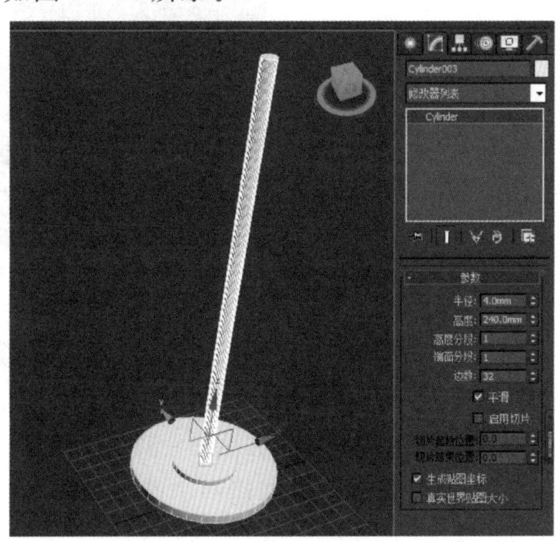
图 2 - 55

(3)单击(创建)/(几何体)/管状体按钮,在顶视图创建一个管状体,接着在修改面板中设置【半径 1】为 60 mm,【半径 2】为 59 mm,【高度】为 60 mm,【高度分段】为 1,【断面分段】为 1,【边数】为 36,如图 2-56 所示。

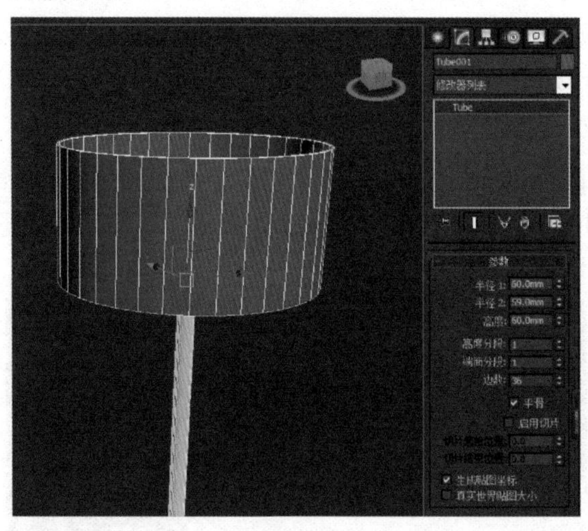

图 2-56

(4)选择刚创建的管状体,接着在【修改】面板中加载【FFD2×2×2】命令修改器,并进入控制点级别,选择【控制点】,最后使用(选择并均匀缩放)工具,沿 X 轴和 Y 轴向内进行缩放,调节后的效果如图 2-57 所示。

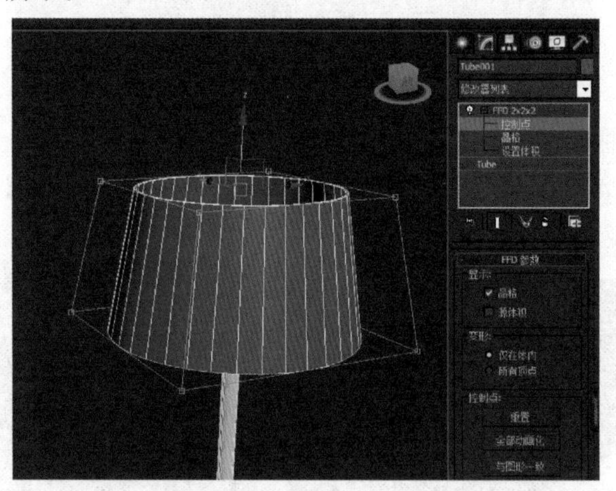

图 2-57

(5)单击(创建)/(几何体)/圆环按钮,在顶视图中创建一个圆环,接着在【修改】面板中展开【参数】卷展栏,设置【半径 1】为 59 mm,【半径 2】为 1 mm,【旋转】为 0,【扭转】为 0,【分段】为 36,【边数】为 12,如图 2-58 所示。

(6)在顶视图中再创建一个圆环,接着在【修改】面板中展开【参数】卷展栏,设置【半径 1】为 47 mm,【半径 2】为 1 mm,【旋转】为 0,【扭转】为 0,【分段】为 36,【边数】为 12,如图 2-59 所示。

最终模型效果如图 2－60 所示。

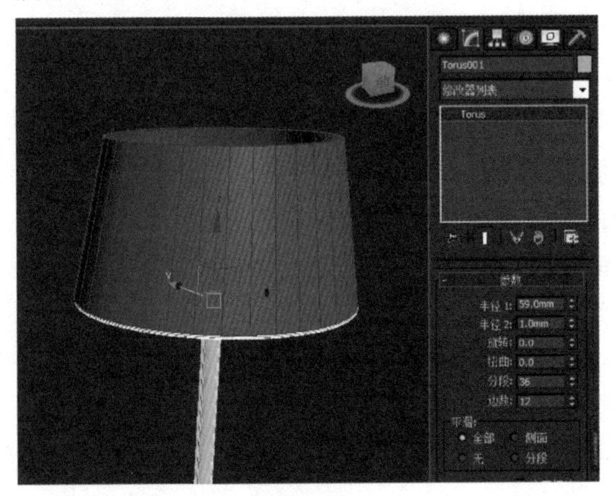

图 2－58

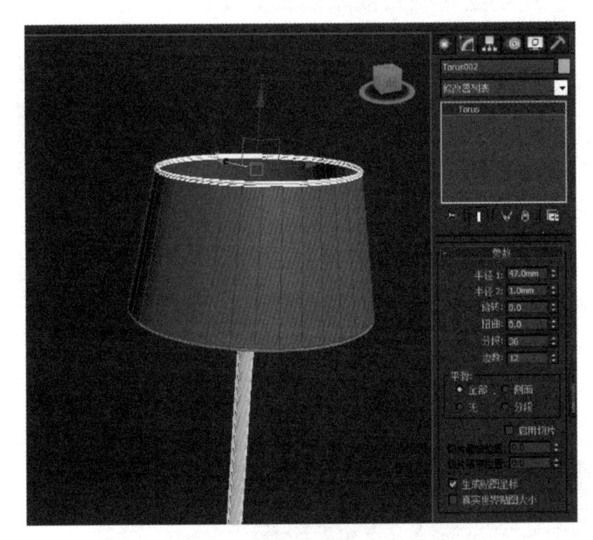

图 2－59

图 2－60

任务四　极简沙发

本任务思政要素：极简就是回归自然世界。

(一)理论基础——异面体、切角长方体

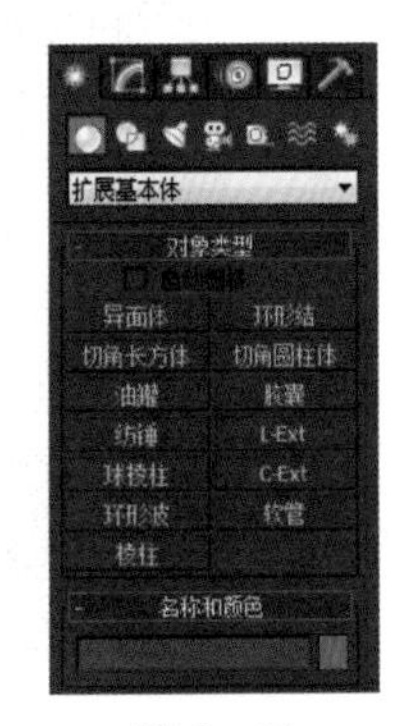

图 2－61

【扩展基本体】是基于【标准基本体】的一种扩展物体，共有 13 种，分别是异面体、环形结、切角长方体、切角圆柱体、油罐、胶囊、纺锤、L－Ext、球棱柱、C－Ext、环形波、软管和棱柱，如图2－61所示。

1. 异面体

异面体是一种很典型的扩展基本体，可以用它来创建四面体、立方体和星形等。异面体的参数如图 2－62 所示。

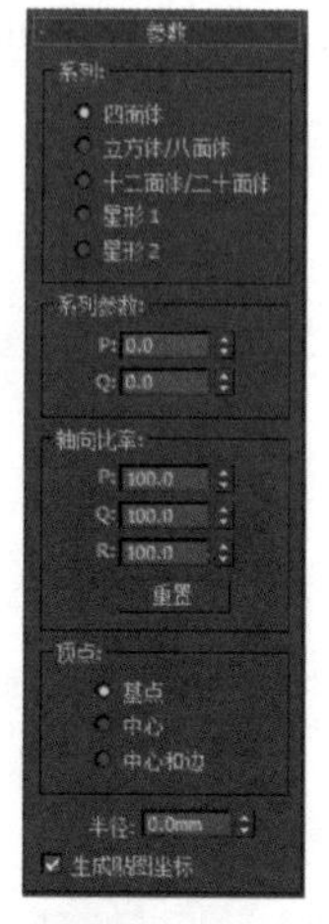

图 2-62

【系列】:在这个选项组下可以选择异面体的类型,有 5 种异面体效果。

【系列参数】:P、Q 两个选项主要用来切换多面体顶点与面之间的关联关系,其数值范围是 0～1。

【轴向比率】:多面体可以拥有多达 3 种多面体的面,如三角形、方形或五角形。这些面可以是规则的,也可以是不规则的。如果多面体只有一种或两种面,则只有一个或两个轴向比率参数处于活动状态,不活动的参数不起作用。P、Q、R 控制多面体一个面反射的轴。如果调整了参数,单击【重置】按钮可以将 P、Q、R 的数值恢复到默认值 100。

【顶点】:这个选项组中的参数决定多面体每个面的内部几何体。“中心”和“中心和边”选项会增加对象中的顶点数,从而增加面数。

【半径】:设置任何多面体的半径。

2. 切角长方体

切角长方体是长方体的扩展物体,可以快速创建带圆角效果的长方体。切角长方体的参数如图 2-63 所示。

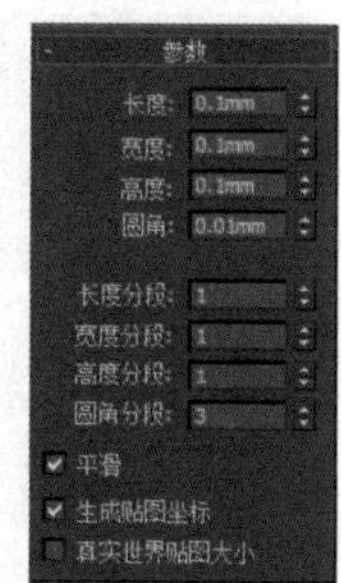

图 2-63

【长度/宽度/高度】:用来设置切角长方体的长度、宽度和高度。

【圆角】:切开倒角长方体的边,以创建圆角效果。

【长度分段/宽度分段/高度分段】:设置沿着相应轴的分段数量。

【圆角分段】:设置切角长方体圆角边的分段数。

(二)课堂案例——极简沙发制作

(1)单击(创建)/(几何体)/扩展基本体【扩展基本体】/切角长方体按钮,在顶视图创建一个切角长方体,接着在修改面板中设置【长度】为 150 mm,【宽度】为 450 mm,【高度】为 25 mm,【圆角】为 5 mm,【圆角分段】为 10,如图 2-64 所示。

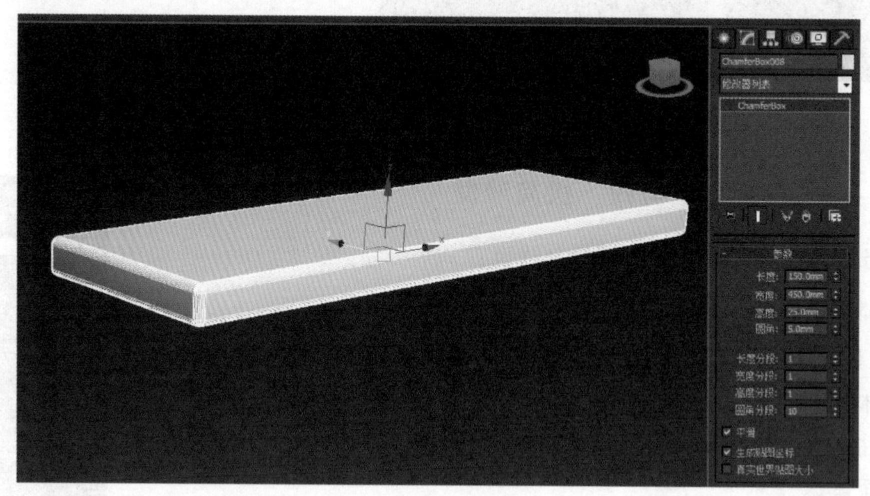

图 2-64

(2)选择创建好的切角长方体,用【选择并移动】工具,按住【Shift】键向上拖动至其上方,设置【宽度】为 150 mm,如图 2 - 65 所示。再次按住【Shift】键拖动,在弹出克隆选项对话框中,将【副本数】改为 2,得到模型效果如图 2 - 66 所示。

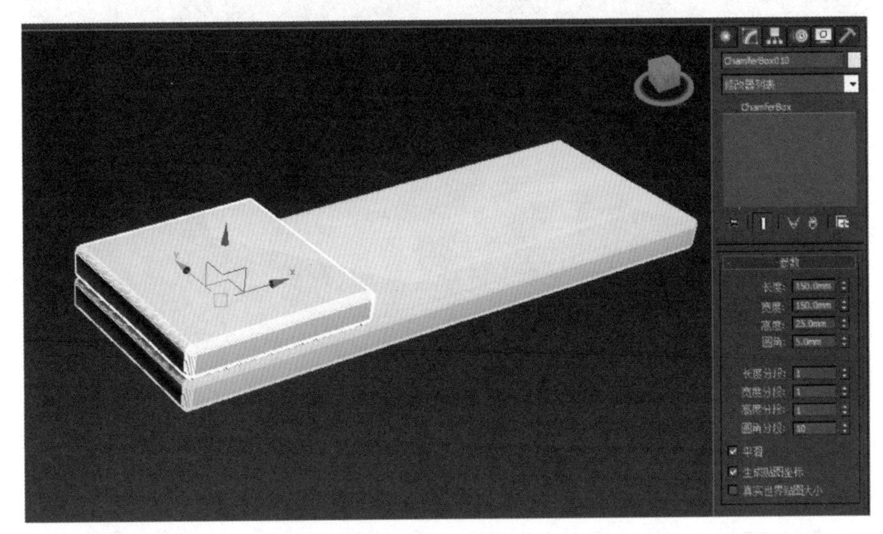

图 2 - 65

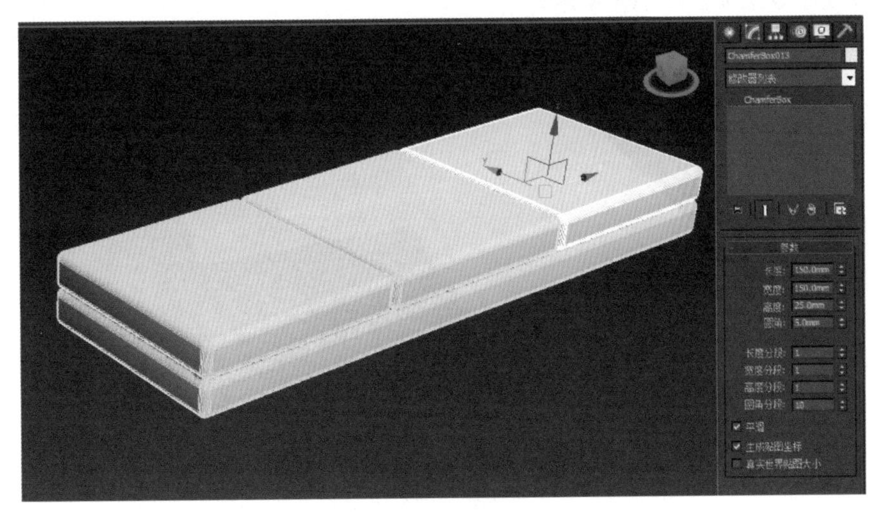

图 2 - 66

(3)将最后得到的切角长方体用同样的方法复制两个放置在如图 2 - 67 所示的位置,注意将每一个切角长方体对齐。

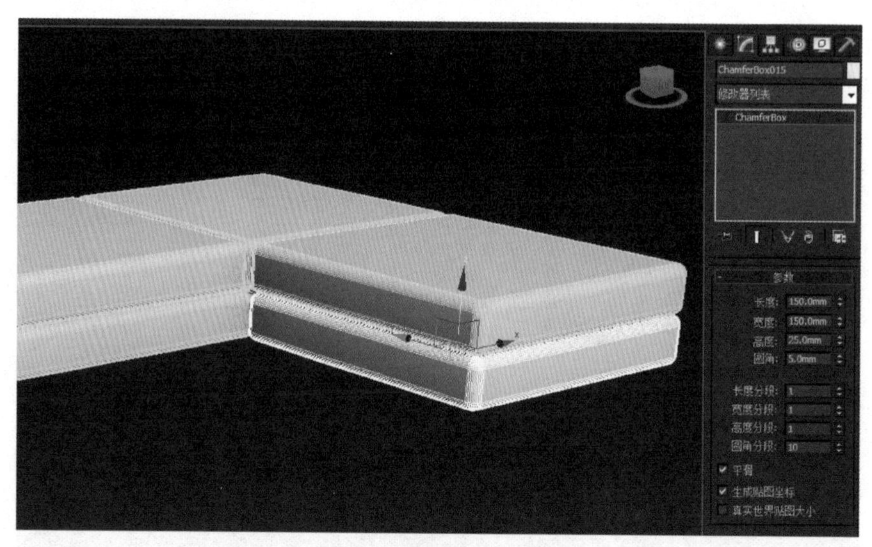

图 2-67

(4)在左视图中再创建一个切角长方体，接着在【修改】面板中展开【参数】卷展栏，设置【长度】为 100 mm，【宽度】为 180 mm，【高度】为 30 mm，【圆角】为 8 mm，【圆角分段】为 10。将其前端对齐，最终模型效果如图 2-68 所示。

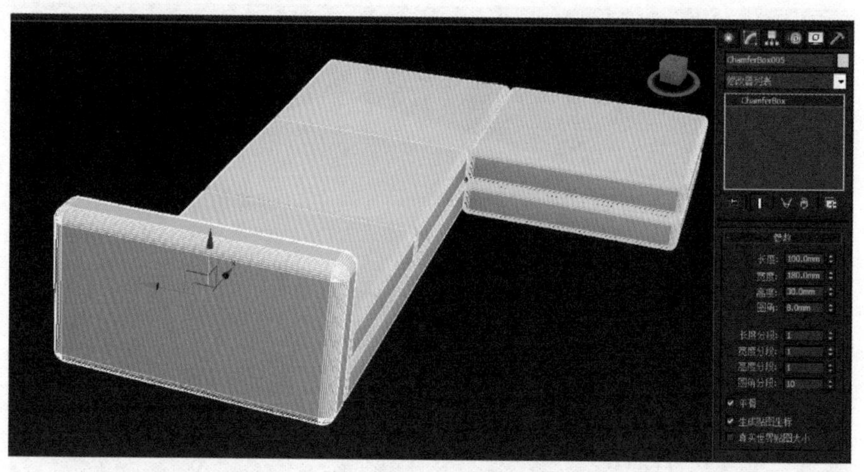

图 2-68

(5)按住【Shift】键拖动复制出另外一个模型，设置参数保持不变，将其摆放至如图 2-69 所示的位置。

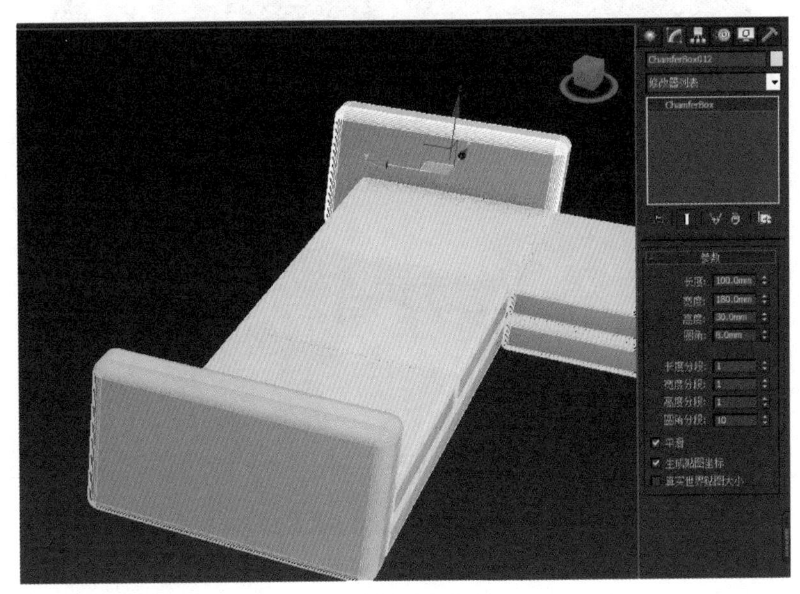

图 2-69

(6)再次用同样的方法复制一个模型,修改【宽度】为 450 mm,打开【角度捕捉】开关,使用【选择并旋转】工具,旋转 90°,移动到相应位置并对齐,效果如图 2-70 所示。

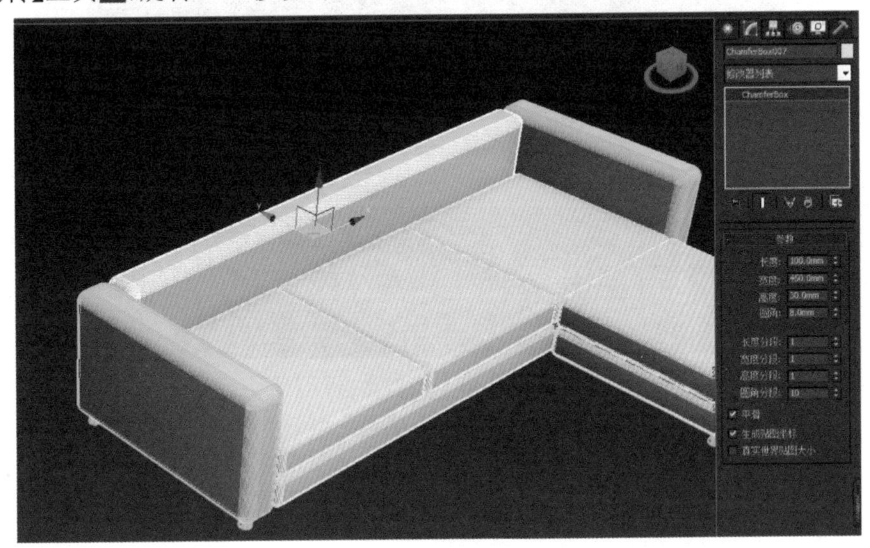

图 2-70

(7)单击(创建)/(几何体)/扩展基本体/软管按钮,在顶视图创建一个软管,接着在修改面板中设置【高度】为 8 mm,【周期数】为 1,软管形状为圆形软管,【直径】为 10 mm,【边数】为 24,如图 2-71 所示。

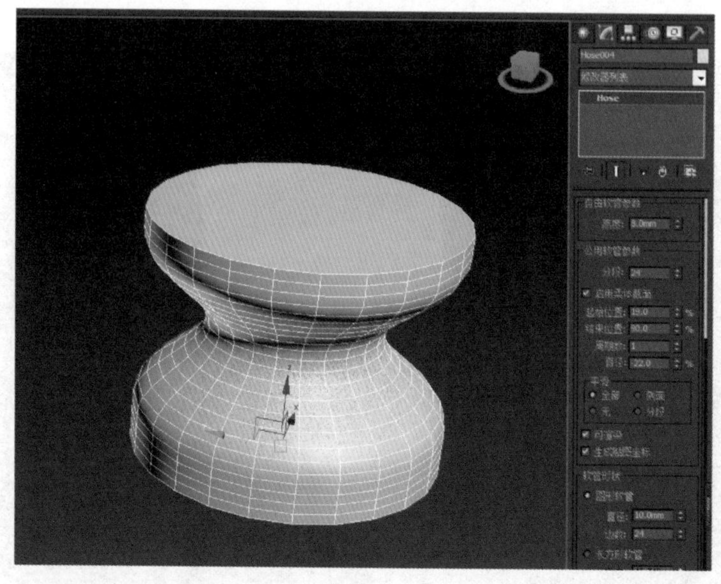

图 2-71

(8)将创建的软管摆放至沙发模型的角落,并依次复制摆放至其他角落位置,如图 2-72 所示。最终模型效果如图 2-73 所示。

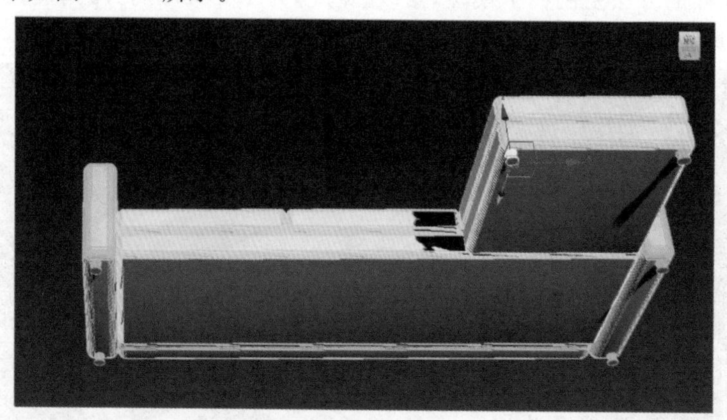

图 2-72

图 2-73

任务五　现代茶几

(一)理论基础——切角圆柱体

1. 切角圆柱体

切角圆柱体是圆柱体的扩展物体,可以快速创建出带圆角效果的圆柱体。切角圆柱体的参数如图 2－74 所示。

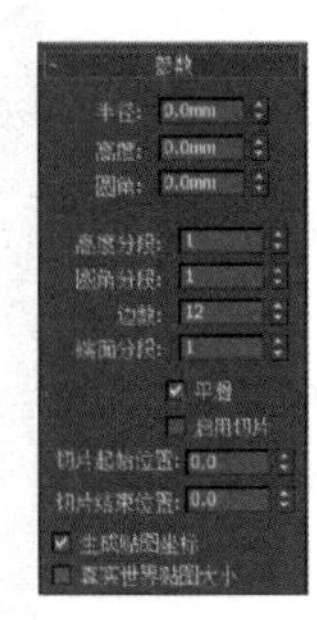

图 2－74

【半径】设置切角圆柱体的半径。

【高度】设置沿着中心轴的维度。负值将在构造平面下方创建切角圆柱体。

【圆角】斜切切角圆柱体的顶部和底部封口边。

【高度分段】设置沿着相应轴的分段数量。

【圆角分段】设置切角圆柱体圆角边的分段数。

【边数】设置切角圆柱体周围的边数。

【端面分段】设置沿着切角圆柱体顶部和底部的中心和同心分段的数量。

(二)课堂案例——现代茶几制作

(1)单击(创建)/(几何体)/扩展基本体/切角圆柱体按钮,在顶视图拖曳创建一个切角圆柱体,接着在修改面板中设置【半径】为 300 mm,【高度】为 20 mm,【圆角】为 2,【高度分段】为 1,【圆角分段】为 3,【端面分段】为 1,【边数】为 36,如图 2－75 所示。

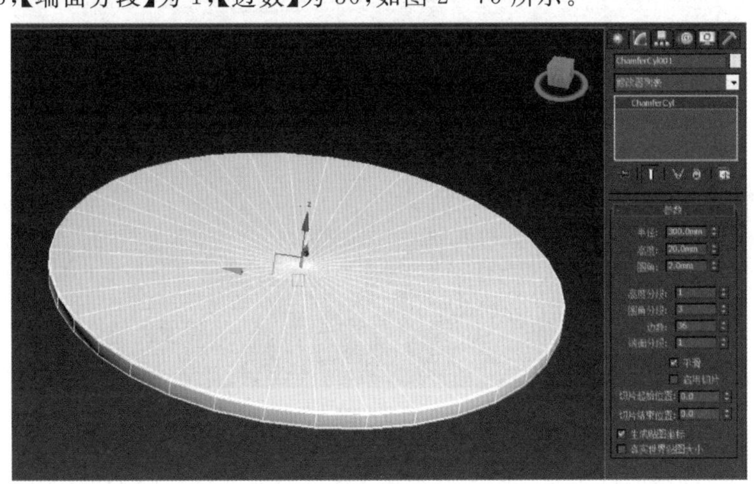

图 2－75

(2)继续使用【切角圆柱体】工具在顶视图创建一个切角圆柱体,然后在修改面板中展开【参数】卷展栏,设置【半径】为 220 mm,【高度】为 15 mm,【圆角】为 2,【高度分段】为 1,【圆角分段】为 3,【端面分段】为 1,【边数】为 36,如图 2－76 所示。

(3)使用【线】工具在前视图中绘制样条线,具体的尺寸可以参考前几步创建的切角圆柱体,此时模型效果如图 2－77 所示。

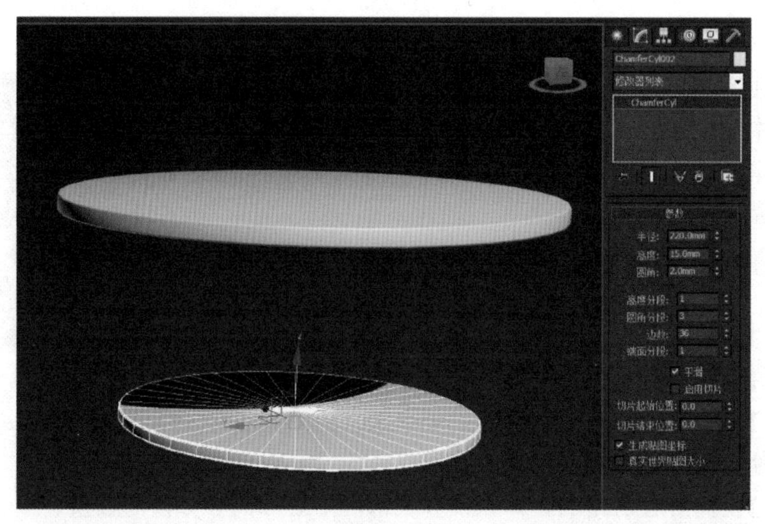

图 2-76

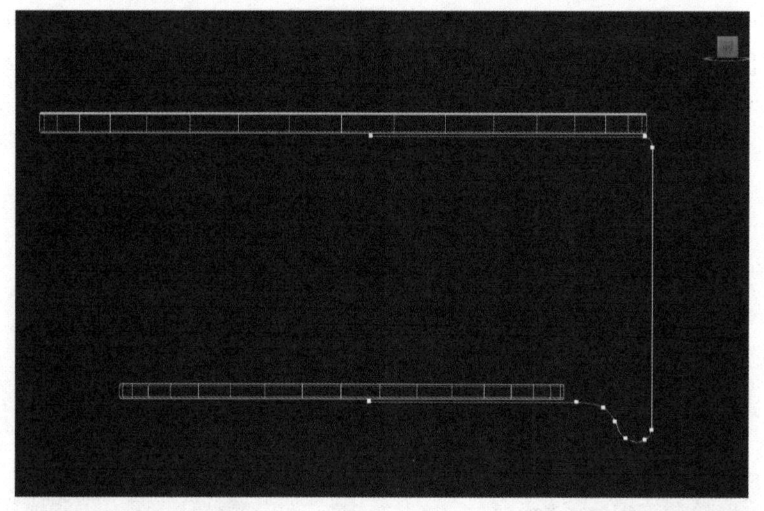

图 2-77

(4)选择上一步创建的样条线,然后在【修改】面板中展开【渲染】卷展栏,选中【在渲染中启用】和【在视口中启用】复选框,接着选中【径向】单选按钮,并设置【厚度】为 7 mm,如图 2-78 所示。

(5)选中上一步修改的线,然后单击【层次】按钮,并单击 仅影响轴 按钮,接着将轴心移动到圆柱体的中心,最后再次单击 仅影响轴 ,将其取消,如图 2-79 所示。

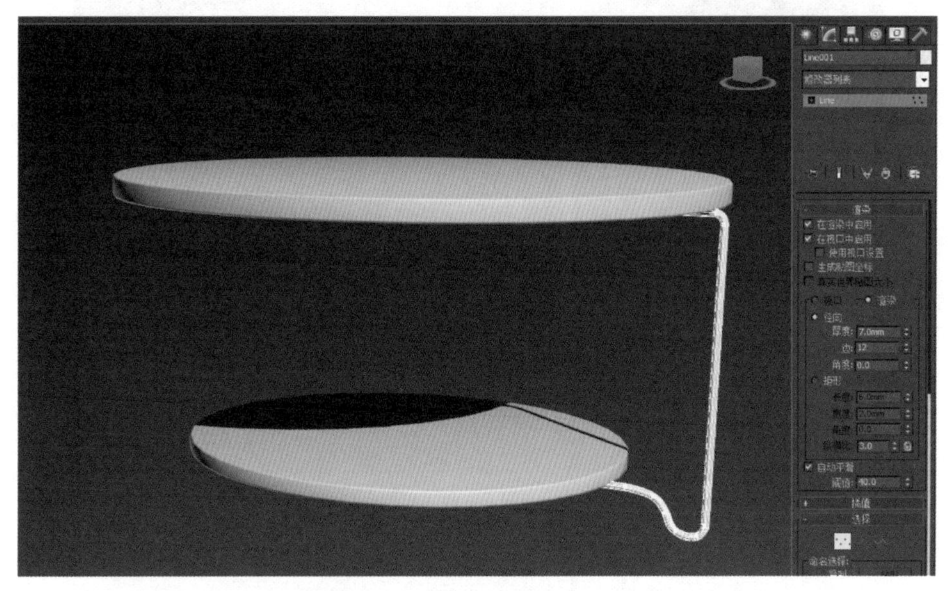

图 2 - 78

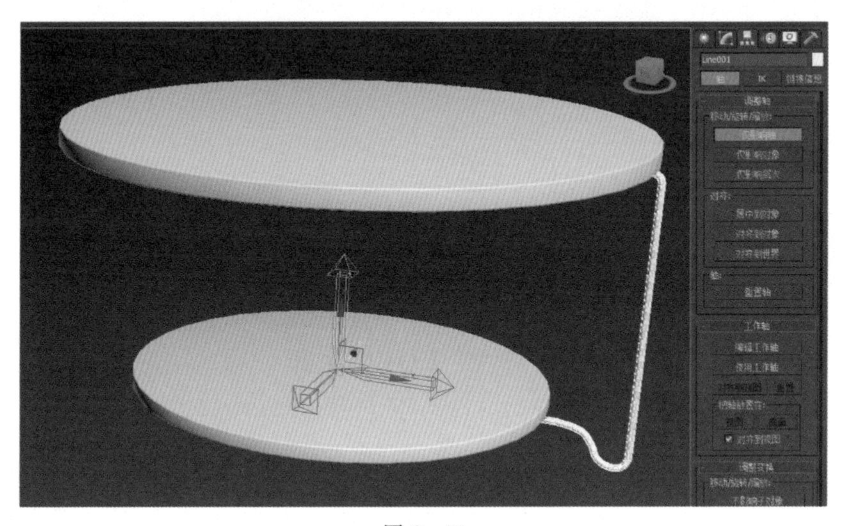

图 2 - 79

(6)单击【选择并旋转】工具，单击【角度捕捉】工具，同时按住【Shift】键将该线旋转 90°，设置副本数为 3，如图 2 - 80 所示，最终模型效果如图 2 - 81 所示。

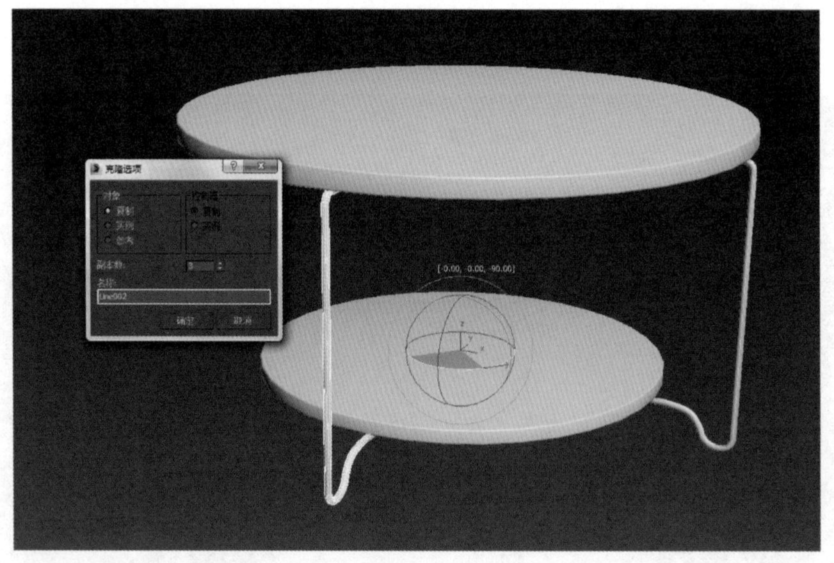

图 2 - 80

图 2 - 81

任务六　LOVE 水杯

(一)理论基础——图形合并

使用 3DS MAX 内置的模型就可以创建出很多优秀的模型、但是在很多时候还会使用到复合对象,因为使用复合对象来创建模型可以大大节省建模时间。复合对象建模工具包括 10 种,如图 2 - 82 所示。

图 2 - 82

使用【图形合并】工具可以将一个或多个图形嵌入其他对象的网格中或从网格中将图像移除。【图像合并】的参数如图 2 - 83 所示。

【拾取图形】:单击该按钮,然后单击要嵌入网格对象中的图形,这样图形可以沿图形局部的 Z 轴负方向投射到网格对象上。

【参考/复制/移动/实例】:指定如何将图形传输到复合对象中。

【操作对象】:在复合对象中列出所有操作对象。第 1 个操作对象是网格对象,其余是任意

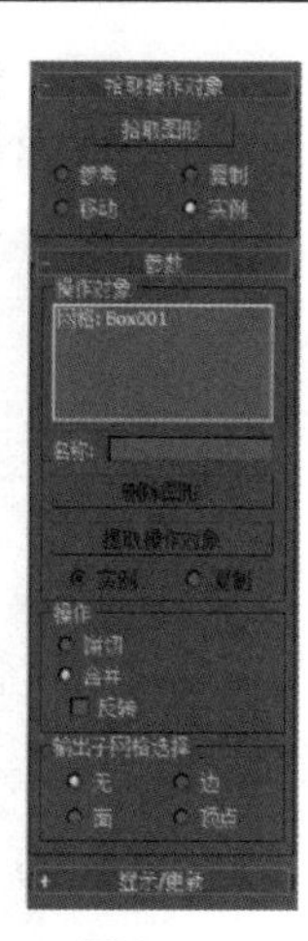

图 2－83

数目的基于图形的操作对象。

【删除图形】:从复合对象中删除选中的图形。

【提取操作对象】:提取选中操作对象的副本或实例。在“操作对象”列表中选择操作对象时,该按钮才可用。

【实例/复制】:指定如何提取操作对象。

【操作】:该组选项中的参数决定如何将图形应用于网格中。选择【饼切】选项时,可切去网格对象曲面外部的图形;选择【合并】选项时,可将图形与网格对象曲面合并;选择【反转】选项时,可反转【饼切】或【合并】效果。

【输出子网格选择】:该组选项中的参数可指定将哪个选择级别传送到【堆栈】中。

(二)课堂案例——LOVE 水杯制作

(1)单击(创建)/(几何体)/标准基本体/管状体按钮,在顶视图创建一个管状体,接着在修改面板中设置【半径 1】为 120 mm,【半径 2】为 115 mm,【高度】为 320 mm,【高度分段】为 1,【边数】为 32,具体参数设置及模型效果如图 2－84 所示。

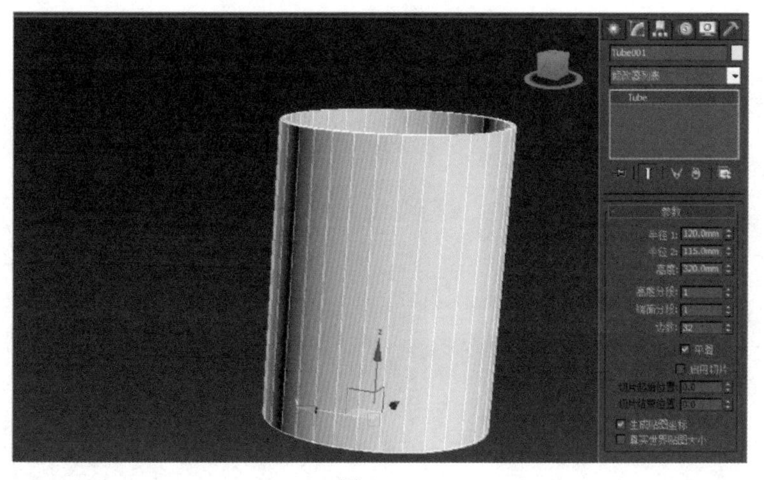

图 2－84

(2)单击(创建)/(几何体)/标准基本体/圆环按钮,在顶视图创建一个圆环,接着在修改面板中设置【半径 1】为 120 mm,【半径 2】为 7 mm,【分段】为 52,【边数】为 32,具体参数设置及模型位置如图 2－85 示。

(3)使用【选择并移动】工具选择圆环,然后按住【Shift 键】在前视图中向下移动复制一个圆环到管状体底部,如图 2－86 所示。

(4)继续使用【圆环】圆环工具在左视图中创建一个圆环作为把手的上半部分,然后在【参数】卷展栏下设置【半径 1】为 50 mm,【半径 2】为 13 mm,【分段】为 50,具体参数设置及模型位置如图 2－87 所示。

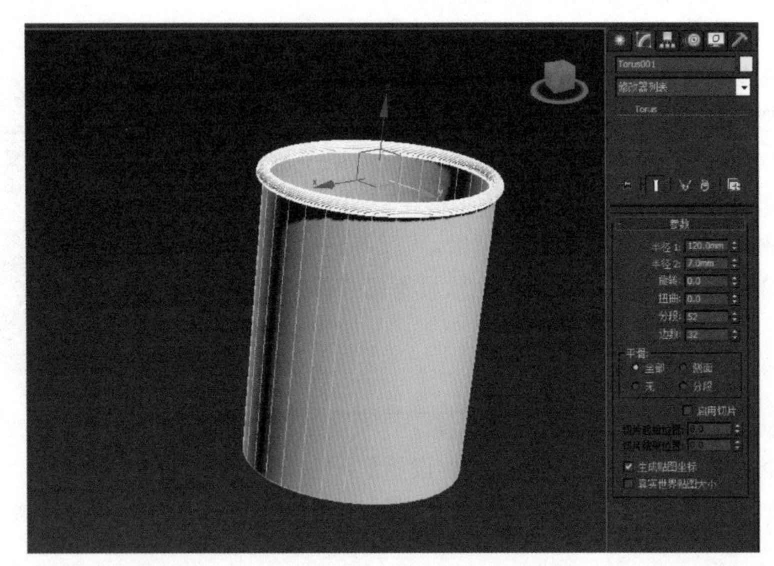

图 2 - 85

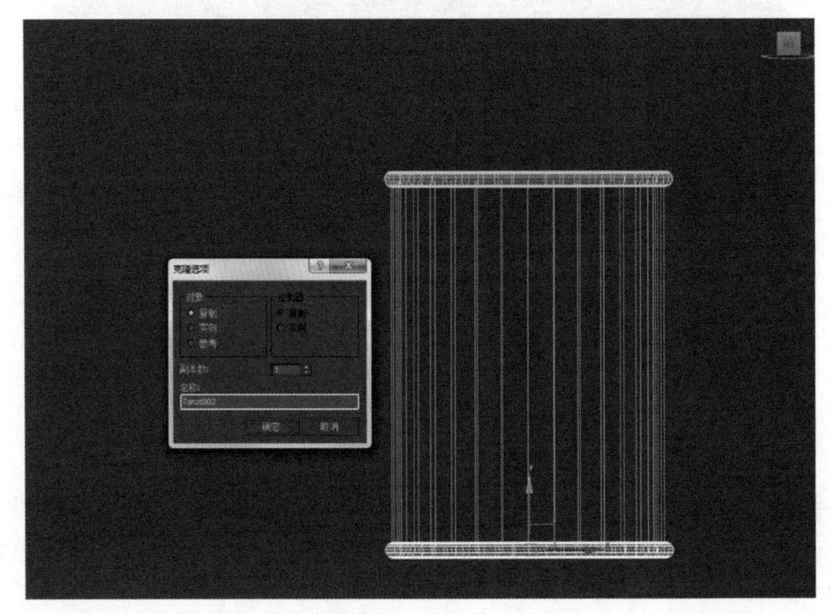

图 2 - 86

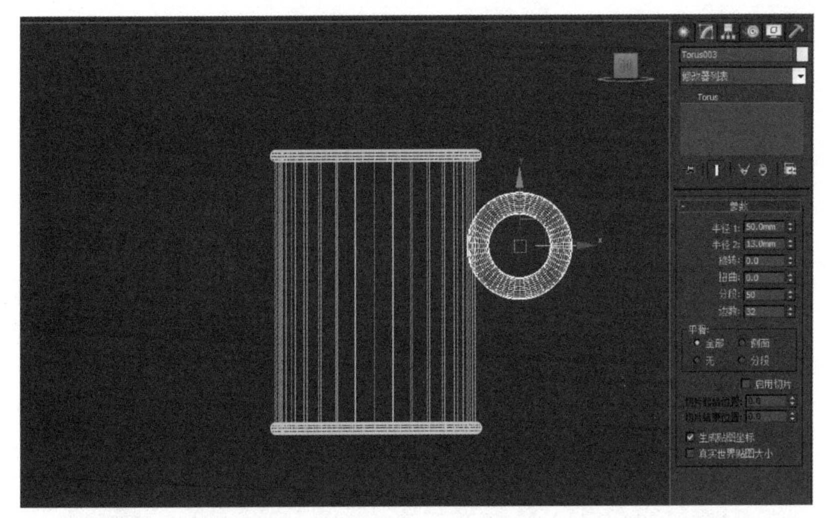

图 2 - 87

(5)使用【选择并移动】工具选择圆环，然后按住【Shift】键在左视图中向下移动复制一个圆环，接着在【参数】卷展栏下将【半径 1】修改为 35 mm，将【半径 2】修改为 10 mm，效果如图 2 - 88 所示。

图 2 - 88

(6)单击(创建)/(几何体)/标准基本体/圆柱体按钮，在杯子底部创建一个圆柱体，然后在【参数】卷展栏下设置【半径】为 115 mm，【高度】为 15 mm，【高度分段】为 1，【边数】为 32，具体参数设置及模型位置如图 2 - 89 所示。

(7)单击(创建)/(图形)/文本按钮，在左视图创建一个文本，接着在修改面板中展开【参数】卷展栏，设置文本字体为华文琥珀，【大小】为 100 mm，文本内容输入为【LOVE】，将文本放置在水杯前，具体参数设置及模型位置如图 2 - 90 所示。

图 2 - 89

图 2 - 90

(8)选择水杯主体的管状体,单击 (创建)/ (几何体)/ 复合对象 / 图形合并 按钮,在【拾取操作对象】卷展栏中单击【拾取图形】按钮 拾取图形 ,在场景中单击之前创建的文本,此时管状体上相对应的位置就会映射出文本的形状,如图 2 - 91 所示。

(9)选择管状体,然后单击鼠标右键,在弹出的菜单中选择【转换为/转换为可编辑多边形】命令,将其【转换为可编辑多边形】,如图 2 - 92 所示。

图 2 - 91

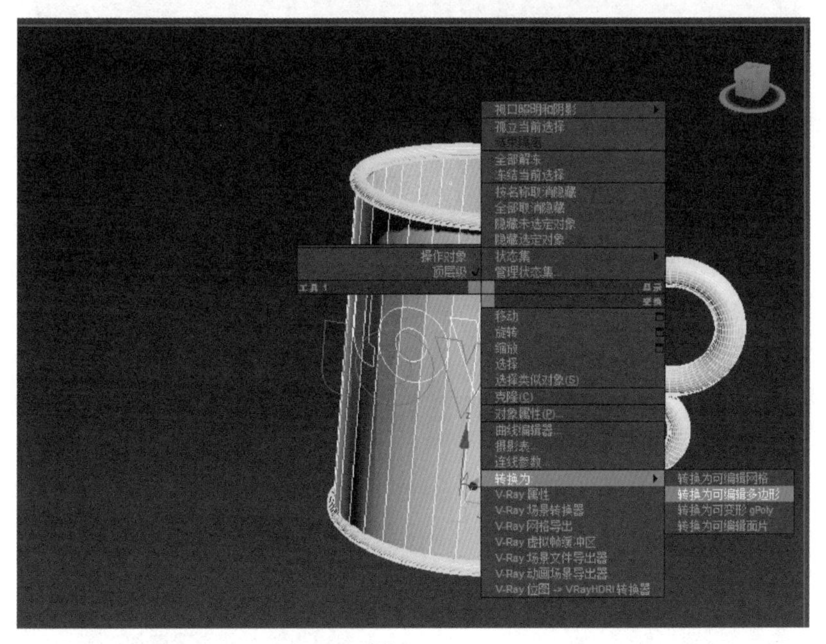

图 2 - 92

(10)在【命令】面板中单击【修改】按钮，进入到【修改】面板，然后在【选择】卷展栏下单击【多边形】按钮，进入【多边形】级别，此时场景中被映射的区域将会被选中，如图 2 - 93 所示。

(11)在【编辑多边形】卷展栏下单击【挤出】按钮 挤出 后边的设置按钮，设置【挤出类型】为【组】，【挤出高度】为 10 mm，接着单击按钮完成操作，然后在【选择】卷展栏下单击【多边形】按钮，退出【多边形】级别，如图 2 - 94 所示。另外，删除之前创建的文本，最终模型效果如图 2 - 95所示。

Tube001
修改器列表
可编辑多边形
选择
按顶点
忽略背面
按角度:
收缩
扩大
预览选择
禁用
子对象
多个
选择了 16 个多边形
软选择
编辑多边形
插入顶点
挤出
轮廓
倒角
插入
桥
翻转
从边旋转
沿样条线挤出
LOVE

图 2 - 93

Tube001
修改器列表
可编辑多边形
选择
预览选择
禁用
选定整个对象
软选择
编辑几何体
重复上一个
约束
无
边
面
法线
保持 UV
创建
附加
LOVE

图 2 - 94

图 2-95

任务七 酒店烟灰缸

(一)理论基础——布尔运算

1. 布尔运算

【布尔】运算是通过对两个以上的对象进行并集、差集、交集运算,从而得到新的物体形态。【布尔】运算的参数如图 2-96 所示。

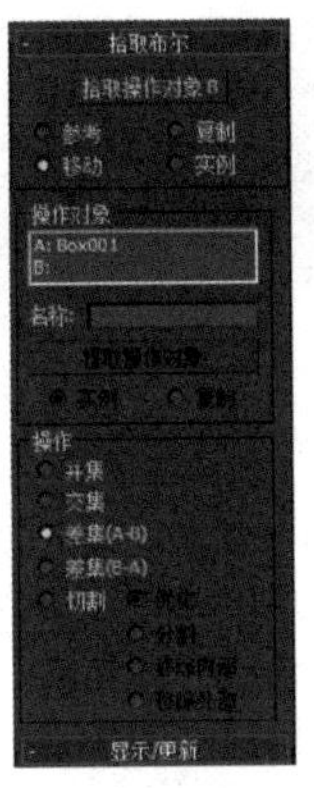

图 2-96

(1)【拾取操作对象 B】:单击该按钮可以在场景中选择另一个运算物体来完成布尔运算。以下 4 个选项用来控制运算对象 B 的方式,必须在拾取运算对象 B 之前确定采用哪种方式。

【参考】:将原始对象的参考复制品作为运算对象 B,若以后改变原始对象,同时也会改变布尔运算中的运算对象 B,但是改变运算对象 B 时,不会改变原始对象。

【复制】:复制一个原始对象作为运算对象 B,而不改变原始对象(当原始对象还要用在其他地方时采用这种方式)。

【移动】:将原始对象直接作为运算对象 B,而原始对象本身不再存在(当原始对象无其他用途时采用这种方式)。

【实例】:将原始对象的关联复制品作为运算对象 B,若以后对两者的任意一个对象进行修改都会影响另一个。

(2)【操作对象】:主要用来显示当前运算对象的名称。

(3)【操作】:指定采用何种方式来进行布尔运算。

【并集】:将两个对象合并,相交的部分将被删除,运算完成后两个物体合并为一个物体。

【交集】:将两个对象相交的部分保留下来,删除不相交的部分。

【差集(A－B)】:在 A 物体中减去与 B 物体重合的部分。

【差集(B－A)】:在 B 物体中减去与 A 物体重合的部分。

【切割】:用 B 物体切割 A 物体,但不在 A 物体上添加 B 物体的任何部分,共有【优化】、【分割】、【移除内部】和【移除外部】4 个选项可供选择。【优化】是在 A 物体上沿着 B 物体与 A 物体相交的面来增加顶点和边数,以细化 A 物体的表面;【分割】是用 B 物体切割 A 物体部分的边缘,并且增加了一排顶点,利用这种方法可以根据其他物体的外形将一个物体分成两部分;【移除内部】是删除 A 物体在 B 物体内部的所有片段面;【移除外部】是删除 A 物体在 B 物体外部的所有片段面。

(二)课堂案例——酒店烟灰缸制作

(1)单击(创建)/(几何体)/标准基本体/圆锥体按钮,在顶视图创建一个圆锥体,接着在修改面板中设置【半径 1】为 150 mm,【半径 2】为 140 mm,【高度】为 50 mm,【高度分段】为 1,【边数】为 32,具体参数设置及模型效果如图 2 - 97 所示。

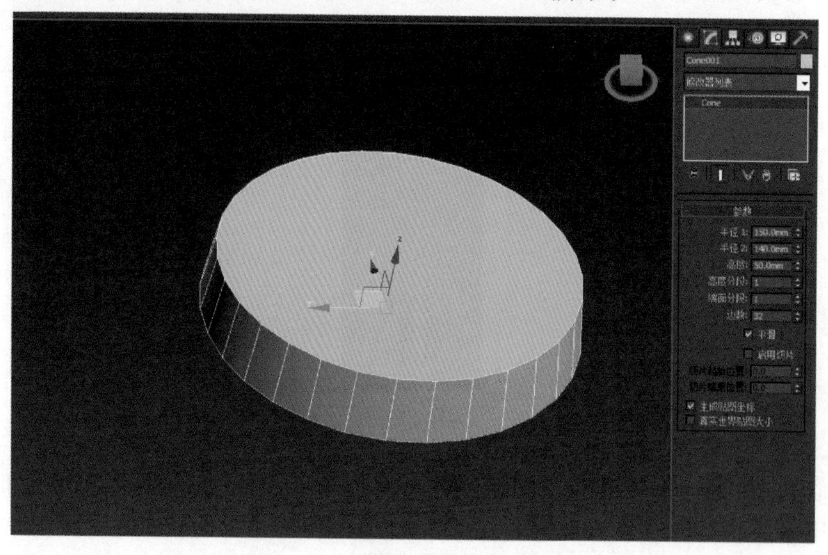

图 2 - 97

(2)单击(创建)/(几何体)/标准基本体/圆柱体按钮,在顶视图创建一个圆柱体，接着在修改面板中设置【半径】为 120 mm，【高度】为 100 mm，【高度分段】为 1，【边数】为 32，具体参数设置及模型效果如图 2-98、图 2-99 所示。

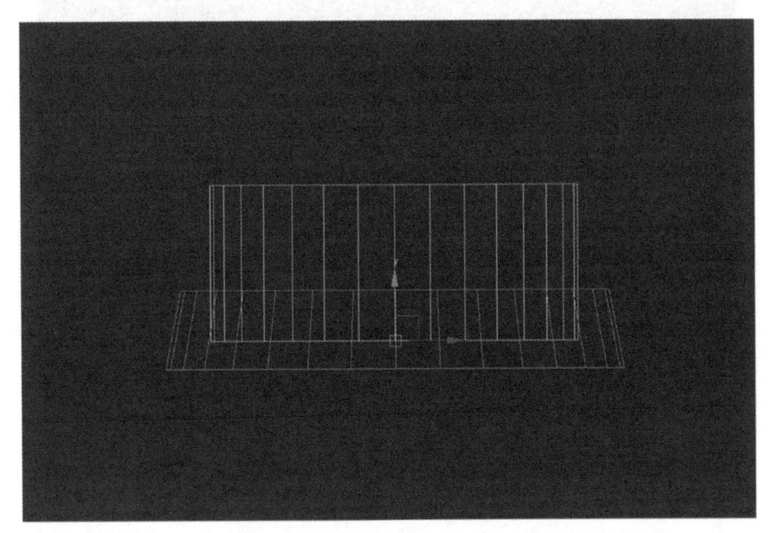

图 2-98

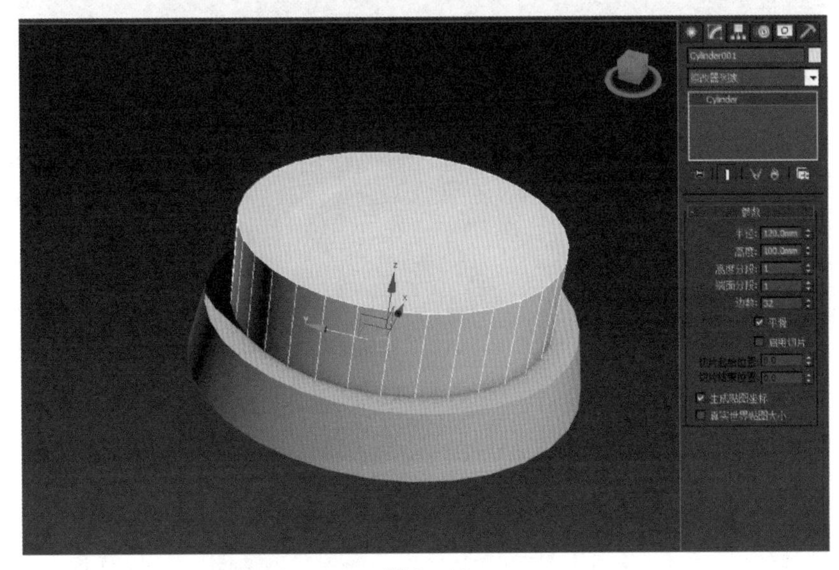

图 2-99

(3)选择圆锥，在【几何体】面板的下拉列表中选择【复合物体】，进入创建复合物体面板。单击【布尔】按钮，进入布尔运算属性面板，单击【拾取物体 B】按钮，单击鼠标左键点击【圆柱体】，圆柱体与圆锥体相交的部分被剪去，得到如图 2-100 所示的模型效果。

(4)单击(创建)/(几何体)/标准基本体/圆柱体按钮，在前视图创建一个圆柱体，接着在修改面板中设置【半径】为 18 mm，【高度】为 100 mm，【高度分段】为 1，【边数】为

32,将其摆放至与烟灰缸主体边缘接触的位置,具体参数设置及模型效果如图 2－101 所示。

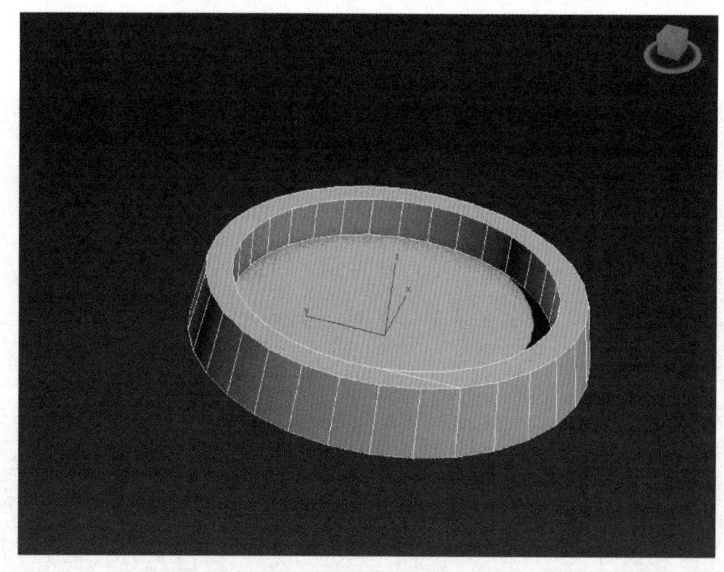

图 2－100

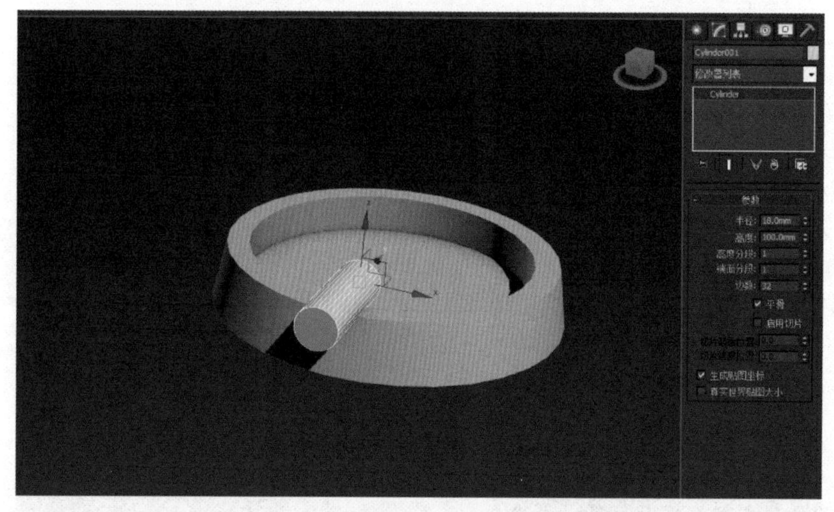

图 2－101

(5)选中圆柱体,然后单击【层次】按钮,并单击 仅影响轴 按钮,接着将轴心移动到烟灰缸主体的中心,最后再次单击 仅影响轴 ,将其取消,如图 2－102 所示。

(6)单击【选择并旋转】工具,单击【角度捕捉】工具,同时按住【Shift】键将该线旋转 120°,设置【副本数】为 2,最终模型效果如图 2－103 所示。

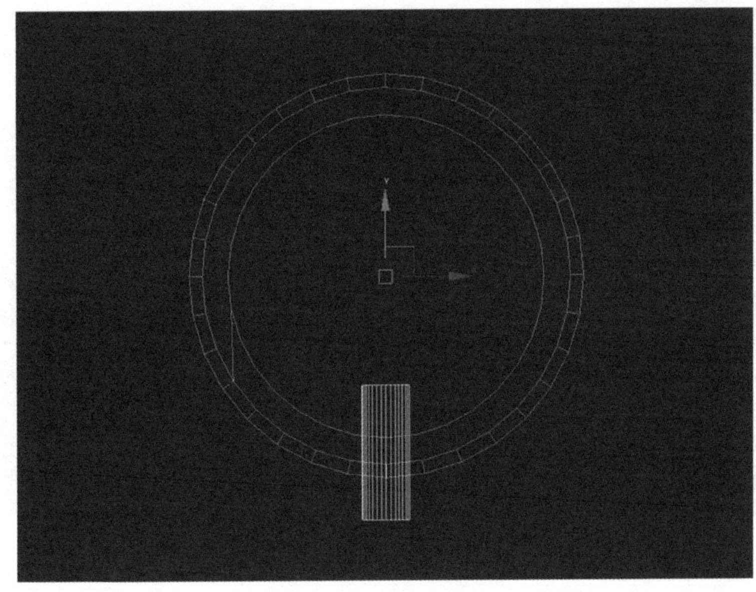

图 2 - 102

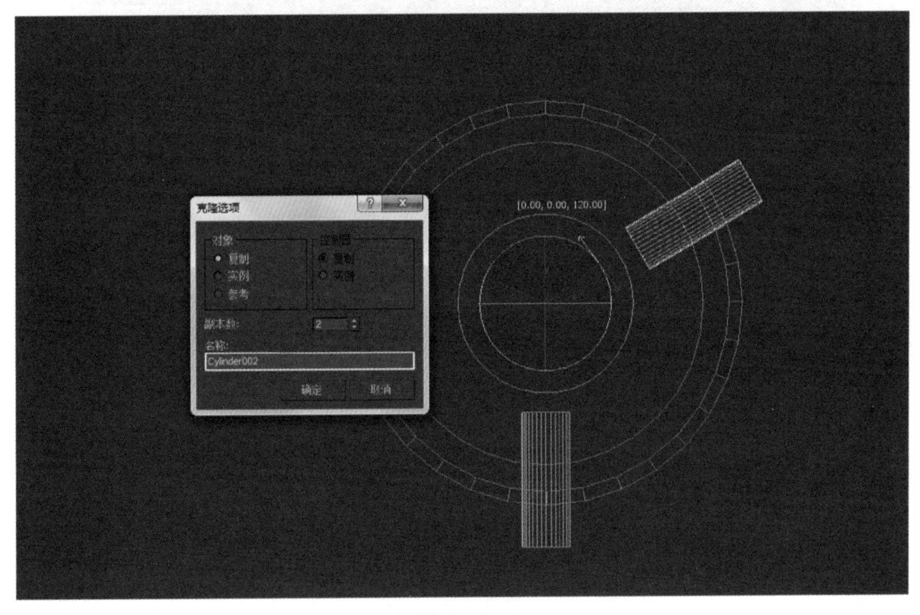

图 2 - 103

(7)选择烟灰缸主体,在【几何体】面板的下拉列表中选择【复合对象】,进入创建复合对象面板。单击【布尔】按钮,进入布尔运算属性面板,单击【拾取物体 B】按钮,单击鼠标左键点击圆柱体,得到如图 2 - 104 所示的模型效果。

(8)再次在复合对象面板中单击【布尔】按钮,进入布尔运算属性面板,单击【拾取物体 B】按钮,单击鼠标左键点击第二个圆柱体,用同样的方法操作点击第三个圆柱体,得到如图 2 - 105 所示的模型效果。最终模型效果如图 2 - 106 所示。

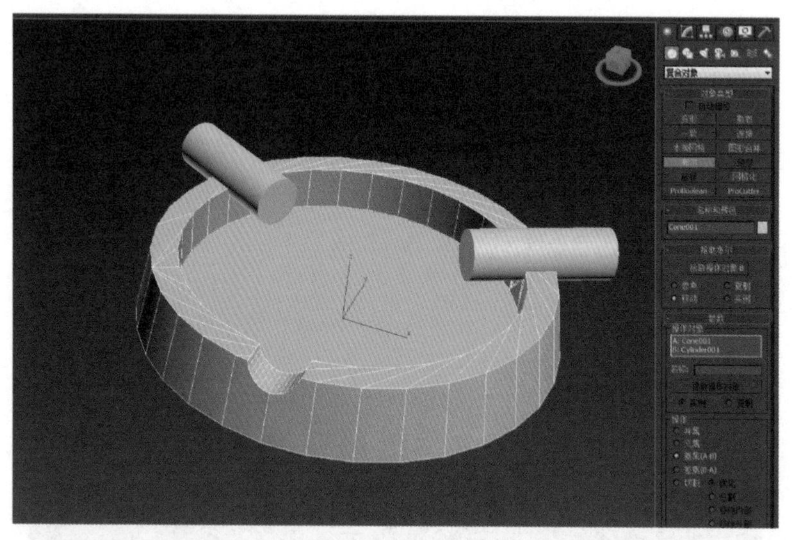

图 2 - 104

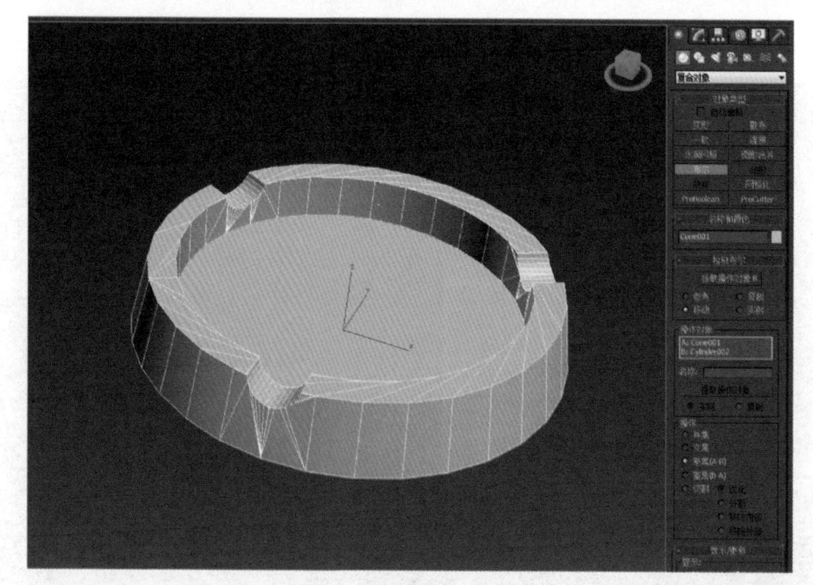

图 2 - 105

图 2 - 106

任务八　古朴花瓶

(一)理论基础——放样

【放样】是指将一个二维图形作为沿某个路径的剖面,从而形成一个复杂的三维对象。【放样】是一种特殊的建模方式,能快速地创建出多种模型,其参数设置面板如图 2-107 所示。

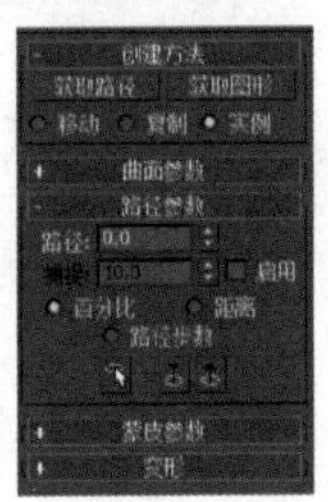

图 2-107

【获取路径】:将路径指定给选定图形或更改当前指定的路径。

【获取图形】:将图形指定给选定路径或更改当前指定的图形。

【移动/复制/实例】:用于指定路径或图形转换为放样对象的方式。

【缩放】:使用“缩放”变形可以从单个图形中放样对象。

【扭曲】:使用“扭曲”变形可以沿着对象的长度创建盘旋或扭曲的对象。

【倾斜】:使用“倾斜”变形可以围绕局部 X 轴和 Y 轴旋转图形。

【倒角】:使用“倒角”变形可以制作出具有倒角效果的对象。

【拟合】:使用“拟合”变形可以使用两条拟合曲线来定义对象的顶部和侧剖面。

(二)课堂案例——古朴花瓶制作

(1)单击(创建)/(图形)/圆按钮,在顶视图拖曳创建一个圆形,接着在修改面板中展开【参数】卷展栏,设置【半径】为 30 mm,如图 2-108 所示。

图 2-108

(2)继续使用【圆】工具在顶视图中创建圆,然后在【修改】面板中设置【半径】为 40 mm,如图 2-109 所示。

图 2-109

(3)单击■(创建)/■(图形)/ 星形 按钮,在顶视图拖曳创建一个星形图形,接着在修改面板中展开【参数】卷展栏,设置【半径 1】为 55 mm,【半径 2】为 46 mm,【点】为 18,【扭曲】为 0,【圆角半径 1】为 4 mm,【圆角半径 2】为 3 mm,如图 2-110 所示。

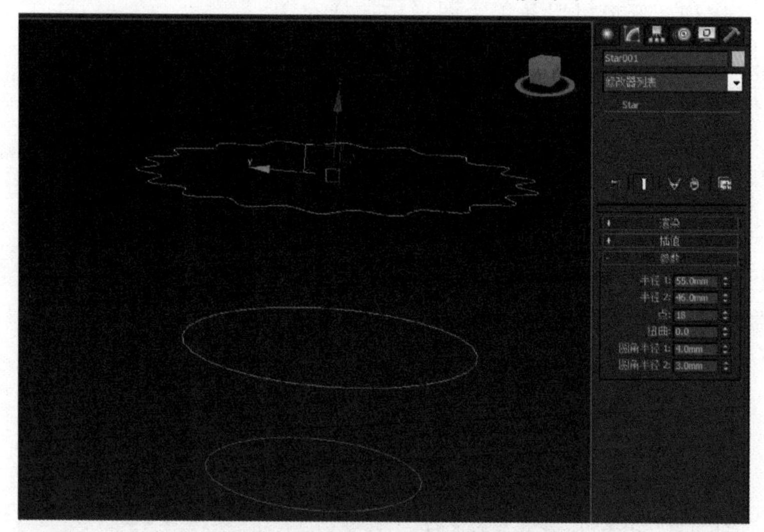

图 2-110

(4)继续使用【圆】工具在顶视图中创建圆,然后在【修改】面板中设置【半径】为 58 mm,如图 2-111 所示。使用【线】工具在前视图中从下往上创建,效果如图 2-112 所示。

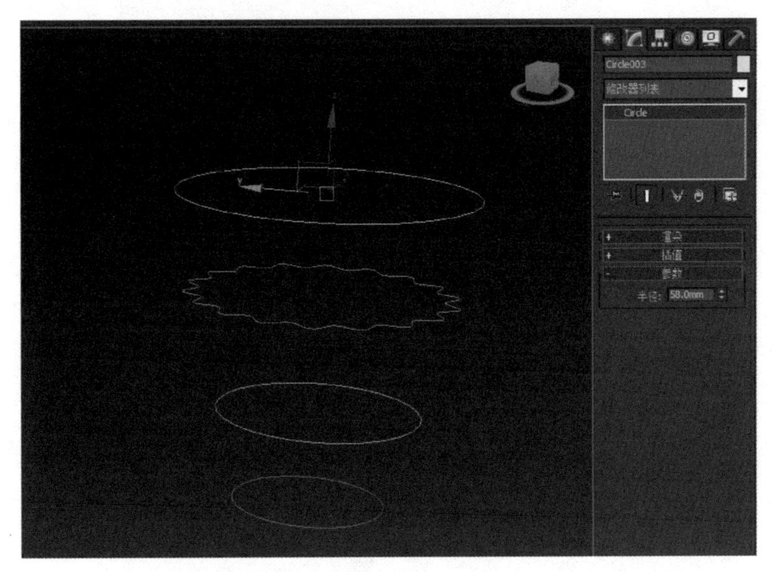

图 2 - 111

图 2 - 112

(5)选择上一步创建的线，然后单击(创建)/(几何体)/复合对象/放样按钮，接着单击【获取图形】按钮，最后拾取场景中第一个创建的圆形，此时场景效果如图 2 - 113 所示。

(6)选择放样后的模型，然后在【修改】面板中展开【路径参数】卷展栏，设置【路径】为 18，然后单击【获取图形】按钮，并拾取场景中第二个圆形，此时场景效果如图 2 - 114 所示。

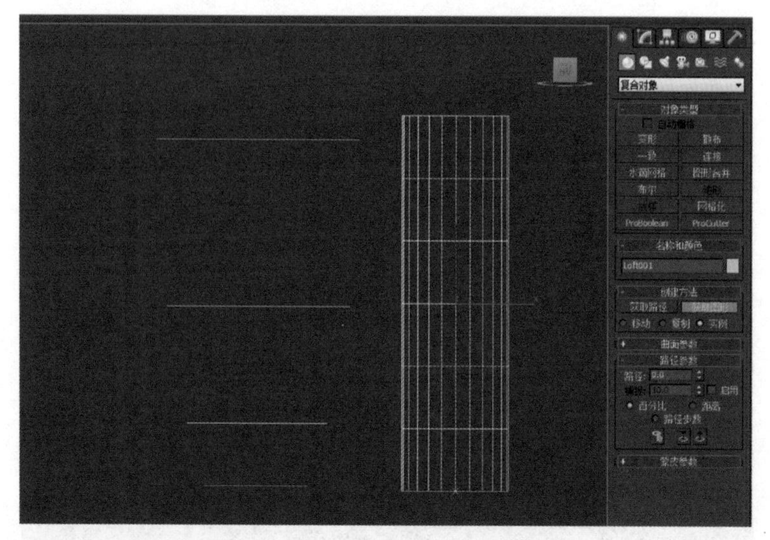

图 2 - 113

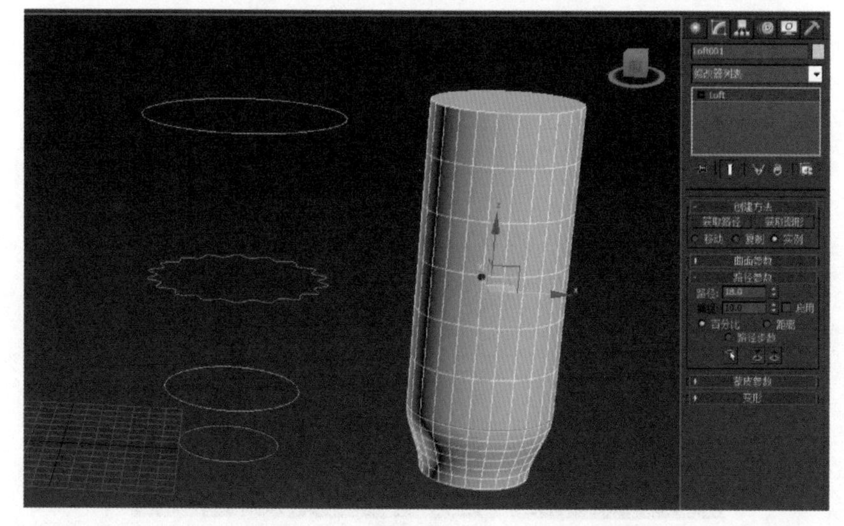

图 2 - 114

(7)选择放样后的模型,然后在【修改】面板中展开【路径参数】卷展栏,设置【路径】为 50,然后单击【获取图形】按钮,并拾取场景中第三个图形【星形】,此时场景效果如图 2 - 115 所示。

(8)选择放样后的模型,然后在【修改】面板中展开【路径参数】卷展栏,设置【路径】为 100,然后单击【获取图形】按钮,并拾取场景中最上边的圆形,此时场景效果如图 2 - 116 所示。

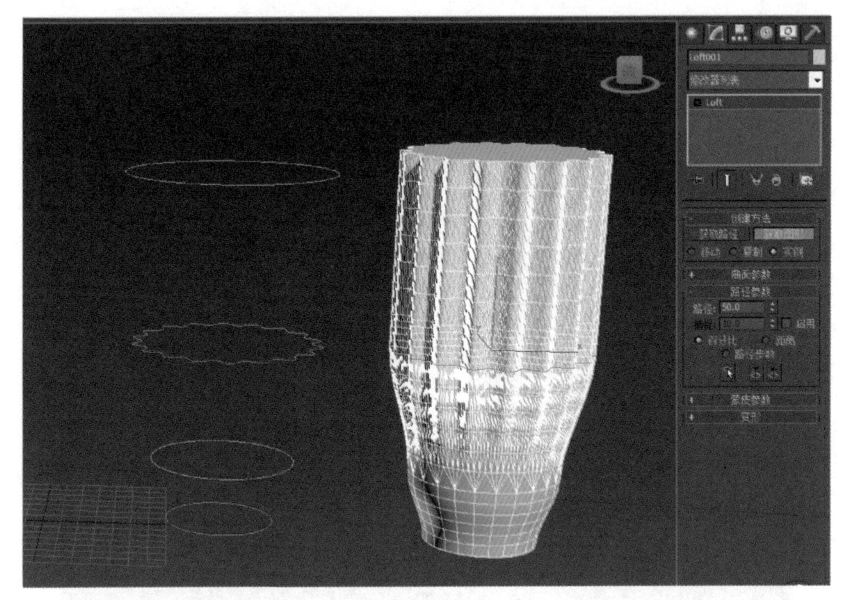

图 2－115

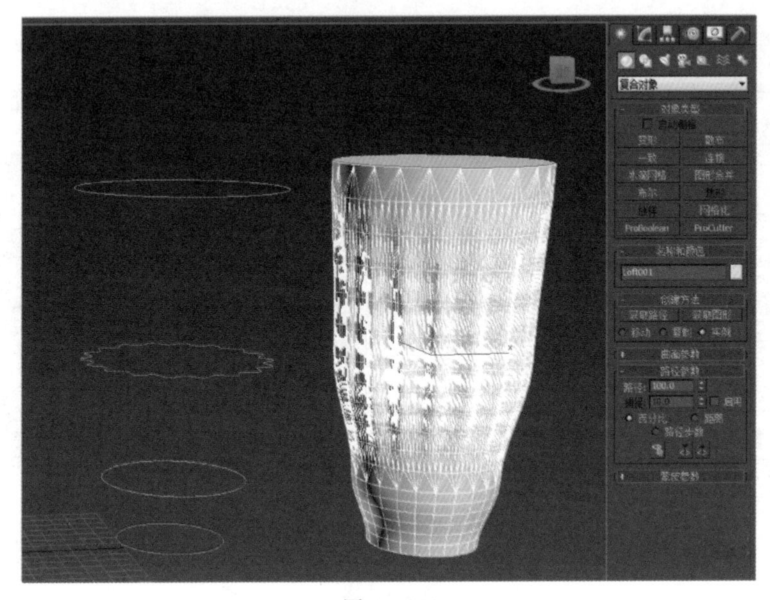

图 2－116

(9)选择放样后的模型，然后在【修改】面板中展开【蒙皮参数】卷展栏，取消选中【封口末端】复选框，在【选项】选项组中设置【图形步数】为 8,【路径步数】为 8,如图 2－117 所示。

(10)展开【变形】卷展栏，单击【扭曲】按钮，并在【扭曲变形】对话框中调节曲线，调节后的效果如图 2－118 所示。

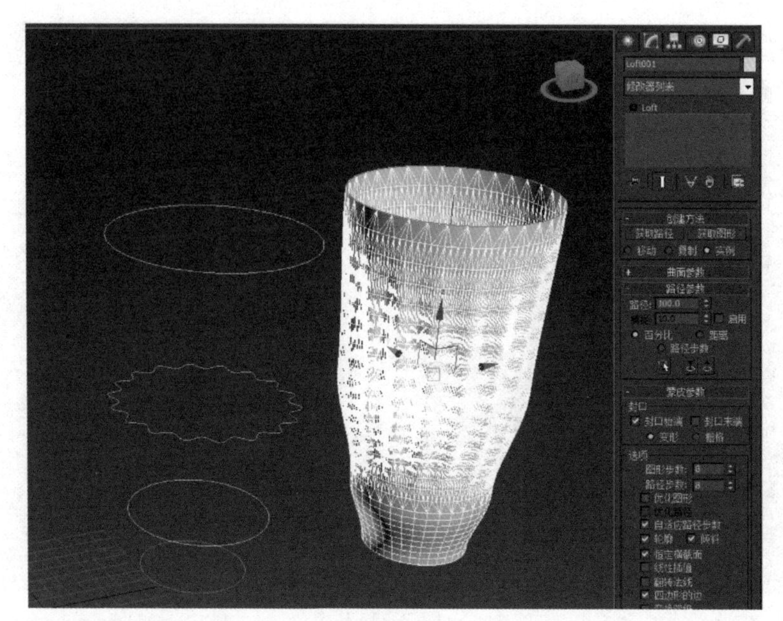

图 2-117

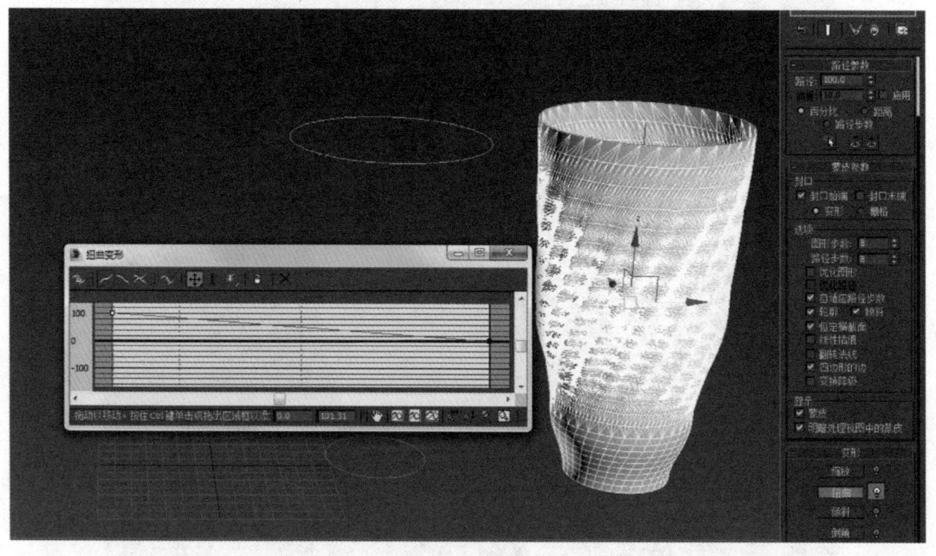

图 2-118

(11)选择刚创建的放样模型，然后在【修改】面板中选择并加载【壳】修改器，展开【参数】卷展栏，设置【外部量】为 1 mm，如图 2-119 所示。

(12)选择上一步创建的线，然后单击(创建)/(几何体)/AEC 扩展/植物按钮，在【收藏的植物】卷展栏中选择【芳香蒜】，然后在【修改】面板中【参数】卷展栏中设置【高度】为 150 mm，并调整位置如图 2-120 所示。模型最终效果如图 2-121 所示。

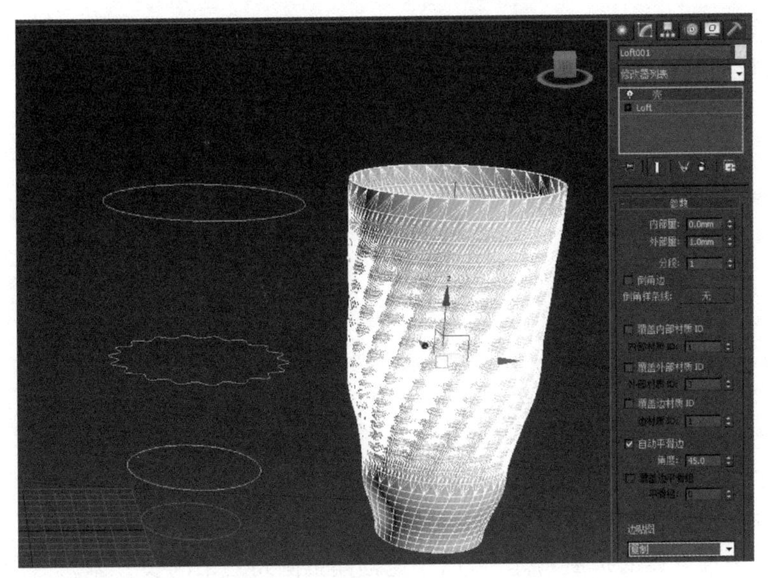

图 2－119

图 2－120

图 2－121

☞项目总结

本项目共有 8 个任务，其中前 3 个任务主要使用标准基本体中的长方体、球体、圆柱体、管状体和圆环等重要的模型工具完成模型制作。任务四、五主要使用扩展基本体中的异面体、切角长方体和切角圆柱体等模型工具完成模型制作。任务六、七、八分别运用到了复合对象中的图形合并、布尔运算、放样等方法进行模型创建。在每个任务的前部分罗列了任务所对应的理论基础知识点，帮助读者充分掌握和深入学习几何体建模的原理和技巧。本章节虽然是基础建模章节，但是在整个课程体系中非常重要，能够帮助读者打好3D建模的基础。

☞项目考核

一、填空题

1. 内置模型建模部分，包括(　　　)、扩展基本体和(　　　)。
2. 球体中“半球”参数的取值范围为(　　　)。
3. 在标准几何体中，唯一没有高度的物体是(　　　)。
4. 在圆环工具中，设置横截面圆形的半径是(　　　)。
5. 扩展基本体是基于标准基本体的一种扩展物体，共有(　　　)种。
6. (　　　)是长方体的扩展物体，可以快速创建带圆角效果的长方体。
7. 复合对象建模工具包括(　　　)种，常见的有(　　　)、(　　　)、(　　　)。
8. 布尔运算是通过对两个以上的对象进行(　　　)、(　　　)、(　　　)运算。

二、选择题

1. 在放样拾取截面时，以下(　　　)方式可以使原始的截面图形与放样物体之间存在交互关系，修改原始截面图形时，放样物体随之发生变化。

A. 移动　　B. 拷贝　　C. 实例　　D. 复制

2. 标准几何体创建长方体时，按住键盘上的Ctrl键后再拖动鼠标，即可创建(　　　)。

A. 四面体　　B. 梯形　　C. 正方形　　D. 正方体

3. (　　　)不属于复合对象的命令。

A. 变形　　B. 锥化　　C. 网格化　　D. 布尔

4. (　　　)不属于放样变形命令中的参数。

A. 圆角　　B. 缩放　　C. 倒角　　D. 拟合

5. 下列不属于扩展基本体的是(　　　)。

A. 异面体　　B. 切角长方体　　C. 管状体　　D. 胶囊

6. 下列不属于标准基本体的是(　　　)。

A. 球体　　B. 圆柱体　　C. 平面　　D. 球棱柱

7. 在布尔运算中，拾取布尔的默认方式是(　　　)。

A. 参考　　B. 移动　　C. 复制　　D. 实例

8. 布尔运算中，能够实现合并运算的是(　　　)。

A. 差集　　B. 切割　　C. 交集　　D. 并集

三、实践操作

1. 利用所学标准基本体的建模工具，完成如下图所示的电视柜模型。

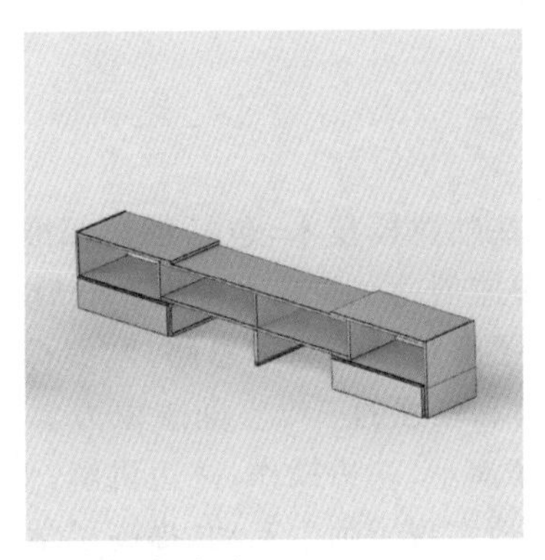

2. 利用布尔运算制作下图所示的创意书桌。

3. 利用所学标准基本体和扩展基本体建模工具，完成如下图所示的单人沙发模型。

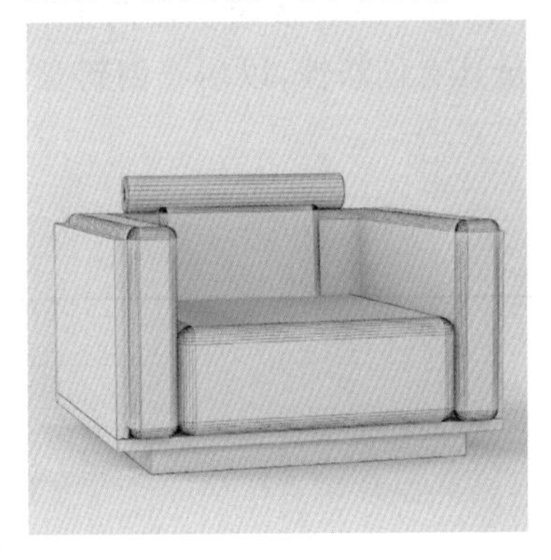

参考答案

一、1. 标准基本体、复合对象　2. 0～1　3. 平面　4. 半径2　5. 13　6. 切角长方体
　7. 10、图形合并、布尔运算、放样　8. 并集、差集、交集

二、1. C　2. D　3. B　4. A　5. C　6. D　7. C　8. D

三、略

☞教学指导

几何体建模是 3DS MAX 的基础建模技术，包括创建标准基本体、扩展基本体、复合对象，通过对本项目的学习，读者可以快速创建一些基本模型。然后对模型进行综合运用制作三维模型，本章节的建模方式，需要读者了解建模的基本思路，掌握标准基本体、扩展基本体和复合对象的创建方法，具备自主探索能力和较强的三维空间想象力。项目采用示范教学法和任务驱动法，教师对实践操作内容进行现场演示，一边操作，一边讲解，强调关键步骤和注意事项，使学生边做边学，理论与技能并重，较好地实现了师生互动，提高了学生的学习兴趣和学习效率。读者还需要在任务实施后进行课后拓展，积极进行自主学习，发挥学习积极性，掌握相关理论知识的同时，掌握实践操作技能。

☞思政点拨

本项目任务通过创造性思维将标准基本体组合，制作出生活中常见的物体的模型。“横看成岭侧成峰，远近高低各不同”，对同一个事物，每个人都会有不一样的视角和思考维度。因此，同样的物品可以拆分成不同的基本体，建模方法也就各不相同，看似简单的制作方法背后，却需要极具创新性的思维支撑。

参照任务一至任务四中思政要素的形式，根据任务五至任务八的制作内容及制作过程，理出一到两个关键词，根据关键词写出一句或者多句积极向上、传递正能量的思考和感悟。思路尽量开阔，突破思维定式，内容尽量具有创新性，以培养创新意识和创新思维能力。

任务五　现代茶几

任务六　LOVE 水杯

任务七　酒店烟灰缸

任务八　古朴花瓶

项目三　图形建模

项目三资源

二维图形是由一条或者多条样条线组成的，二维样条线又是由顶点和线段组成的，所以只要调整顶点、线段及样条线的参数就可以生成复杂的二维图形。样条线组成的二维图像由于没有实际的体积，所以渲染不可见，因此处理过的二维图形可以通过添加修改器或利用复合对象来生成复杂的三维模型。

☞项目目标

- 掌握图形建模的思路和步骤；
- 掌握基本图形的创建方法和技巧；
- 掌握卷展栏下的单选框、复选框、按钮及参数的作用和使用方法；
- 掌握图形顶点、线段、样条线的编辑方法和技巧；
- 掌握挤出、车削、放样、倒角剖面等修改器的使用方法和技巧；
- 培养创新意识和创新能力；
- 培养将复杂问题简单化的能力；
- 了解传统文化对工业文明的影响。

☞项目概述

3DS MAX 图形下的样条线中的对象类型提供了 12 个基础样条线类型，包括线、矩形、圆、椭圆、弧、圆环、多边形、星形、文本、螺旋线、卵形和截面，如图 3-1 所示。创建基础样条线后，通过编辑点、线段、样条线三级对象，建立复杂二维图形，然后通过给这些基础样条线添加修改器或复合对象，可以创建各种各样的三维模型。

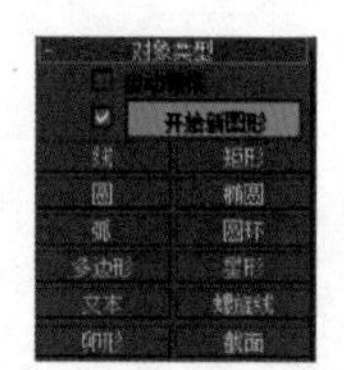

图 3-1

图形建模通常分为三步：

第一步：通过常见的基本图形绘制图形，可以用一个或者多个基本图形；

第二步：通过顶点、线段、样条线对基本图形进行编辑；

第三步：添加修改器或者复合对象，创建三维模型。

绘制图形需要熟练掌握基本图形的创建方法，基本图形的参数大多来源于几何图形，所以掌握几何图形和基本图形参数之间的关系有助于精确控制图形大小及模型比例。编辑图形则需要熟练运用顶点、线段及样条线来改变图形的三维形状。图形虽然是二维的，但是它被放在三维空间，构成它的顶点、线段、样条线都可以在三维空间移动、旋转和缩放，因此经过编辑的图形对象，最终也是一个三维空间中的立体二维图形。经过编辑的图形可以直接添加修改器也可以和其他二维图形经过修改器运算，最终形成三维模型。挤出、倒角等修改器生成的三维模型和基础图形之间关系简单明了，但倒角剖面、复合对象中的放样、车削生成的三维模型和基础图形之间的关系比较复杂，有些甚至难以辨别。因此，必须深刻理解二维图形生成三维模型的原理和技巧，才能灵活使用二维图形生成三维模型。当然，使用这样原理复杂的方法生成模型的优点非常明显，一是创建过程简单，二是制作出的模型造型和结构更加复杂多样。

图 3－2、图 3－3、图 3－4 都是优秀的建模作品，其中很多模型都是采用图形建模的方法制作的。很难从整体模型中抽离出原始的二维图形，可见使用图形创建模型前，需要一个复杂的思维过程，先将复杂模型拆解成简单模型，然后再抽离出二维图形。要做到这一点，需要熟练操作二维图形参数设置和修改器等工具。想要做出完美的作品，必须要有精益求精的工匠精神。

图 3－2

图 3－3

图 3－4

☞项目任务

本任务思政要素：从无形线到有形杯，需要创造力作为支撑。

任务一　高脚玻璃杯

(一)理论基础——线

1. 线的创建方法

单击命令面板下的(创建)|(图形)|线按钮。在视图中任意处单击鼠标左键创建第一个点，然后移动鼠标指针再次单击鼠标左键创建下一个点，依此方法继续创建多个点(至少创建两个点才能成线)，单击右键结束创建，就能得到一条曲线。

2. 线的相关知识点

在创建二维图形时，有些卷展栏是所有样条线都具备的，例如【渲染】、【插值】卷展栏，还有一些是不同的样条线特有的卷展栏。首先介绍所有样条线都具备的卷展栏，如图 3-5 所示。这些卷展栏中的选项用于控制二维图形的可渲染属性，设置渲染时的类型、参数和贴图坐标等。

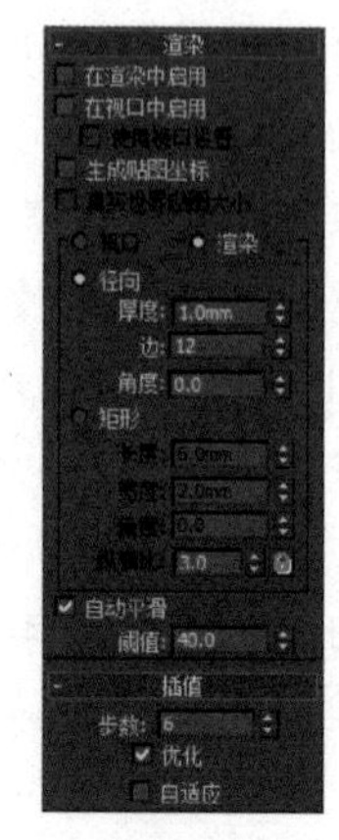

图 3-5

1)【渲染】卷展栏

【在渲染中启用】复选框：选中此复选框，创建的线型才能在视图中具有实体效果。

【在视口中启用】复选框：选中此复选框，创建的线型才能在视图中显示实体效果。

【使用视口设置】复选框：不选中此复选框，样条线在视口中的显示设置保持与渲染设置相同；选中此复选框，可以为样条线单独设置显示属性，通常用于提高显示速度。

【生成贴图坐标】复选框：启用此项可应用贴图坐标，默认设置为禁用。

3DS MAX 在 U 向维度和 V 向维度中生成贴图坐标。U 坐标围绕样条线包裹一次；V 坐标沿其长度贴图一次。平铺是使用应用材质的【平铺】参数所获得的。

【真实世界贴图大小】复选框：控制应用于该对象的纹理贴图材质所使用的缩放方法。缩放值由位于应用材质的【坐标】卷展栏中的【使用真实世界比例】设置控制，默认设置为禁用状态。

【视口】单选按钮：设置图形在视口中的显示属性。只有选中【在视口中启用】复选框后，此选项才可用。

【渲染】单选按钮：设置样条线在渲染输出时的属性。

【径向】单选按钮：设置样条线渲染（或显示）截面为圆柱形实体。

·【厚度】数值框：设置平面图形的线条厚度、相当于线条的截面直径。

·【边】数值框：设置平面图形线条的截面边数，最小值是 3。

·【角度】数值框：设置横截面边的角的开始位置，通过对这个参数的调整，可以使样条线有一个突出的角或边。

【矩形】单选按钮：设置样条线渲染（或显示）截面为长方体的实体。

·【长度/宽度/角度】数值框：用于设置长方形截面的长度、宽度和旋转角度。

·【纵横比】数值框：长方形截面的长宽比值。

【自动平滑】复选框：启用时，渲染样条线会使用【阈值】设置进行自动平滑。

启用【自动平滑】并不总产生最佳平滑质量。为获得最佳效果，可能有必要更改【阈值】值或禁用【自动平滑】，具体取决于您的需求和其他设置。

·【阈值】以度为单位，用于确定是否进行平滑。如果它们之间的角度小于阈值角度，则可以将任何两个相接的样条线分段放到相同的平滑组中。

2)【插值】卷展栏

【步数】数值框：设置平面图形线条曲线的分段数，值越高，曲线越平滑。

步数值代表两个点之间点的个数，点数越大越平滑。如图 3-6 所示，线的步数值分别为 1、3、10。

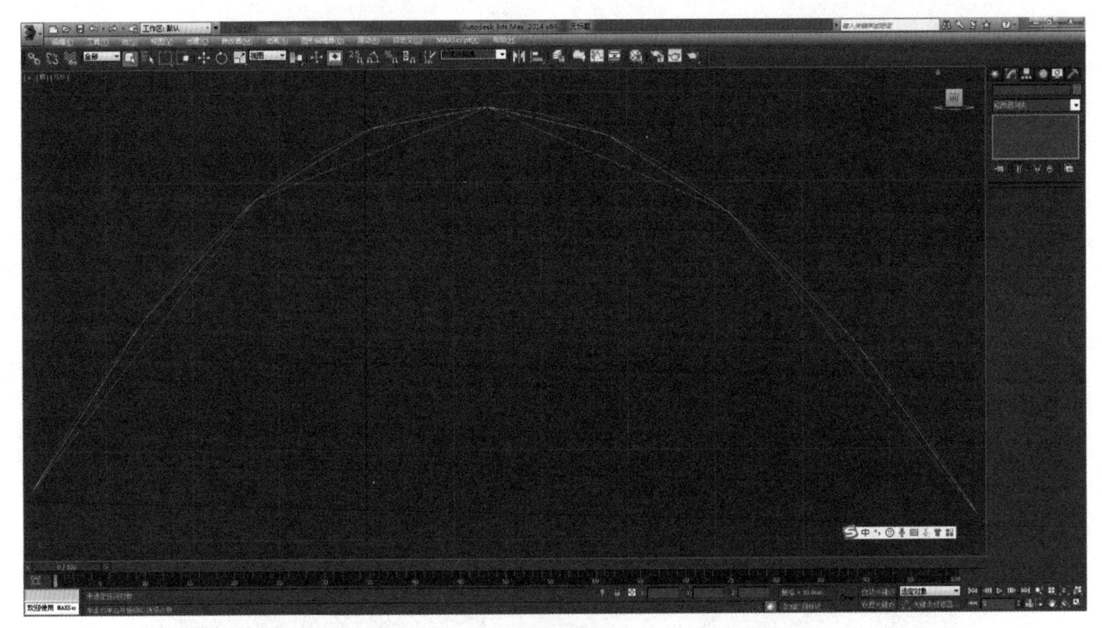

图 3－6

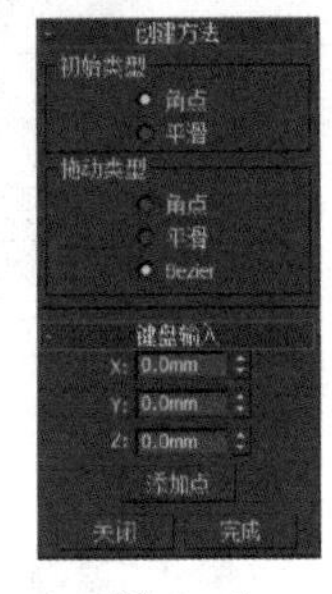

图 3－7

【优化】复选框：自动去除曲线上多余的步数片段(指直线上的片段)。

【自适应】复选框：用于系统自动设置平面图形线条曲线的分段数，以平滑曲线。

除了共有卷展栏外，【线】主要通过【创建方法】、【键盘输入】卷展栏进行设置，如图 3－7 所示。

3)【创建方法】卷展栏

【初始类型】：用于设置单击鼠标所建顶点的类型，编辑样条线时可通过编辑顶点来调整样条线。

【拖动类型】：用于设置拖动鼠标所建顶点的类型。

·【角点】：产生一个尖端。类型顶点的两侧可均为直线段，或一侧为直线段、另一侧为曲线段。

·【平滑】：通过顶点产生一条平滑、不可调整的曲线。类型顶点的两侧为平滑的曲线段。平滑由顶点的间距和步数的值设置。

·【Bezier】：通过顶点产生一条平滑、可调整的曲线。类型顶点的两侧有两个始终处于同一直线上，且长度相等、方向相反的控制柄，通过在每个顶点拖动鼠标来控制这两个控制柄调整顶点处的曲线形状。

创建样条线小技巧：

· 在创建样条线时，创建方法中的【初始类型】和【拖动类型】都要选择角点。

· 创建样条线时，不要在透视视图中创建，否则搞不清线条的方向。

4)【键盘输入】卷展栏

【X/Y/Z】数值框：输入新建点的 X、Y、Z 轴坐标。

【添加点】按钮：单击该按钮，在 X、Y、Z 组成的三维坐标位置创建新点。

【关闭】按钮：使图形闭合，在最后和最初的顶点间添加一条最终的样条线线段。

【完成】按钮：完成该样条线而不将它闭合。

(二)课堂案例——高脚玻璃杯制作

(1)单击命令面板下的(创建)|(图形)|线按钮，在前视图中创建如图 3－8 所示的线条。

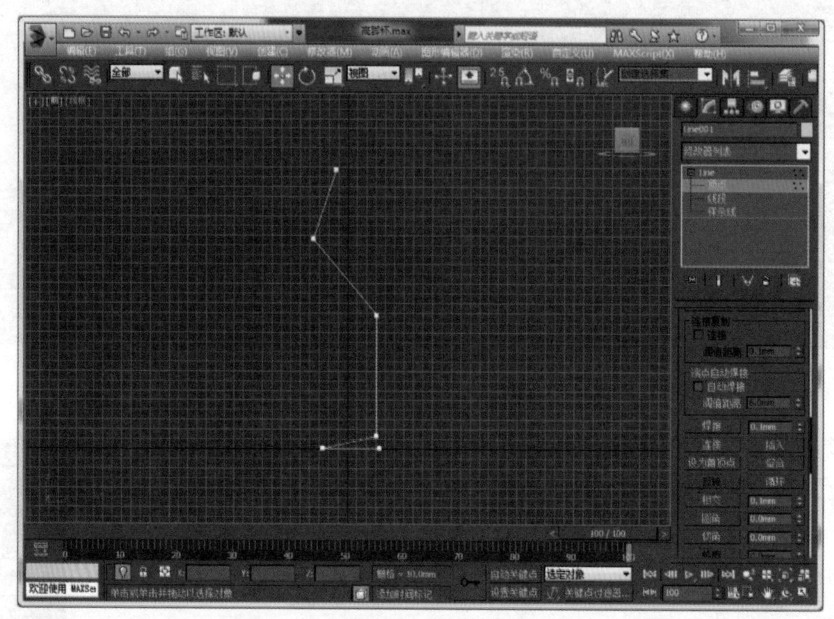

图 3－8

(2)单击(修改)，选择【Line】下的顶点对象，选择图中的顶点，右键单击打开浮动窗口，单击【平滑】，如图 3－9 所示，效果如图 3－10 所示。

(3)选择【Line】下的样条线对象，单击样条线，如图 3－11 所示。

(4)在【几何体】卷展栏的【轮廓】按钮中输入 2 mm，按下回车键，如图 3－12 所示，效果如图 3－13 所示。

(5)选择顶点，框选顶部 2 个【顶点】，右键单击弹出浮动窗口，选择【平滑】，如图 3－14 所示，效果如图 3－15 所示。

(6)然后再选择【Bezier】，如图 3－16 所示，效果如图 3－17 所示。

(7)按下【E】键，旋转调整，使 Bezier 线与酒杯线条基本重合，然后向左方轻微移动一点，使杯口略大些，如图 3－18 所示。

(8)按下【W】键，点击坐标中点心右上方，出现黄色方块，向下调整 Bezier 线上方的点，如图 3－19 所示，整体效果如图 3－20 所示。

(9)在修改器列表中选择【车削】修改器，如图 3－21 所示，效果如图 3－22 所示。

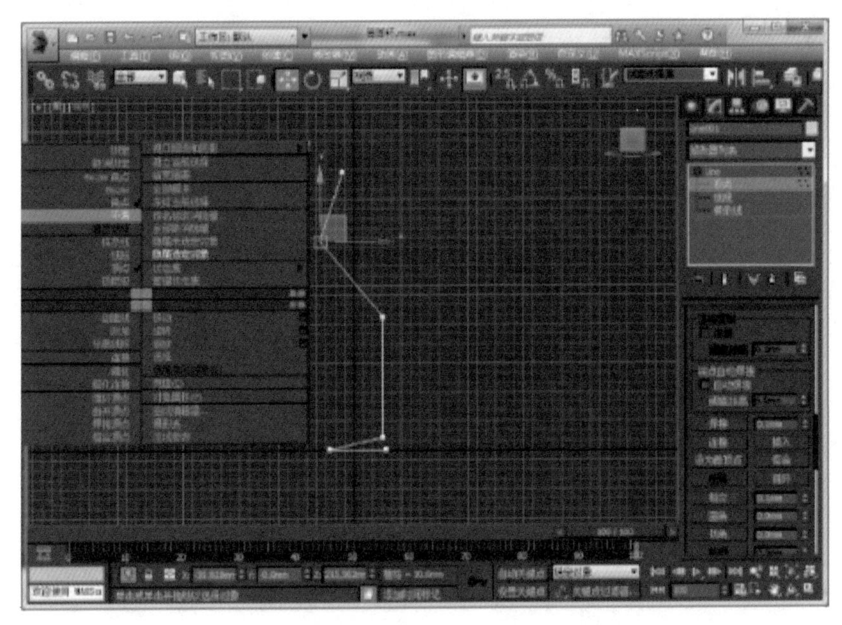

图 3－9

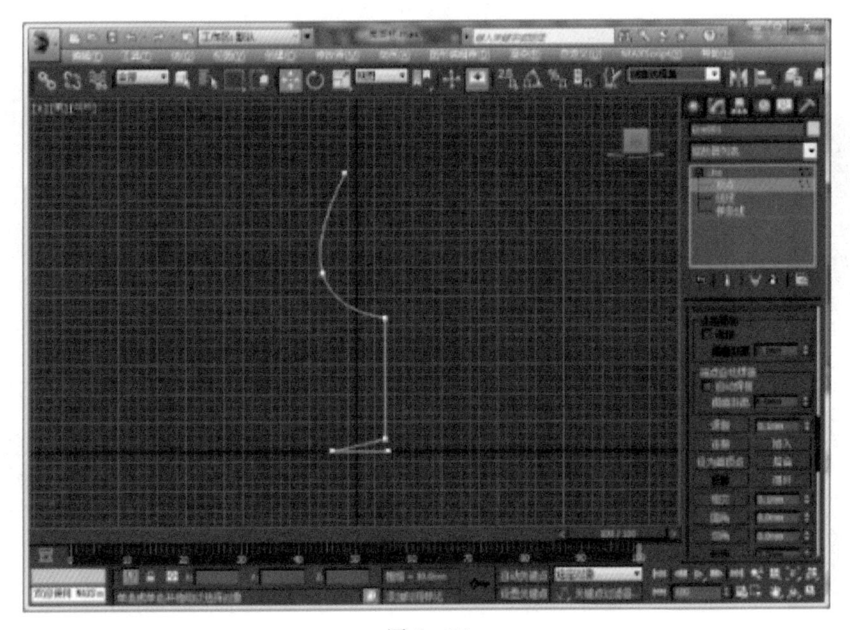

图 3－10

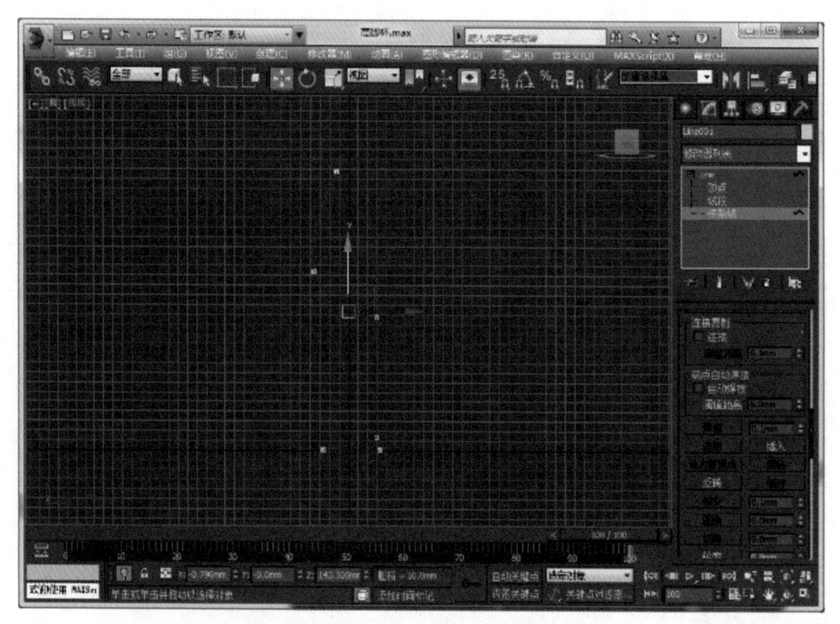

图 3 - 11

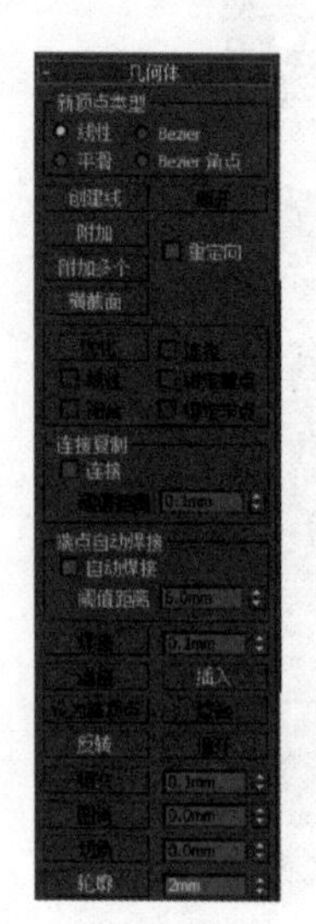

图 3 - 12

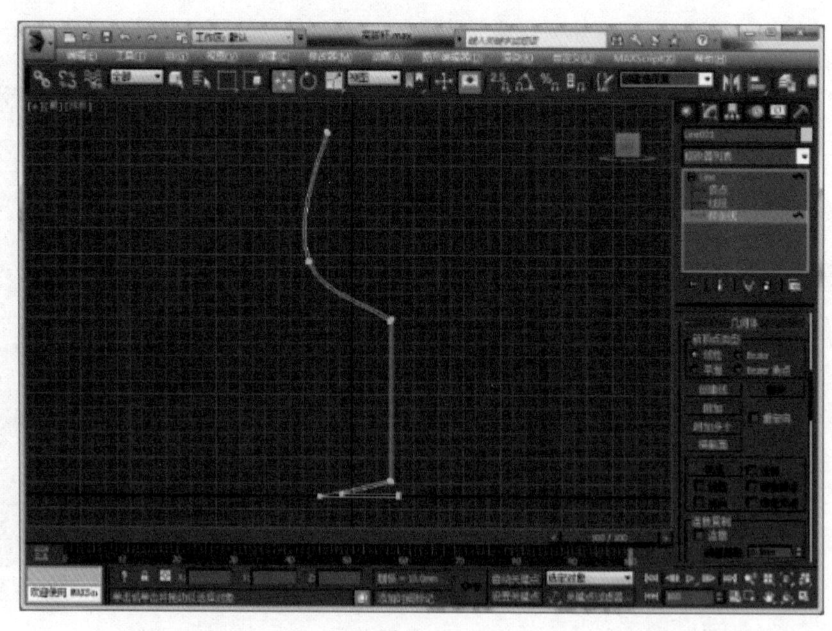

图 3 - 13

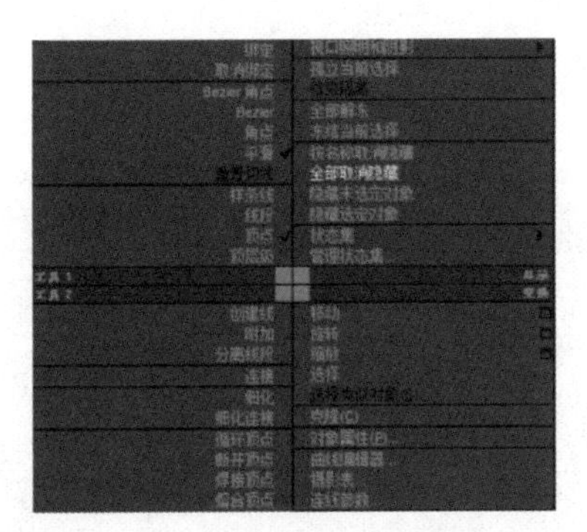

图 3 - 14

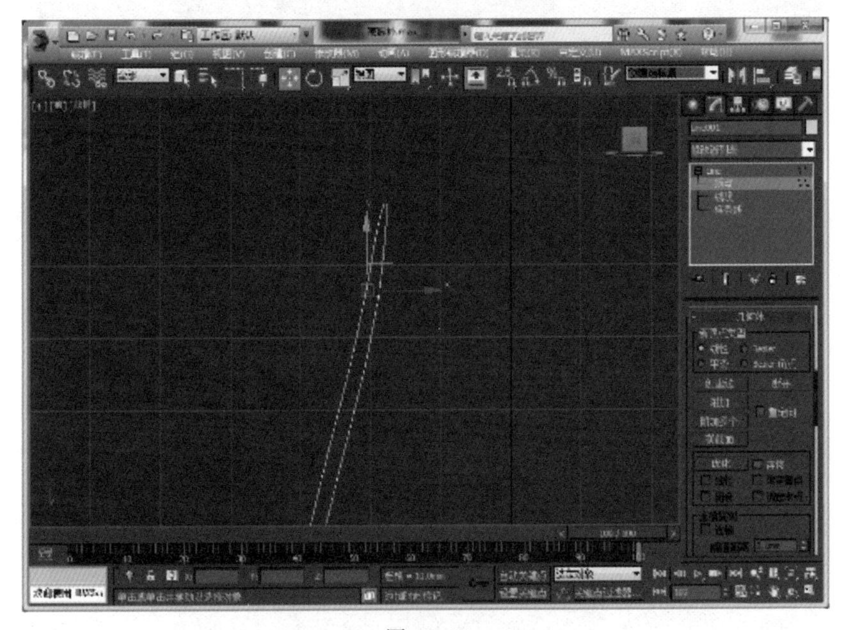

图 3 - 15

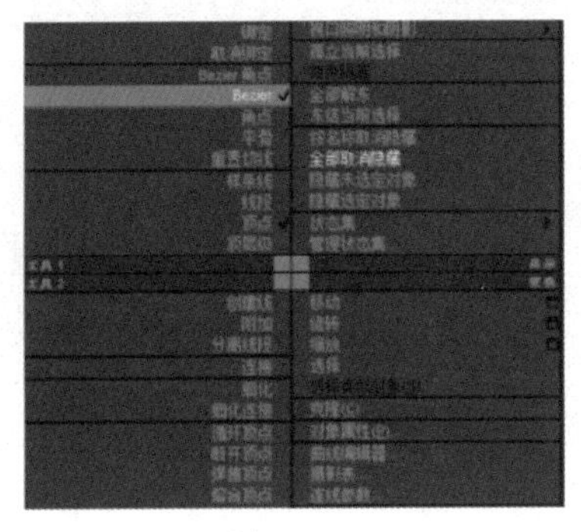

图 3 - 16

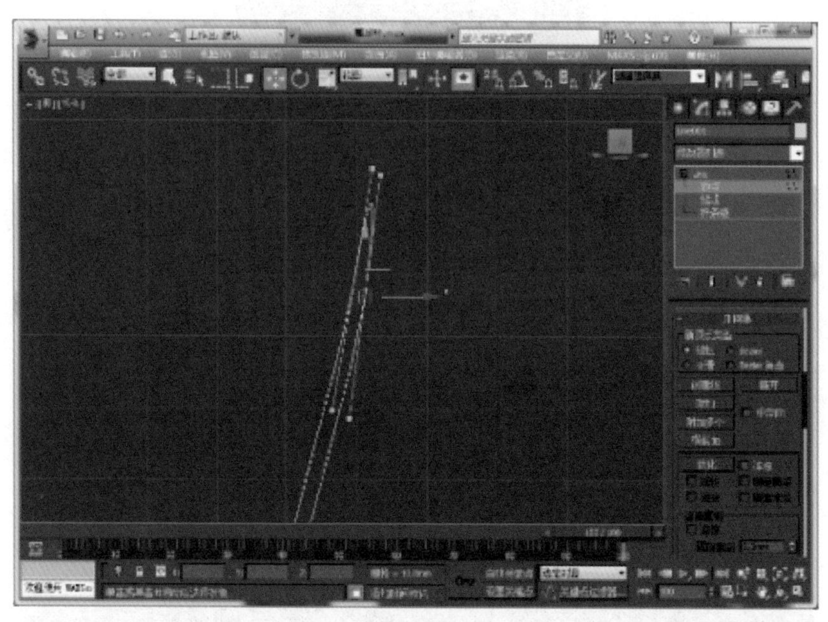

图 3-17

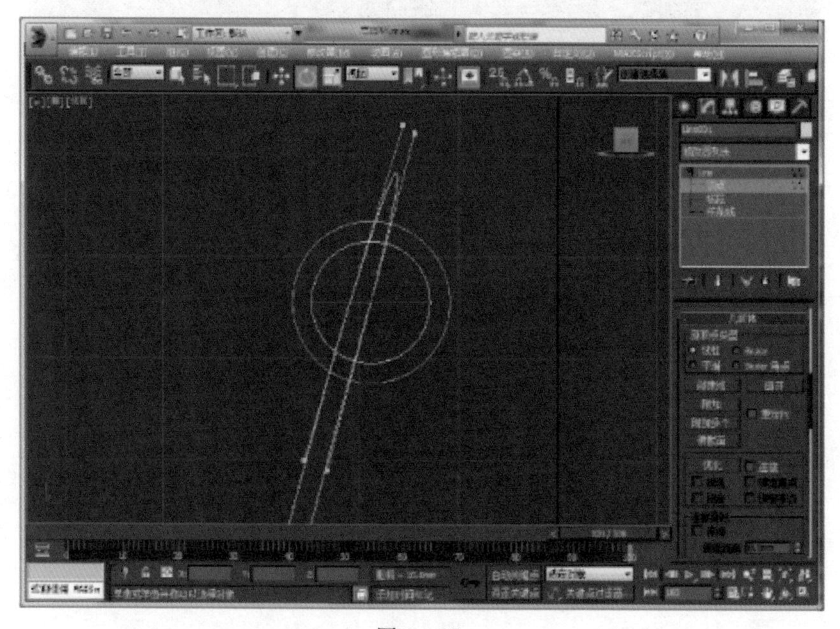

图 3-18

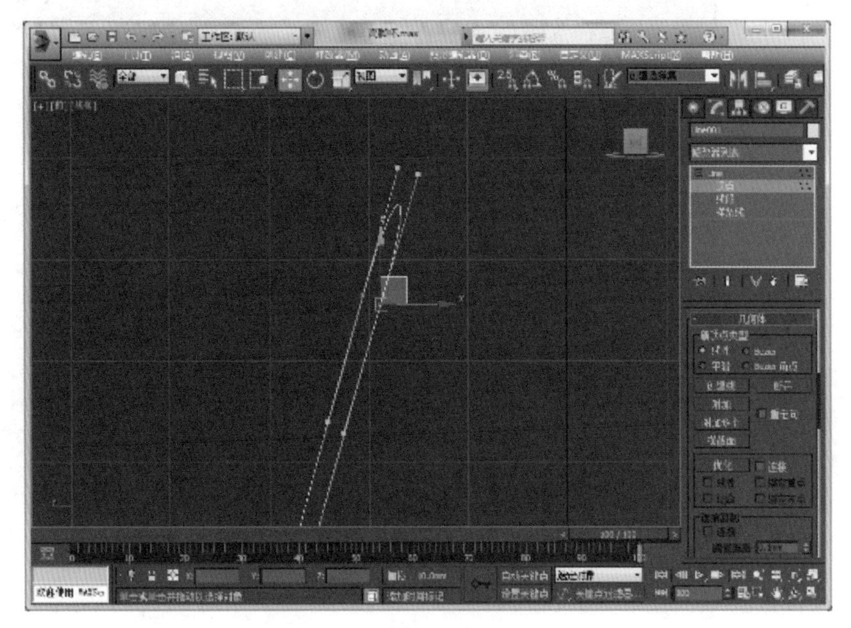

图 3－19

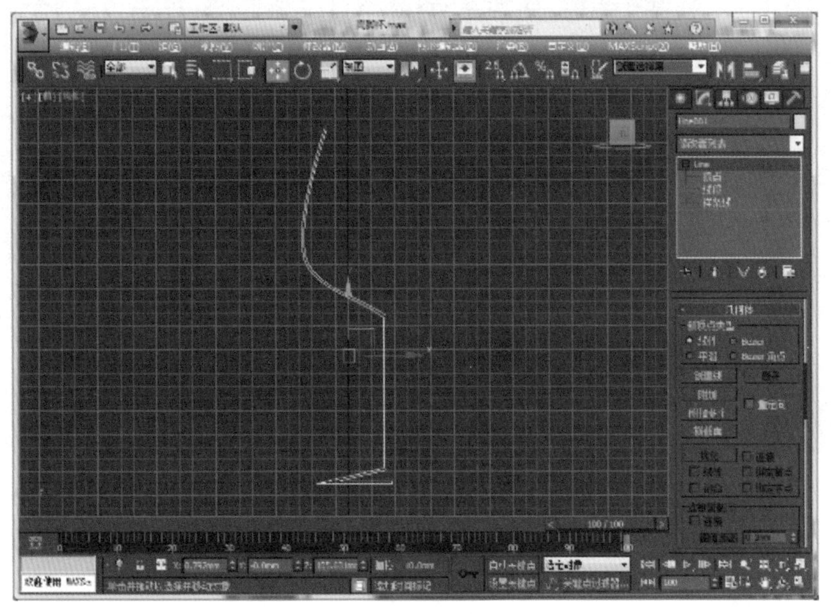

图 3－20

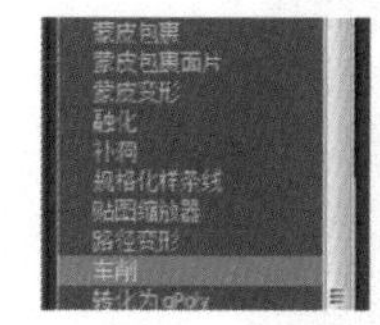

图 3-21

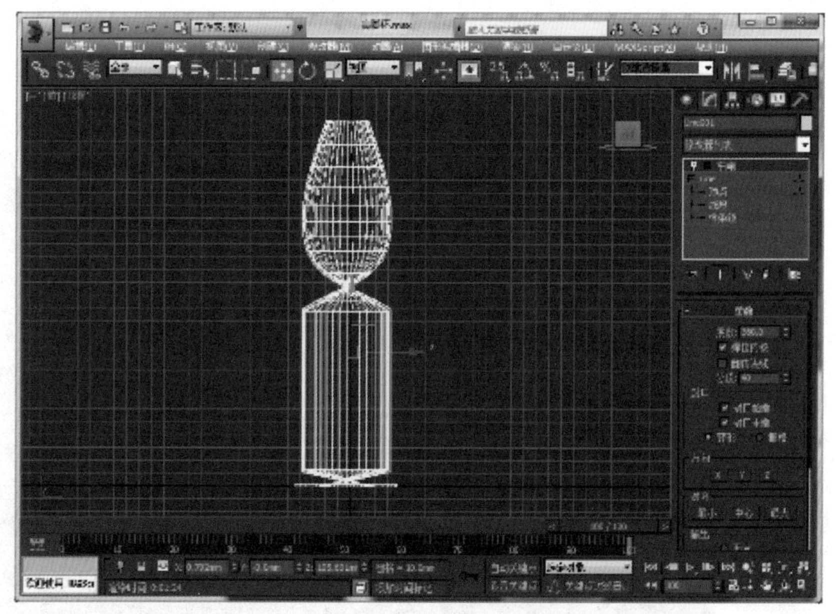

图 3-22

(10)单击【参数】卷展栏【最大】按钮,如图 3-23 所示,效果如图 3-24 所示。

图 3-23

图 3-24

(11)按住快捷键【Shift+F】,添加安全线框。单击(创建)|(几何体)|平面按钮,创建平面,调整大小,铺满整个背景,效果如图 3-25 所示。

(12)单击主工具栏上的(材质编辑器)工具,打开材质编辑器。拖动材质球 1 到高脚杯模型上,单击材质球 1【明暗器基本参数】卷展栏下的【漫反射】后面的色块按钮,打开【颜色选择器:

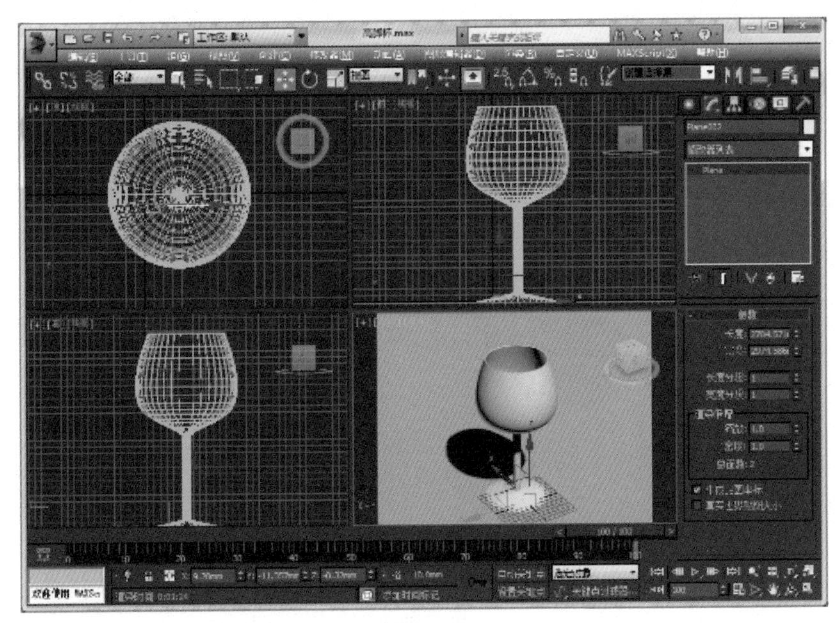

图 3－25

漫反射颜色】对话框，设置亮度为 250。将材质球 2 拖动到地面上，单击材质球 2【明暗器基本参数】卷展栏下的【漫反射】后面的色块按钮，打开【颜色选择器：漫反射颜色】对话框，设置亮度为 200，如图 3－26 所示，效果如图 3－27 所示。

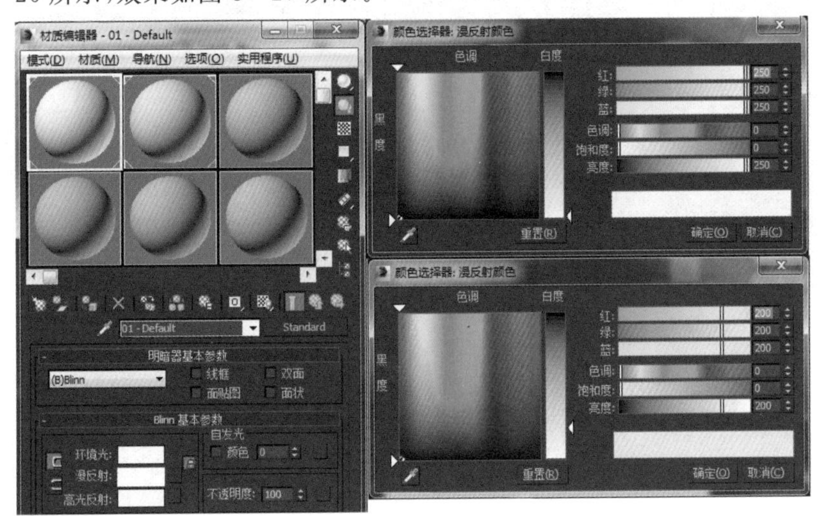

图 3－26

（13）选择前视图，单击（创建）|（灯光）|标准（标准）|泛光（泛光）按钮，在高脚杯中间创建泛光，移动位置到酒杯内部。单击（修改），勾选【常规参数】卷展栏中【阴影】下【启用】单选框，将阴影效果改为【区域阴影】，设置【强度/颜色/衰减】卷展栏中的【倍增】值为 0.6，最终效果如图 3－28 所示。

图 3 - 27

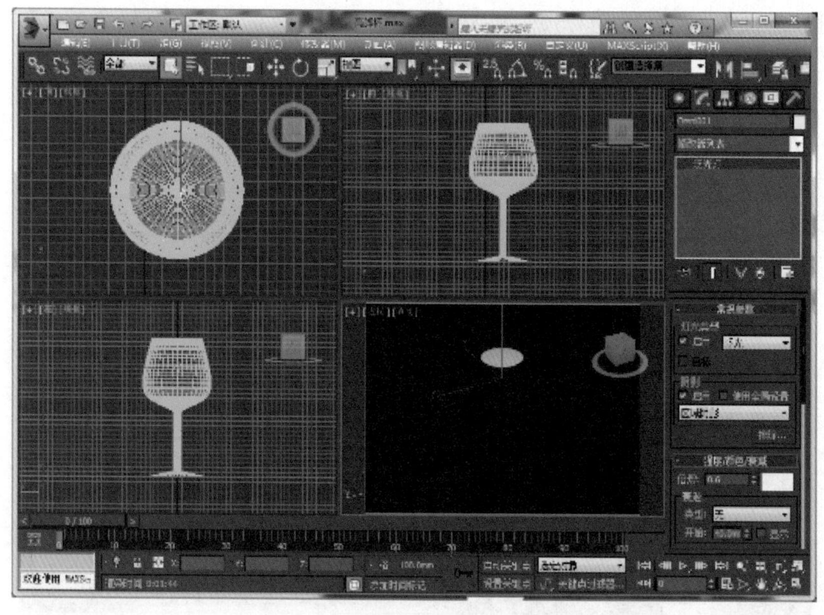

图 3 - 28

(14)单击 天光 (天光)按钮,在前视图添加一盏天光。单击,设置【天光参数】下的【倍增】值为 0.9,勾选【渲染】下【投射阴影】单选框,如图 3 - 29 所示。

(15)按【F9】键,渲染输出,效果如图 3 - 30 所示。

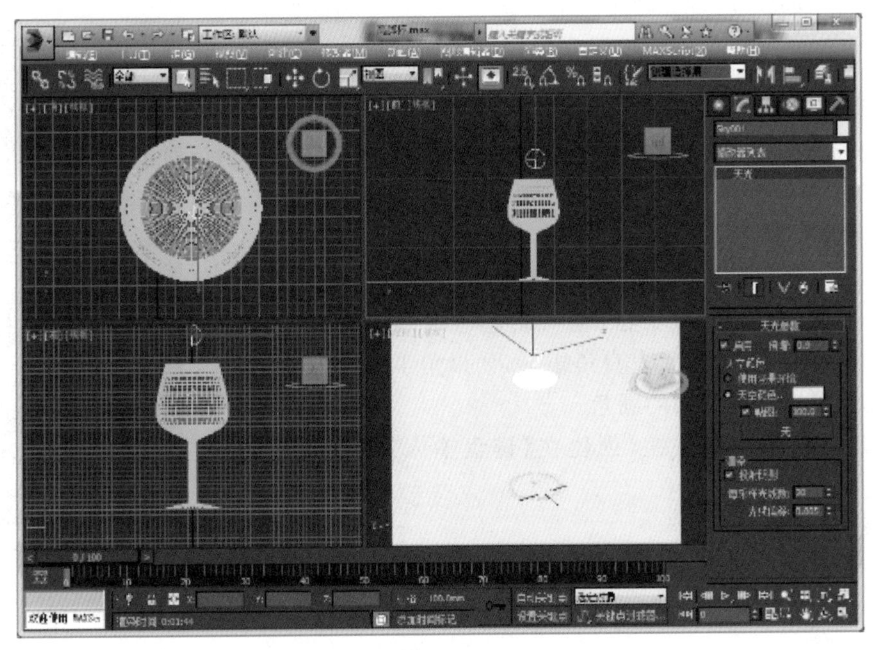

图 3－29

图 3－30

任务二　折叠电视柜

本任务思政要素：组合家具的精致美观，源自对尺寸、角度和平滑度等精益求精的追求。

(一)理论基础——矩形

1. 矩形的创建方法

单击命令面板下的(创建)|(图形)| 矩形 按钮。在视图中任意处单击鼠标左键创建第一个点，按住左键不松开，移动鼠标到第二个点，松开鼠标左键，这时创建一个以这两个点为对角线的矩形。注意，该方法绘制矩形的前提是系统中默认的【创建方法】卷展栏下勾选单选框为【边】。

2. 矩形的相关知识点

矩形主要由【创建方法】、【键盘输入】和【参数】等卷展栏进行设置，如图 3－31 所示。

图 3 - 31

1)【创建方法】卷展栏

【边】单选按钮：第一次单击会在图形的一边或一角定义一个点，然后拖动直径或对角线角点。

【中心】单选按钮：第一次单击会定义图形中心，然后拖动半径或角点。

2)【键盘输入】卷展栏

【X/Y/Z】数值框：输入新建矩形中心的 X、Y、Z 轴坐标。

【长度/宽度/角半径】数值框：输入新建的矩形长度、宽度和圆角半径。圆角半径为 0，代表直角矩形，如果角半径不为零，代表矩形的角是带有圆弧效果的圆角。

【创建】按钮：单击该按钮，创建在【键盘输入】中设置好的矩形。

3)【参数】卷展栏

【长度/宽度/角半径】数值框：用来显示和修改创建好的矩形的长度、宽度和角半径。

(二)课堂案例——折叠电视柜制作

(1)单击命令面板下的(创建)|(图形)|矩形按钮，在前视图中创建如图 3 - 32 所示的矩形，参数如图 3 - 33 所示。

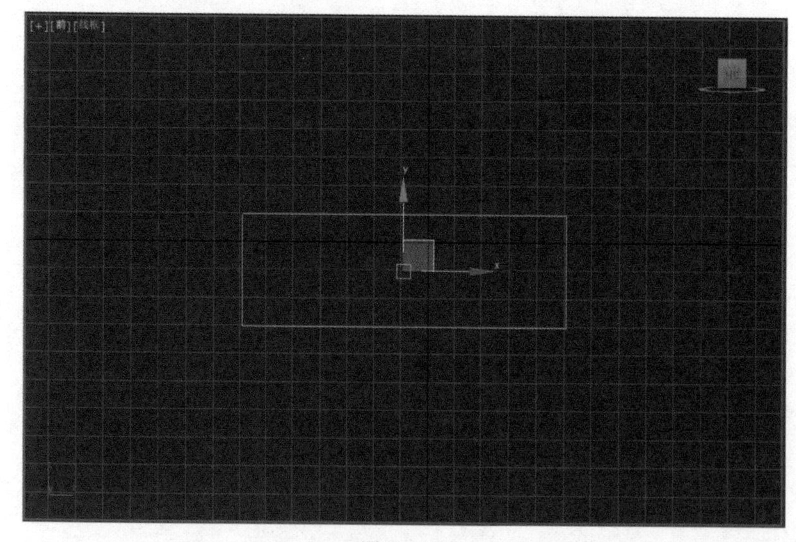
图 3 - 32

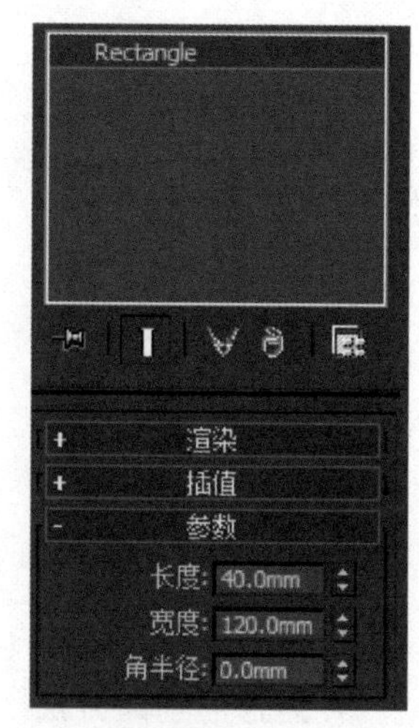

图 3 - 33

(2)选择矩形，右键单击(选择并移动)工具，弹出【移动变换输入】对话框，右键单击 X、Y、Z 坐标轴后面的(数值变换)，坐标值清零，如图 3 - 34 所示，效果如图 3 - 35 所示。

(3)单击命令面板下的(创建)|(图形)|线按钮。选择前视图，按住【Shift】键分别创建一条水平线和一条垂直线。使用与上一步操作相同的方法进行坐标清零，效果如图 3 - 36 所示。在垂直线左边再绘制一条垂线，位置如图 3 - 37 所示。

图 3－34

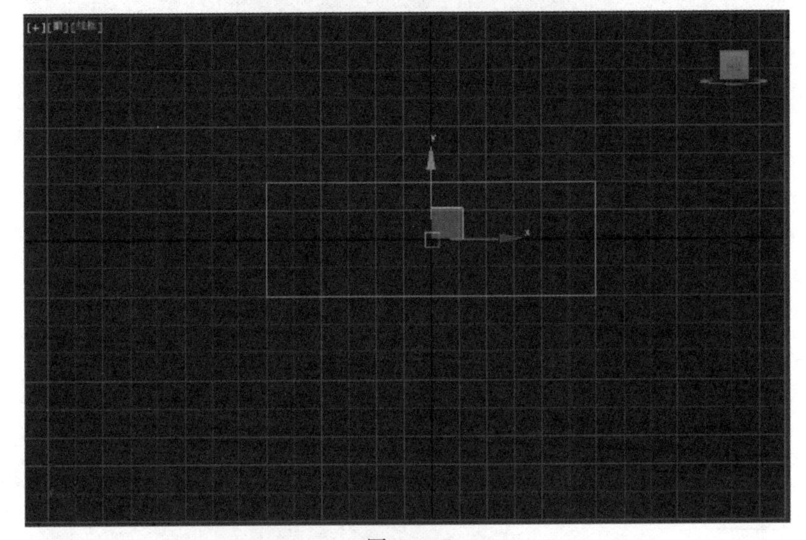

图 3－35

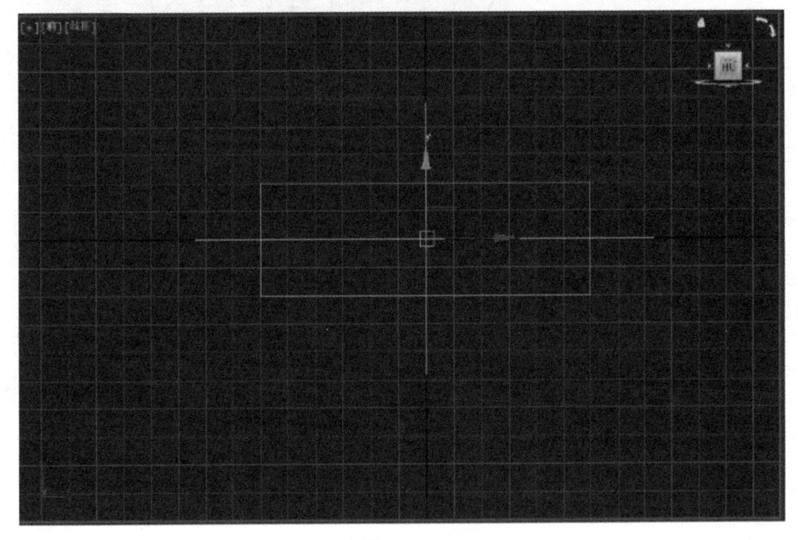

图 3－36

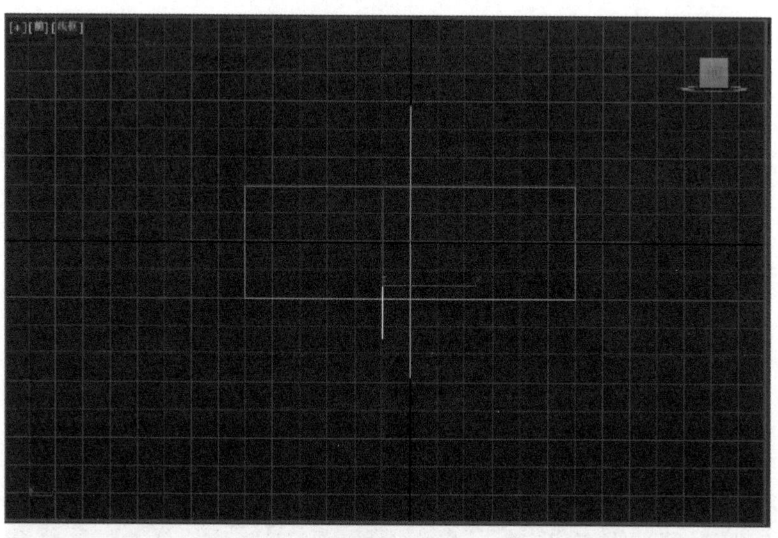

图 3 - 37

(4)单击(修改),右键单击命令面板中的【Line】,单击【可编辑样条线】,如图 3 - 38 所示。

(5)单击【几何体】卷展栏下的【附加多个】按钮,如图 3 - 39 所示,弹出【附加多个】对话框,如图 3 - 40 所示。

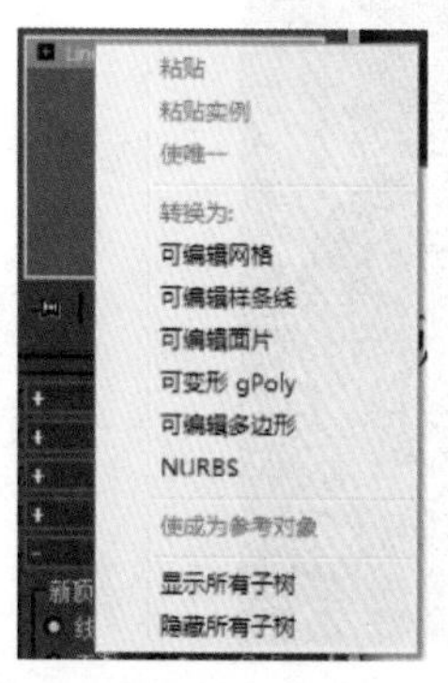

图 3 - 38

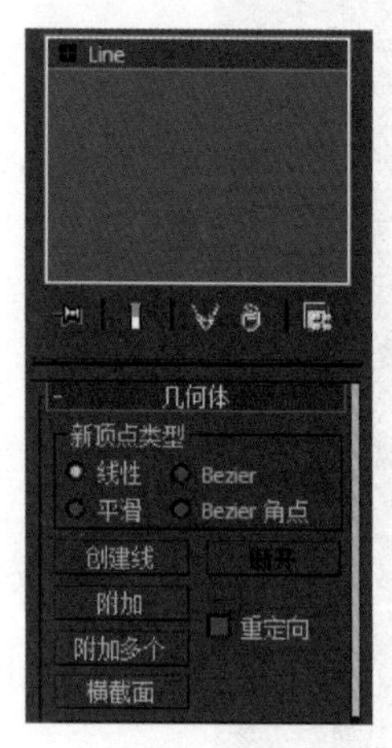

图 3 - 39

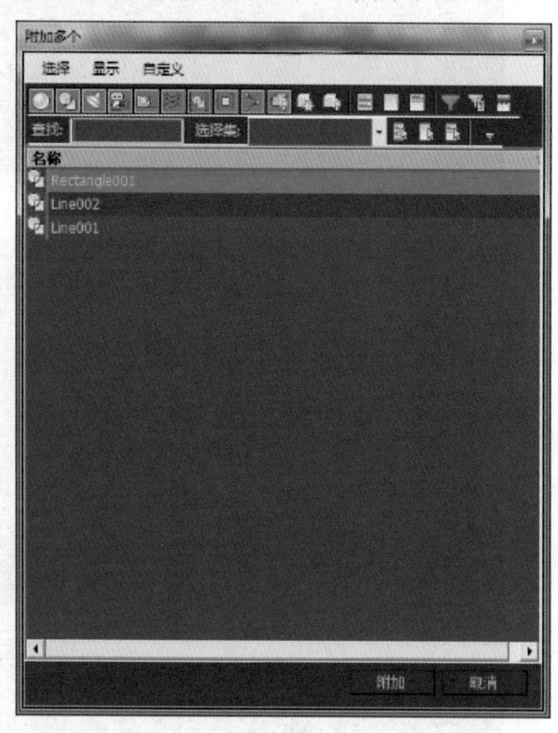

图 3 - 40

(6)选中第一个物体,按住【Shift】键选择最后一个,单击【附加】按钮,效果如图 3－41 所示。

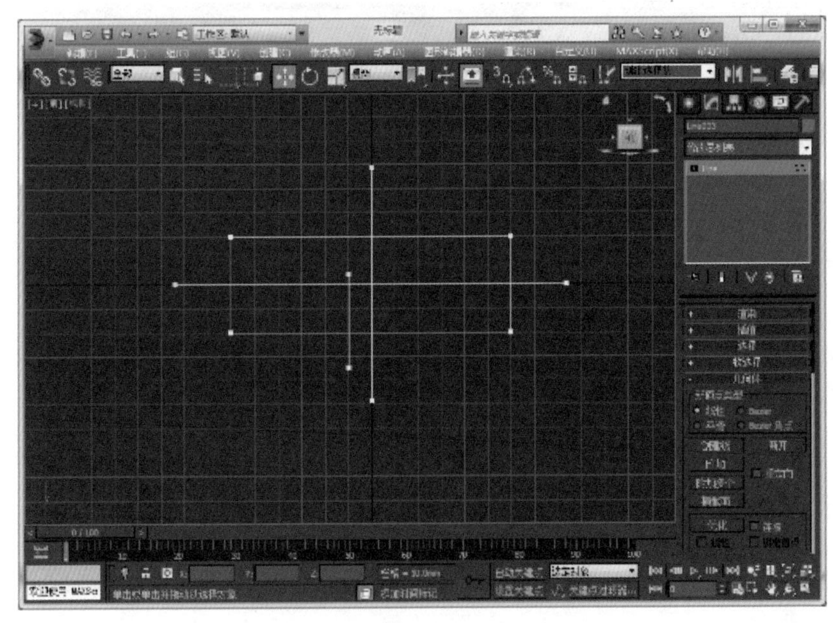

图 3－41

(7)单击 Line 前的【＋】,选择 样条线 (样条线)对象,如图 3－42 所示。单击【几何体】卷展栏下的【修剪】按钮,将所有多余部分修剪掉,效果如图 3－43 所示。

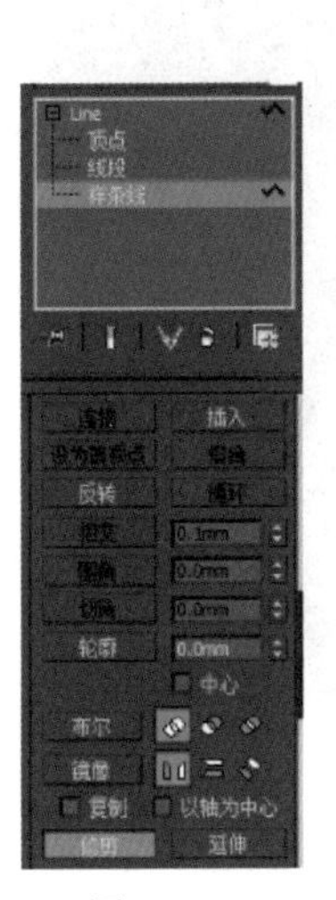

图 3－42

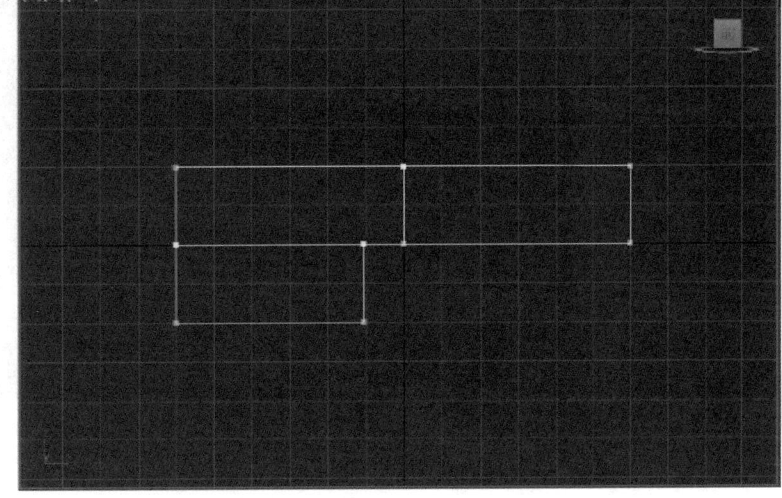

图 3－43

(8)单击主工具栏上的(选择对象)工具,框选所有样条线,如图 3－44 所示。

(9)在【几何体】卷展栏下的【轮廓】按钮后的数字框内,输入 2 mm,如图 3－45 所示,按回车键,效果如图 3－46 所示。

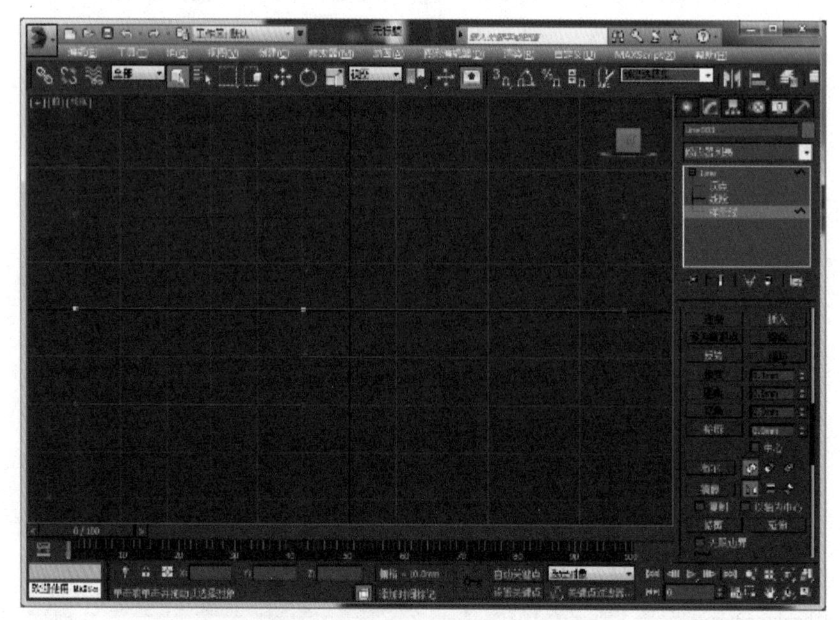

图 3 - 44

图 3 - 45

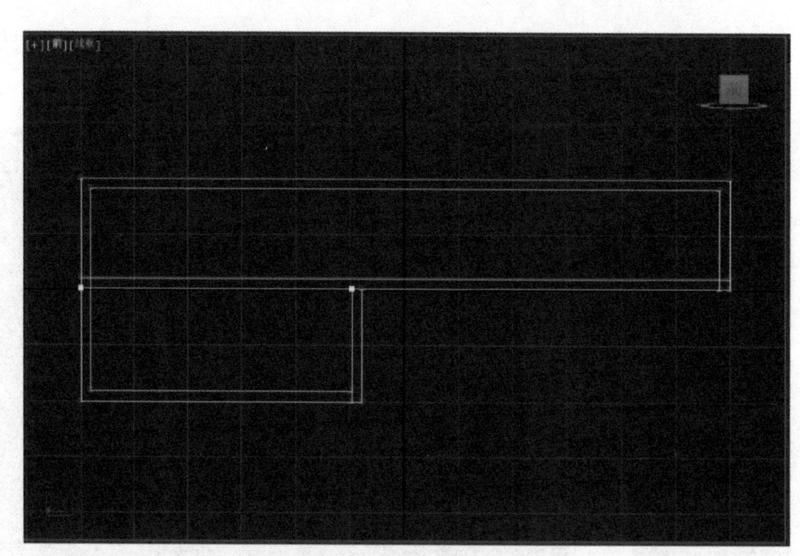

图 3 - 46

(10)单击【Line】,单击【修改器列表】,选择【挤出】修改器,如图 3 - 47 所示。

(11)将【参数】卷展栏中的【数量】设置为 30 mm,效果如图 3 - 48 所示。

(12)按住【Shift】,移动模型,弹出【克隆选项】对话框,如图 3 - 49 所示,单击【确定】按钮,复制模型,效果如图 3 - 50 所示。

(13)选择复制的模型,右键单击(选择并旋转)工具,弹出旋转变换输入对话框,在 Y 轴输入 180 并按回车键,如图 3 - 51 所示,将模型移动到合适位置,效果如图 3 - 52 所示。

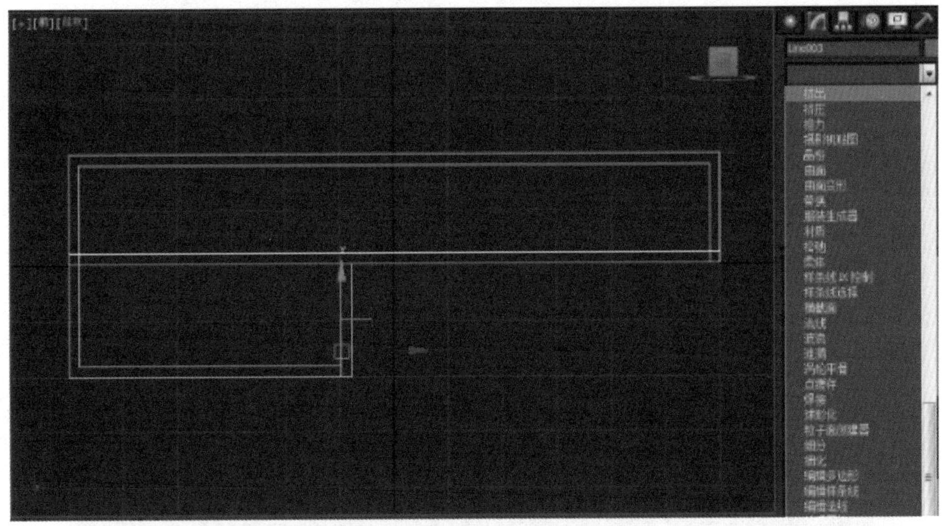

图 3－47

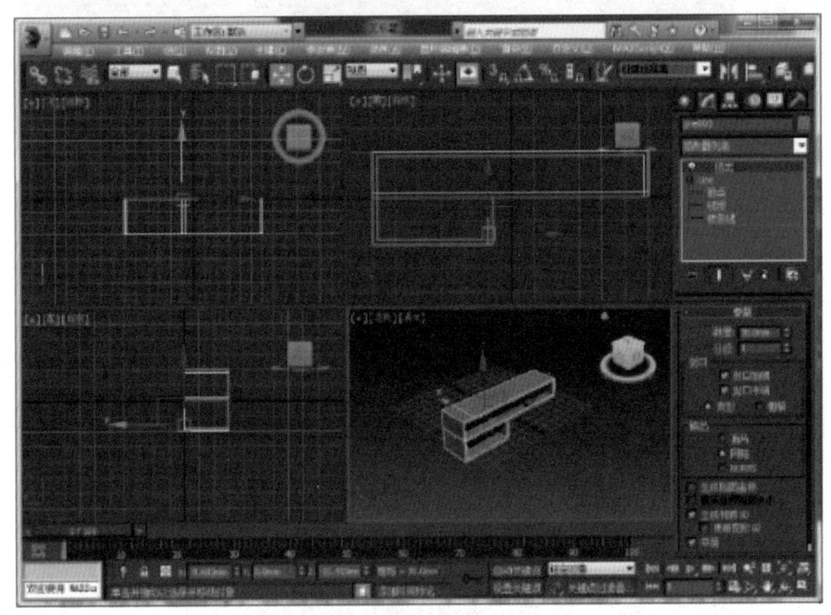

图 3－48

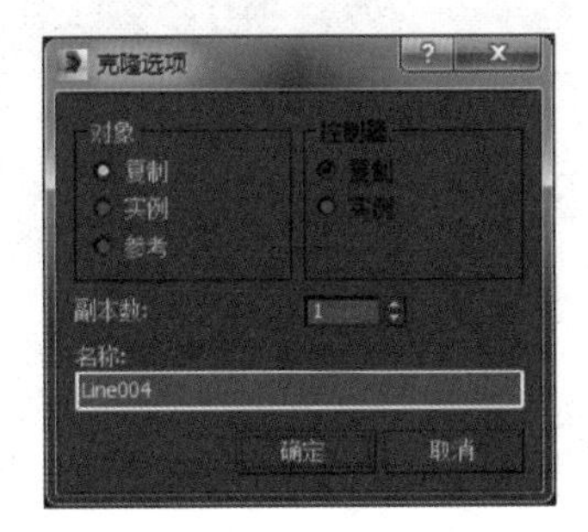

图 3－49

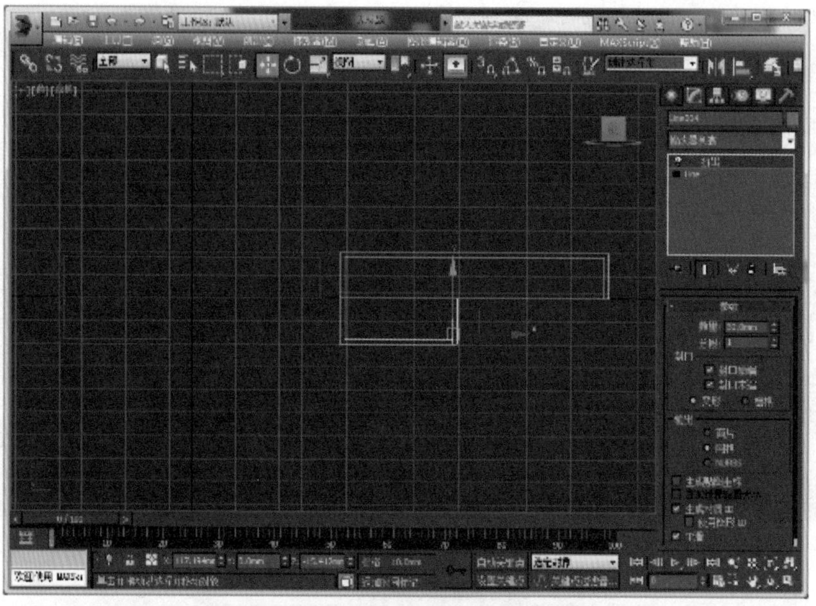

图 3 - 50

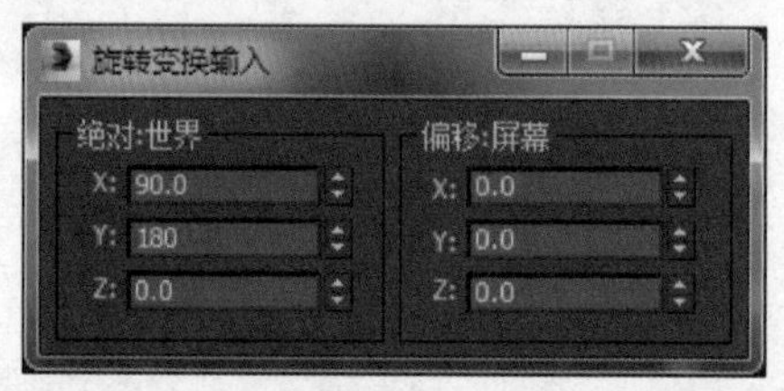

图 3 - 51

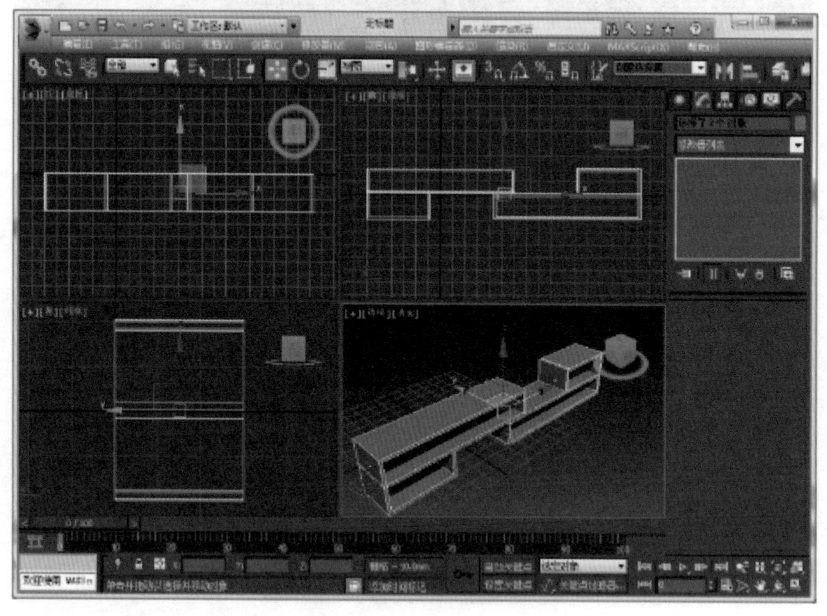

图 3 - 52

(14)选择透视图,按住【Shift+F】,添加安全线框。单击命令面板下的(创建)|(几何体)|平面按钮,如图 3-53 所示。创建一个地面,覆盖整个窗口,效果如图 3-54 所示。

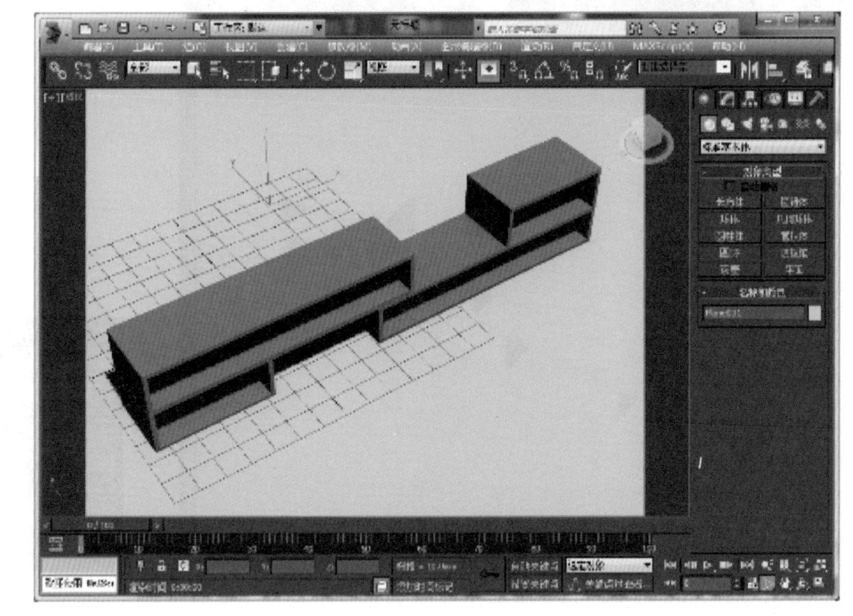

图 3-53　　　　图 3-54

(15)单击(材质编辑器)工具,打开材质编辑器。拖动材质球 1 到电视柜模型上,单击材质球 1【明暗器基本参数】卷展栏下的【漫反射】后面的色块按钮,打开【颜色选择器:漫反射颜色】对话框,设置亮度为 250。将材质球 2 拖动到地面上,单击材质球 2【明暗器基本参数】卷展栏下的【漫反射】后面的色块按钮,打开【颜色选择器:漫反射颜色】对话框,设置亮度为 200,如图 3-55 所示,效果如图 3-56 所示。

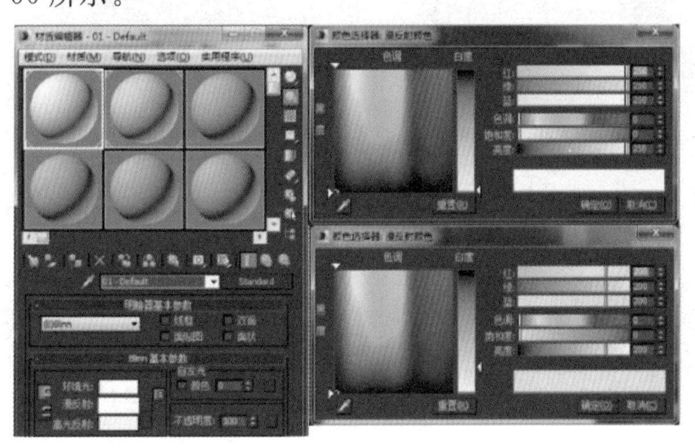

图 3-55

(16)选择前视图,使用滚轮缩小视图,移动到左下角。单击(创建)|(灯光)|标准(标准)|目标聚光灯(目标聚光灯)按钮,在前视图从右上向左下打光。单击(修改),勾选【常规参数】卷展栏中【阴影】下【启用】单选框,将阴影效果改为【区域阴影】,设置【强度/颜色/衰减】卷展栏中的【倍增】值为 0.1,如图 3-57 所示。调整灯光位置,最终效果如图 3-58 所示。

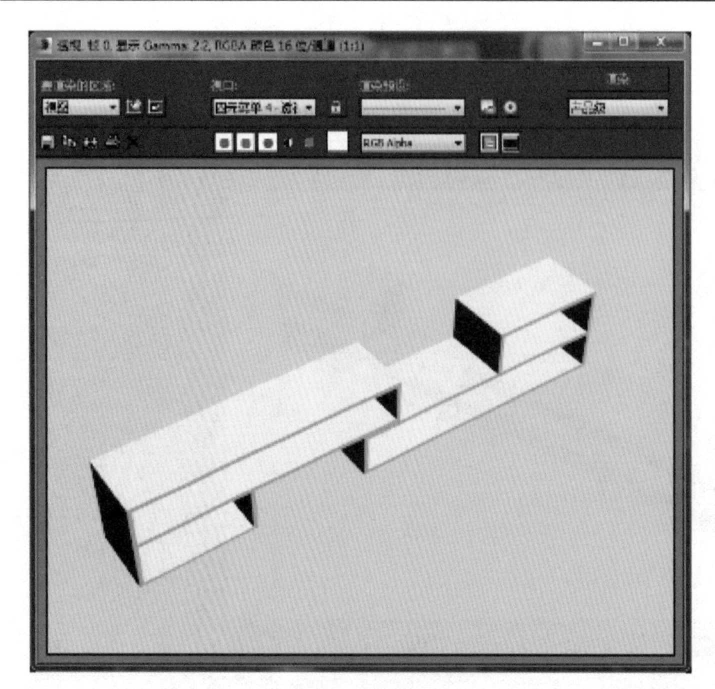

图 3 - 56

图 3 - 57

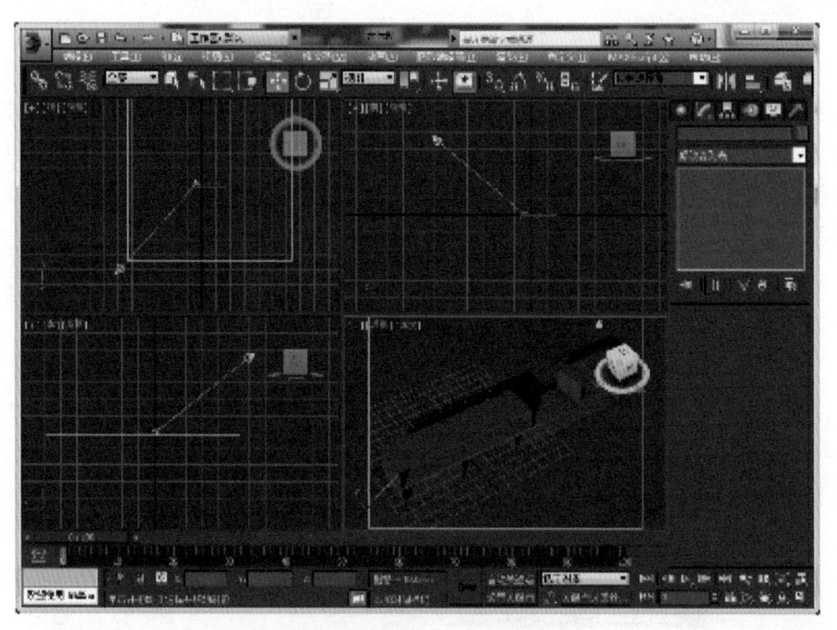

图 3 - 58

(17)单击(创建)|(灯光)|天光按钮,在前视图单击,添加天光。单击,设置【天光参数】下的【倍增】值为 1,勾选【渲染】下【投射阴影】单选框,如图 3 - 59 所示。单击(渲染产品)工具,最终效果如图 3 - 60 所示。

图 3-59

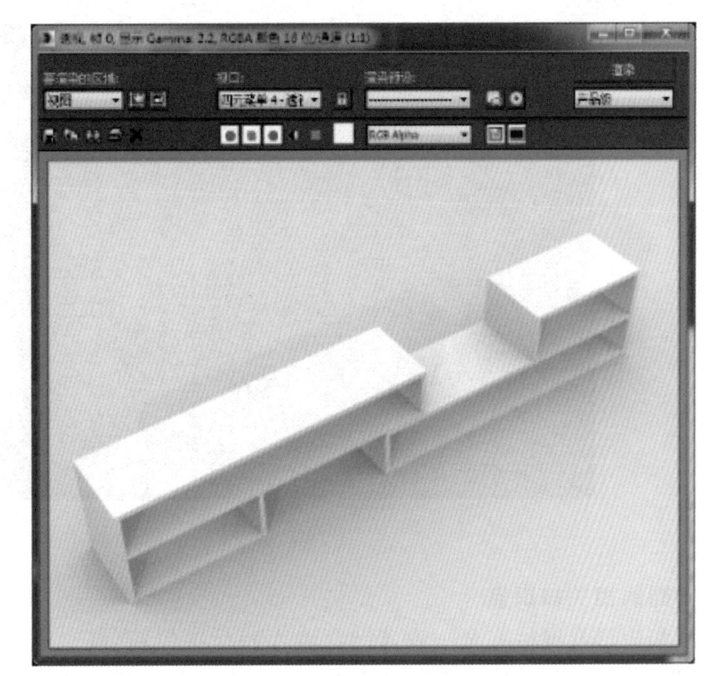

图 3-60

任务三　木质相框

本任务思政要素：定格历史，留住瞬间，便于铭记光辉的历史岁月。

(一)理论基础——圆、椭圆

1. 圆的创建方法

单击命令面板下的(创建)|(图形)| 圆 按钮。在视图中任意处单击鼠标左键创建第一点，按住左键不松开，移动鼠标到第二点，松开鼠标左键，这时创建一个以这两个点为半径的圆。注意，该方法绘制圆的前提是系统中默认的【创建方法】卷展栏下勾选单选框为【中心】。

2. 圆的相关知识点

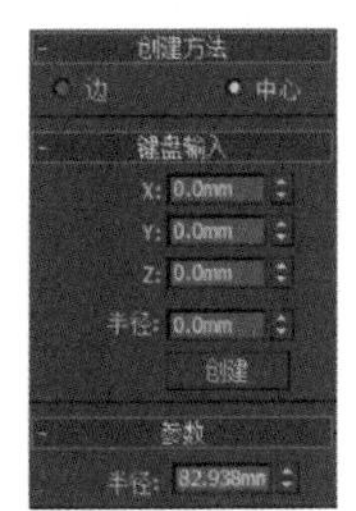

图 3-61

圆主要由【键盘输入】和【参数】等卷展栏进行设置，如图 3-61 所示。

【X/Y/Z】数值框：输入新建圆中心的 X、Y、Z 轴坐标。

【半径】数值框：输入创建圆的半径。

3. 椭圆的创建方法

单击命令面板下的(创建)|(图形)| 椭圆 按钮。在视图中任意处单击鼠标左键创建第一点，按住左键不松开，移动鼠标到第二点，松开鼠标左键，这时创建一个以这两个点为对角线的矩形内接椭圆，如图 3-62 所示。注意，该方法绘制椭圆的前提是系统中默认的【创建方法】卷展栏下勾选单选框为【边】。

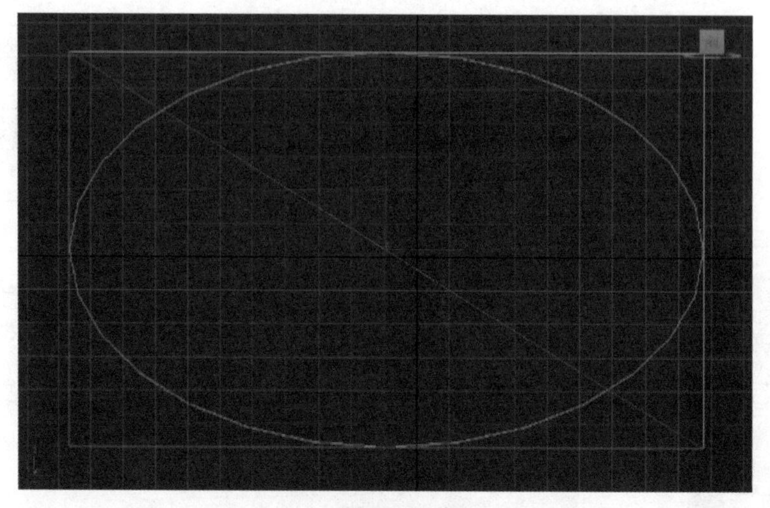

图 3 - 62

4. 椭圆的相关知识点

椭圆和矩形卷展栏完全一致,【键盘输入】和【参数】卷展栏中的长度和宽度代表的是椭圆外接矩形的长度和宽度,其值也是椭圆两个轴的长度。圆角半径是外接矩形的圆角值,如图 3 - 63 所示。

图 3 - 63

(二)课堂案例——木质相框制作

(1)单击命令面板下的(创建)|(图形)| 矩形 按钮,在前视图中创建矩形。单击命令面板下的(创建)|(图形)| 圆 按钮,在前视图绘制五个圆,参数如图 3 - 64 所示,调整位置,位置如图 3 - 65 所示。

(2)选择命令面板中的【Rectangle】,右键单击选择【可编辑样条线】,如图 3 - 66 所示,将矩形转换为样条线,效果如图 3 - 67 所示。

图 3 - 64

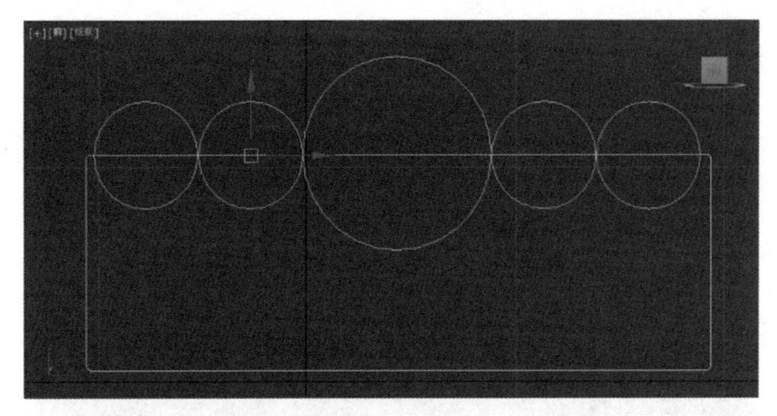

图 3－65

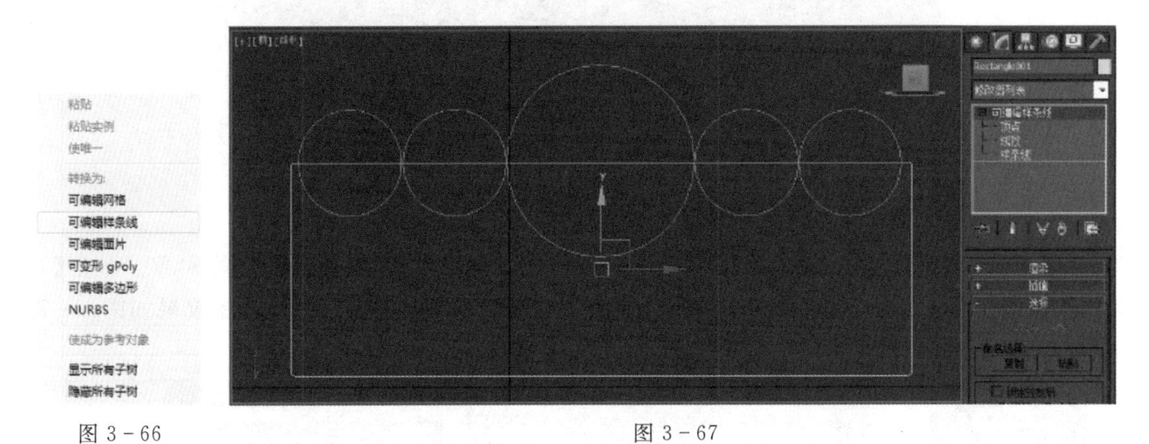

图 3－66　　　　图 3－67

(3)单击【几何体】卷展栏下的【附加多个】按钮，如图 3－68 所示，弹出【附加多个】对话框，如图 3－69 所示，选择所有线条，单击【附加】按钮，效果如图 3－70 所示。

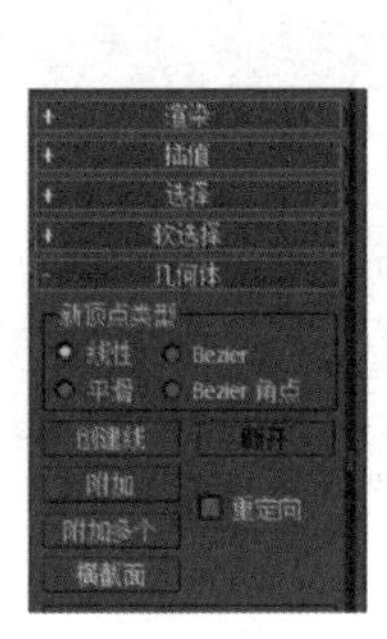

图 3－68

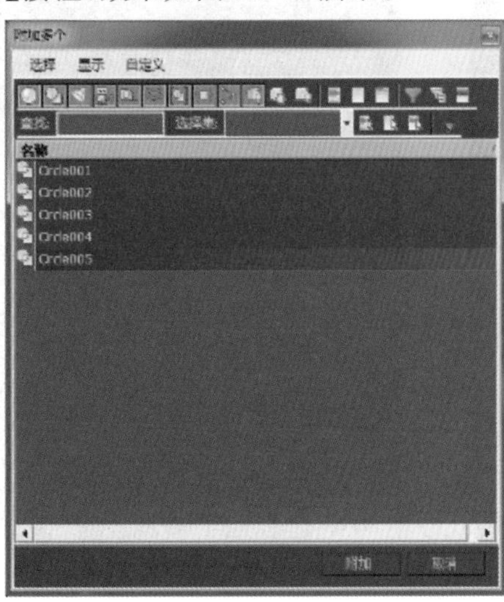

图 3－69

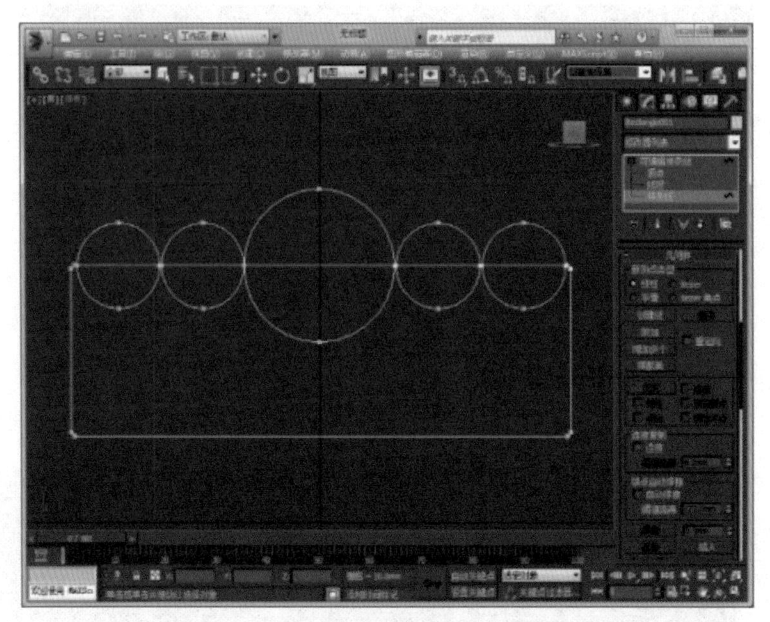

图 3-70

(4)单击【可编辑样条线】前的【+】号,选择【可编辑样条线】下的 样条线 对象。单击【几何体】卷展栏下的【修剪】按钮,如图 3-71 所示。单击需要剪掉的样条线,最终效果如图 3-72 所示。

图 3-71

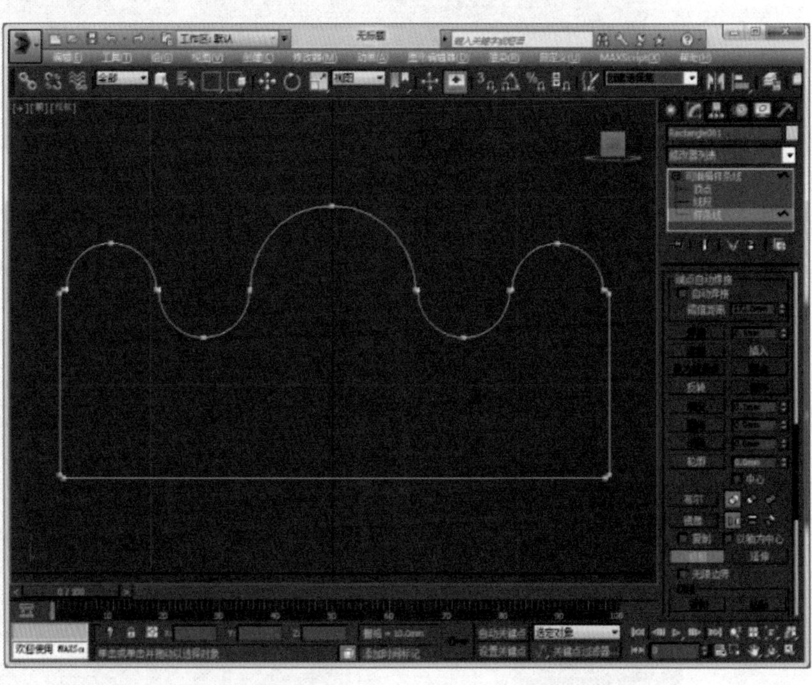

图 3-72

(5)选择【可编辑样条线】下的顶点对象，选择所有需要焊接的点，如图 3 - 73 所示。设置【几何体】卷展栏下的【焊接】参数为 3 mm，单击【焊接】按钮，如图 3 - 74 所示，焊接所有点，使所有线段合成一条样条线。

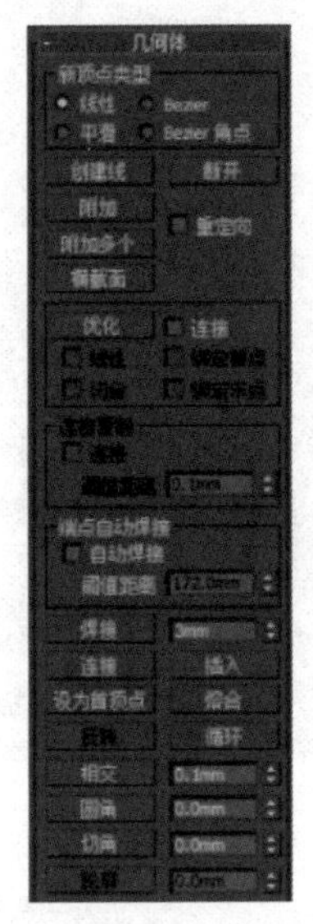

图 3 - 73

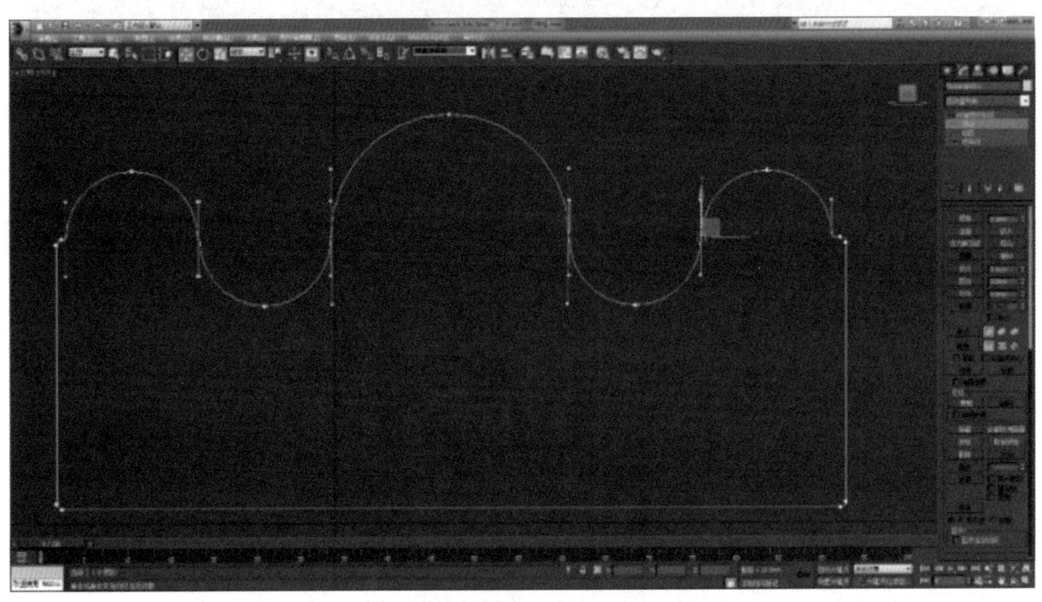

图 3 - 74

样条线合并判断小技巧：

· 选择样条线对象，单击样线条，如果样条线整体呈现红色，表明样条合并成功。如果还有红有白，表明样条线合并不完全成功，如图 3 - 75 所示。再次选择顶点对象，选择所有未焊接的点，继续焊接，直到把所有顶点焊接完，如图 3 - 76 所示。

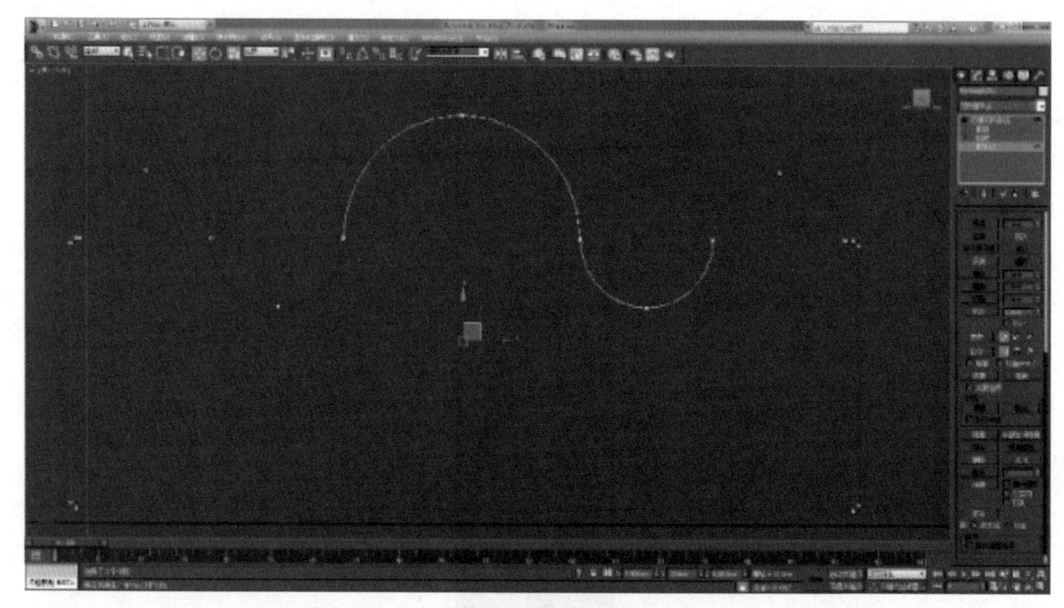

图 3 - 75

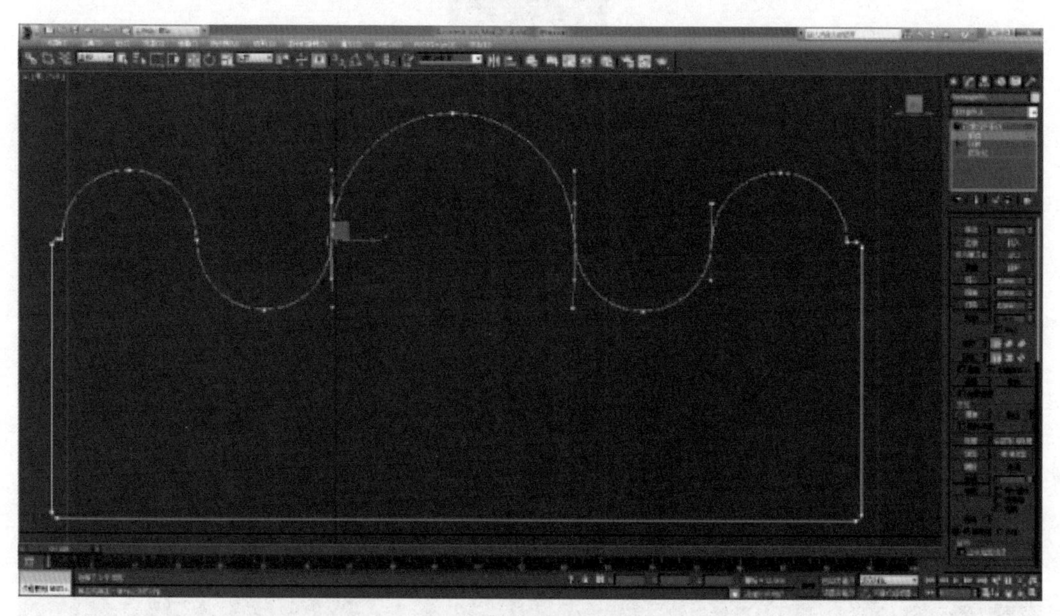

图 3 - 76

(6)单击命令面板下的■(创建)|■(图形)|矩形按钮,如图 3 - 77 所示。在顶视图创建矩形,如图 3 - 78 所示,参数如图 3 - 79 所示。

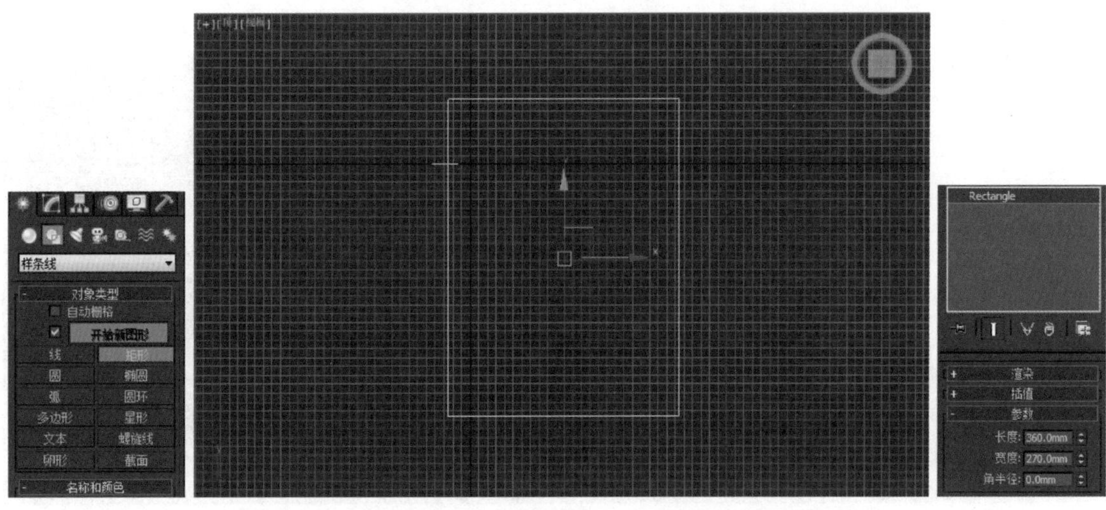

图 3－77　　　　图 3－78　　　　图 3－79

（7）继续选中矩形，单击（创建）|（几何体）|复合对象，单击【放样】，在【创建方法】卷展栏中单击【获取图形】按钮，如图 3－80 所示。单击刚才创建的图形，效果如图 3－81 所示。

图 3－80

图 3－81

（8）选择放样好的相框，选择左视图，先顺时针旋转，如图 3－82 所示。然后右键单击工

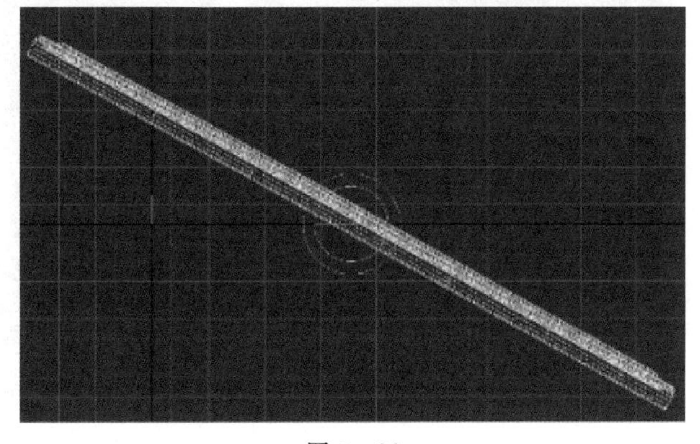

图 3－82

具,在【X】轴输入 90,如图 3-83 所示。按下【Shift+F】,添加安全线框,效果如图 3-84 所示。

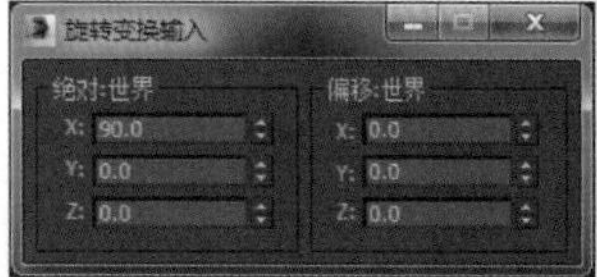

图 3-83

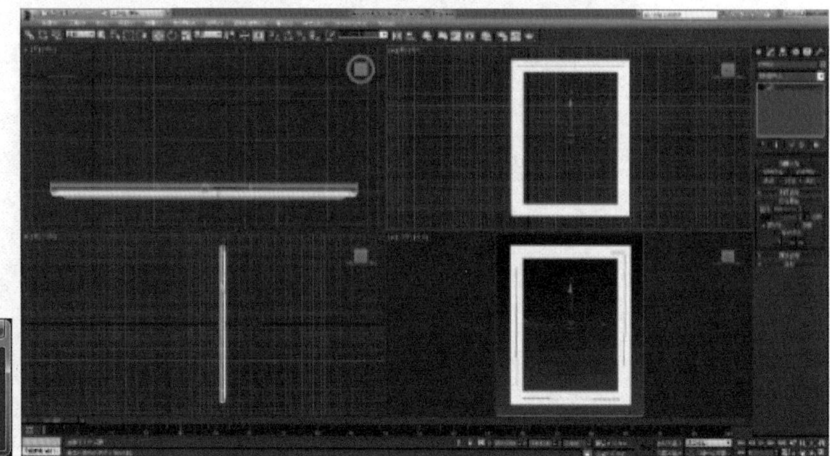

图 3-84

(9)单击命令面板下的(创建)|(图形)|矩形按钮,在前视图中创建矩形,调整位置如图 3-85 所示,参数如图 3-86 所示。

(10)选择(修改)下的【修改器列表】,选择【挤出】修改器,如图 3-87 所示,参数如图3-88所示。

(11)调整位置到相框后面,效果如图 3-89 所示。选择整两个模型,单击【组/组】菜单,如图 3-90 所示。

(12)在弹出的【组】对话框中将组名命名为【相框】,如图 3-91 所示。

图 3-85

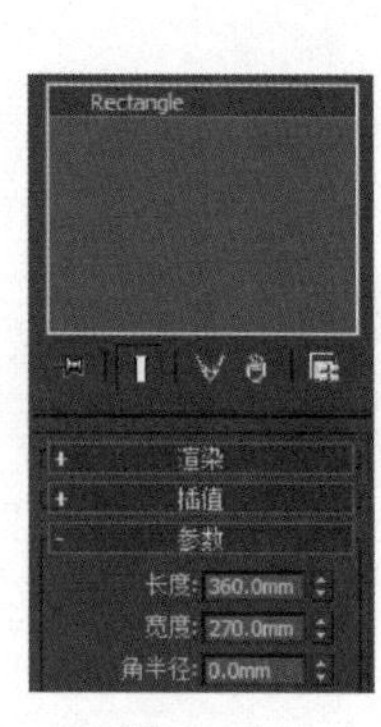

图 3-86

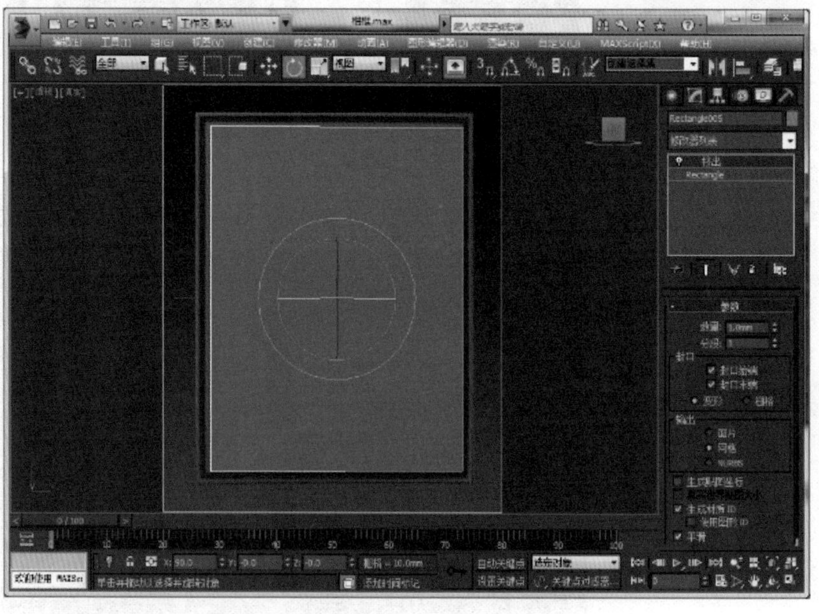

图 3-87

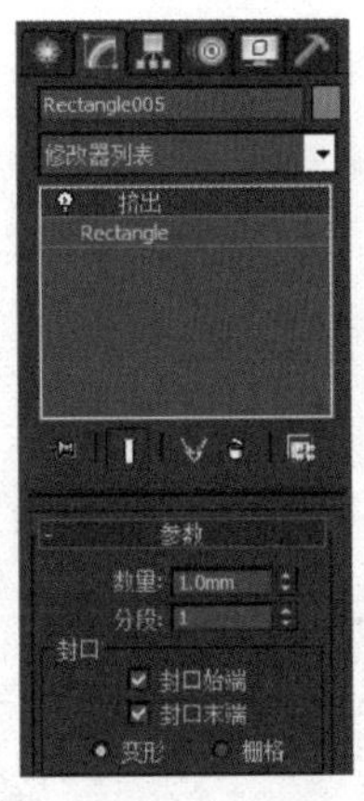

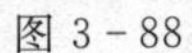

图 3－88

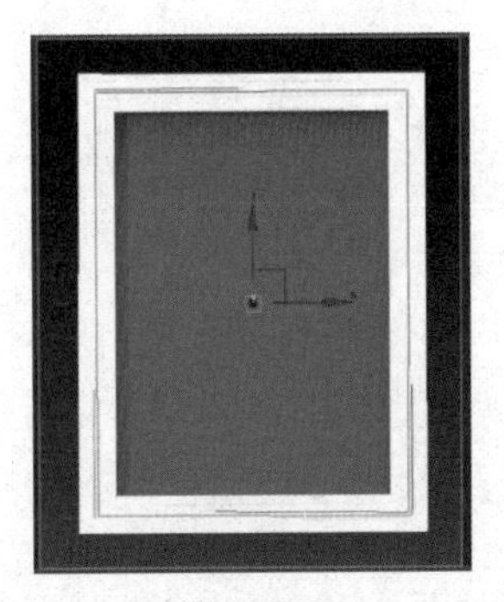

图 3－89

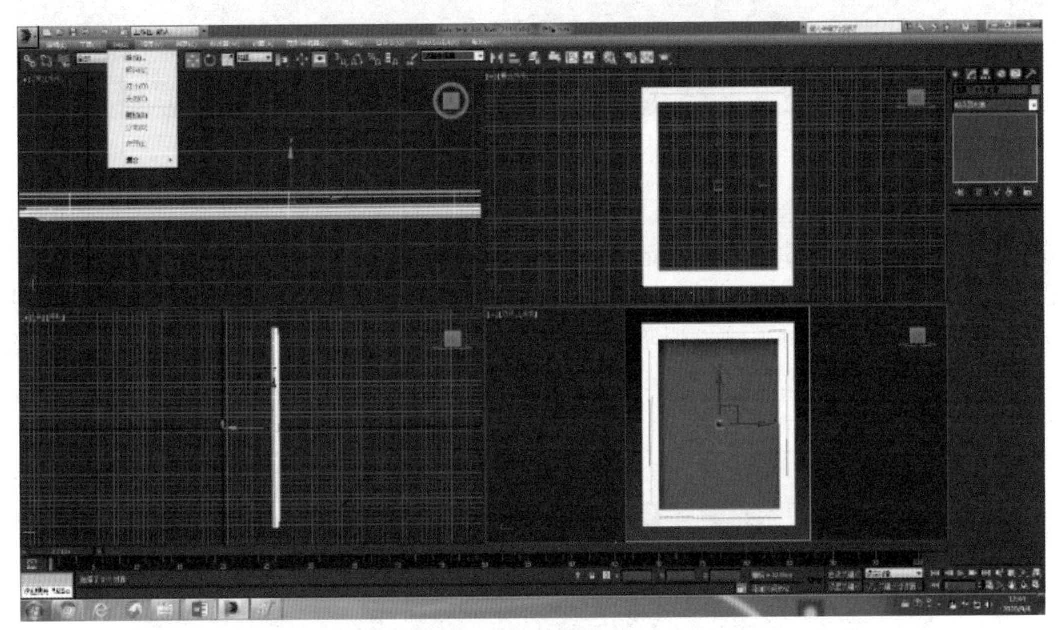

图 3－90

图 3－91

(13)(创建)|(几何体)|平面(平面)按钮，在前视图创建平面，调整平面位置，如图3－92所示。

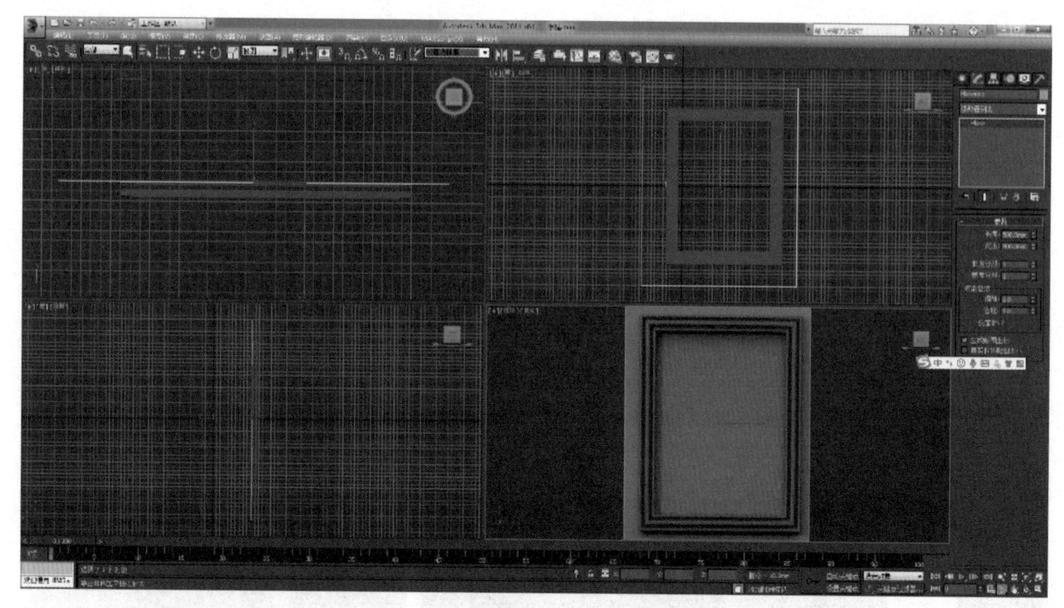

图 3－92

(14)选中相框模型，单击（材质编辑器）工具，打开材质编辑器，选择第一个样本示例球，单击【材质编辑器】下的（将材质指定给选定对象），单击材质球 1【明暗器基本参数】卷展栏下的【漫反射】后面的色块按钮，打开【颜色选择器：漫反射颜色】对话框，设置亮度为 250。将材质球 2 拖动到平面上，单击材质球 2【明暗器基本参数】卷展栏下的【漫反射】后面的色块按钮，打开【颜色选择器：漫反射颜色】对话框，设置亮度为 200，参数如图 3－93 所示，效果如图 3－94 所示。

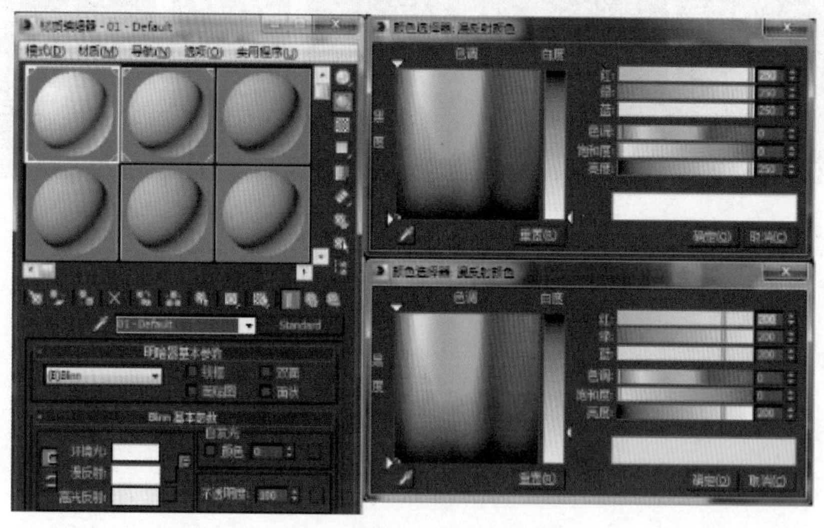

图 3－93

(15)选择顶视图，使用滚轮缩小视图，按住中键移动到边上。单击（创建）|（灯光）|

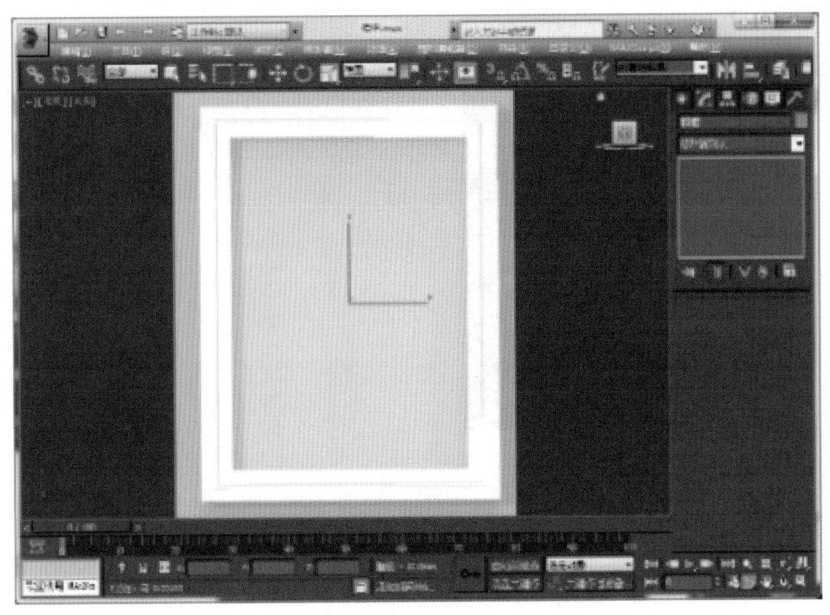

图 3 - 94

标准(标准),单击【目标聚光灯】按钮。在顶视图从左下向右上打光,如图 3 - 95 所示。单击(修改),勾选【常规参数】卷展栏中【阴影】下【启用】单选框,将阴影效果改为【区域阴影】,设置【强度/颜色/衰减】卷展栏中的【倍增】值为 0.2,调整到合适位置。添加天光,设置【倍增】为0.8,勾选【投射阴影】,参数如图 3 - 96 所示。

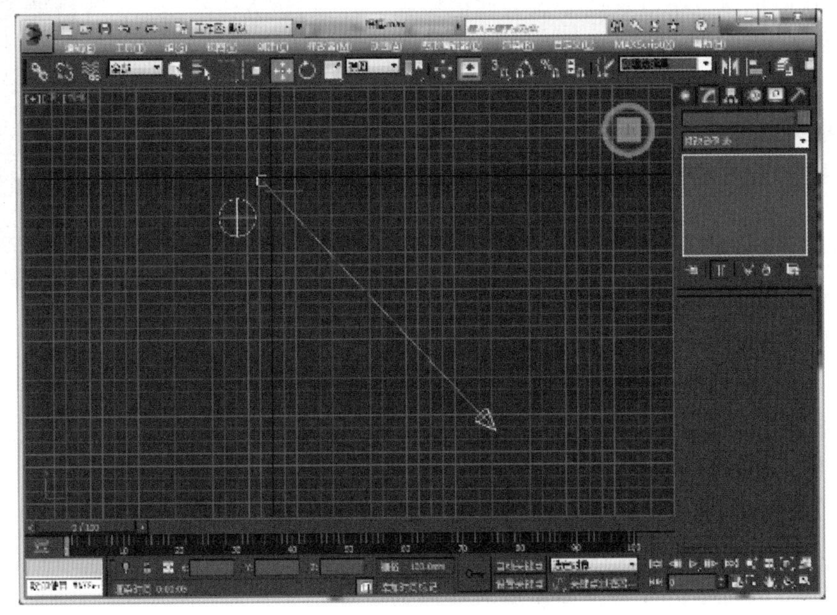

图 3 - 95

(16)按【F9】渲染输出,效果如图 3 - 97 所示。

图 3-96

图 3-97

任务四　莲瓣果盘

本任务思政要素：莲出淤泥而不染，所以在源远流长的中国文化中占有一席之地。

(一)理论基础——弧

1. 弧的创建方法

单击命令面板下的(创建)|(图形)|按钮。在视图中任意处单击鼠标左键创建第一点，按住左键不松开，移动鼠标到第二点，松开鼠标左键，这时创建一个以这两个点为弦的圆弧。注意，该方法绘制弧的前提是系统中默认的【创建方法】卷展栏下勾选单选框为【端点-端点-中央】。

2. 弧的相关知识点

弧主要由【创建方法】、【键盘输入】和【参数】等卷展栏进行设置，如图 3-98 所示。

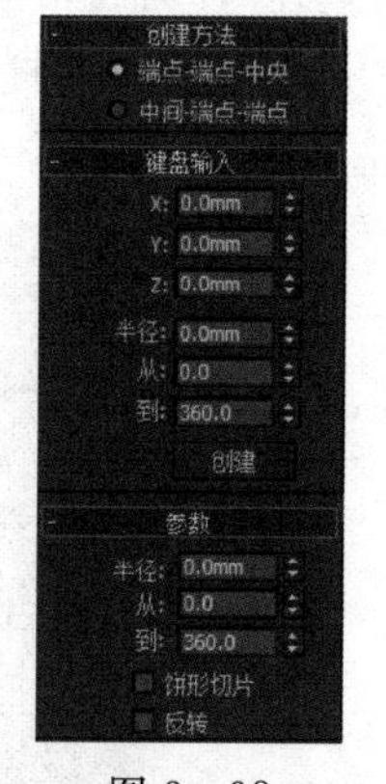

图 3-98

1)【创建方法】卷展栏

【端点-端点-中央】单选按钮：拖动并松开以设置弧形的两个端点，然后移动并单击以指定两个端点之间的第三个点。

【中间-端点-端点】单选按钮：拖动并松开以指定弧形的半径和一个端点，然后移动并单击以指定弧形的另一个端点。

2)【键盘输入】卷展栏

【X/Y/Z】数值框：输入新弧所在圆圆心的 X、Y、Z 轴坐标。

【半径】数值框：输入弧所在圆的半径。

【从】数值框：从局部正 X 轴测量角度时起点的位置。

【到】数值框：从局部正 X 轴测量角度时结束点的位置。

【创建】按钮：创建设置好参数的弧。

3)【参数】卷展栏

【半径】、【从】、【到】数值框：显示或者修改创建好的弧。

【饼形切片】复选框：启用此选项后，添加从端点到半径圆心的直线段，从而创建一个闭合样条线。

【反转】复选框：启用此选项后，反转弧形样条线的方向，并将第一个顶点放置在打开弧形的相反末端。只要该形状保持原始形状（不是可编辑的样条线），可以通过【反转】来切换其方向。如果弧形已转化为可编辑的样条线，可以使用【样条线】子对象层级上的【反转】来反转方向。

3. 星形的创建方法

单击(创建)|(图形)|星形(星形)按钮。在视图中任意处单击鼠标左键创建第一点，按住左键不松开，移动鼠标到第二点，松开鼠标左键，获得第一个半径，继续移动鼠标，单击左键确定，获得第二个半径，第二个半径可能小于或大于第一个半径，也有可能相等。

4. 星形的相关知识点

星形主要由【键盘输入】和【参数】等卷展栏进行设置，如图 3 - 99 所示。

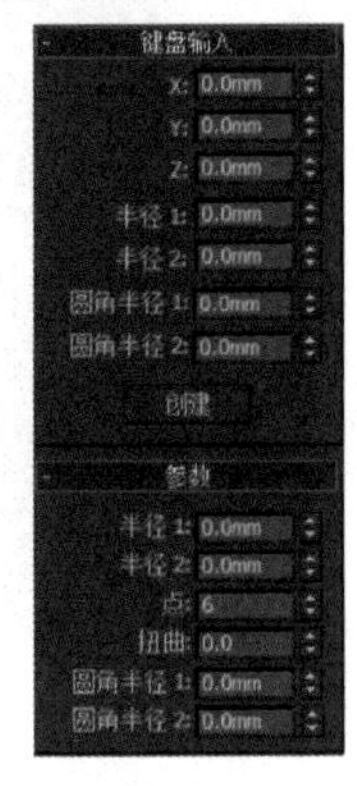

图 3 - 99

1)【键盘输入】卷展栏

【X/Y/Z】数值框：输入星形中心点的 X、Y、Z 轴坐标。

【半径 1】数值框：星形第一组顶点的半径，在创建星形时，通过第一次拖动来交互设置这个半径。

【半径 2】数值框：星形第二组顶点的半径，通过在完成星形时移动鼠标并单击来交互设置这个半径。

【圆角半径 1】数值框：圆化第一组顶点，每个点生成两个 Bezier 顶点。

【圆角半径 2】数值框：圆化第二组顶点，每个点生成两个 Bezier 顶点。

【创建】按钮：按照参数创建新的星形。

2)【参数】卷展栏

【半径 1】、【半径 2】数值框：显示或者修改创建好的多边形的内接或者外接圆的半径。

【圆角半径 1】、【圆角半径 2】数值框：显示或者修改各角的圆角度数。

【点】数值框：显示或者修改星形上的点数，范围为 3 到 100。星形所拥有的顶点数是指定点数的两倍。一半的顶点位于半径 1 上，剩余顶点位于半径 2 上。

【扭曲】数值框：围绕星形中心旋转半径 2 顶点，从而生成锯齿形效果。

(二)课堂案例——莲瓣果盘制作

(1)单击命令面板下的(创建)|(图形)|星形(星形)按钮，在顶视图中新建如图 3 - 100 所示的曲线，参数设置如图 3 - 101 所示。

(2)单击命令面板下的(创建)|(图形)|弧按钮，在前视图中新建弧线，如图 3 - 102所示。

(3)单击修改按钮，选择弧，右键单击，选择【可编辑样条线】，如图 3 - 103 所示，将弧转换为可编辑样条线，如图 3 - 104 所示。

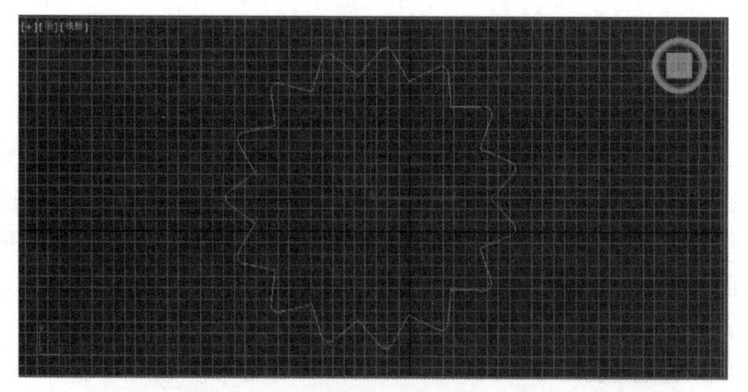

图 3 - 100

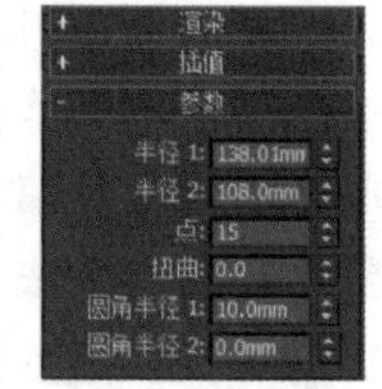

图 3 - 101

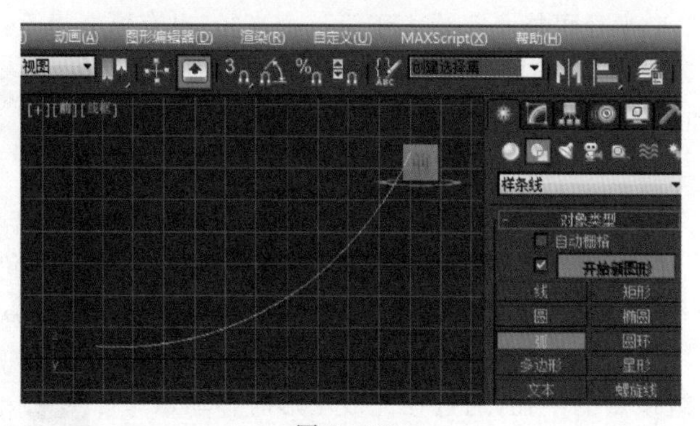

图 3 - 102

图 3 - 103

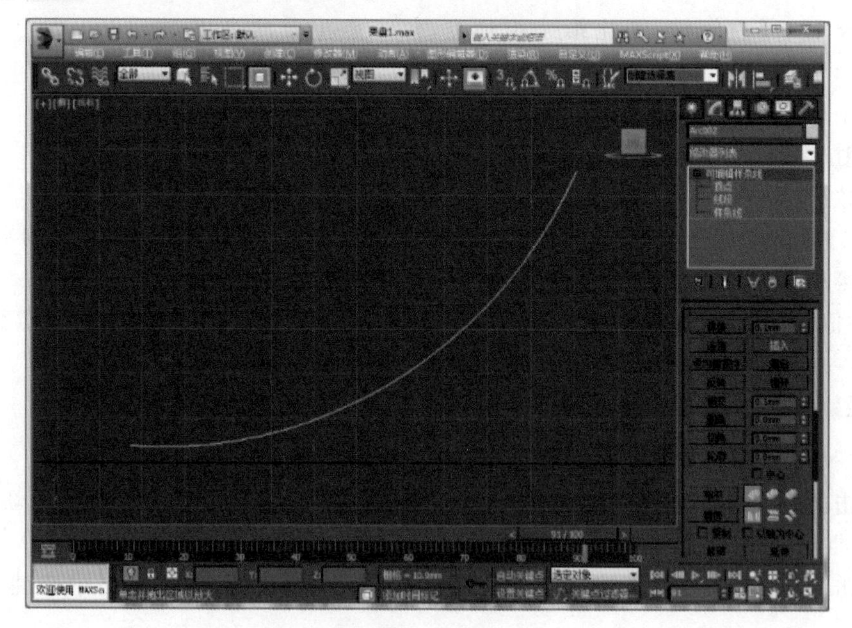

图 3 - 104

(4)选择【可编辑样条线】下的 样条线 对象，如图 3 - 105 所示，框选弧线，单击【几何体】

下的【轮廓】，设置参数为 2 mm，得到如图 3－106 所示的效果。

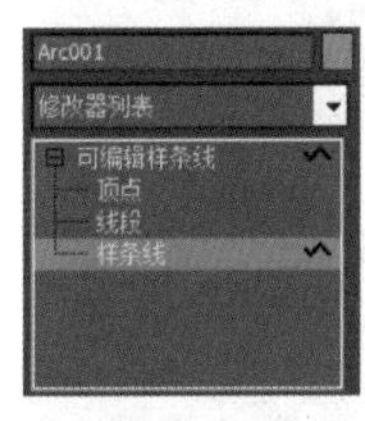

图 3－105

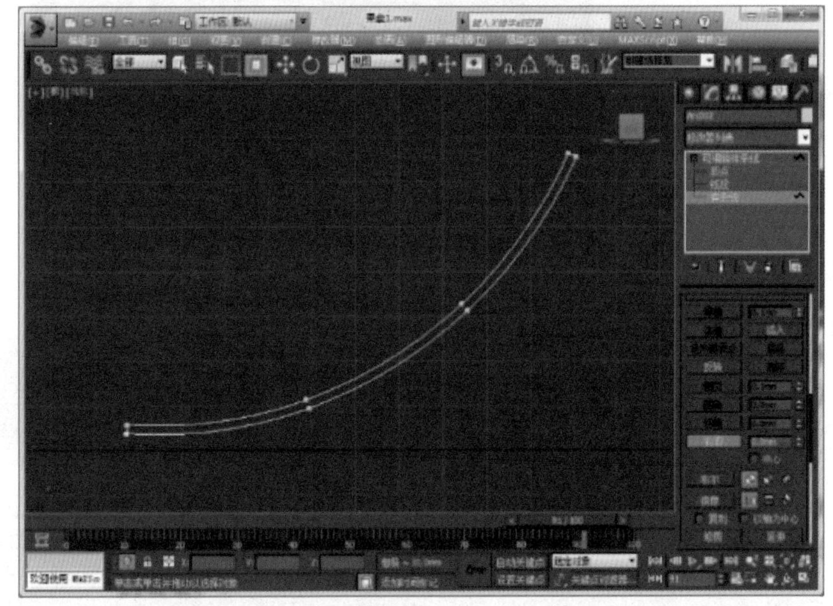

图 3－106

(5)选择【可编辑样条线】下的 顶点 对象，选择顶部两个点，如图 3－107 所示。右键单击，调出浮动菜单，选择【Bezier】，如图 3－108 所示。

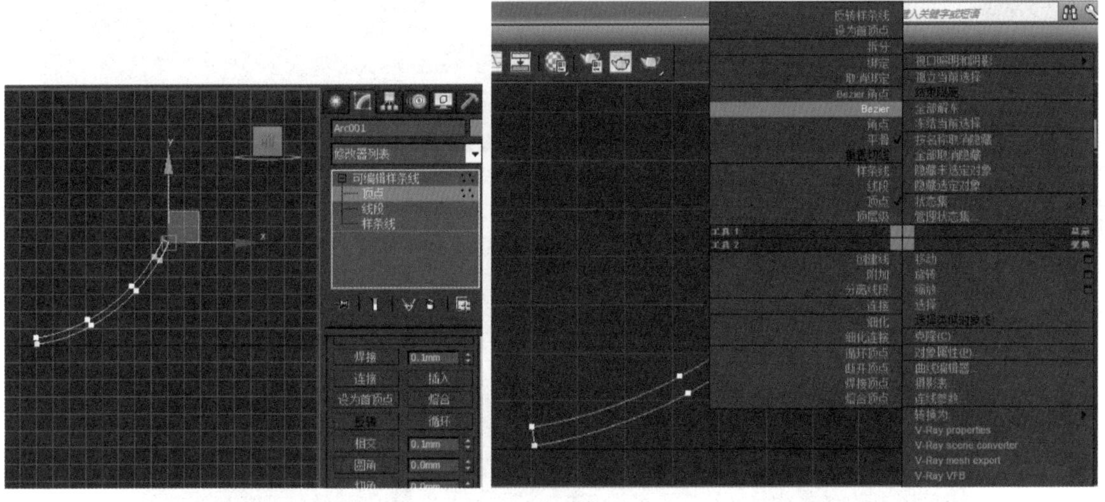

图 3－107　　图 3－108

(6)按【E】键，调出【旋转】工具，调整角度，如图 3－109 所示。

(7)选择刚创建的星形曲线，单击(修改)，单击 修改器列表 (修改器列表)，选择【倒角剖面】，展开【参数】卷展栏，单击【拾取截面】按钮，单击创建好的弧线，得到图 3－110 所示的效果。

(8)单击命令面板下的(创建)|(图形)| 圆 按钮，在顶视图创建一个圆，设置【半径】为 135 mm 的，如图 3－111 所示。

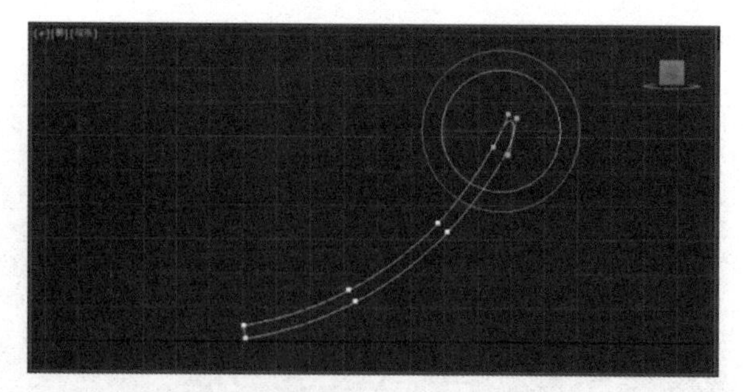

图 3－109

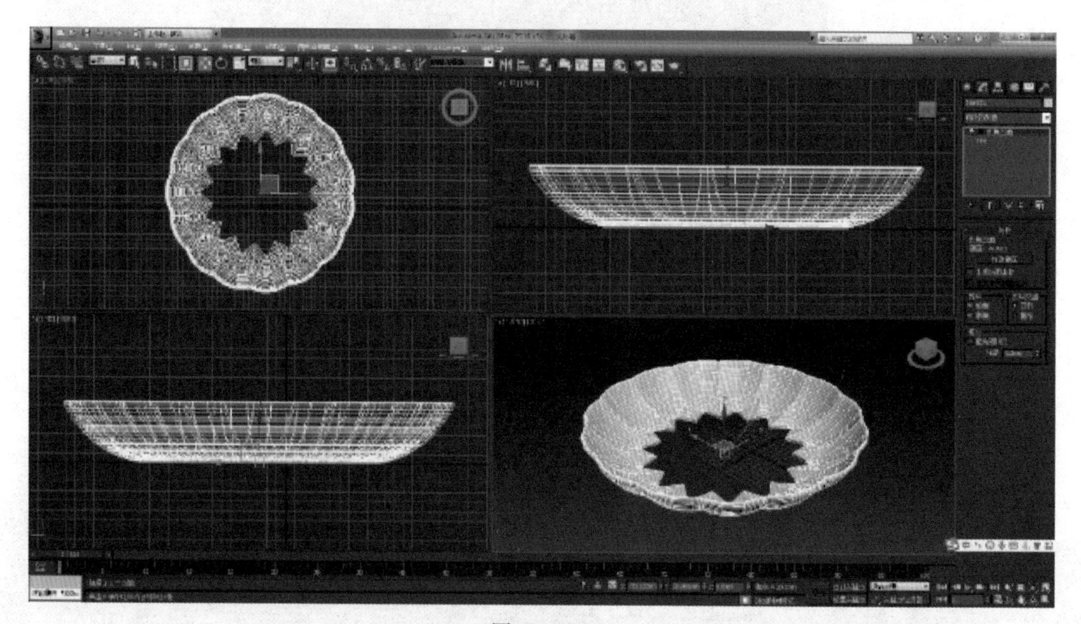

图 3－110

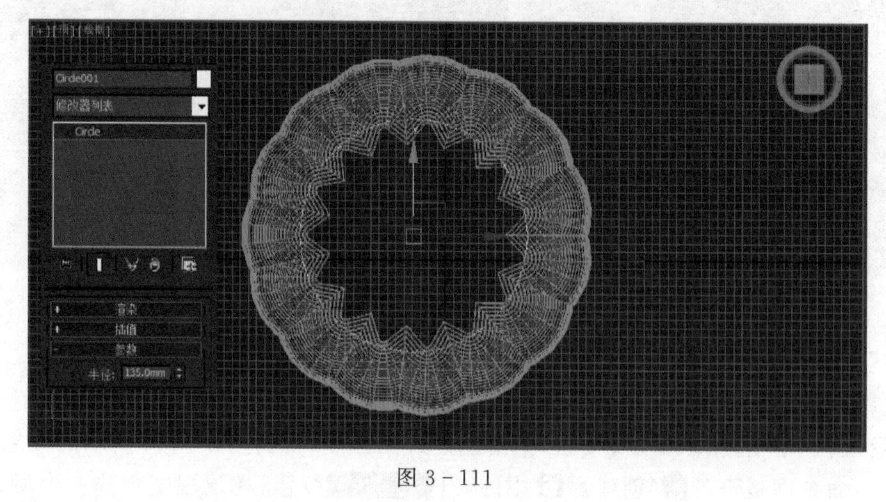

图 3－111

(9)单击【圆】,单击(对齐)工具,然后单击刚创建模型,弹出【对齐当前选择】对话框,如图3-112所示,勾选【X位置】、【Y位置】、【Z位置】,选择【中心】对齐,效果如图3-113所示。

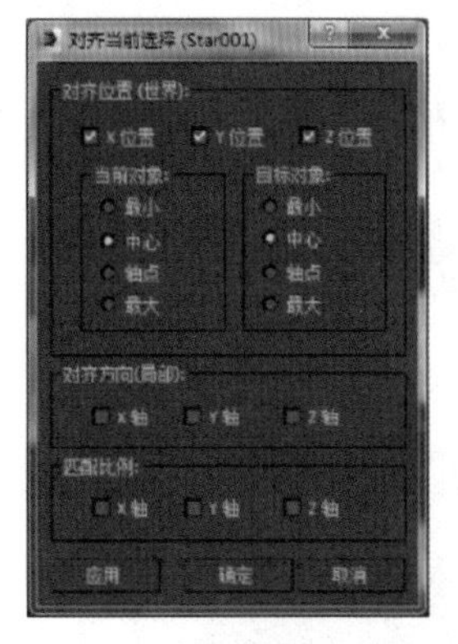

图 3-112

图 3-113

(10)单击修改器列表,选择【挤出】修改器,设置【参数】卷展栏下的【数量】为【1.0 mm】,参数如图3-114所示,效果如图3-115所示。

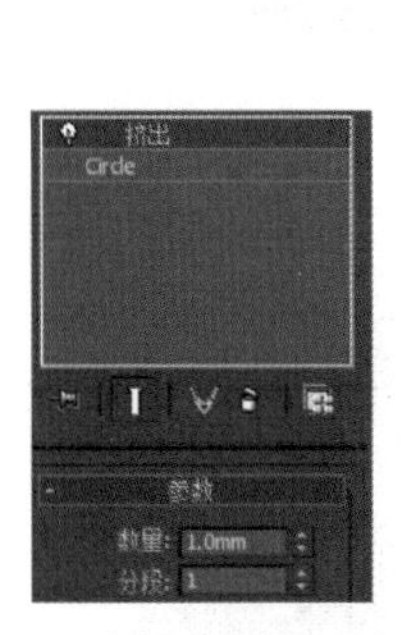

图 3-114

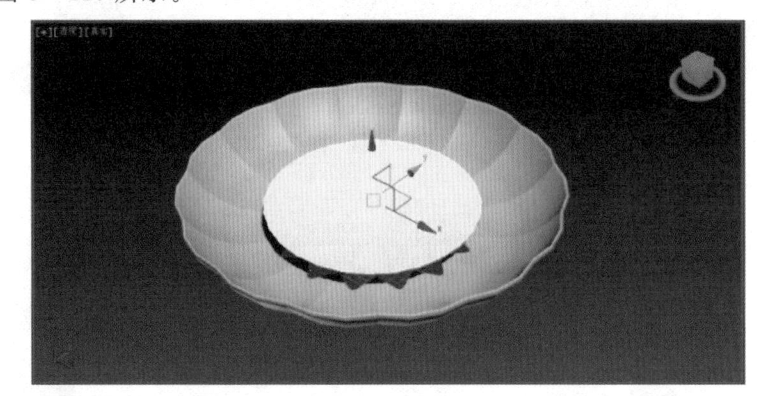

图 3-115

(11)调整挤出模型位置,如图3-116所示。

(12)单击命令面板下的(创建)|(几何体)|平面按钮,创建平面,调整大小,效果如图3-117所示。

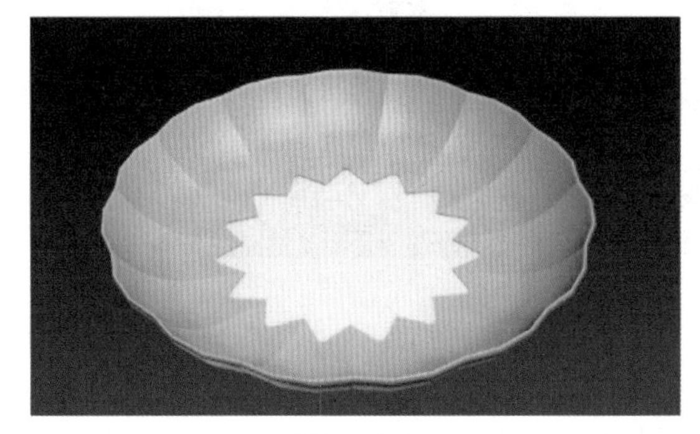

图 3-116

图 3-117

(13)单击（材质编辑器）工具，打开材质编辑器，选择第一个样本示例球，拖动至果盘模型上，单击材质球1【明暗器基本参数】卷展栏下的【漫反射】后面的色块按钮，打开【颜色选择器：漫反射颜色】对话框，设置亮度为250。将材质球2拖动到平面上，单击材质球2【明暗器基本参数】卷展栏下的【漫反射】后面的色块按钮，打开【颜色选择器：漫反射颜色】对话框，设置亮度为200，参数如图3－118所示，效果如图3－119所示。

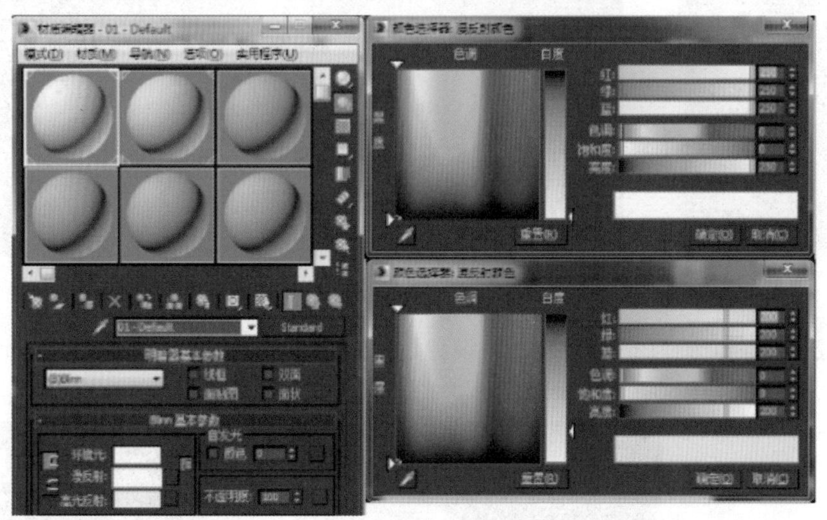

图3－118

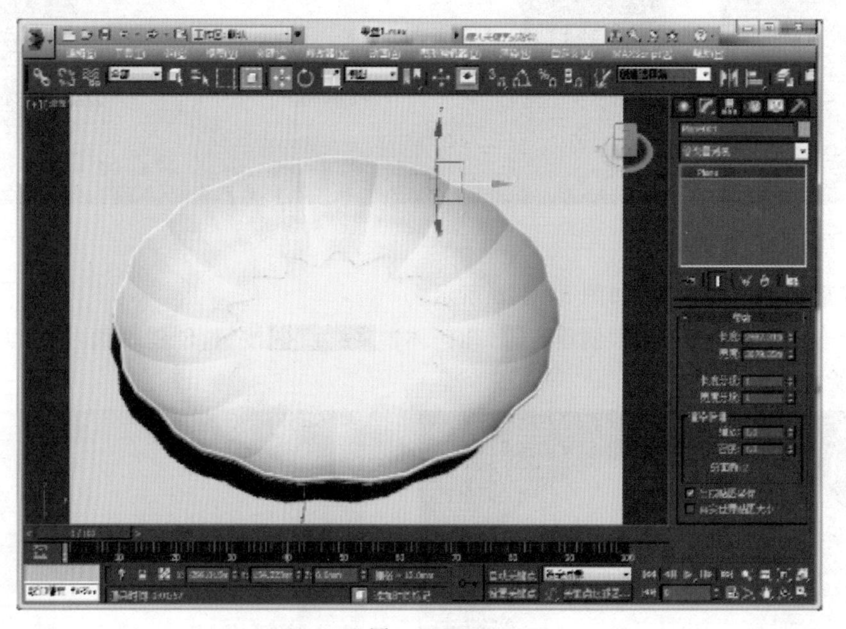

图3－119

(14)选择前视图，使用滚轮缩小视图，按住左键移动物体到左下角。单击（创建）|（灯光），选择标准，单击【目标聚光灯】按钮。在前视图从右上向左下打光，如图3－120所示。单

击(修改),勾选【常规参数】卷展栏中【阴影】下【启用】单选框,将阴影效果改为【区域阴影】,设置【强度/颜色/衰减】卷展栏中的【倍增】值为 0.3,调整灯光位置。添加天光,设置【倍增】为 0.8,勾选【投射阴影】,参数如图 3－121 所示。

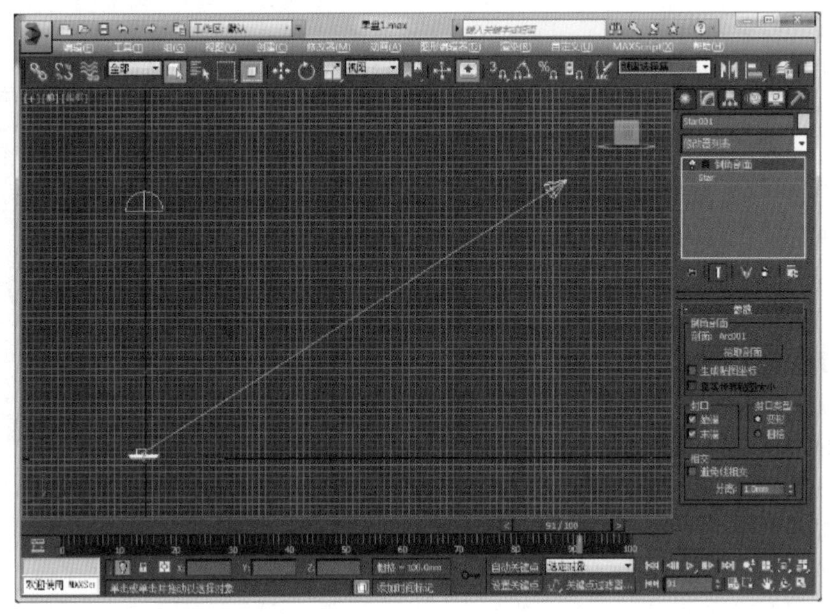

图 3－120

(15)按【F9】渲染输出,效果如图 3－122 所示。

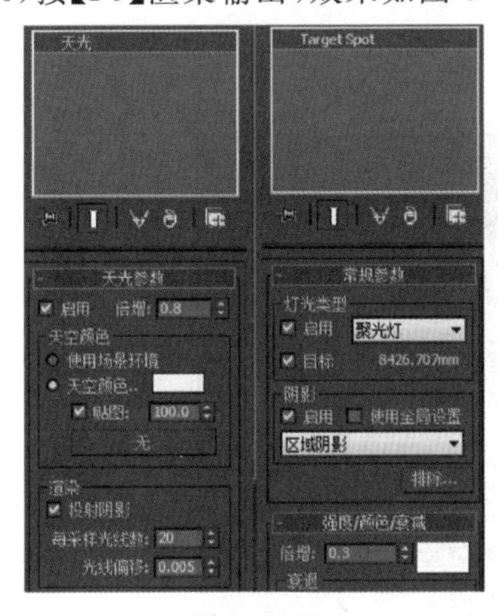

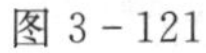

图 3－121

图 3－122

任务五　美丽牵牛花

(一)理论基础——螺旋线

1. 螺旋线的创建方法

单击命令面板下的(创建)|(图形)|螺旋线按钮。在视图中任意处单击鼠标左键确定

螺旋线的中心，按住左键不松开，移动鼠标来确定半径 1 的值，松开鼠标左键，继续移动鼠标确定螺旋线的高度，单击一下左键，再次移动鼠标确定半径 2 的值。注意，该方法绘制螺旋线的前提是系统中默认的【创建方法】卷展栏下勾选单选框为【中心】。

2. 螺旋线的相关知识点

螺旋线主要通过【创建方法】、【键盘输入】、【参数】等卷展栏设置，如图 3-123 所示。

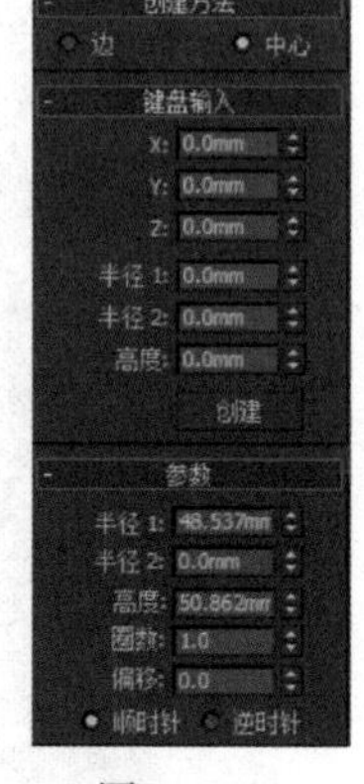

图 3-123

1)【创建方法】卷展栏

【边】单选按钮：以创建两点为半径 1 的 2 倍。

【中心】单选按钮：以创建两点为半径 1。

2)【键盘输入】卷展栏

【X/Y/Z】数值框：输入螺旋线中心点的 X、Y、Z 轴坐标。

【半径 1】数值框：指定螺旋线起点的半径。

【半径 2】数值框：指定螺旋线终点的半径。

【高度】数值框：指定螺旋线的高度。

【创建】按钮：按照设置创建螺旋线。

3)【参数】卷展栏

【圈数】按钮：指定螺旋线起点和终点之间的圈数。

【偏移】强制在螺旋线的一端累积圈数。

- 偏移－1.0 将强制向着螺旋线的起点旋转。
- 偏移 0.0 将在端点之间平均分配旋转。
- 偏移 1.0 将强制向着螺旋线的终点旋转。

偏移效果如图 3-124 所示。

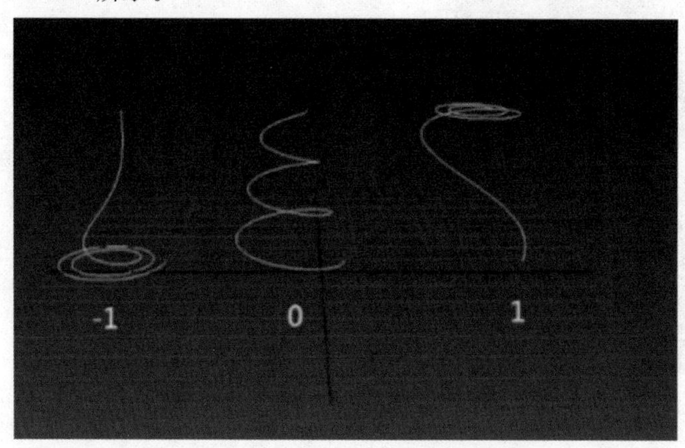

图 3-124

【顺时针/逆时针】单选按钮：设置螺旋线的旋转方向是顺时针(CW)还是逆时针(CCW)。

(二)课堂案例——美丽牵牛花制作

(1)单击命令面板下的(创建)|(图形)|星形按钮,在顶视图中创建星形,参数如图 3-125 所示。单击线按钮,在左视图创建直线,效果如图 3-126 所示。

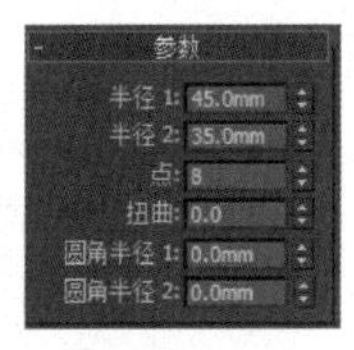

图 3-125

(2)选择线,选择(创建)|(几何体)|复合对象,单击放样,单击创建方法下的获取图形,单击顶视图的星形样条线,效果如图 3-127 所示。

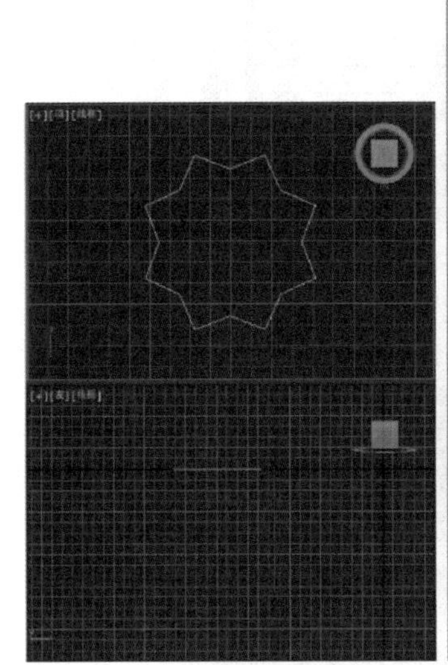

图 3-126

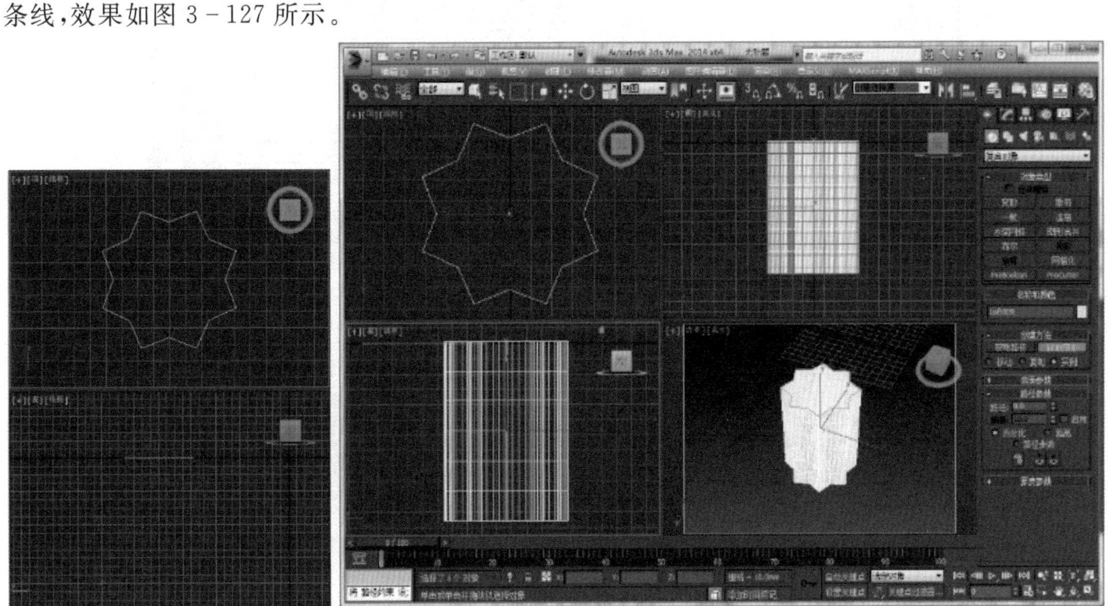

图 3-127

(3)单击,去掉【蒙皮参数】卷展栏下封口中的对勾,如图 3-128 所示。

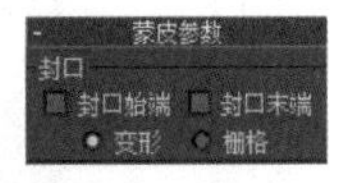

图 3-128

(4)单击【变形】卷展栏下的【缩放】按钮,如图 3-129 所示。弹出【缩放变形】对话框,如图3-130所示。

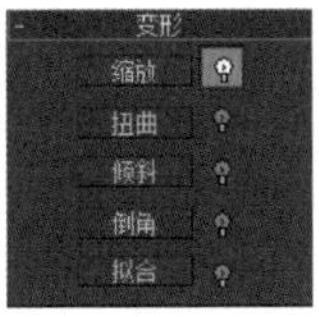

图 3-129

图 3-130

(5)单击不松开,在弹出的图表中单击(插入贝塞尔点)图标,添加贝塞尔点,调整位置,如图 3－131 所示，效果如图 3－132 所示。

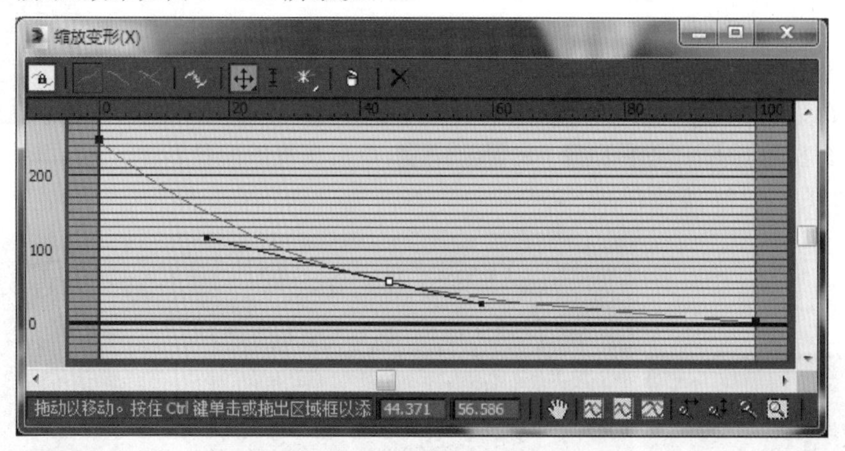

图 3－131

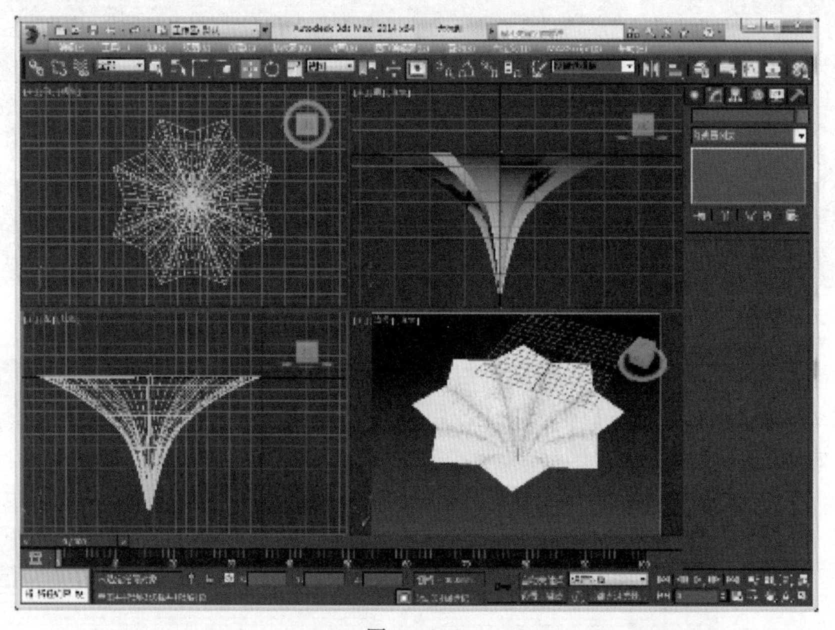

图 3－132

(6)按【M】键，弹出材质编辑器，拖动材质球到牵牛花模型，在【明暗器基本参数】中勾选【双面】，如图 3－133 所示。

图 3－133

(7)单击命令面板下的(创建)|(图形)| 螺旋线 按钮，创建螺旋线，参数如图 3－134 所示。

(8)移动到合适位置,效果如图 3－135 所示。

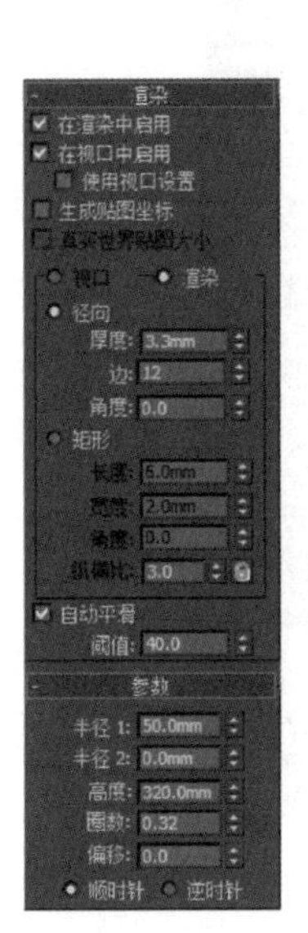

图 3－134

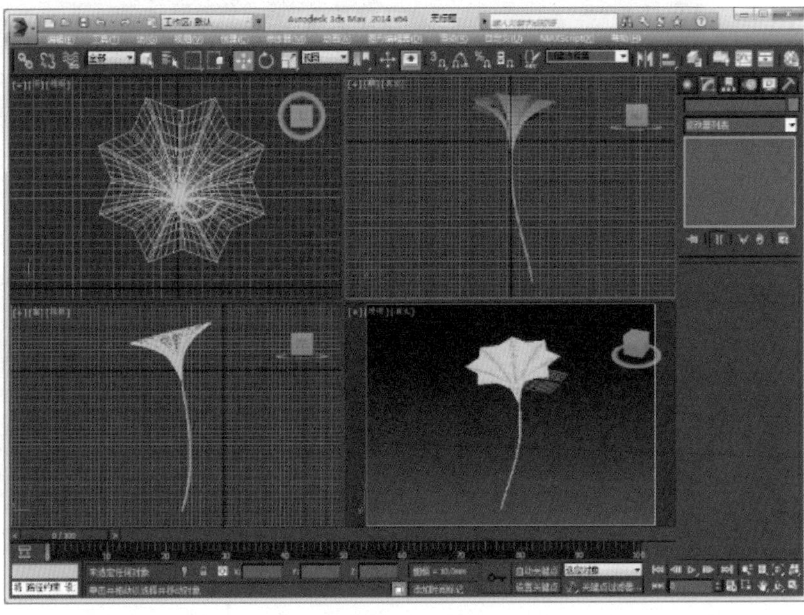

图 3－135

(9)使用螺旋线添加旁边的藤蔓,将同一个材质赋给藤蔓,参数如图 3－136 所示,效果如图 3－137 所示。

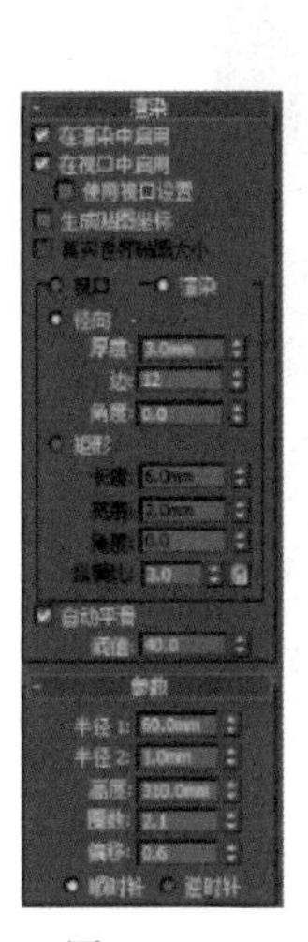

图 3－136

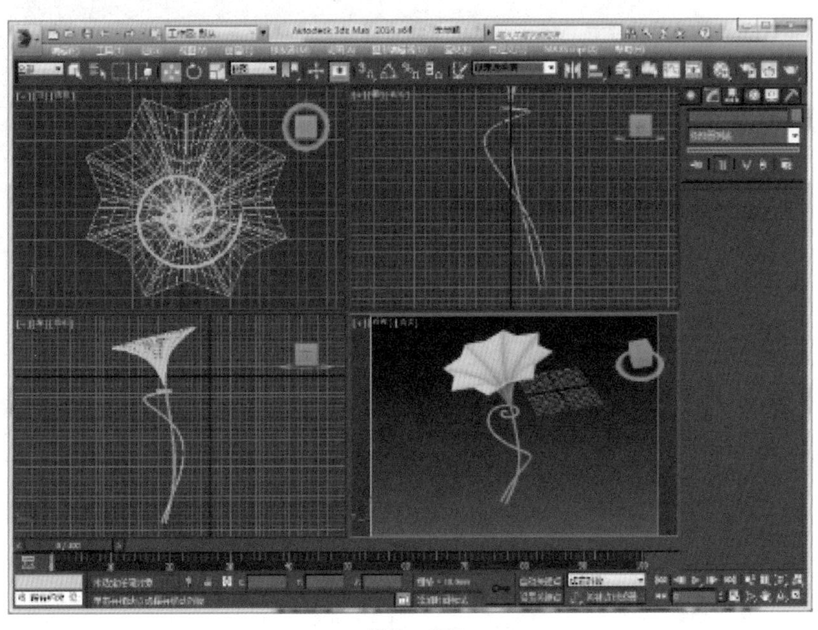

图 3－137

(10)在顶视图绘制一个圆,【半径】为【8】,在前视图绘制弧线,如图 3－138 所示。

(11)选中样条线,单击(创建)|(几何体)|复合对象,单击放样,选择圆,效

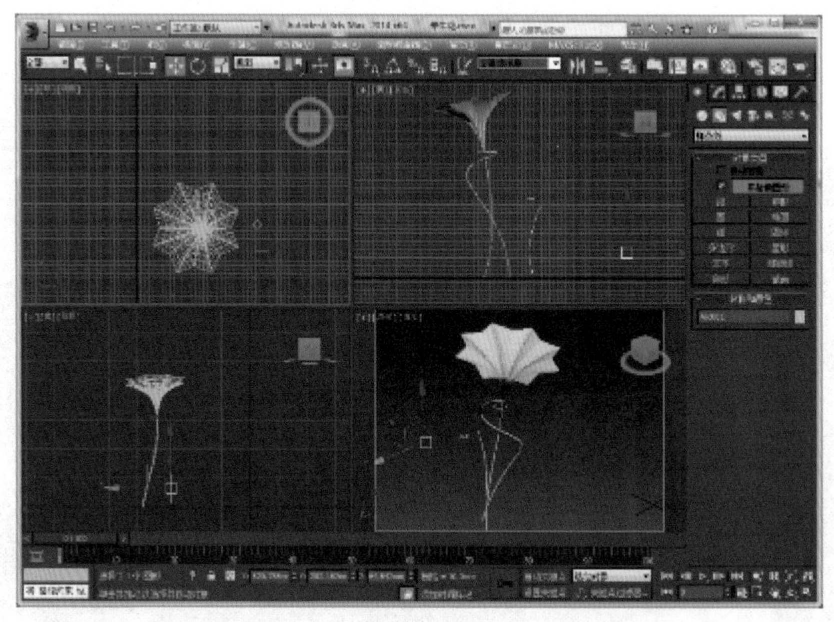

图 3 - 138

果如图 3 - 139 所示。

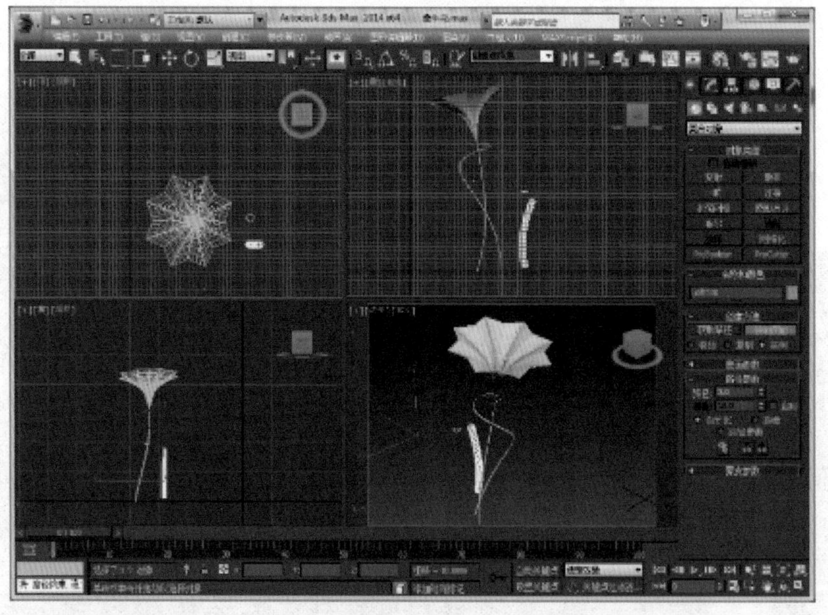

图 3 - 139

(12)单击,单击【变形】卷展栏下的【缩放】按钮,添加贝塞尔点,调整位置,如图 3 - 140 所示,效果如图 3 - 141 所示。

(13)复制 2 个,移动调整位置,将之前的材质球赋给三个花蕊,效果如图 3 - 142 所示。

(14)再复制一个花,调整参数大小和位置,效果如图 3 - 143 所示。

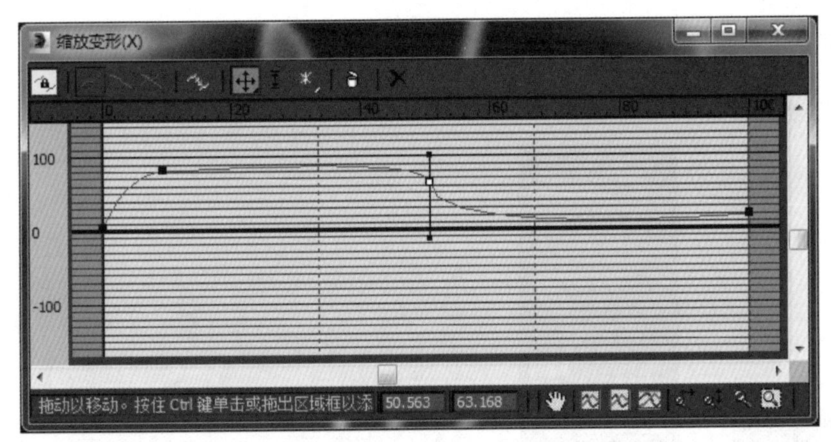

图 3－140

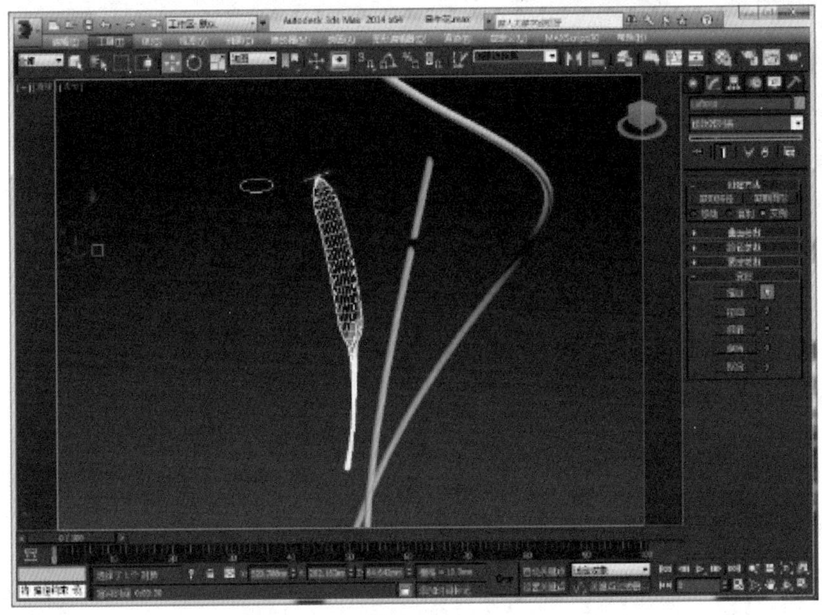

图 3－141

图 3－142

图 3－143

(15)添加【目标聚光灯】和【天光】,调整灯光大小和位置,参数分别如图 3-144、图 3-145 所示。

(16)最终效果如图 3-146 所示。

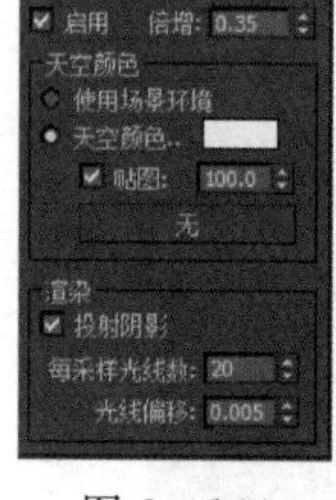

图 3-144

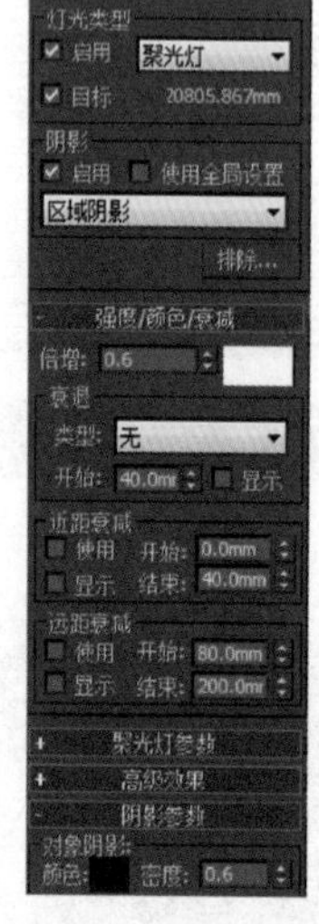

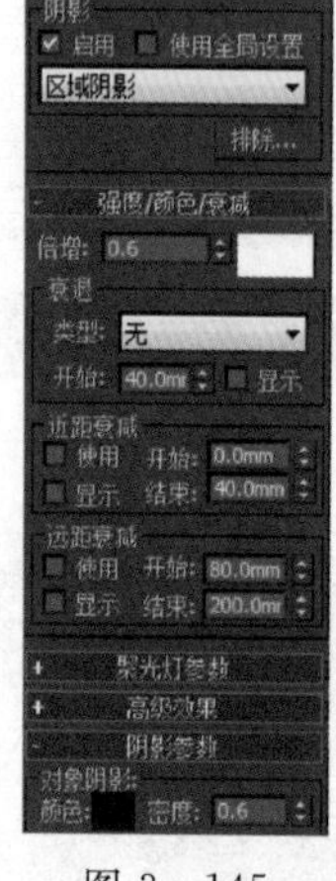

图 3-145

图 3-146

任务六 心形咖啡杯

(一)理论基础——截面

1. 截面的创建方法

单击命令面板下的 (创建)| (图形)| 截面 按钮。使用时,先在场景中准备好几何体。在视图中任意处单击鼠标左键,按住不松开,移动鼠标,创建一个以这两点为 1/2 对角线的矩形,单击【创建图形】按钮,则生成一个与几何体相交截面轮廓线造型。

2. 截面的相关知识点

截面主要通过【截面参数】和【截面大小】等卷展栏进行设置,如图 3-147 所示。

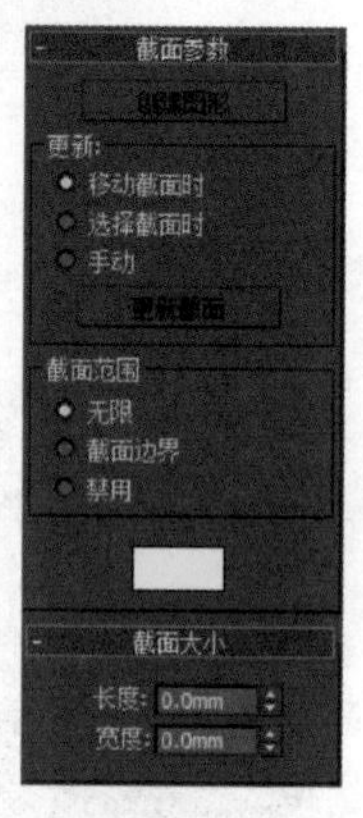

图 3-147

1)【截面参数】卷展栏

【创建图形】按钮:基于当前显示的相交线创建图形。将显示一个对话框,可以在此命名新对象。结果图形是基于场景中所有相交网格的可编辑样条线,该样条线由曲线段和角顶点组成。

【移动截面时】单选按钮:在移动或调整截面图形时更新相交线(默认设置)。

【选择截面时】单选按钮:在选择截面图形但未移动时,更新相交线。

【手动】单选按钮:仅在单击【更新截面】按钮时更新相交线。

【更新截面】单选按钮:在使用【选择截面时】或【手动】选项时,更新相交点，以便与截面对象的当前位置匹配。

注意：在使用【选择截面时】或【手动】时，可以使生成的横截面偏移相交几何体的位置。在移动截面对象时，黄色横截面线条将随之移动，以使几何体位于后面。单击【创建图形】时，将在偏移位置上，以显示的横截面线条生成新图形。

【无限】单选按钮：截面平面在所有方向上都是无限的，从而使横截面位于其平面中的任意网格几何体上（默认设置）。

【截面边界】单选按钮：仅在截面图形边界内或与其接触的对象中生成横截面。

【禁用】单选按钮：不显示或生成横截面，禁用【创建图形】按钮。

【色块】按钮：单击此选项可设置相交的显示颜色。

2)【截面大小】卷展栏

【长度/宽度】数值框：调整显示截面矩形的长度和宽度。

(二)课堂案例——心形咖啡杯制作

(1)单击命令面板下的(创建)|(图形)|圆按钮，在顶视图中创建圆形，【半径】为【50】，效果如图 3－148 所示。

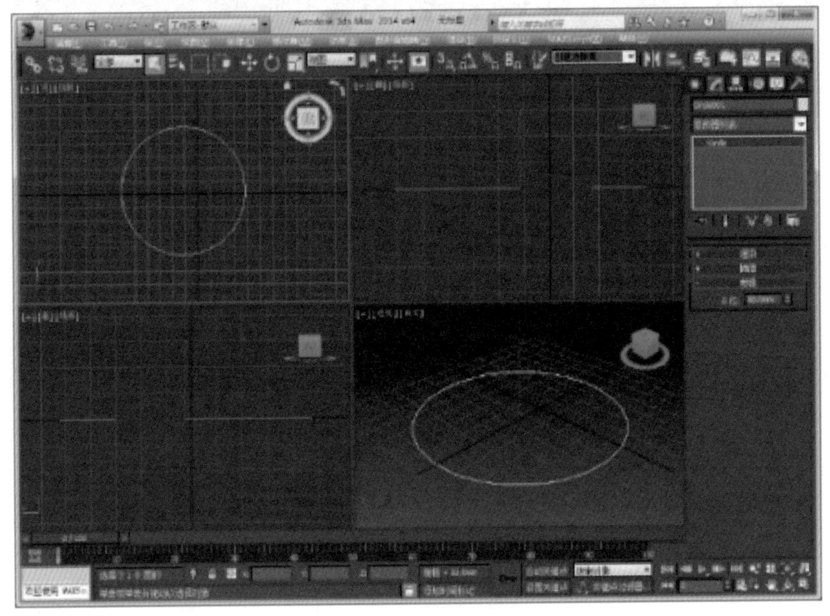

图 3－148

(2)选择圆，右键单击，弹出浮动窗口选择【转换为/转换为可编辑样条线】，如图 3－149 所示。

(3)单击【可编辑样条线】前的【＋】号，单击【顶点】对象，选择顶部的点，右键单击选择【Bezier角点】，如图 3－150 所示。

(4)向下移动，调整句柄，效果如图 3－151 所示。选中圆最底下的点，向下移动，效果如图 3－152 所示。

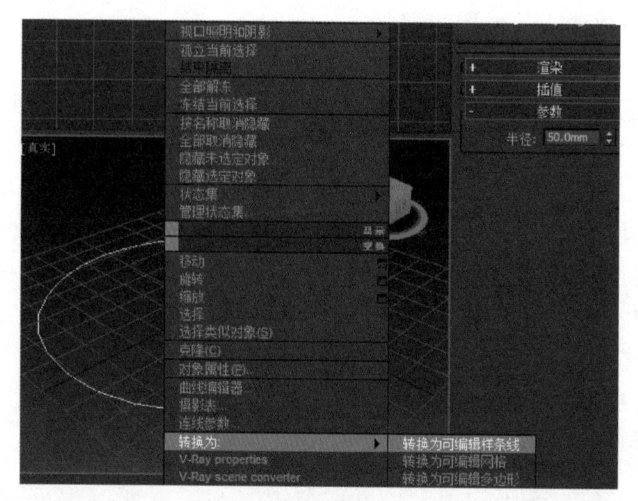

图 3 - 149

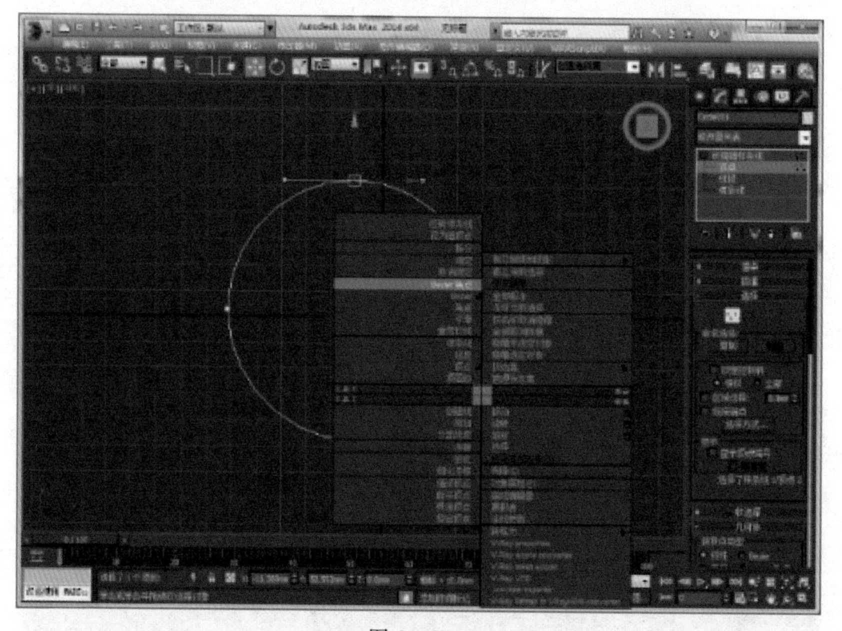

图 3 - 150

(5)点开【插值】卷展栏，在【步数】中输入 20，效果如图 3 - 153 所示。

(6)单击【样条线】对象，选择心形，在【几何体】卷展栏下的【轮廓】中输入 3，按回车，效果如图 3 - 154 所示。

(7)单击按钮，单击，选择【挤出】修改器，设置【参数】卷展栏下的【数量】为 120，【分段】为 10，效果如图 3 - 155 所示。

(8)继续单击，选择【FFD3×3×3】修改器。单击【FFD3×3×3】修改器前的【+】号，单击【控制点】，在左视图框选中间三个点，使用工具进行均匀缩放，效果如图 3 - 156 所示。

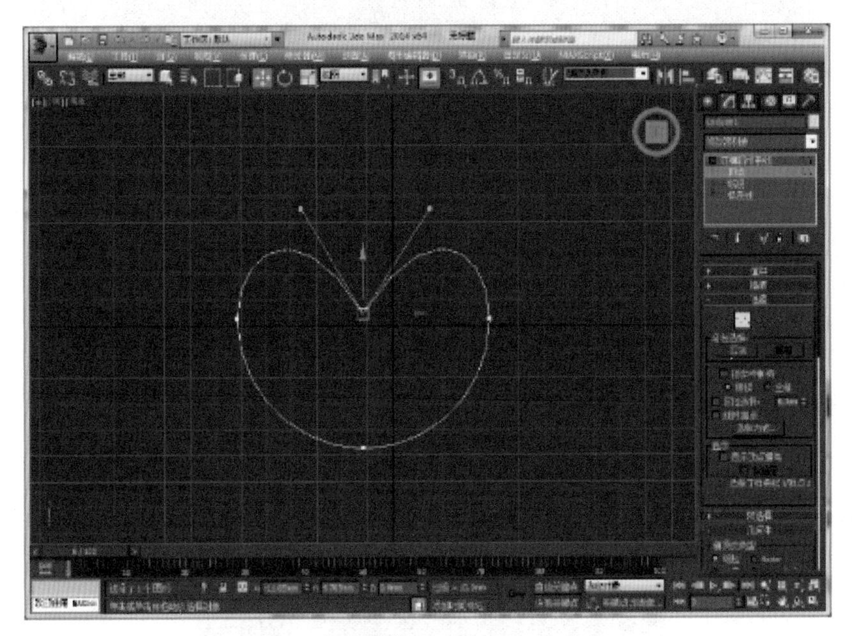

图 3－151

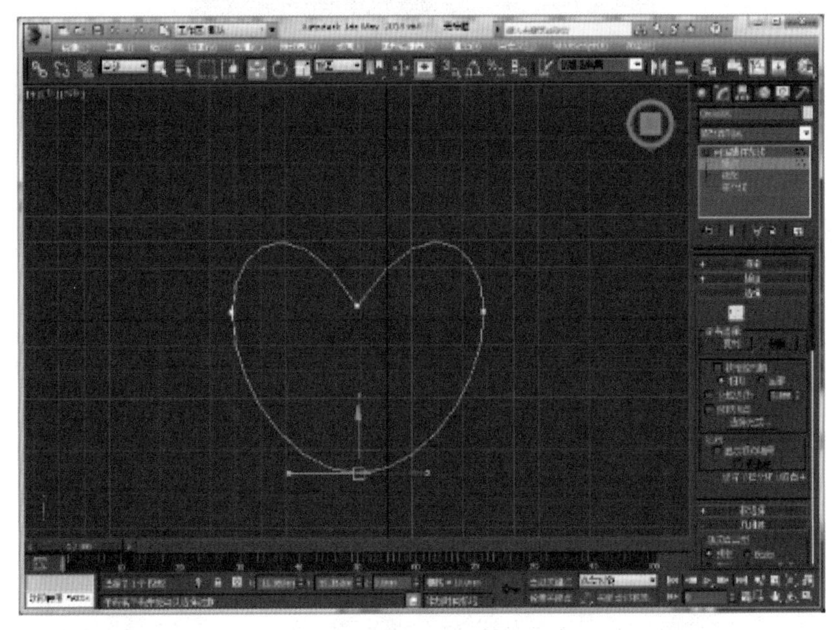

图 3－152

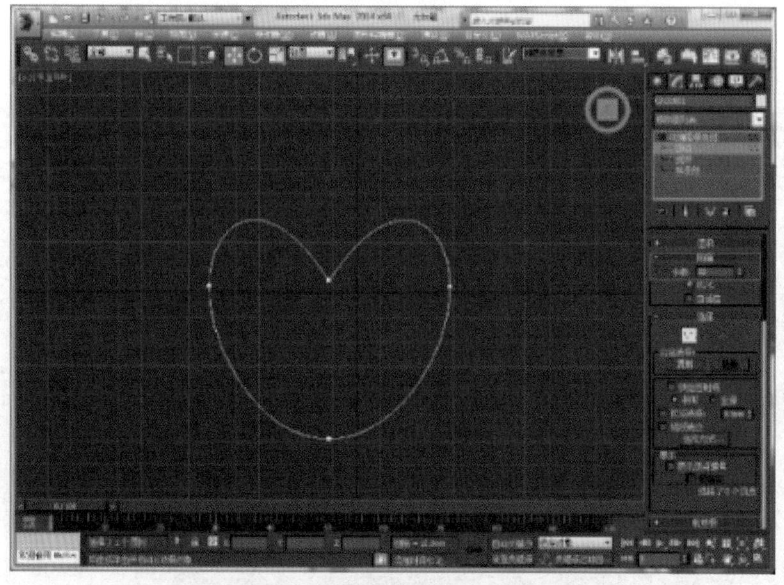

图 3 - 153

图 3 - 154

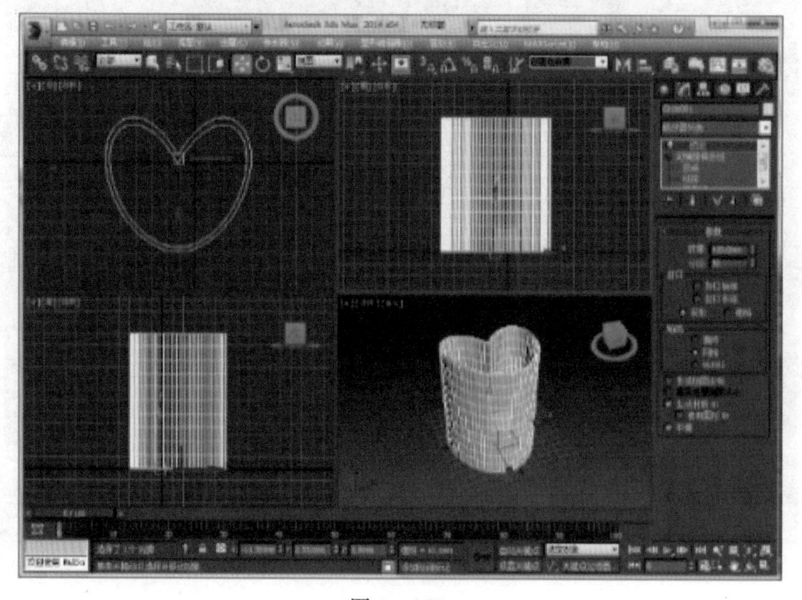

图 3 - 155

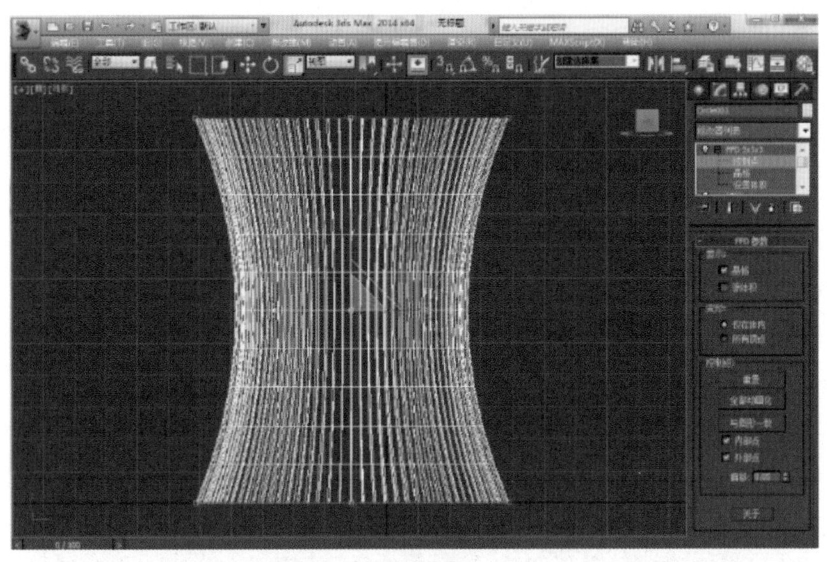

图 3 - 156

(9)继续在左视图框选最底下三个点，再次使用工具进行均匀缩放，效果如图 3 - 157 所示。

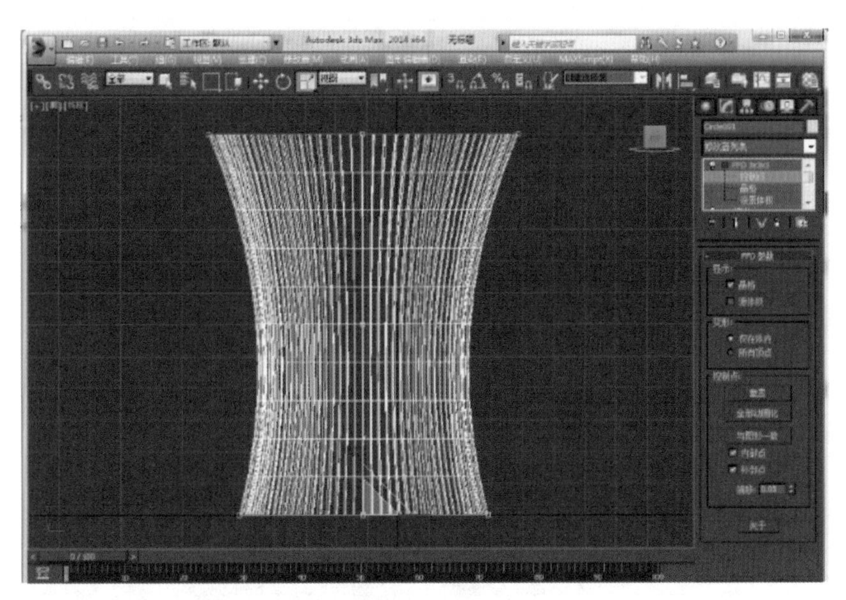

图 3 - 157

(10)单击命令面板下的(创建)|(图形)|截面按钮，在透视图创建截面，截面大小大于心形咖啡杯并与之相交即可，效果如图 3 - 158 所示。单击【截面参数】卷展栏下的【创建图形】按钮，弹出【命名截面图形】对话框，使用默认名称【SShape001】，单击确定，删除截面，效果如图 3 - 159 所示。

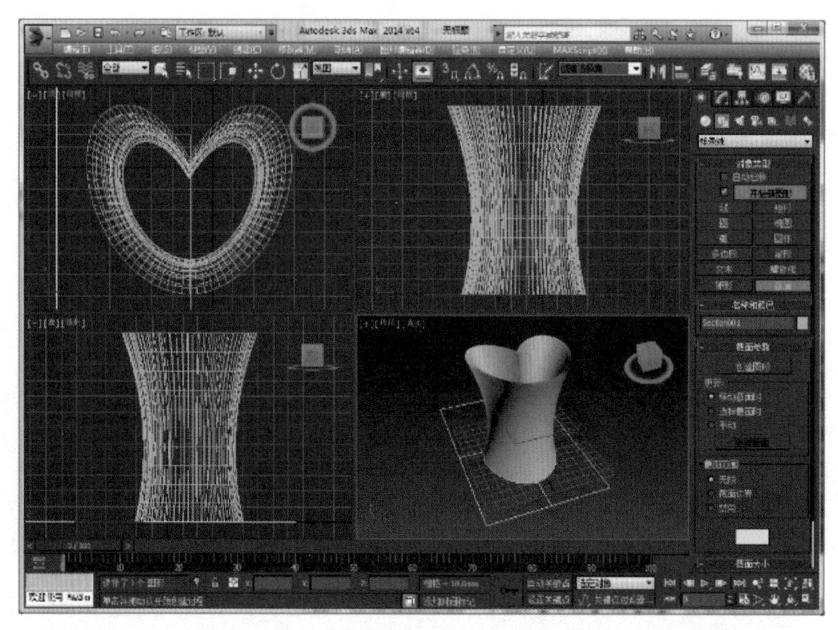

图 3 - 158

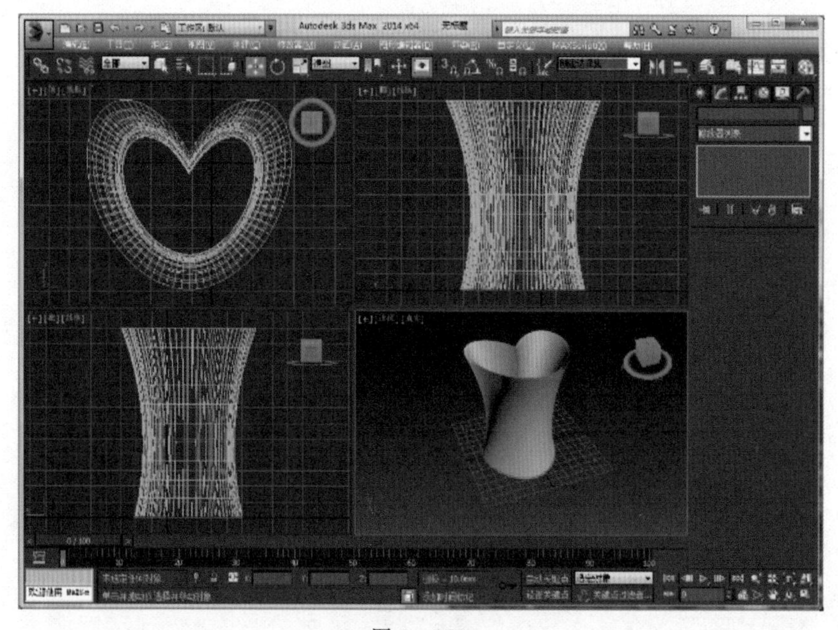

图 3 - 159

(11)单击(按名称选择)按钮,在弹出的【从场景选择】对话框中,选择【SShape001】,单击【确定】按钮。打开右侧【可编辑样条线】旁边的【+】号,选择【样条线】对象,在顶视图单击外侧样条线,如图 3 - 160 所示。

(12)删除选中的样条线。单击修改器列表,选择【挤出】修改器,设置【参数】卷展栏中的【数量】

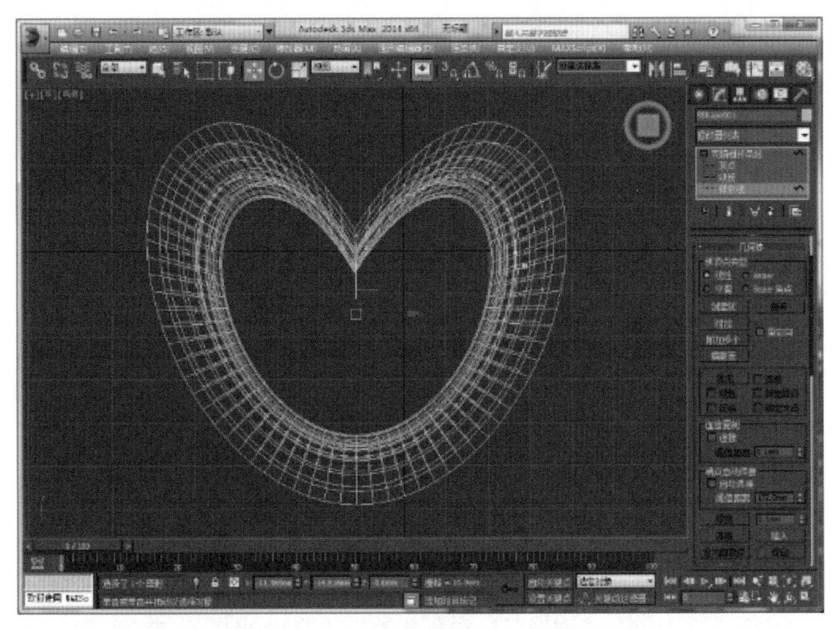

图 3－160

为 3,【分段数】为 1,勾选【封口始端】和【封口末端】,效果如图 3－161 所示。

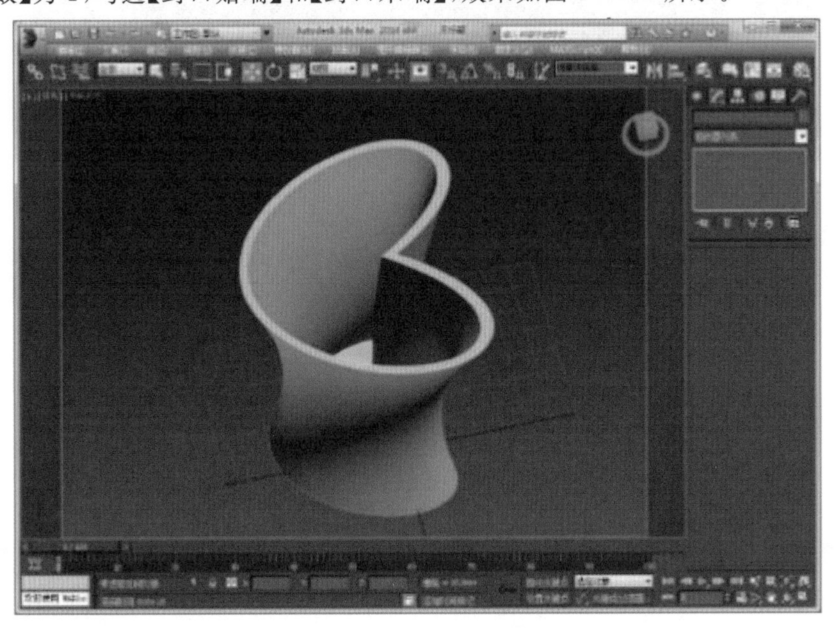

图 3－161

(13)选择左视图创建直线。单击左键后向下移动,再次单击左键,继续向下移动,右键单击结束,效果如图 3－162 所示。

(14)在顶视图调整顶点位置,如图 3－163 所示。

(15)在透视图调整顶点位置,如图 3－164 所示。

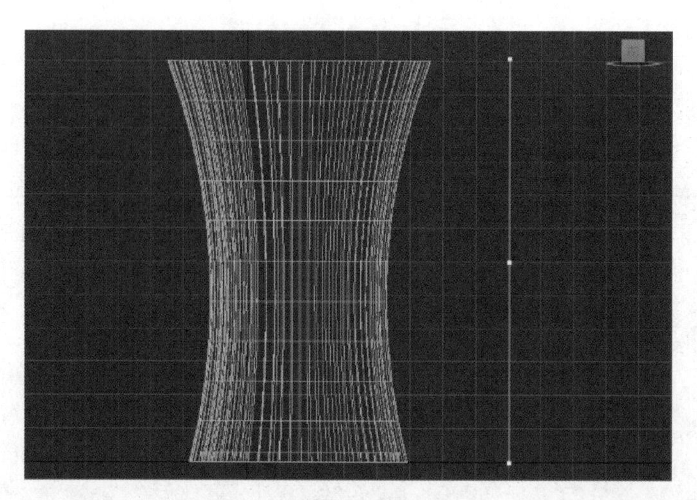

图 3－162

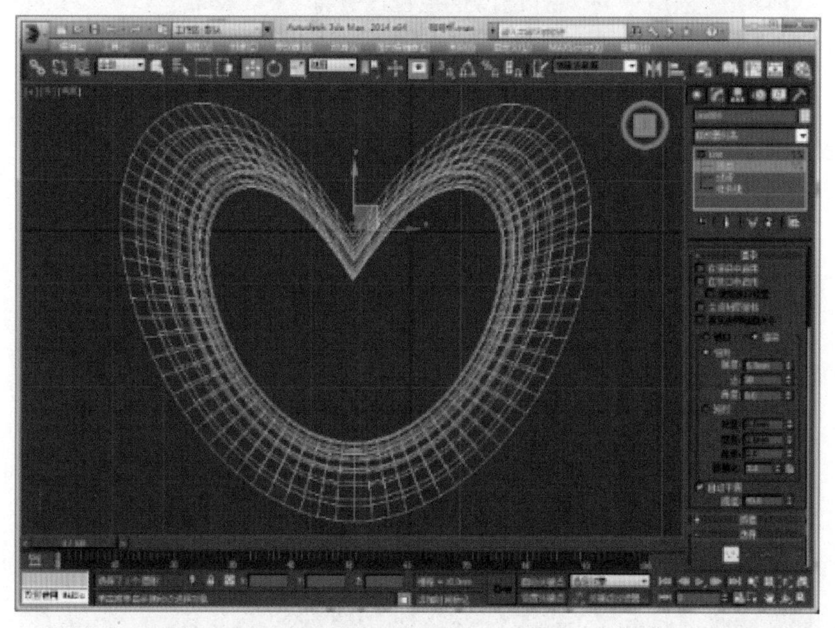

图 3－163

（16）单击按钮，勾选【渲染】卷展栏下的【在渲染中启用】和【在视口中启用】单选框，设置【径向】下的【厚度】为 5，【边】为 30，将中间点调整为平滑点，效果如图 3－165 所示。

（17）选中所有模型，单击菜单中的【组/成组】。将模型命名为咖啡杯，如图 3－166 所示。

（18）选中咖啡杯，打开【材质编辑器】对话框，将第一个材质球拖给模型。创建平面，铺满整个透视图。将第二个材质球拖动给平面。单击材质球 1【明暗器基本参数】卷展栏下的【漫反射】后面的色块按钮，打开【颜色选择器：漫反射颜色】对话框，设置亮度为 250，在【自发光】下面的输入 30。单击材质球 2【明暗器基本参数】卷展栏下的【漫反射】后面的色块按钮，打开【颜色选择

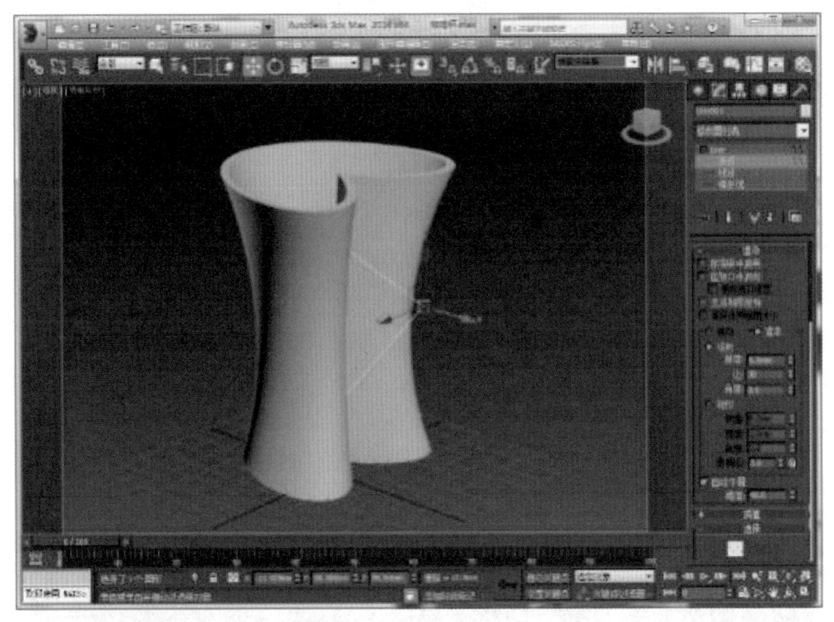

图 3-164

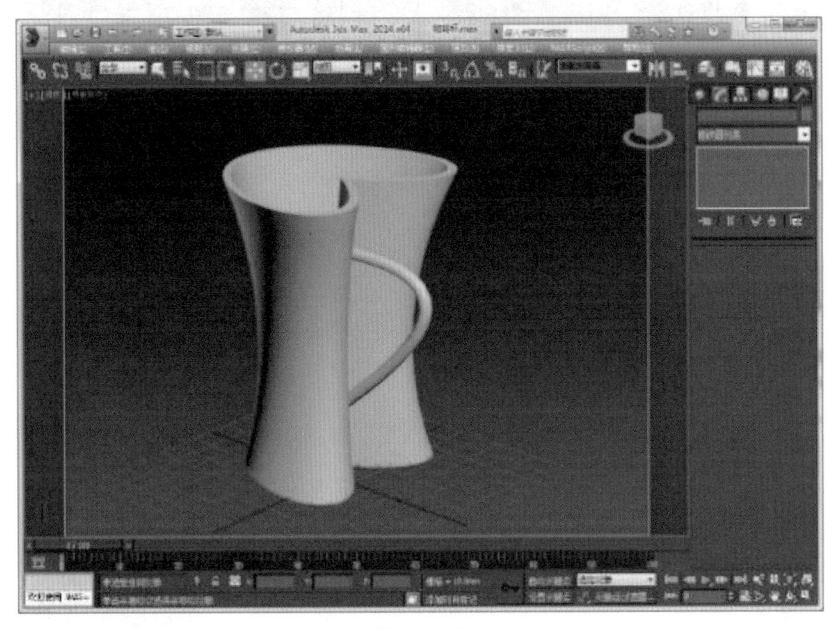

图 3-165

器:漫反射颜色】对话框,设置亮度为 200,效果如图 3-167 所示。

(19)单击 (创建)| (灯光)| 标准 (标准)| 天光 (天光)按钮。添加天光,设置【倍增】为 1.2,勾选【投射阴影】,效果如图 3-168 所示。

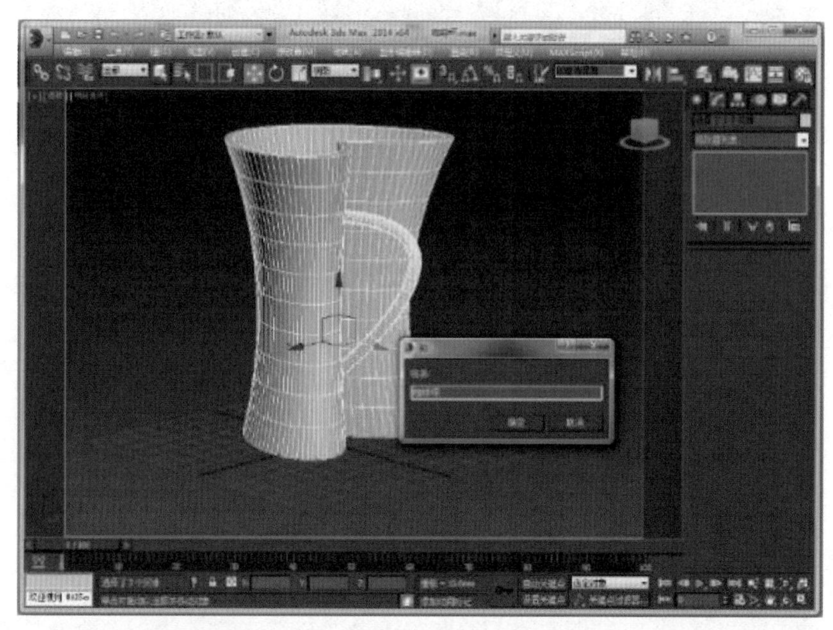

图 3-166

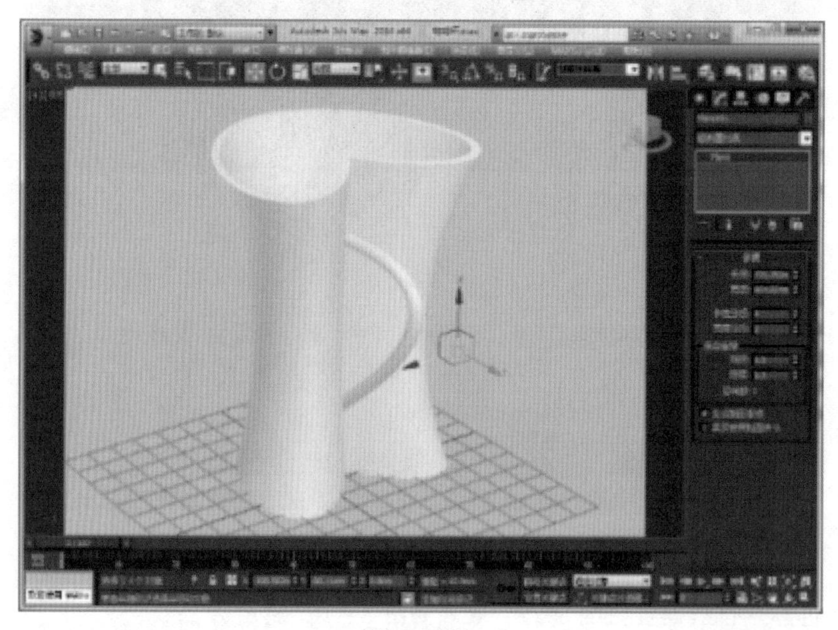

图 3-167

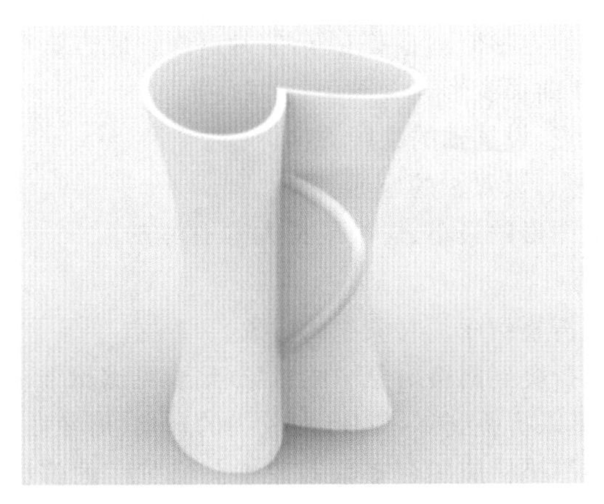

图 3 - 168

任务七 将军肚红酒瓶

(一)理论基础——修改器之车削

1. 车削修改器

车削修改器采用通过绕轴旋转的方式将一个图形或 NURBS 曲线转变为 3D 对象。使用车削时,先选择样条线,然后选择【修改面板/修改器列表/车削】修改器。

车削修改器只有一个【参数】卷展栏,如图 3 - 169 所示。

图 3 - 169

【度数】:确定对象绕轴旋转多少度(范围为 0～360,默认值是 360)。可以给【度数】设置关键点,来设置车削对象圆环增强的动画。【车削】轴自动将尺寸调整到和要车削图形一样的高度。

【焊接内核】:通过将旋转轴中的顶点焊接来简化网格。如果要创建一个变形目标,禁用此选项。

【翻转法线】:依赖图形上顶点的方向和旋转方向,旋转对象可能会内部外翻,切换【翻转法线】复选框来修正它。

【分段】:在起始点之间,确定在曲面上创建多少插值线段。此参数也可设置动画,默认值为 16。

注意:使用分段微调器可以创建多达 10 000 条线段。不要用它创建几何体,因为几何体太复杂。通常可以使用平滑组或平滑修改器来获得满意的结果,而不使用增加分段。

【封口组】:如果设置的车削对象的【度】小于 360 度,它控制是否在车削对象内部创建封口。

· 封口始端:封口设置的【度】小于 360 度的车削对象的始点,并形成闭合图形。

· 封口末端:封口设置的【度】小于 360 度的车削对象的终点,并形成闭合图形。

· 变形:根据创建变形目标的需要,以可预测的、可重复的模式排列封口面。渐进封口可以产生细长的面,而不像栅格封口需要渲染或变形。如果要车削出多个渐进目标,主要使用渐进封口的方法。

· 栅格：在图形边界上的方形修剪栅格中安排封口面。此方法产生尺寸均匀的曲面，可使用其他修改器容易地将这些曲面变形。

【方向组】：相对对象轴点，设置轴的旋转方向。

· X/Y/Z：相对对象轴点，设置轴的坐标。

【对齐组】：将旋转轴与图形的最小、居中或最大范围对齐。

【输出组】

· 面片：产生一个可以折叠到面片对象中的对象。

· 网格：产生一个可以折叠到网格对象中的对象(请参见编辑堆栈)。

· NURBS：产生一个可以折叠到 NURBS 对象中的对象(请参见编辑堆栈)。

【生成贴图坐标】：将贴图坐标应用到车削对象中。当“度”的值小于 360 并启用此选项时，将另外的图坐标应用到末端封口中，并在每一封口上放置一个 1×1 的平铺图案。

【生成材质 ID】：将不同的材质 ID 指定给车削对象侧面与封口。常用的是侧面 ID 为 3，封口 ID 为 1 和 2(当“度”的值小于 360 且车削对象是闭合图形时)。默认设置为启用。

【使用图形 ID】：将材质 ID 指定给在车削产生的样条线中的线段，或指定给在 NURBS 车削产生的曲线子对象。仅当启用【生成材质 ID】时，【使用图形 ID】可用。

【平滑】：将平滑应用于车削图形。

(二)课堂案例——将军肚红酒瓶制作

(1)单击命令面板下的(创建)|(图形)| 线 按钮，在前视图中创建如图 3-170 所示的线条。

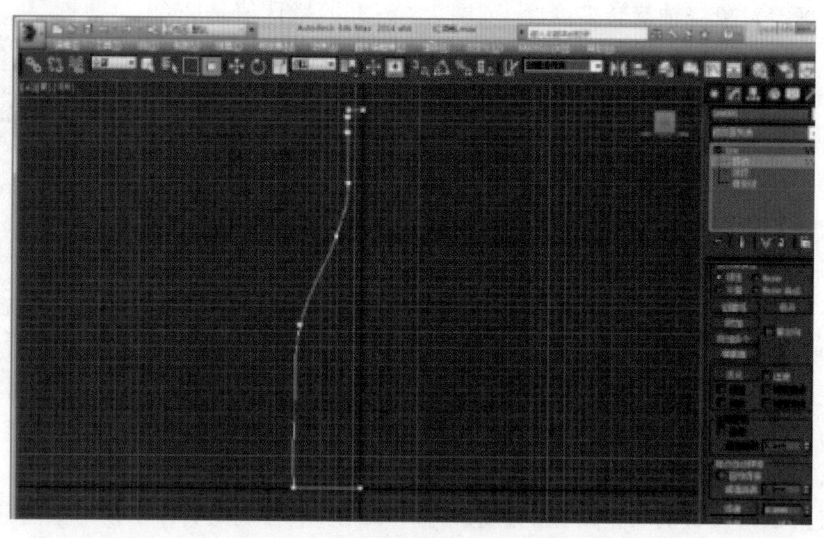

图 3-170

(2)修改瓶子上的竖线使之垂直。先单击【修改】命令面板，并单击选择 Line 下的【顶点】对象，然后单击上面点，右键单击移动工具，弹出【移动变换输入】对话框，复制【X】坐标值，如图 3-171所示。选择下面的点，粘贴【X】坐标值，如图 3-172 所示。

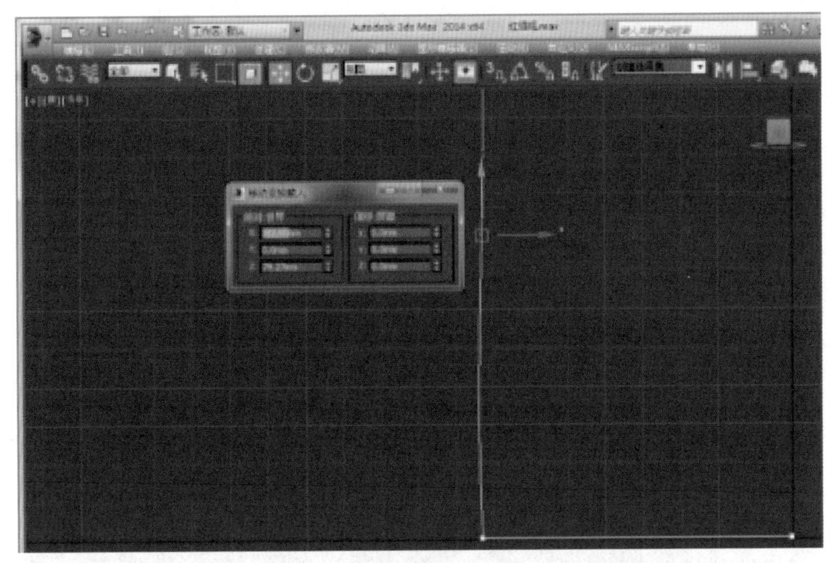

图 3-171

图 3-172

样条线绘制技巧：

· 在绘制水平或垂直线条时，按住【Shift】键使线条水平或垂直。

· 对于没有绘制水平或垂直的线段，可以通过设置两个顶点坐标使线条水平或垂直。

(3)选择【Line】下的 顶点 对象，选择瓶口处所有的直角点，单击【几何体】卷展栏下的【圆角】按钮，如图 3-173 所示。

(4)将鼠标移动到选中的点上，按下鼠标左键，移动鼠标，所有直角都变成平滑的弧形角，效果如图 3-174 所示。

(5)选择【Line】下的 样条线 对象，框选所有样条线，如图 3-175 所示。

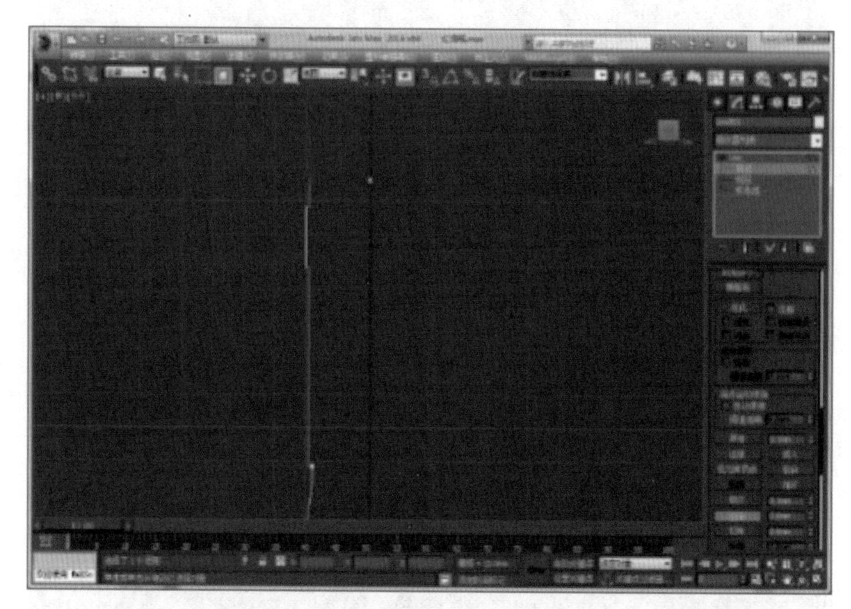

图 3 - 173

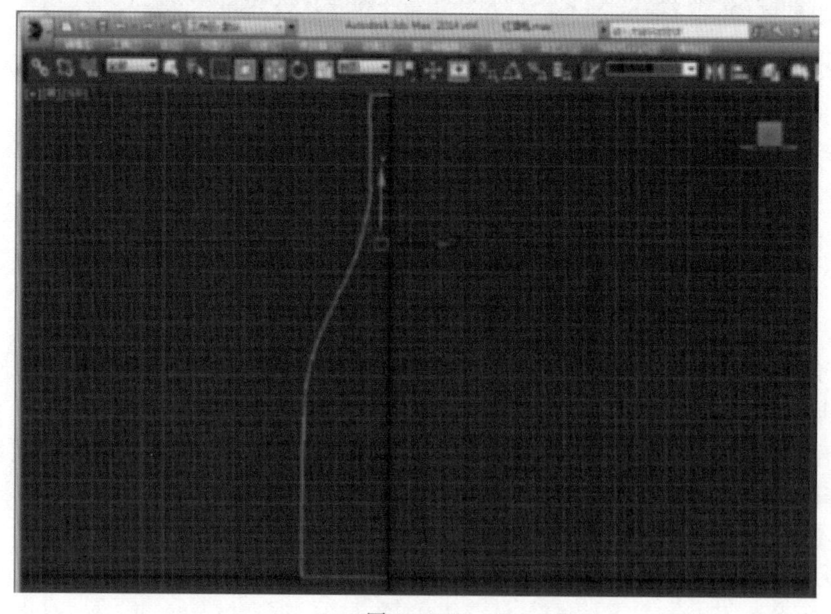

图 3 - 174

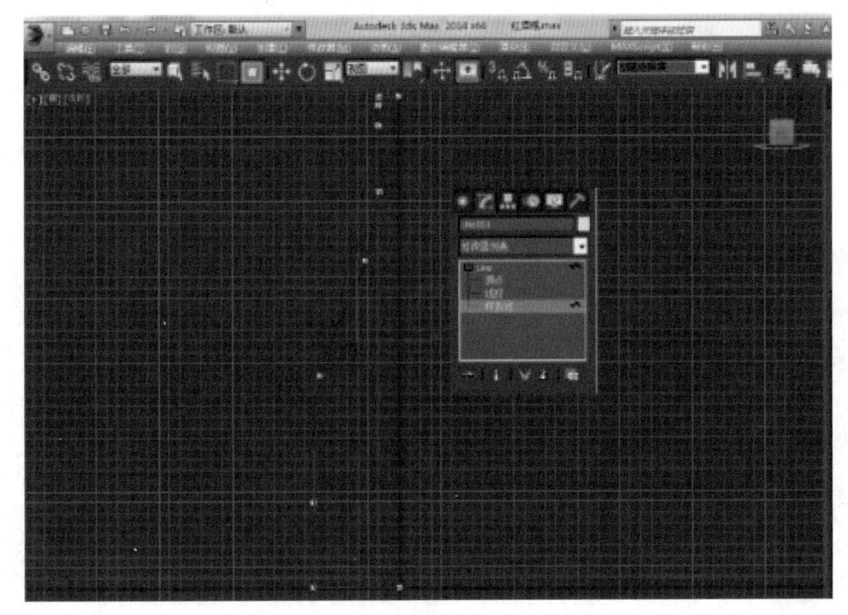

图 3－175

(6)单击【几何体】卷展栏下的【轮廓】按钮，将鼠标移动到样条线上，按住鼠标左键，移动鼠标，所有样条线变成双线，效果如图 3－176 所示。

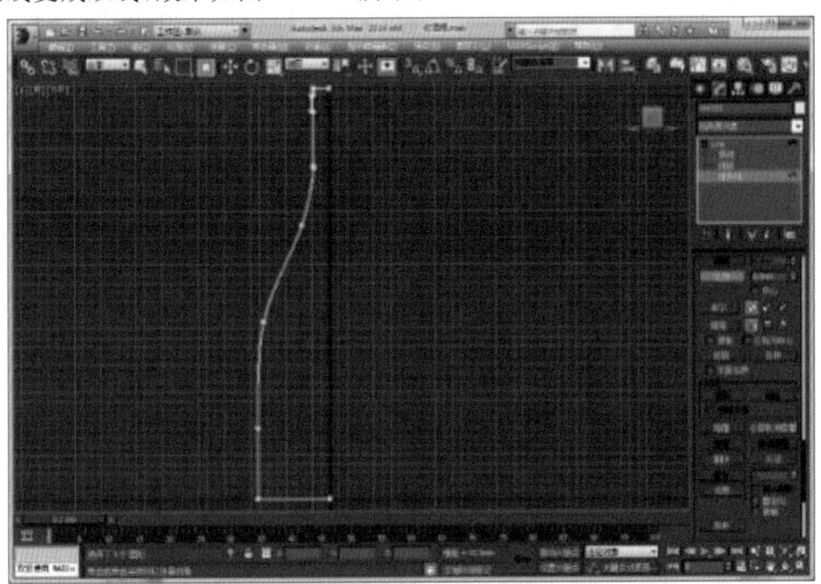

图 3－176

(7)单击【Line】，选择修改器列表中【车削】修改器，将【车削】修改器下的【参数】卷展栏中的【分段】设置为 30，然后单击【对齐】中的【最大】按钮，如图 3－177 所示。添加地面，调整大小，铺满场景，将平面的【长度分段】和【宽度分段】数均改为 1，按下【Shift＋F】键，添加安全线框，效果如图 3－178 所示。

图 3－177　　图 3－178

(8)单击(材质编辑器)工具,打开材质编辑器。拖动材质球 1 到酒瓶模型上,单击材质球 1【明暗器基本参数】卷展栏下的【漫反射】后面的色块按钮,打开【颜色选择器:漫反射颜色】对话框,设置亮度为 250。将材质球 2 拖动到地面上,单击材质球 2【明暗器基本参数】卷展栏下的【漫反射】后面的色块按钮,打开【颜色选择器:漫反射颜色】对话框,设置亮度为 200,如图 3－179 所示,效果如图 3－180 所示。

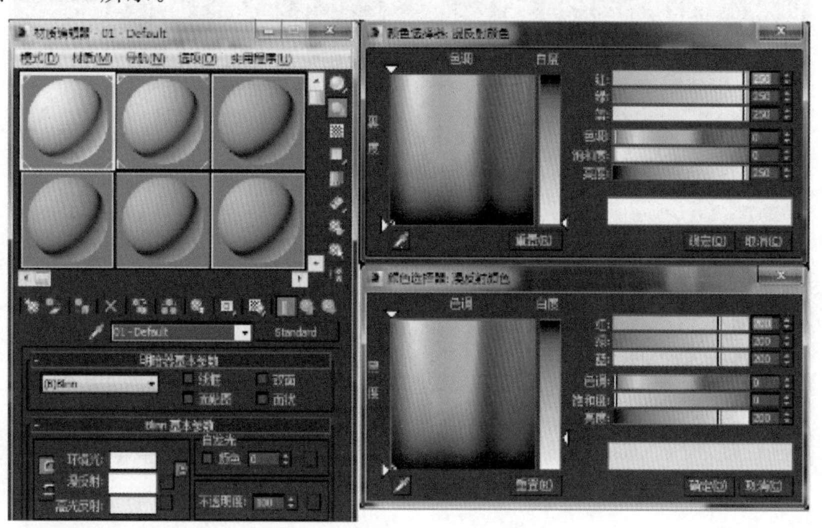

图 3－179

(9)选择前视图,使用滚轮缩小视图,按住左键移动物体到左下角。单击(创建)|(灯光)|标准(标准)|目标聚光灯(目标聚光灯)按钮。在前视图从右上向左下打光。单击(修改),勾

图 3－180

选【常规参数】卷展栏中【阴影】下【启用】单选框，将阴影效果改为【区域阴影】，设置【强度/颜色/衰减】卷展栏中的【倍增】值为 0.1，调整灯光位置，最终效果如图 3－181 所示。

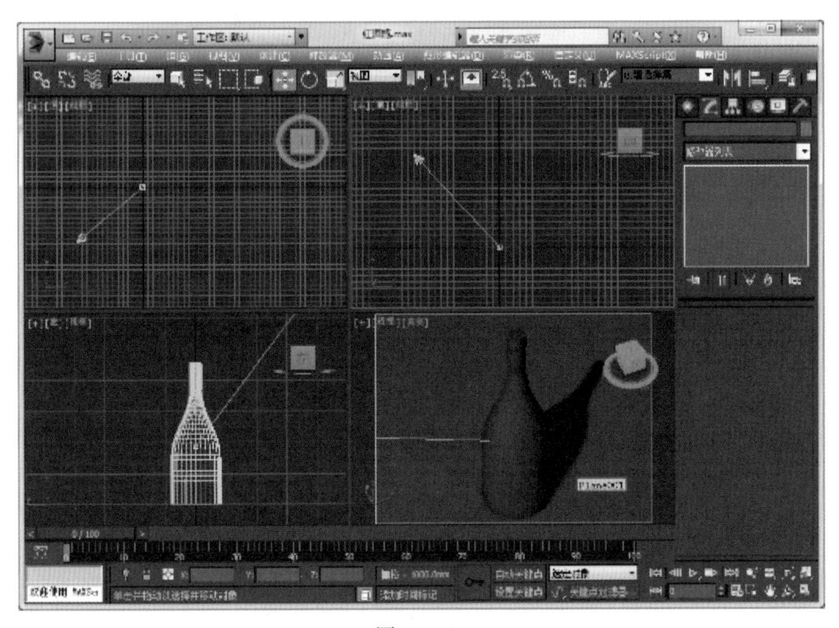

图 3－181

(10)单击(创建)|(灯光)|天光(天光)按钮，在前视图单击，添加天光。单击，设置【天光参数】下的【倍增】值为 0.9，勾选【渲染】下【投射阴影】单选框，如图 3－182 所示。

(11)按住【Shift＋R】渲染输出，效果如图 3－183 所示。

图 3 - 182

图 3 - 183

☞项目总结

本项目共有 7 个任务，其中前 6 个任务主要使用线、矩形、星形、弧及螺旋线等基本图形完成基本模型制作，然后通过顶点、线段、样条线进行编辑，同时在折叠电视柜、木质相框等模型中还使用了样条线的布尔运算和修剪工具，然后通过车削、挤出、倒角剖面等修改器和复合对象中的放样生成三维模型。为了实现模型效果，部分三维模型还继续使用 FFD 等修改器进行进一步的细节处理。同时，为了便于学生充分掌握和深入学习图形建模原理和技巧，在每个任务前，都详细讲解了需要使用的二维图形的创建方法、相关卷展栏及部分参数的作用和意义，这些能帮助学生更深入地学习图形建模方法和技巧。

☞项目考核

一、填空题

1. 二维造型三个次级对象是(　　　)、(　　　)、(　　　)。

2. 画一条二维线段应有(　　　)和(　　　)。

3. Edit Spline(编辑样条曲线)的过程中,只有进入了(　　　)次级物体级别,才可能使用Outline(轮廓线)命令。若要将生成的Outline(轮廓线)与原曲线拆分为两个Shape(二维图形),应使用(　　　)命令。

4. 样条线线上的第一点影响(　　　)。

5. 常用的二维转三维修改器包括(　　　)、(　　　)、(　　　)和车削等。

6. 在创建命令面板的图形命令面板中,可以创建平面几何图形,可以创建的图形为(　　　)和NURBS曲线。

7. 为了能正常对样条线进行布尔运算,(　　　)(需要或不需要)其中一个样条线完全被另外一个样条线包围。

8. 二维曲线能进行布尔运算,其类型分为(　　　)、(　　　)、(　　　)。

9. 编辑样条线中可以进行正常布尔运算的次物体层级为(　　　)。

10. 可以通过获取截面和路径使二维形体生成三维物体的是(　　　)。

11. 要想将一个圆、一个矩形和一个星形进行附加,必须将其中一个二维图形转换为(　　　),或者为其中一个二维图形添加一个(　　　)修改器。

二、选择题

1. 在进行Spline(线)顶点编辑时,下面不属于顶点编辑类型的(　　　)。

A. 光滑　B. 三角　C. 贝塞尔　D. 贝塞尔角点

2. "编辑样条线"下面有(　　　)个次对象。

A. 2　B. 3　C. 4　D. 5

3. (　　　)不能用来对二维样条线上的点进行操作。

A. 优化　B. 焊接　C. 设为首顶点　D. 倒角剖面

4. 样条线编辑中,(　　　)节点类型可以产生两个控制手柄,且节点两边为曲率相等的曲线。

A. 光滑　B. 三角　C. 贝塞尔　D. 贝塞尔角点

5. 系统默认情况下二维对象(　　　)被渲染着色。

A. 能　B. 不能

C. 仅长度大于一定尺度的能　D. 仅长度小于一定尺度的能

6. 在画二维线段时要将两点焊接,焊接参数要(　　　)两点之间的距离。

A. 等于或小于　B. 大于或小于　C. 大于或等于　D. 小于

7. 在二维图形中，如果只删除线段中的某一段距离，用(　　)。

A. 点　B. 线段　C. 样条线　D. 都不行

8. 要使用二维图形挤出三维实体，二维图形必须是(　　)。

A. 首尾相连　B. 可以不相连　C. 一条线段就可以　D. 以上都不对

9. 在使用二维图形挤出一个实体对象时，只显示破面(　　)。

A. 挤出太多　B. 挤出太小　C. 有线段相交　D. 以上都不对

10. 常用来增加二维造型的厚度修改器为(　　)。

A. 编辑样条线　B. 挤出　C. 编辑多边形　D. 对称

11. Splines 样条线共有(　　)种类型。

A. 9　B. 10　C. 11　D. 12

12. (　　)不是样条线的术语。

A. 节点　B. 样条线　C. 线段　D. 面

三、实践操作

1. 使用样条线建模方法创建下图中的吊灯组模型。

2. 利用样条线和修改器制作下图中的碗模型。

第 1 题图

第 2 题图

3. 利用样条线和文本制作下图中的铜钱模型。

4. 利用样条线和修改器制作下图中的沙发模型。

第 3 题图

第 4 题图

参考答案

一、1. 顶点、线段、样条线　2. 端点、中点　3. 样条线、拆分　4. 放样对象

5. 挤出、倒角、倒角剖面　6. Splinse 样条曲线　7. 不需要　8. 交集、并集、差集
9. 样条线　10. 放样　11. 可编辑样条线、编辑样条曲线

二、1. B　2. B　3. D　4. D　5. B　6. C　7. B　8. A　9. C　10. B　11. C　12. D

三、略

☞教学指导

图形建模首先对创建的图形通过顶点、线段及样条线进行编辑，然后再通过添加修改器、复合对象等方法生成三维模型，其制作过程相对简单，生成的模型造型复杂多样，但是完成项目任务容易，灵活掌握较难。为了扎实培养学生的三维创作能力，因此项目任务适宜采用示范教学法和任务教学法结合方式。

根据图形制作三维模型的制作流程、制作特点和掌握难度，教学开始阶段以示范教学为主，教师对实践操作内容进行现场演示，一边操作，一边讲解，既要学生掌握模型创建的方法和步骤，更要让学生掌握图形和生成的三维模型之间的关系，实现边做边学，理论与技能并重。教学后期，则需要以自主学习为主，强调学生在学习过程中的主体地位，提倡“个性化”的学习，学习过程以学生自主学习为主，教师指导为辅。学生建模以理解模型生成原理为主，完成模型创建为辅；教师以疑难指导为主，系统化建模过程教学为辅。教学过程以任务为桥梁，充分调动学生学习的积极性和主动性，让学生既熟练掌握图形建模的技术技能，又掌握相关图形生成模型的基础理论知识。教学过程充分发掘学生的创造潜能，提高学生解决实际问题的能力，培养学生的创新能力。

☞思政点拨

本项目中的任务以工业化产品为主，工业化产品的结构具有强烈的规律性，所以这些产品上布满了规律性的线条，这也是这些模型能够通过样条线建成的原因。但是人类对历史、对文化的需求早已渗透在骨子里了，因此每个产品又被赋予各种文化内涵。而通过海上、陆上丝绸之路传播到世界的中国文化，也渗透在工业产品的各个角落。在制作任务一至任务七时，大家能联想到哪些中国文化和历史呢？

参照任务一至任务四中思政要素的形式，根据任务五至任务七的制作内容及制作过程，理出一到两个关键词，根据关键词写出一句或者多句积极向上、传递正能量的思考和感悟。思路尽量开阔，突破思维定式，内容尽量具有创新性，以培养创新意识和创新思维能力。

任务五　美丽牵牛花

任务六　心形咖啡杯

任务七　将军肚红酒瓶

项目四　高级建模

项目四资源

3DS MAX 的高级建模技术，包括修改器建模、多边形建模等。本章是一个非常重要的章节，基本上在实际工作中运用的高级建模技术都包含在本章中，特别是修改器建模技术和多边形建模技术，读者务必要完全掌握，通过对本章的学习，可以掌握具有一定难度的模型的制作思路与方法。

☞项目目标

- 掌握高级建模的思路和步骤；
- 掌握弯曲、扭曲、晶格和 FFD 等修改器的使用方法和技巧；
- 掌握卷展栏下的单选框、复选框、按钮及参数的作用和使用方法；
- 掌握多边形建模的思路和编辑技巧；
- 继承和弘扬中华优秀传统文化，树立文化自信；
- 树立环保意识，构建和谐社会；
- 提高灵活应变能力，培养宽容的心态和团队协作的基本素质。

☞项目概述

在项目三的学习中，通过绘制图形并进行编辑，进而添加修改器来完成图形建模。我们学习到了挤出、车削、放样、倒角剖面等几种常用的修改器，本章节我们将继续学习修改器建模。

修改器建模是 3DS MAX 高级建模技术非常重要的一部分，修改器建模是在已有基本模型的基础上，在【修改】面板中添加相应的修改器，将模型进行塑形或者编辑，这种方法可以快速打造特殊的模型效果，如晶格、弯曲等。图 4-1 就是优秀的修改器建模作品。

图 4-1

从【创建】面板中添加对象到场景之后，通常会进入【修改】面板来更改对象的原始创建参数，这种方法只可以调整物体的基本参数，如长度、宽度、高度等，而无法对模型本身做出大的改变。这时使用【修改】面板下的修改器堆栈可以解决这个问题。

修改器堆栈(或简写为堆栈)是【修改】面板中的修改器列表。它包含有累积历史记录,上面有选定的对象及应用于它的所有修改器。图 4 - 2 为长方体 Box001 添加【弯曲】修改器的【修改】面板。

多边形建模是三维软件主流的建模方式之一,用这样的方法创建的物体表面由直线组成,其在室内设计、环境艺术设计等方面应用较多,图 4 - 3 就是一些优秀的多边形建模作品,大家欣赏的同时,也可以思考一下,哪些部分可以采用多边形建模方法制作,具体可能会用到什么样的技术和建模技巧。

图 4 - 2

图 4 - 3

学习编辑多边形对象,首先要明确多边形物体不是创建出来的,而是塌陷出来的。将物体塌陷为多边形的方法主要有以下几种:

(1)在物体上单击鼠标右键,在弹出的快捷菜单中选择【转换为/转换为可编辑多边形】命令。

(2)为物体加载【编辑多边形】修改器。

(3)在修改器堆栈中选中物体,然后单击鼠标右键,接着在弹出的快捷菜单中选择【可编辑多边形】命令。

☞项目任务

任务一　不锈钢水龙头

本任务思政要素:水无形而有万形,水无物能容万物。

(一)理论基础——弯曲修改器

1. 弯曲修改器的加载方法

使用修改器之前,一定要有已创建好的基础对象,如几何体、图形、多边形模型等。创建一个长方体模型，并设置合适的分段数值。选择创建出的长方体，然后单击进入【修改】面板，接着在【修改器列表】中选择【弯曲】修改器，如图 4－4 所示。

2. 弯曲修改器的相关知识点

弯曲修改器可以在任意 3 个轴上控制物体的弯曲角度和方向，也可以限制几何体的某一段弯曲效果，其参数设置面板如图 4－5 所示。

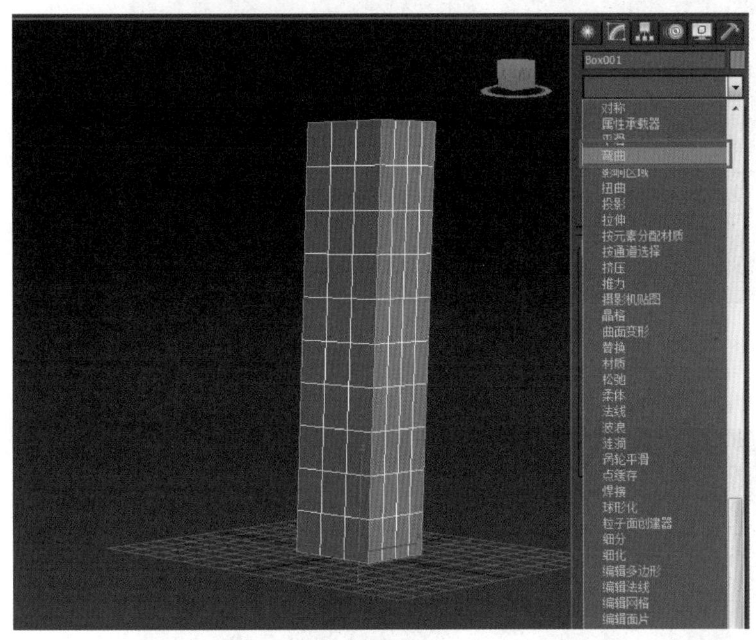

图 4－4

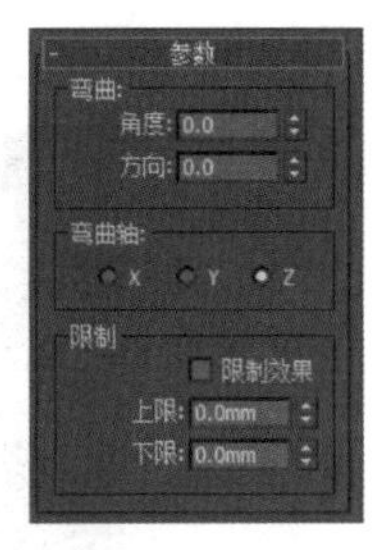

图 4－5

弯曲修改器重要参数介绍：

【角度】从顶点平面设置要弯曲的角度，范围为－999999～999999。

【方向】设置弯曲相对于水平面的方向，范围为－999999～999999。

【X/Y/Z】指定要弯曲的轴，默认轴为 Z 轴。

【限制效果】将限制约束应用于弯曲效果。

【上限】以世界单位设置上部边界，该边界位于弯曲中心点的上方，超出该边界弯曲不再影响几何体，其范围为 0～999999。

【下限】以世界单位设置下部边界，该边界位于弯曲中心点的下方，超出该边界弯曲不再影响几何体，其范围为－999999～0。

(二)课堂案例——不锈钢水龙头制作制作

(1)单击(创建)|(几何体)|切角圆柱体切角圆柱体按钮，在顶视图中创建一个切角圆柱体，接着在【修改】面板中展开【参数】卷展栏，设置【半径】为 20 mm，【高度】为 80 mm，【圆角】为 1.5 mm，【高度分段】为 1，【圆角分段】为 2，【边数】为 24，如图 4－6 所示。

(2)继续使用【切角圆柱体】工具在顶视图中创建一个切角圆柱体，在【修改】面板中展开【参数】卷展栏，设置【半径】为 21 mm，【高度】为 20 mm，【圆角】为 1 mm，【高度分段】为 1，【圆角分

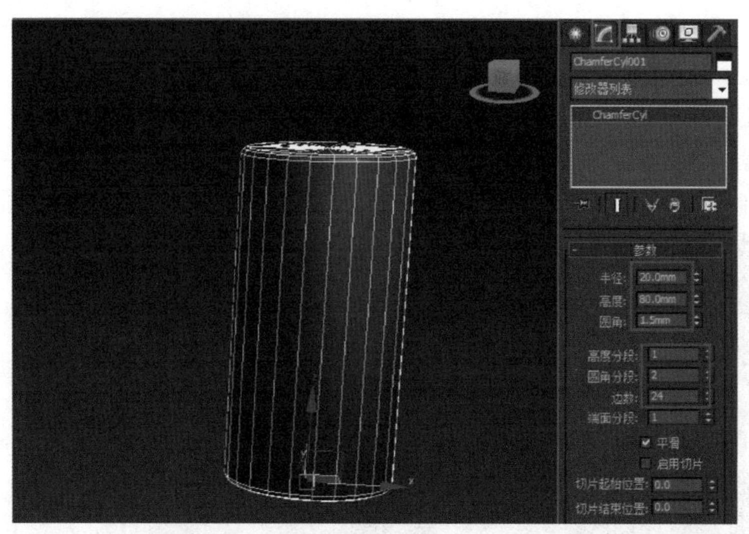

图 4 - 6

段】为 2,【边数】为 24,如图 4 - 7 所示。

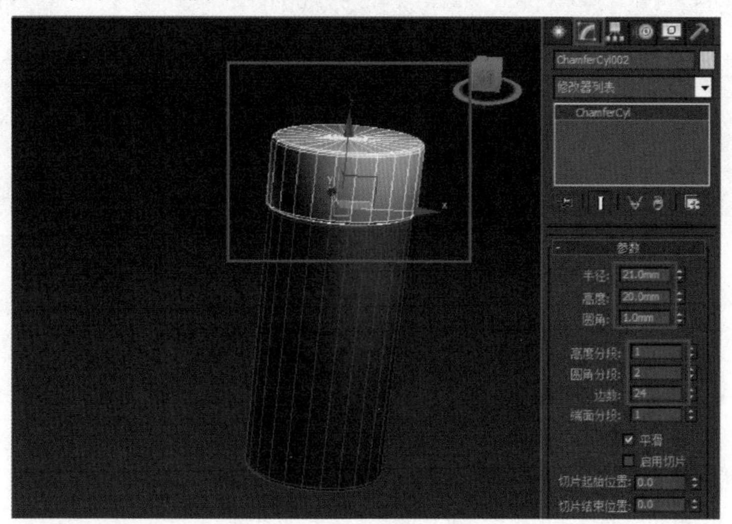

图 4 - 7

(3)在顶视口,将两个切角圆柱体选中,按住【Shift】键沿 X 轴拖动,在弹出的【克隆选项】对话框中选择【确定】,复制出一个,如图 4 - 8 所示,然后右键选择【缩放】命令,令其整体缩放效果如图 4 - 9 所示。

(4)再次使用【切角圆柱体】工具在场景中创建两个切角圆柱体,参数分别如图 4 - 10 所示,并将其放置到合适的位置。

(5)使用【管状体】工具在顶视图中创建一个管状体,然后在【修改】面板中展开【参数】卷展栏,设置【半径 1】为 9 mm,【半径 2】为 11 mm,【高度】为 380 mm,【高度分段】为 30,【端面分段】为 1,【边数】为 18,如图 4 - 11 所示。

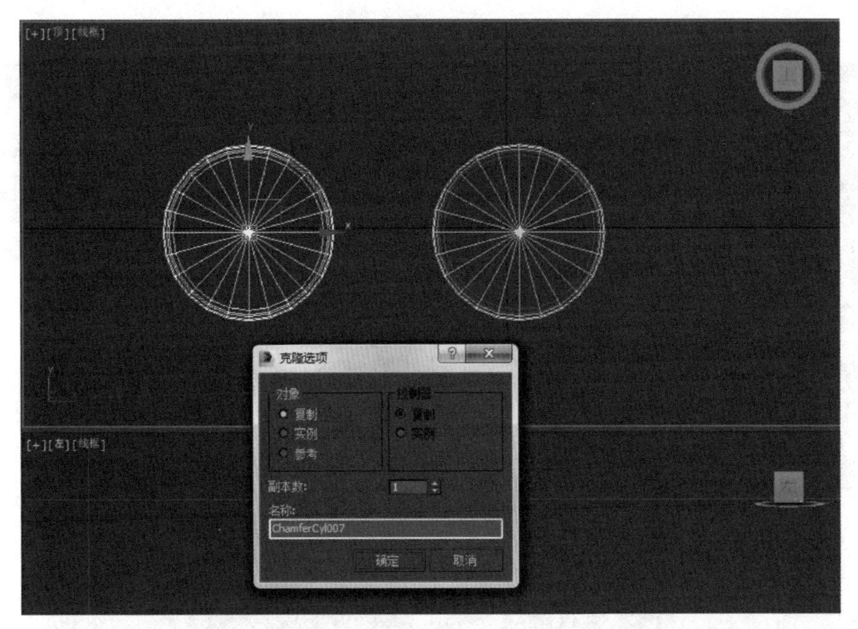

图 4－8

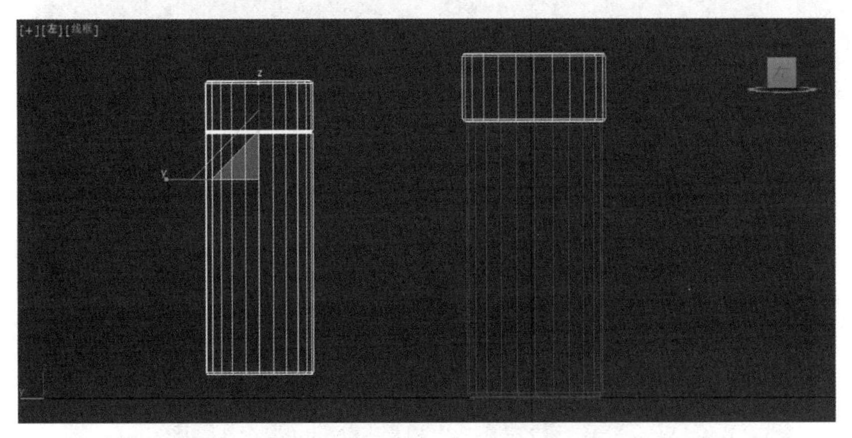

图 4－9

(6)选择上一步创建的管状体，然后在【修改】面板中选择并加载【弯曲】修改器，展开【参数】卷展栏，设置【角度】为－420，如图 4－12 所示。

(7)接着在【修改】面板中选中【限制效果】复选框，设置【上限】为 510 mm，【下限】为 0 mm，如图 4－13 所示。

(8)在修改器堆栈中单击 Gizmo 级别，如图 4－14 所示，并使用【选择并移动】工具沿 Z 轴向上进行适当的移动，调节后的效果如图 4－15 所示。

(9)按住快捷键【Shift＋F】，添加安全线框。单击(创建)|(几何体)| 平面 按钮，创建平面，调整大小，铺满整个背景，效果如图 4－16 所示。

(10)单击(材质编辑器)工具，打开材质编辑器。拖动材质球 1 到水龙头模型上，单击材

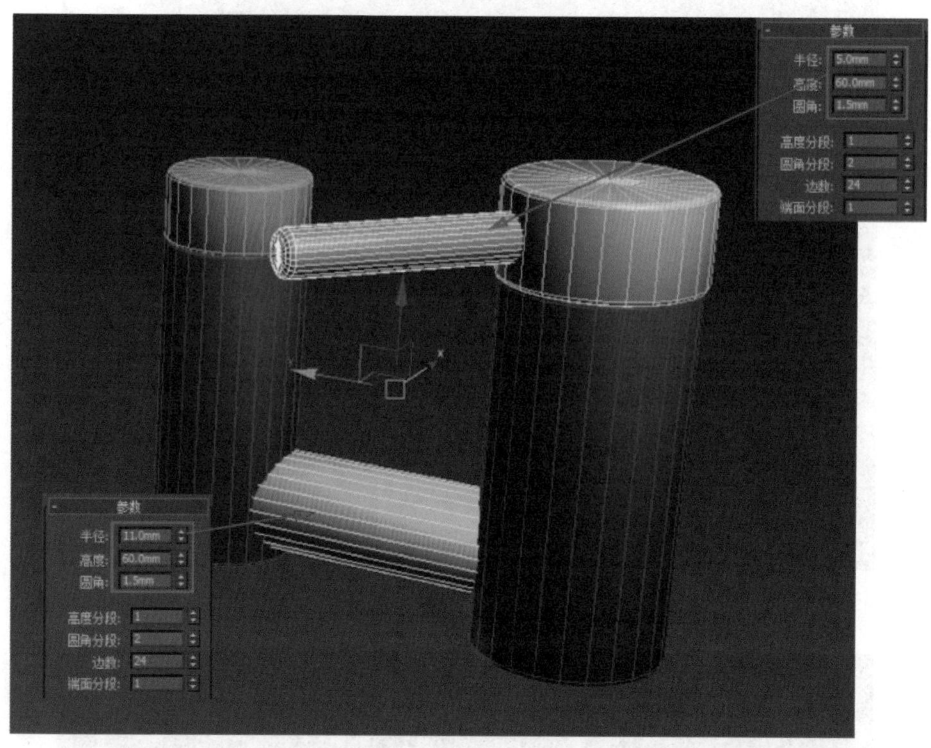
参数
半径: 5.0mm
高度: 60.0mm
圆角: 1.5mm
高度分段: 1
圆角分段: 2
边数: 24
端面分段: 1
参数
半径: 11.0mm
高度: 60.0mm
圆角: 1.5mm
高度分段: 1
圆角分段: 2
边数: 24
端面分段: 1

图 4-10

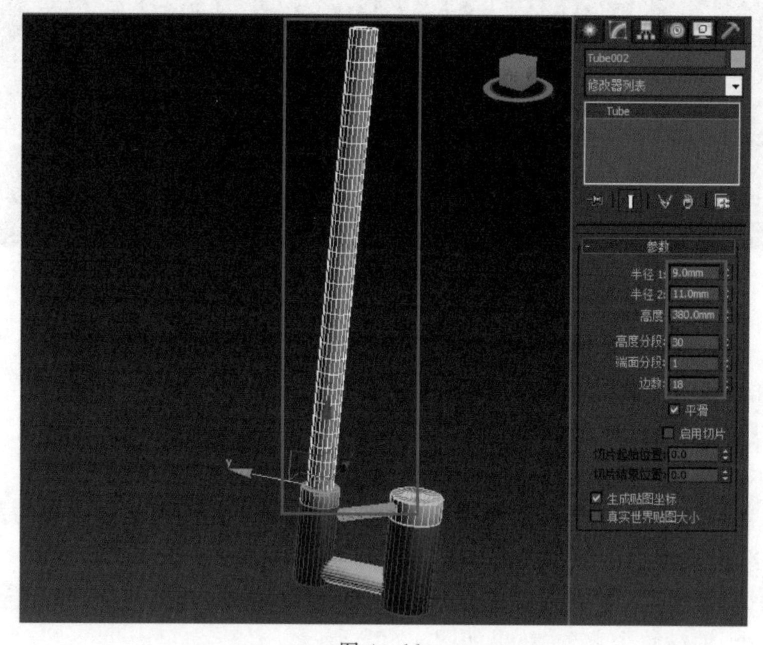
Tube002
修改器列表
Tube
参数
半径 1: 9.0mm
半径 2: 11.0mm
高度: 380.0mm
高度分段: 30
端面分段: 1
边数: 18
平滑
启用切片
切片起始位置: 0.0
切片结束位置: 0.0
生成贴图坐标
真实世界贴图大小

图 4-11

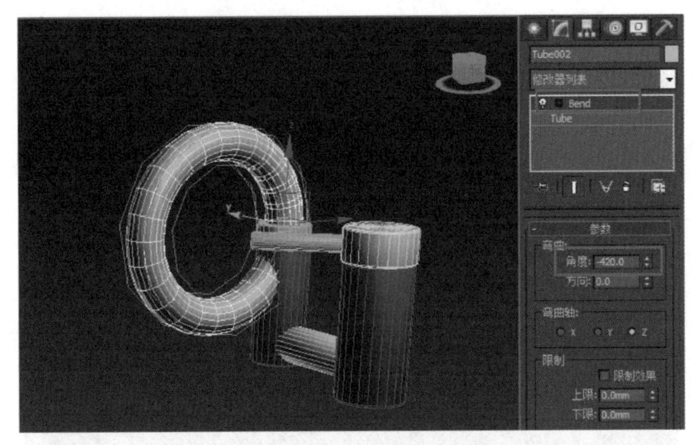

图 4 - 12

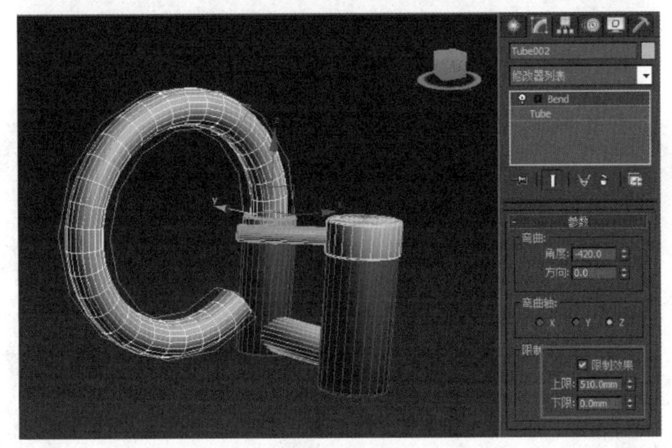

图 4 - 13

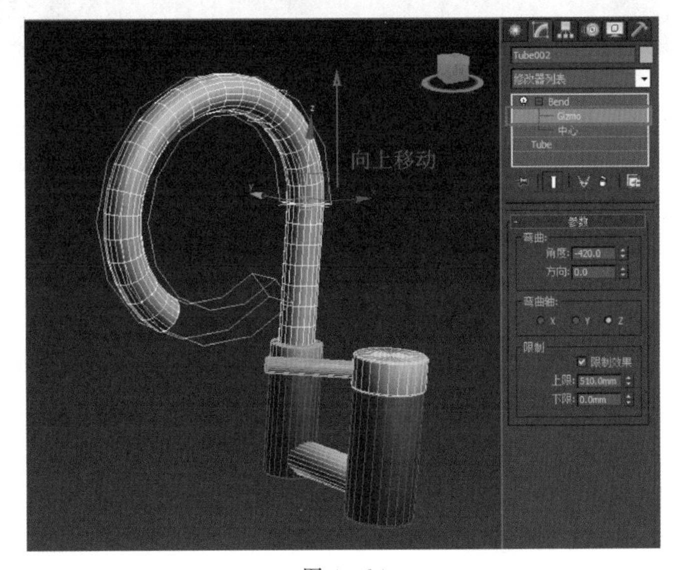

图 4 - 14

图 4 - 15

图 4 - 16

质球 1【明暗器基本参数】卷展栏下的【漫反射】后面的色块按钮，打开【颜色选择器:漫反射颜色】对话框，设置亮度为 250。将材质球 2 拖动到地面上，单击材质球 2【明暗器基本参数】卷展栏下的【漫反射】后面的色块按钮，打开【颜色选择器:漫反射颜色】对话框，设置亮度为 200，如图 4 - 17 所示。

(11)单击 (创建)| (灯光)，选择 标准 。单击【目标聚光灯】按钮，在水龙头上方创建目标聚光灯，位置如图 4 - 18 所示。单击 (修改)，勾选【常规参数】卷展栏中【阴影】下【启用】单选框，将阴影效果改为【区域阴影】，设置【强度/颜色/衰减】卷展栏中的【倍增】值为 0.4，最终效果如图 4 - 18 所示。

(12)单击【天光】按钮，在前视图添加一盏天光。单击 ，设置【天光参数】下的【倍增】值为 0.9，勾选【渲染】下【投射阴影】单选框，如图 4 - 19 所示。

(13)在透视口调整合适的视角，按【F9】键，渲染输出，效果如图 4 - 20 所示。

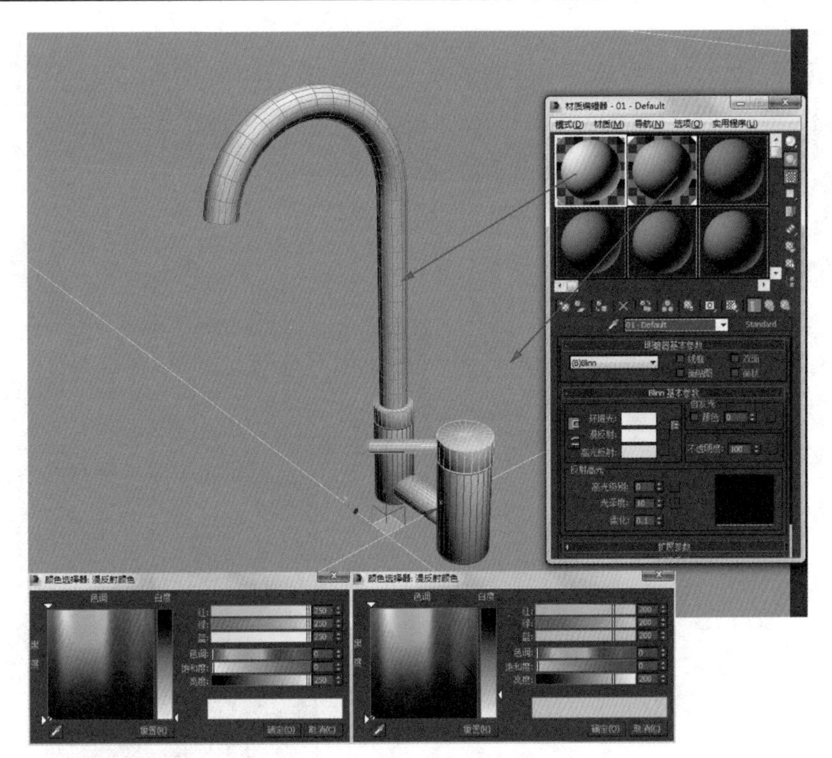

图 4－17

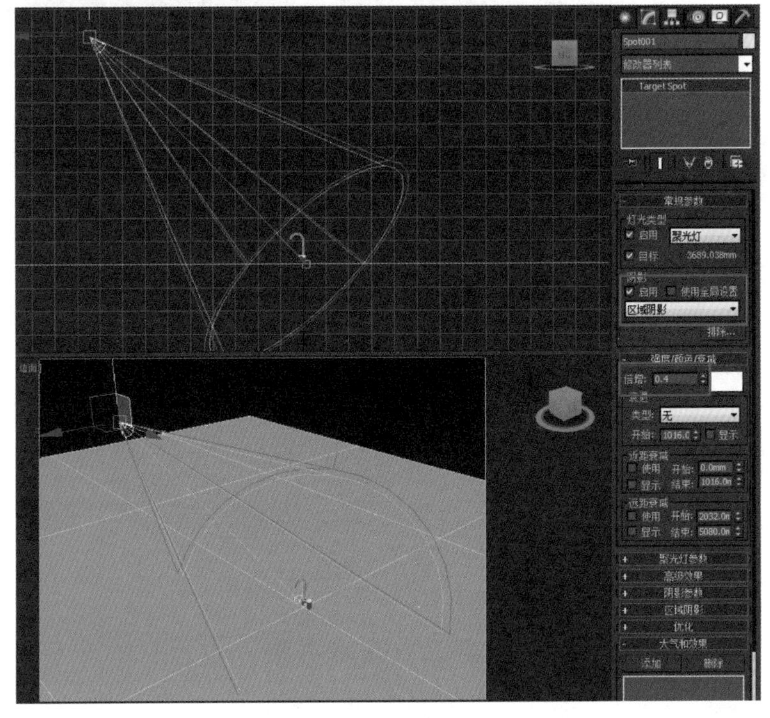

图 4－18

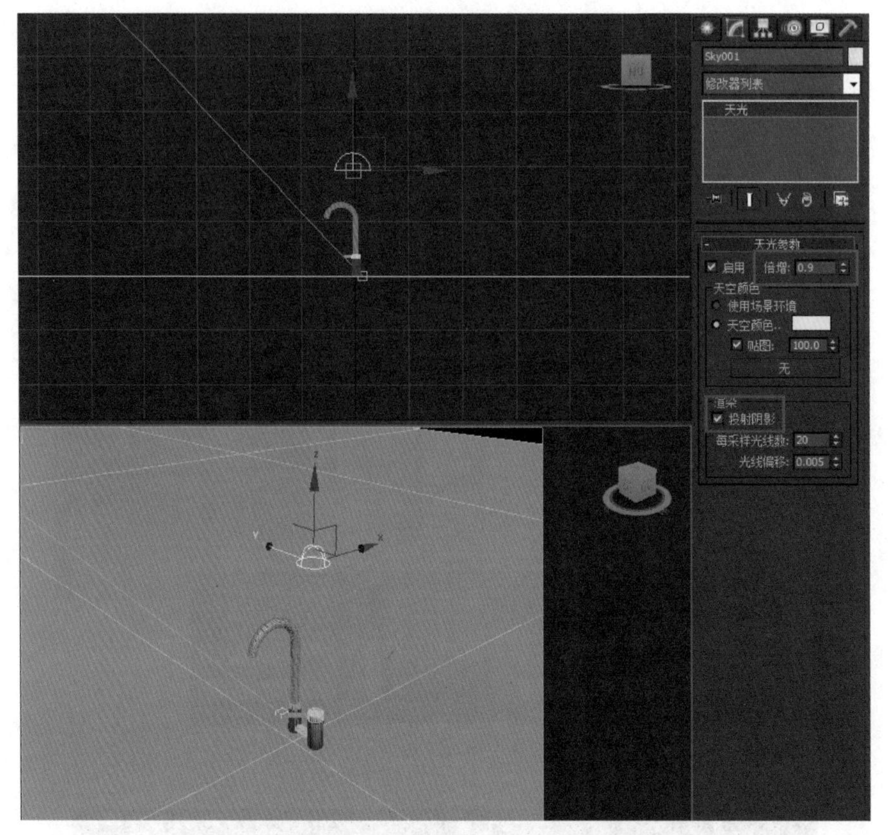

图 4-19

图 4-20

任务二　艺术书架

本任务思政要素:造纸术与印刷术成就了书,而书成就了人类文明。

(一)理论基础——扭曲修改器

1. 扭曲修改器的加载方法

创建一个长方体模型,并设置合适的分段数值。选择创建出的长方体,然后单击进入【修改】面板,接着在【修改器列表】中选择【扭曲】修改器,如图 4 - 21 所示。

2. 扭曲修改器的相关知识点

扭曲修改器与弯曲修改器的参数比较相似,但是扭曲修改器产生的是扭曲效果,而弯曲修改器产生的是弯曲效果。扭曲修改器可以在对象几何体中产生一个旋转效果(就像拧湿抹布),并且可以控制任意 3 个轴上的扭曲角度,同时也可以限制几何体的某一段扭曲效果,其参数设置面板如图 4 - 22 所示。

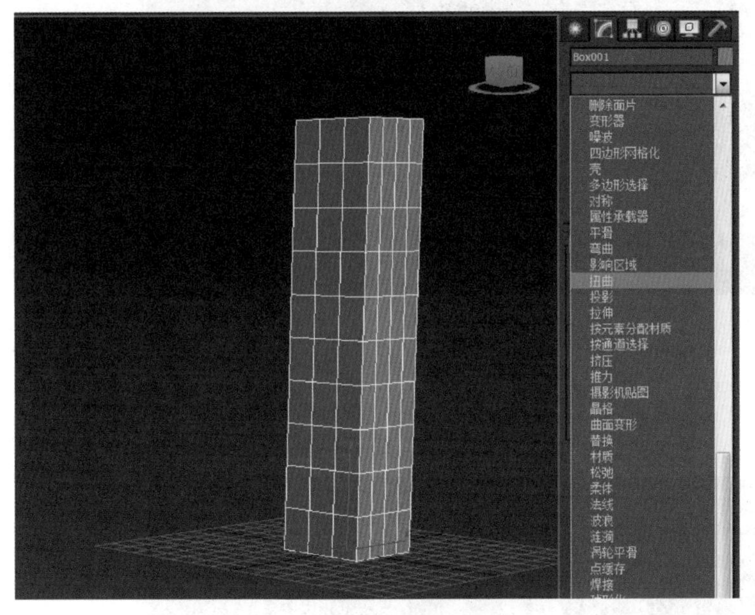

图 4 - 21

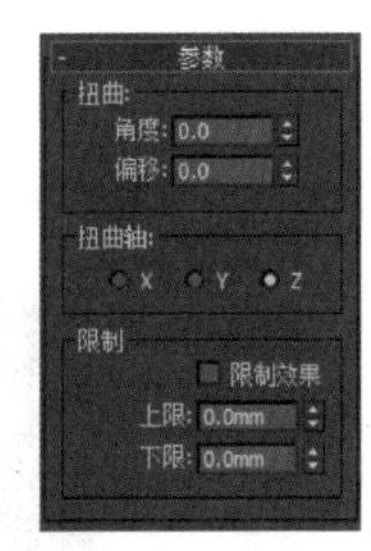

图 4 - 22

技巧与提示:

扭曲修改器和弯曲修改器的参数基本相同,因此这里不再重复介绍。

(二)课堂案例——艺术书架制作

(1)单击(创建)|(几何体)|切角圆柱体按钮,在顶视图中创建一个切角圆柱体,接着在【修改】面板中展开【参数】卷展栏,设置【半径】为 35 mm,【高度】为 4 mm,【圆角】为 2 mm,【圆角分段】为 5,【边数】为 32,如图 4 - 23 所示。

(2)使用【长方体】工具在顶视图中创建一个长方体,修改参数,设置【长度】为 1 mm,【宽度】为 50 mm,【高度】为 198 mm,【高度分段】为 50,如图 4 - 24 所示。

(3)激活顶视图,确认上一步创建的长方体处于选择状态,使用【选择并移动】工具,按住【Shift】键将长方体复制 1 份,并在弹出的【克隆选项】对话框中选中【实例】单选按钮,最后单击【确定】按钮,如图 4 - 25 所示。

(4)复制之后的模型效果如图 4 - 26 所示。继续在顶视图创建长方体,修改参数,设置【长

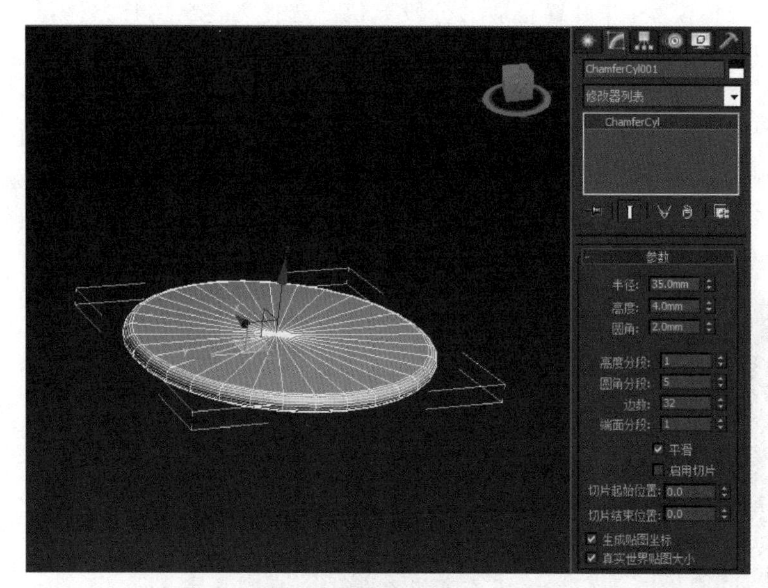
ChamferCyl001
修改器列表
ChamferCyl
参数
半径: 35.0mm
高度: 4.0mm
圆角: 2.0mm
高度分段: 1
圆角分段: 5
边数: 32
端面分段: 1
平滑
启用切片
切片起始位置: 0.0
切片结束位置: 0.0
生成贴图坐标
真实世界贴图大小

图 4 - 23

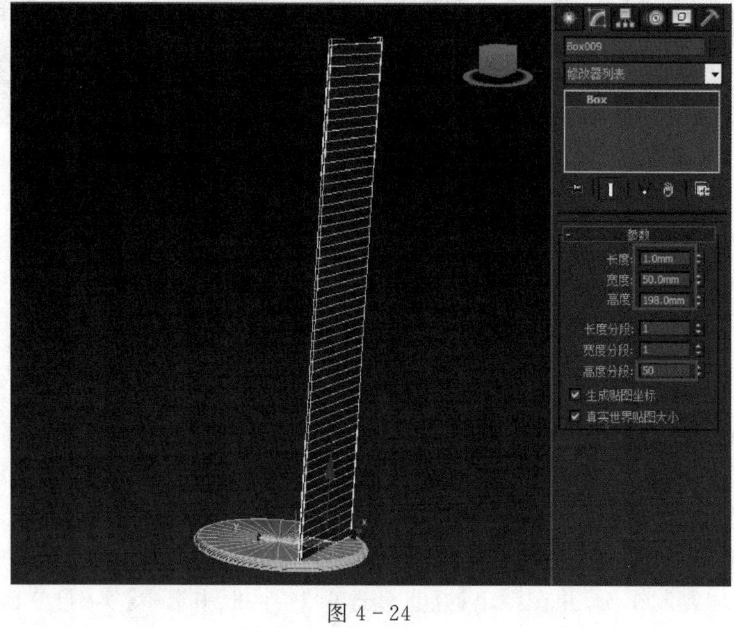
Box009
修改器列表
Box
参数
长度: 1.0mm
宽度: 50.0mm
高度: 198.0mm
长度分段: 1
宽度分段: 1
高度分段: 50
生成贴图坐标
真实世界贴图大小

图 4 - 24

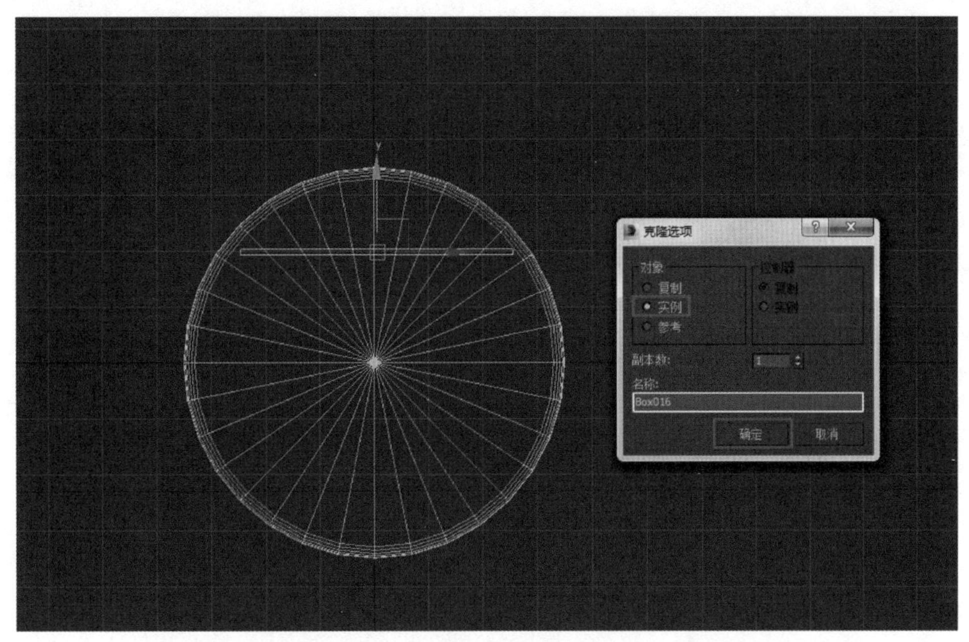

图 4 - 25

图 4 - 26

度】为 42 mm,【宽度】为 50 mm,【高度】为 1 mm,使用【选择并移动】工具,并按住【Shift】键将长方体复制 4 份,如图 4 - 27 所示。

(5)选择场景中所有的模型,然后执行【组/成组】命令,将选择的模型成组,如图 4 - 28 所示。

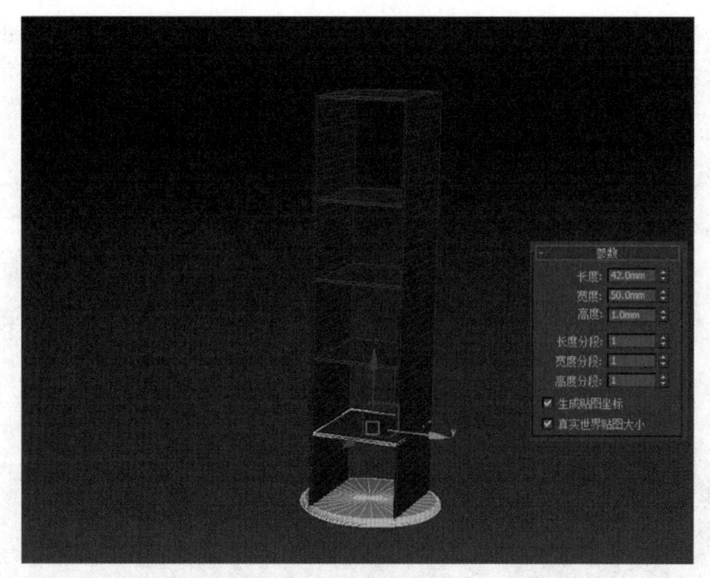

图 4－27

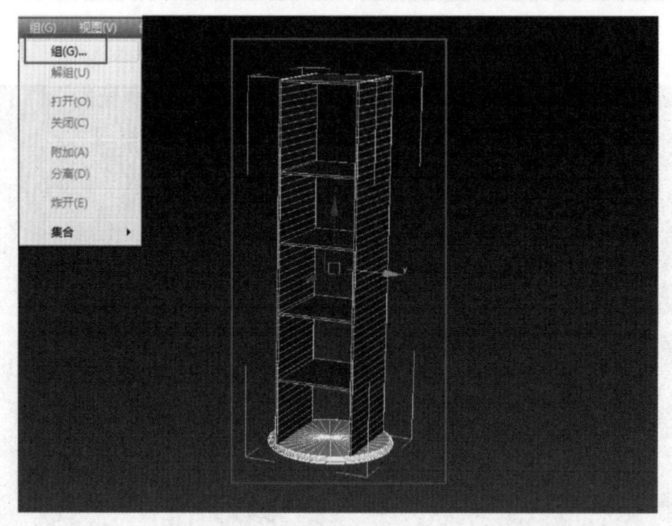

图 4－28

(6)接着选择该组，并在【修改】面板中加载【扭曲】修改器，展开【参数】卷展栏，设置【角度】为 115，【偏移】为－5，并选中【扭曲轴】为 Z 轴，此时场景效果如图 4－29 所示。

(7)接着在【参数】卷展栏中选中【限制效果】复选框，设置【上限】为 52 mm，【下限】为－95 mm。书架最终建模效果如图 4－30 所示。

(8)按住快捷键【Shift＋F】，添加安全线框。单击(创建)|(几何体)|平面按钮，创建平面，调整大小，铺满整个背景，效果如图 4－31 所示。

(9)单击(材质编辑器)工具，打开材质编辑器。单击材质球 1【明暗器基本参数】卷展栏下的【漫反射】后面的色块按钮，打开【颜色选择器：漫反射颜色】对话框，设置亮度为 250。将材质

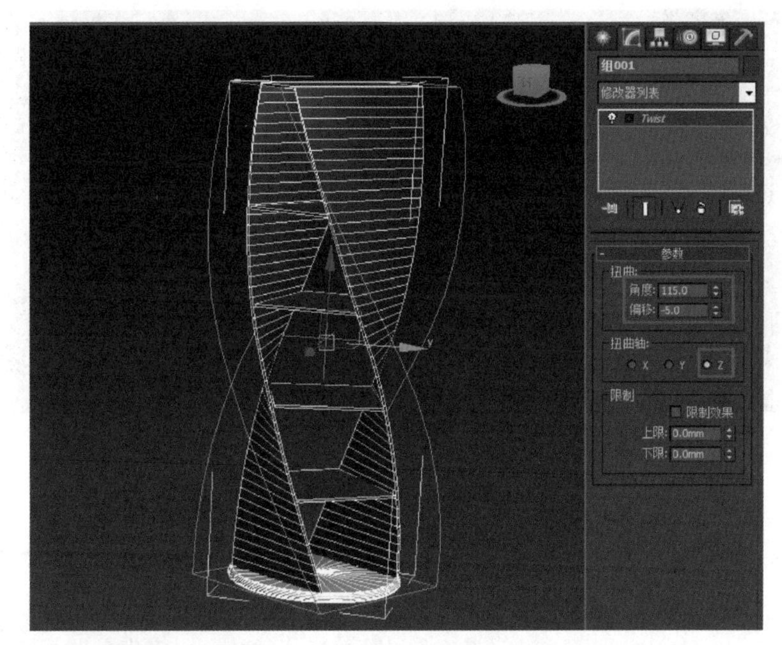

图 4 - 29

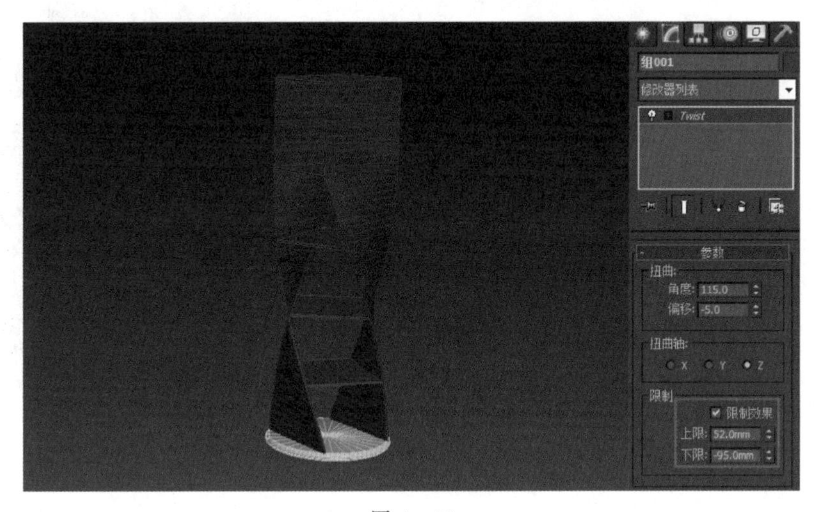

图 4 - 30

指定给书架模型,单击材质球 2【明暗器基本参数】卷展栏下的【漫反射】后面的色块按钮,打开【颜色选择器:漫反射颜色】对话框,设置亮度为 200,将材质指定给地面模型,如图 4 - 32 所示。

(10)单击(创建)|(灯光),选择标准。单击【目标聚光灯】按钮,在书架模型上方创建目标聚光灯,位置如图所示。单击(修改),勾选【常规参数】卷展栏中【阴影】下【启用】单选框,将阴影效果改为【区域阴影】,设置【强度/颜色/衰减】卷展栏中的【倍增】值为 0.4,最终效果如图 4 - 33 所示。

(11)单击【天光】按钮,在前视图添加一盏天光。单击,设置【天光参数】下的【倍增】值为

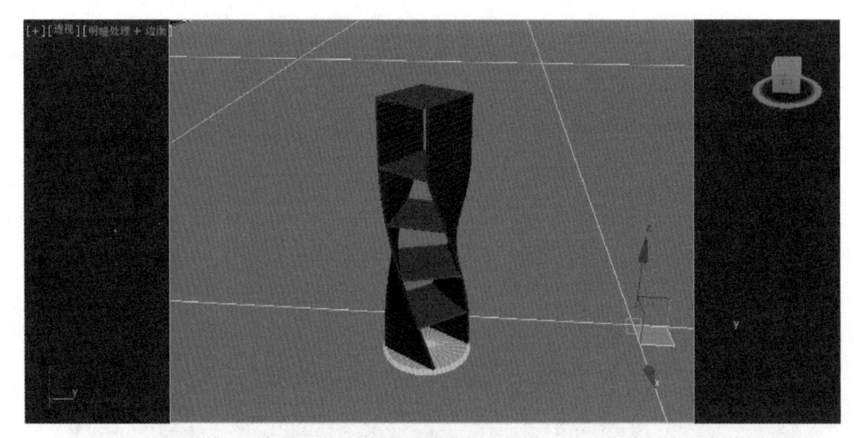

图 4－31

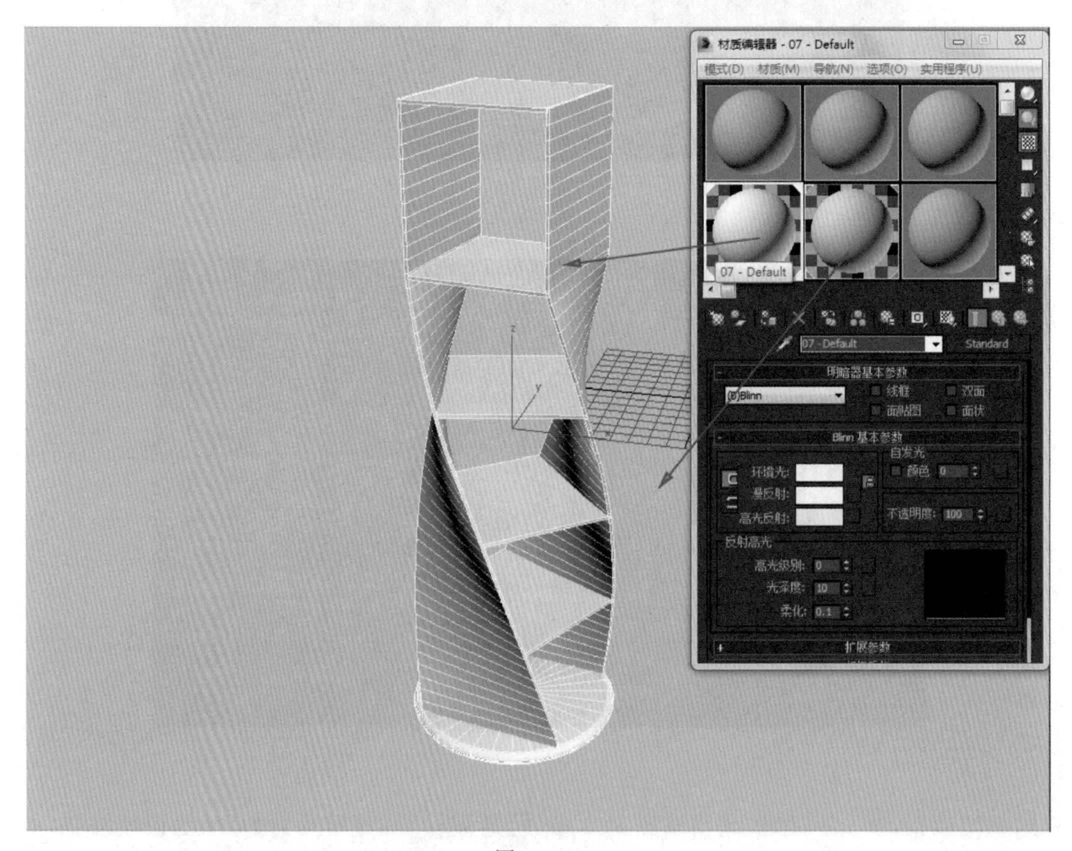

图 4－32

0.8，勾选【渲染】下【投射阴影】单选框，如图 4－34 所示。

(12)在透视口调整合适的视角，按【F9】键，渲染输出，效果如图 4－35 所示。

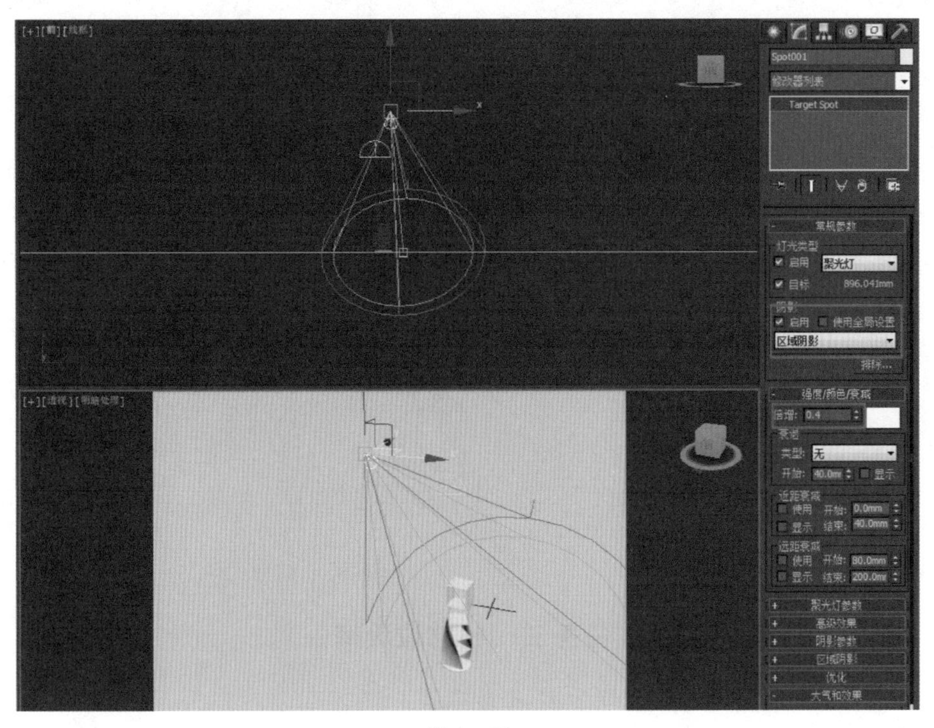
Spot001
修改器列表
Target Spot
常规参数
灯光类型
启用
聚光灯
目标
896.041mm
阴影
启用
使用全局设置
区域阴影
强度/颜色/衰减
倍增: 0.4
衰退
类型: 无
开始: 40.0mm
显示
近距衰减
使用
开始: 0.0mm
显示
结束: 40.0mm
远距衰减
使用
开始: 80.0mm
显示
结束: 200.0mm
聚光灯参数
高级效果
阴影参数
区域阴影
优化
大气和效果

图 4－33

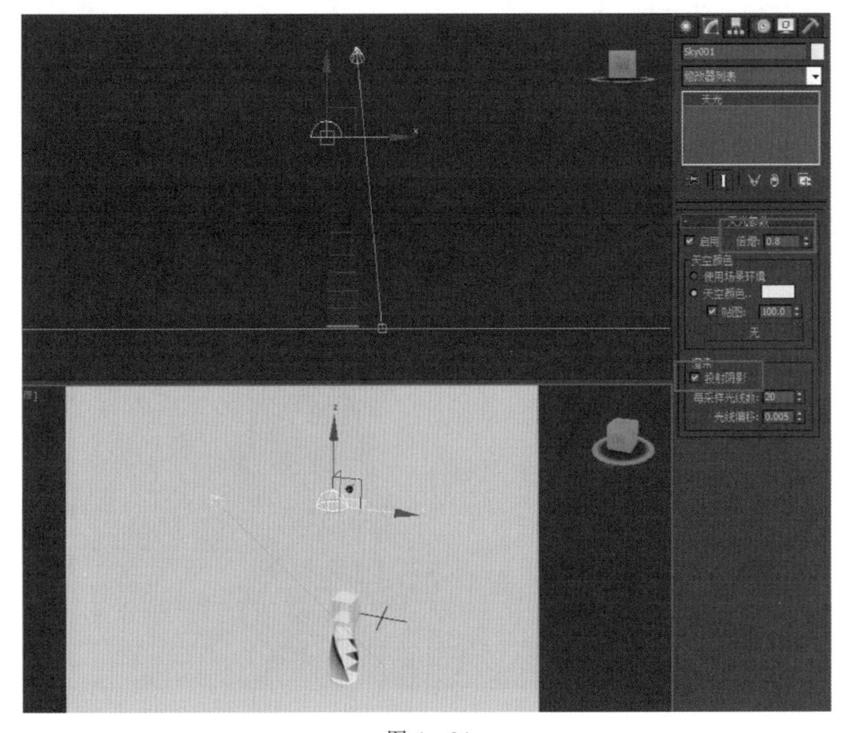
Sky001
修改器列表
天光
天光参数
启用
倍增: 0.8
天空颜色
使用场景环境
天空颜色
贴图: 100.0
无
渲染
投射阴影
每采样光线数: 20
光线偏移: 0.005

图 4－34

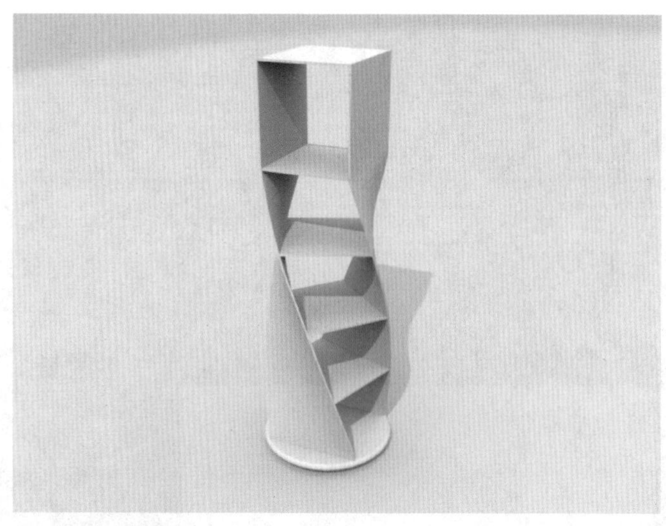

图 4 - 35

任务三　铁艺垃圾桶

本任务思政要素：垃圾分类，变废为宝，美化家园。

（一）理论基础——晶格修改器

1. 晶格修改器的加载方法

创建一个球体模型，并设置合适的分段数值。选择创建出的球体，然后单击进入【修改】面板，接着在【修改器列表】中选择【晶格】修改器，如图 4 - 36 所示。

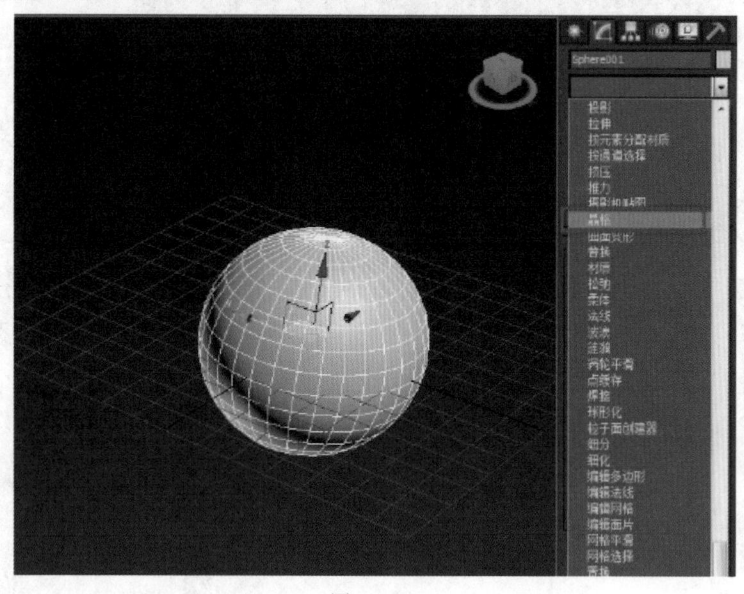

图 4 - 36

2. 晶格修改器的相关知识点

晶格修改器可以将图形的线段或边转化为圆柱形结构，并在顶点上产生可选择的关节多面体，其参数设置面板如图 4-37 所示。

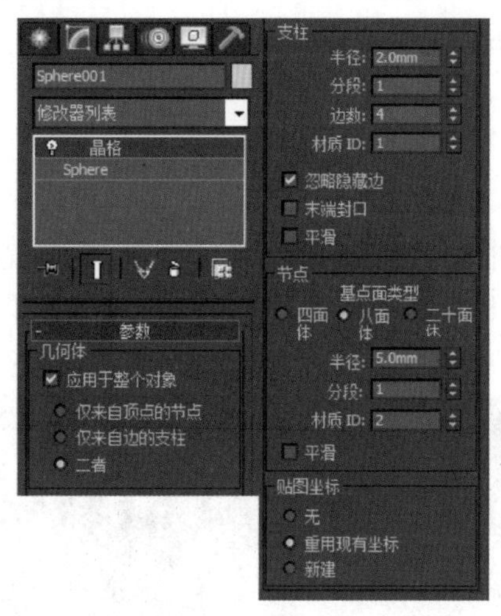

图 4-37

1)几何体选项组

【应用于整个对象】:将晶格修改器应用到对象的所有边或线段上。

【仅来自顶点的节点】:仅显示由原始网格顶点产生的关节(多面体)。

【仅来自边的支柱】:仅显示由原始网格线段产生的支柱(多面体)。

【二者】:显示支柱和关节。

2)支柱选项组

【半径】:指定结构的半径。

【分段】:指定结构的分段数。

【边数】:指定结构边界的边数。

【材质 ID】:指定用于结构的材质 ID,这样可以使结构和关节具有不同的材质 ID。

【忽略隐藏边】:仅生成可视边的结构。如果禁用该选项,将生成所有边的结构,包括不可见边。开启与关闭【忽略隐藏边】选项时的对比效果如图 4-37 所示。

【末端封口】:将末端封口应用于结构。

【平滑】:将平滑应用于结构。

3)节点选项组

【基点面类型】:指定用于关节的多面体类型,包括“四面体”“八面体”和“二十面体”3 种类型。注意,【基点面类型】对【仅来自边的支柱】选项不起作用。

【半径】:设置关节的半径。

【分段】:指定关节中的分段数,分段数越多,关节形状越接近球形。

【材质 ID】:指定用于结构的材质 ID。

【平滑】:将平滑应用于关节。

4)贴图坐标选项组

【无】:不指定贴图。

【重用现有坐标】:将当前贴图指定给对象。

【新建】:将圆柱形贴图应用于每个结构和关节。

技巧与提示:

使用晶格修改器可以基于网格拓扑来创建可渲染的几何体结构,也可以用来渲染线框图。

(二)课堂案例——铁艺垃圾桶制作

(1)单击(创建)|(几何体)|圆柱体 圆柱体按钮,在顶视图中创建一个圆柱体,接着在【修改】面板中展开【参数】卷展栏,设置【半径】为 300 mm,【高度】为 600 mm,【高度分段】为 30,【端面分段】为 1,【边数】为 100,如图 4－38 所示。

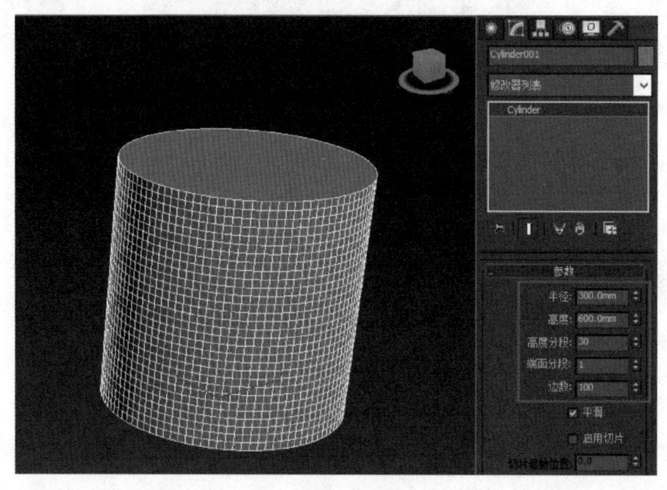

图 4－38

(2)切换到【修改】命令面板,为圆柱体施加晶格修改器,在【参数】卷展栏中勾选【应用于整个对象】选项,并选择【仅来自边的支柱】,在【支柱】组中设置【半径】为 2 mm、【分段】为 1、【边数】为 4,勾选【平滑】选项,如图 4－39 所示。

(3)继续为圆柱体施加【锥化】修改器,在【参数】卷展栏中设置【数量】为－0.28,并选择合适的【锥化轴】,如图 4－40 所示。

(4)在场景中选择圆柱体,在工具栏中单击【镜像】工具,在弹出的对话框中选择【镜像轴】为【Z】,选择【克隆当前选择】为【不克隆】选项,单击【确定】按钮,如图 4－41 所示。

(5)选择圆柱体,按【Ctrl＋V】组合键,在弹出的对话框中选择【复制】,单击【确定】按钮,如图 4－42 所示。

(6)复制出圆柱体后,将修改器都删掉,修改圆柱体的【参数】,【半径】为 225 mm,【高度】为 30 mm,【边数】为 50,将其移动到如图 4－43 所示的位置。

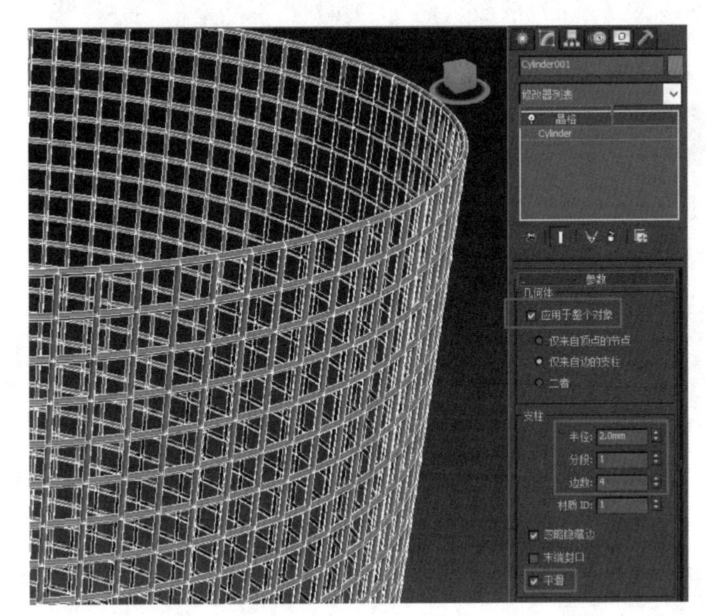
Cylinder001
修改器列表
晶格
Cylinder
参数
几何体
应用于整个对象
仅来自顶点的节点
仅来自边的支柱
二者
支柱
半径: 2.0mm
分段: 1
边数: 4
材质 ID: 1
忽略隐藏边
末端封口
平滑

图 4 - 39

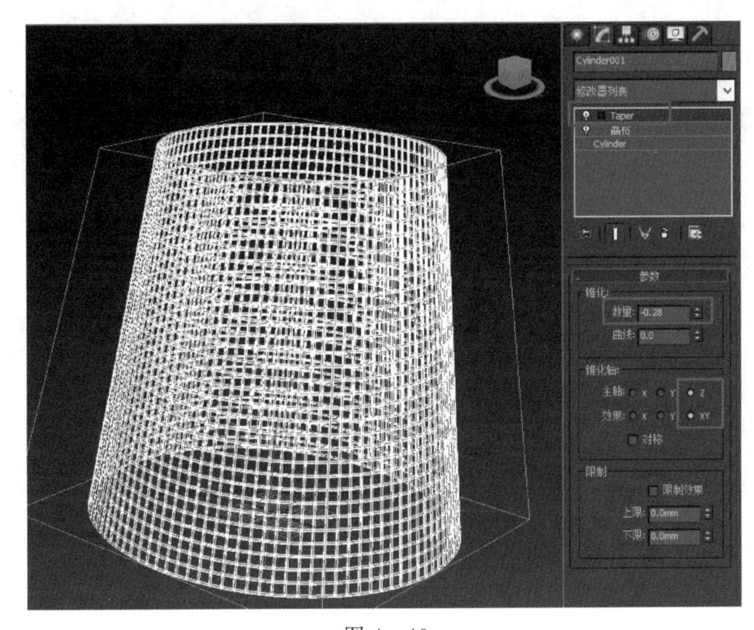
Cylinder001
修改器列表
Taper
晶格
Cylinder
参数
锥化:
数量: -0.28
曲线: 0.0
锥化轴:
主轴: X Y Z
效果: X Y XY
对称
限制
限制效果
上限: 0.0mm
下限: 0.0mm

图 4 - 40

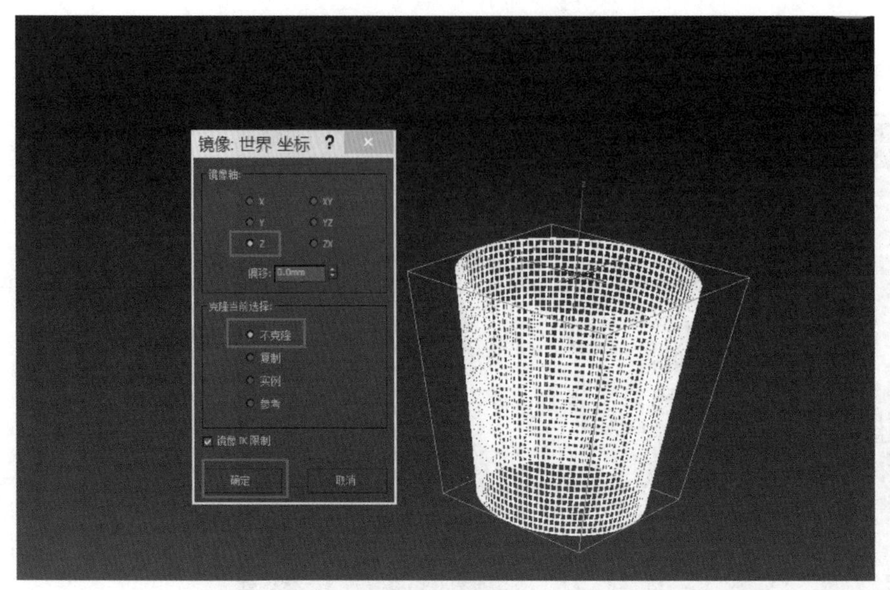

图 4-41

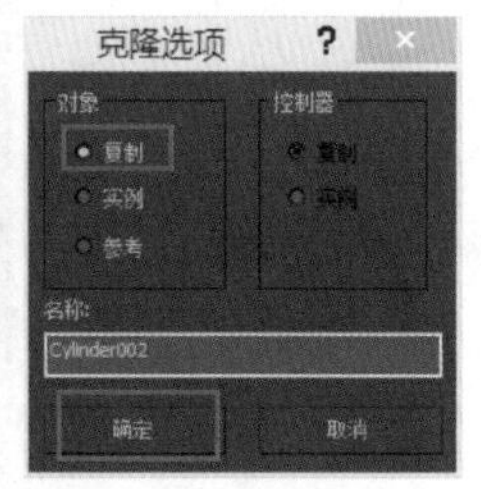

图 4-42

图 4-43

(7)单击(创建)|(几何体)| 圆环 圆环按钮,在顶视图中创建一个圆环,接着在【修改】面板中展开【参数】卷展栏,设置【半径 1】为 310 mm,【半径 2】为 8 mm,【旋转】为 0,【扭曲】为 0,【分段】为 50,【边数】为 12,如图 4-44 所示。

图 4－44

(8)按住快捷键【Shift＋F】，添加安全线框。单击(创建)|(几何体)|平面按钮，创建平面，调整大小，铺满整个背景，效果如图 4－45 所示。

图 4－45

(9)打开材质编辑器，单击材质球 1【明暗器基本参数】卷展栏下的【漫反射】后面的色块按钮，打开【颜色选择器：漫反射颜色】对话框，设置亮度为 250。将材质指定给垃圾桶模型，单击材质球 2【明暗器基本参数】卷展栏下的【漫反射】后面的色块按钮，打开【颜色选择器：漫反射颜色】对话框，设置亮度为 200，将材质指定给地面模型，如图 4－46 所示。

(10)单击【目标聚光灯】按钮，在书架模型上方创建目标聚光灯，位置如图 4－47 所示。单击【修改】，勾选【常规参数】卷展栏中【阴影】下【启用】单选框，将阴影效果改为【区域阴影】，设置【强度/颜色/衰减】卷展栏中的【倍增】值为 0.3，最终效果如图 4－47 所示。

(11)单击【天光】按钮，在前视图中添加一盏天光。设置【天光参数】下的【倍增】值为 0.8，勾

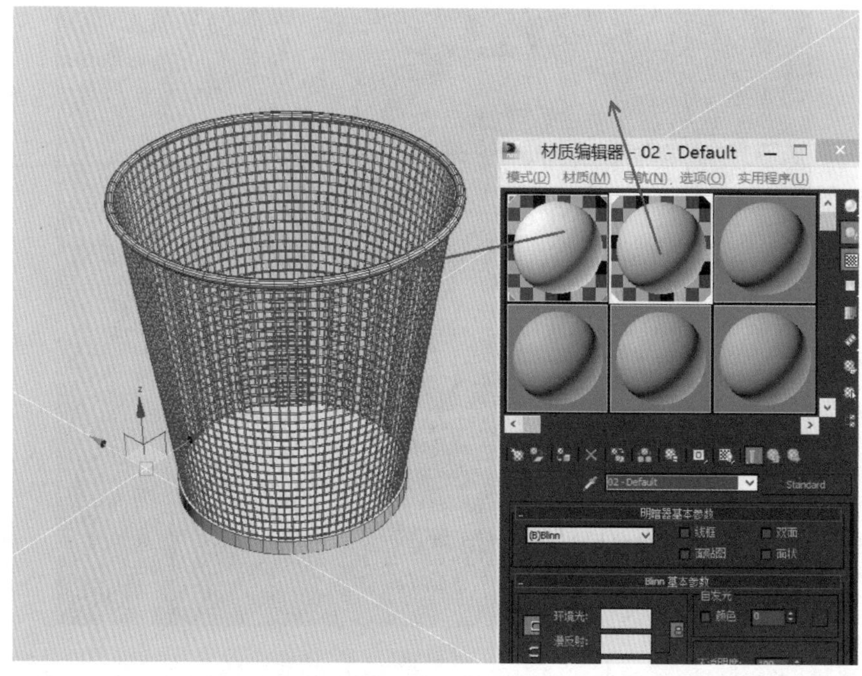
材质编辑器 - 02 - Default
模式(D) 材质(M) 导航(N) 选项(O) 实用程序(U)
02 - Default
Standard
明暗器基本参数
(B)Blinn
线框
双面
面贴图
面状
Blinn 基本参数
自发光
颜色
环境光:
漫反射:

图 4 - 46

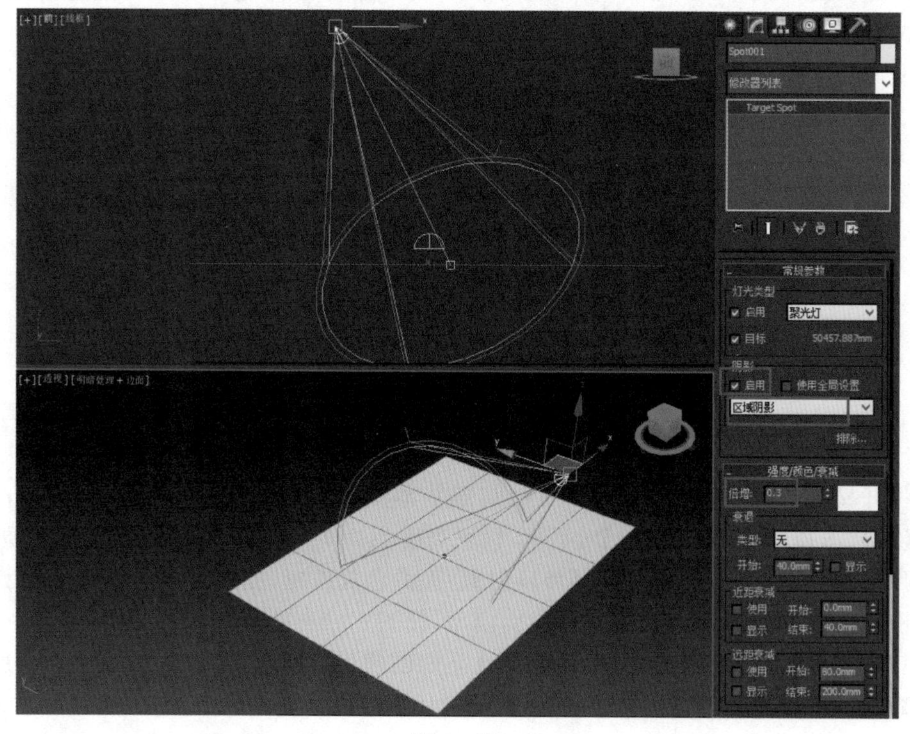
Spot001
修改器列表
Target Spot
常规参数
灯光类型
启用
聚光灯
目标
50457.887mm
阴影
启用
使用全局设置
区域阴影
排除...
强度/颜色/衰减
倍增: 0.3
衰退
类型: 无
开始: 40.0mm
显示
近距衰减
使用 开始: 0.0mm
显示 结束: 40.0mm
远距衰减
使用 开始: 80.0mm
显示 结束: 200.0mm

图 4 - 47

选【渲染】下【投射阴影】单选框,如图 4-48 所示。

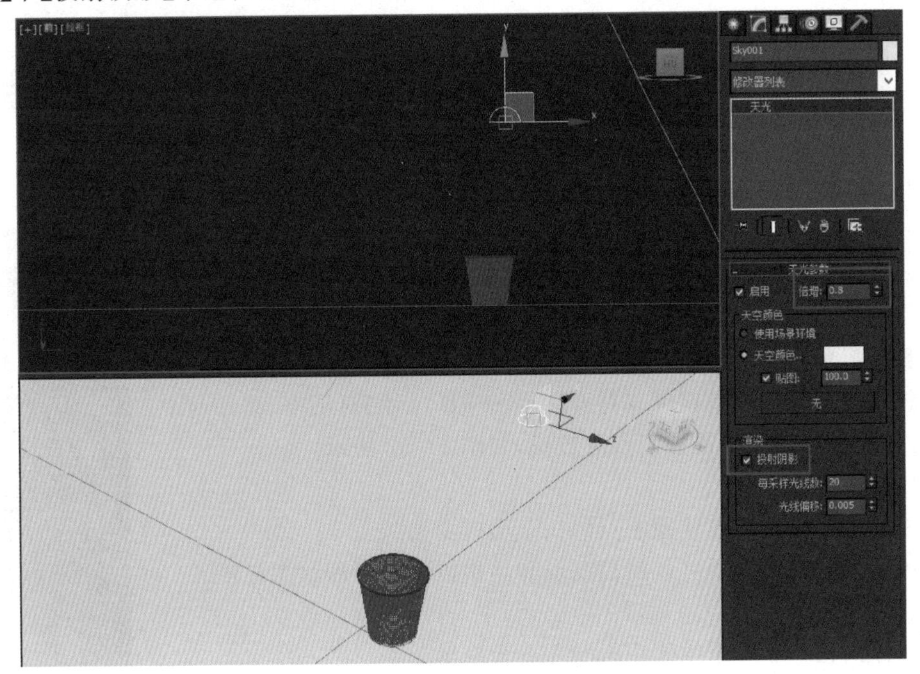

图 4-48

(12)在透视口调整合适的视角,按【F9】键,渲染输出,效果如图 4-49 所示。

图 4-49

任务四　木质椅子

本任务思政要素:在享受木质家具的自然之美与环保之间建立动态平衡。

(一)理论基础——FFD 修改器

1. FFD 修改器的加载方法

创建一个长方体模型,并设置合适的分段数值。选择创建出的球体,然后单击进入【修改】面板,接着在【修改器列表】中选择 FFD 修改器。

2. FFD 修改器的相关知识点

FFD 是“自由变形”的意思，FFD 修改器即“自由变形”修改器。FFD 修改器包括 5 种类型，分别为 FFD 2×2×2 修改器、FFD 3×3×3 修改器、FFD 4×4×4 修改器、FFD(长方体)修改器和 FFD(圆柱体)修改器，如图 4－50 所示。FFD 修改器利用晶格框包围住选中的几何体，然后通过调整晶格的控制点来改变封闭几何体的形状。

FFD 2x2x2
FFD 3x3x3
FFD 4x4x4
FFD(圆柱体)
FFD(长方体)

图 4－50

由于 FFD 修改器的使用方法基本相同，因此这里选择 FFD(长方体)修改器来进行讲解，其参数设置面板如图 4－51 所示。

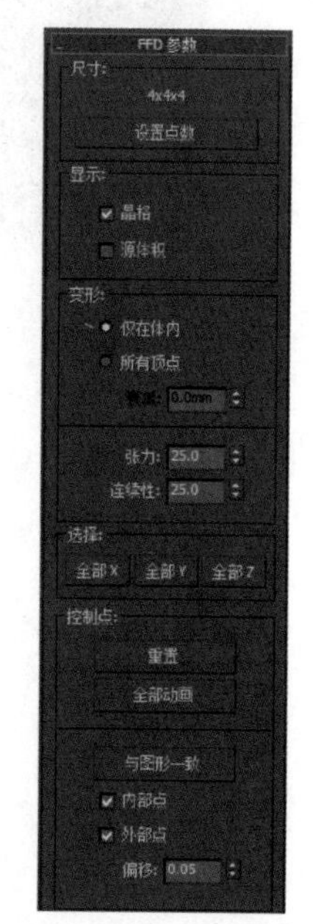

图 4－51

1)尺选项组

【点数】:显示晶格中当前的控制点数目，如 4×4×4、2×2×2 等。

【设置点数】:单击该按钮可以打开【设置 FFD 尺寸】对话框，在该对话框中可以设置晶格中所需控制点的数目，如图 4－52 所示。

2)显示选项组

【晶格】:控制是否使连接控制点的线条形成栅格。

【源体积】:开启该选项可以将控制点和晶格以未修改的状态显示。

3)变形选项组

【仅在体内】:只有位于原体积内的顶点会变形。

【所有顶点】:所有顶点都会变形。

【衰减】:决定 FFD 的效果减为 0 时离晶格的距离。

【张力/连续性】:调整变形样条线的张力和连续性。虽然无法看到 FFD 中的样条线，但晶格和控制点代表着控制样条线的结构。

4)选择选项组

【全部 X/全部 Y/全部 Z】:选中沿着这些轴指定的局部维度的所有控制点。

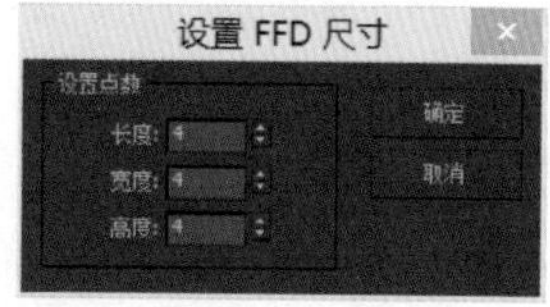

图 4－52

5)控制点选项组

【重置】:将所有控制点恢复到原始位置。

【全部动画】:单击该按钮可以将控制器指定给所有的控制点，使它们在轨迹视图中可见。

【与图形一致】:在对象中心控制点位置之间沿直线方向来延长线条，可以将每一个 FFD 控制点移到修改对象的交叉点上。

【内部点】:仅控制受【与图形一致】影响的对象内部的点。

【外部点】:仅控制受【与图形一致】影响的对象外部的点。

【偏移】:设置控制点偏移对象曲面的距离。

(二)课堂案例——木质椅子制作

(1)单击命令面板下的(创建)|(几何体)|切角长方体按钮，在顶视图中创建一个切角长方体，接着在【修改】面板中展开【参数】卷展栏，设置【长度】为 150 mm，【宽度】为 150 mm，【高度】为 20 mm，【圆角】为 3 mm，【长度分段】为 6，【宽度分段】为 6，【高度分段】为 4，如图 4－53 所示。

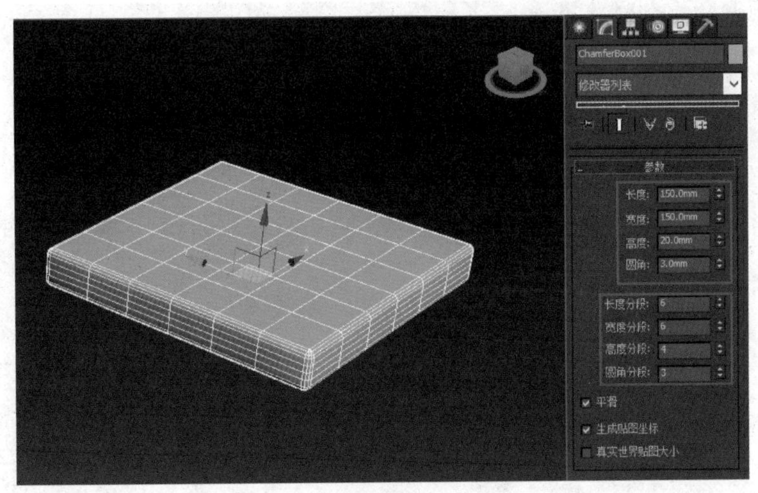

图 4－53

(2)为切角长方体加载一个 FFD 3×3×3 修改器，然后选择【控制点】层级，接着在前视图中选择顶部的控制点，最后使用【选择并均匀缩放】工具将控制点向内缩放，并将最上方中间的控制点往上移动，如图 4－54 所示，缩放完成后的效果如图 4－55 所示。

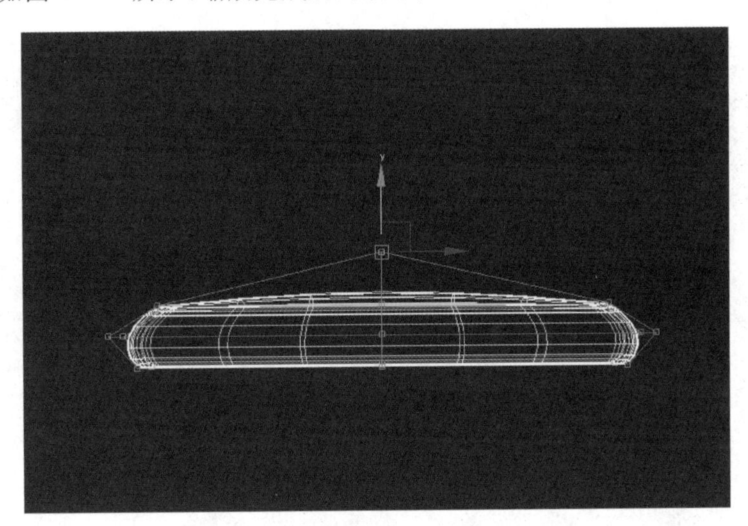

图 4－54

(3)使用【长方体】工具在顶视图中创建一个长方体，然后在【参数】卷展栏下设置【长度】为 150 mm，【宽度】为 150 mm、【高度】为 15 mm，如图 4－56 所示。

(4)在顶视图中创建一个长方体，然后在【参数】卷展栏下设置【长度】为 150 mm，【宽度】为 15 mm、【高度】为 15 mm，并复制一个，如图 4－57 所示。

(5)继续使用【长方体】工具创建出如图 4－58～图 4－60 所示的长方体模型，尺寸参数参考图示。

(6)选择椅子的靠背部分，然后执行【组/组】菜单命令，在弹出的【组】对话框中单击【确定】

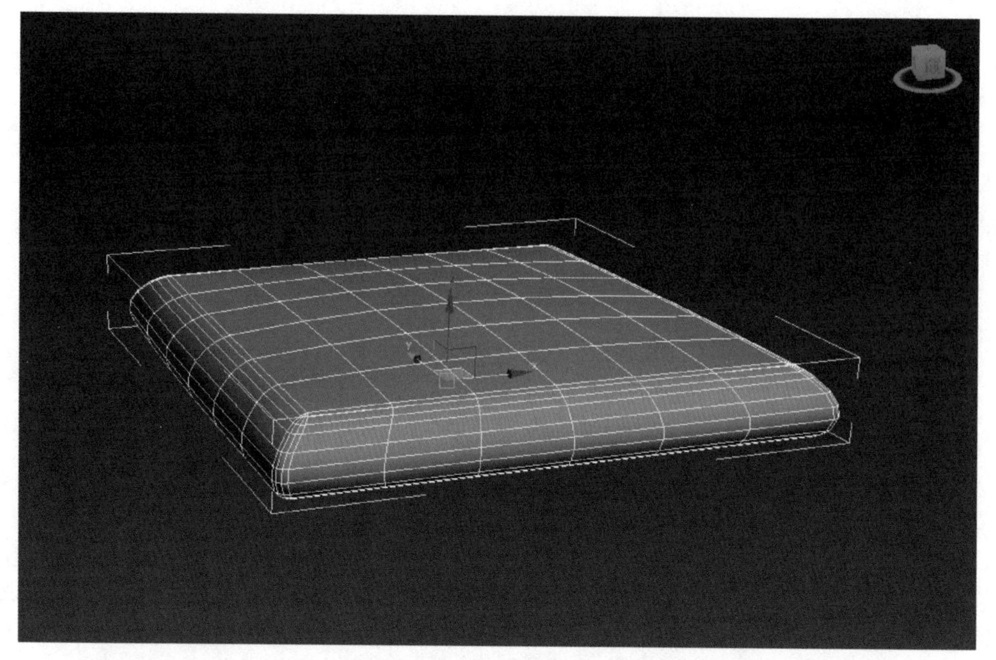

图 4－55

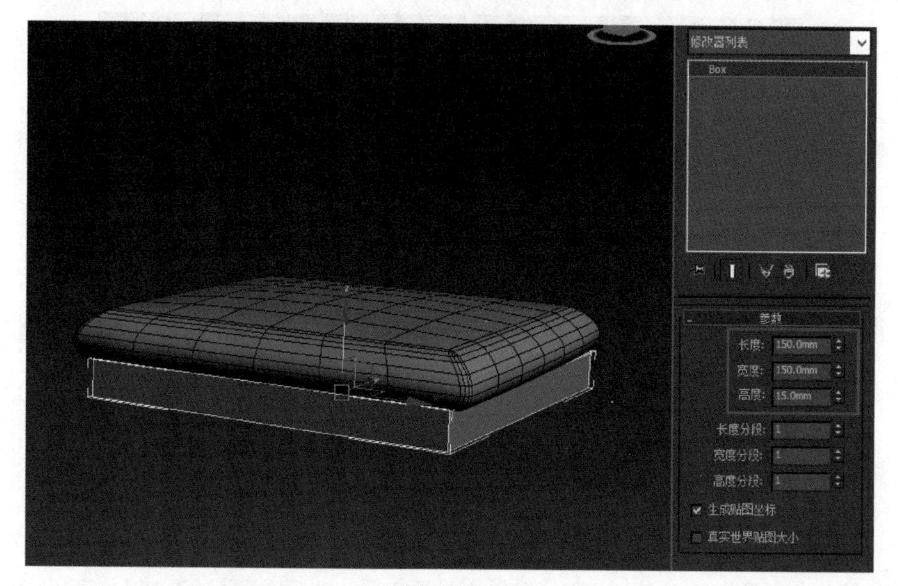

图 4－56

按钮，如图 4－61 所示。

(7)为【组 001】加载一个 FFD(长方体)修改器，然后在【FFD 参数】卷展栏下单击【设置点数】按钮，接着在弹出的对话框中设置【长度】、【宽度】和【高度】都为 5，如图 4－62 所示。

(8)选择 FFD(长方体)修改器的【控制点】层级，使用【选择并移动】工具在左视图中按照图中箭头所指的方向调节相应的控制点，完成后的最终效果如图 4－63 所示。

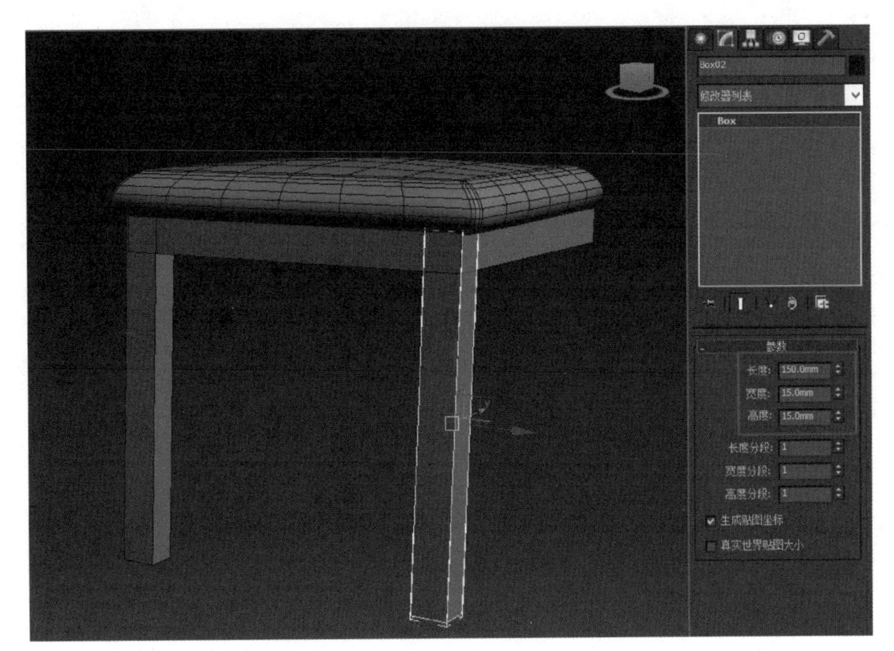
Box02
修改器列表
Box
参数
长度: 150.0mm
宽度: 15.0mm
高度: 15.0mm
长度分段: 1
宽度分段: 1
高度分段: 1
生成贴图坐标
真实世界贴图大小

图 4 - 57

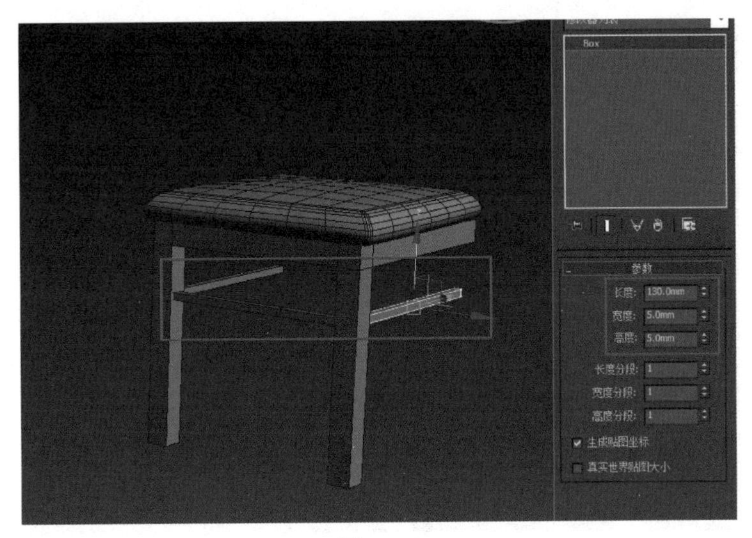
Box
参数
长度: 130.0mm
宽度: 5.0mm
高度: 5.0mm
长度分段: 1
宽度分段: 1
高度分段: 1
生成贴图坐标
真实世界贴图大小

图 4 - 58

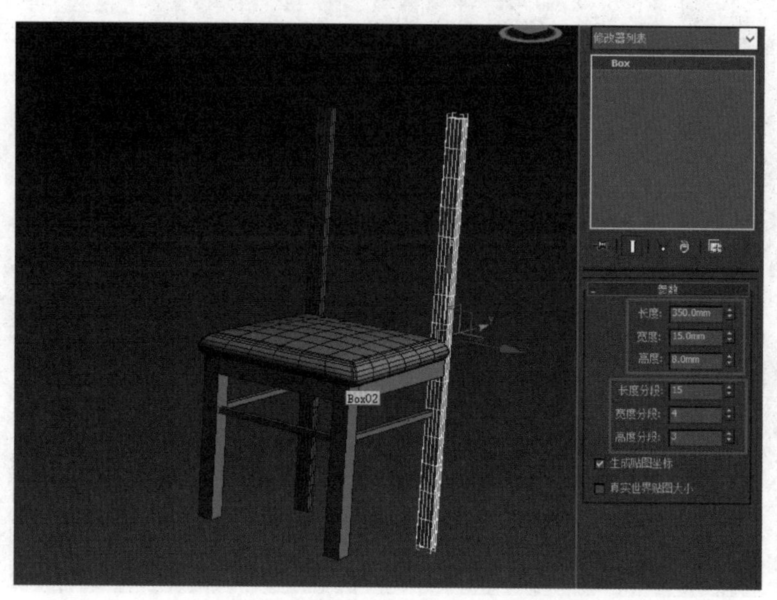
修改器列表
Box
Box02
参数
长度: 350.0mm
宽度: 15.0mm
高度: 8.0mm
长度分段: 15
宽度分段: 4
高度分段: 3
生成贴图坐标
真实世界贴图大小

图 4 - 59

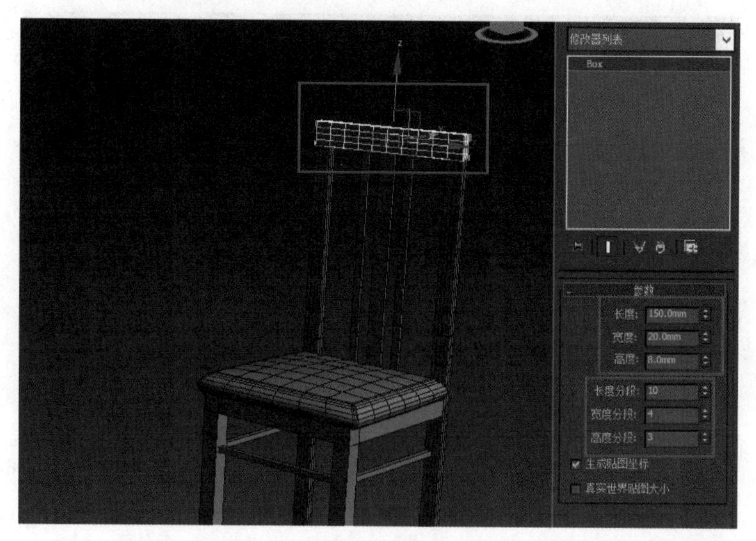
修改器列表
Box
参数
长度: 150.0mm
宽度: 20.0mm
高度: 8.0mm
长度分段: 10
宽度分段: 4
高度分段: 3
生成贴图坐标
真实世界贴图大小

图 4 - 60

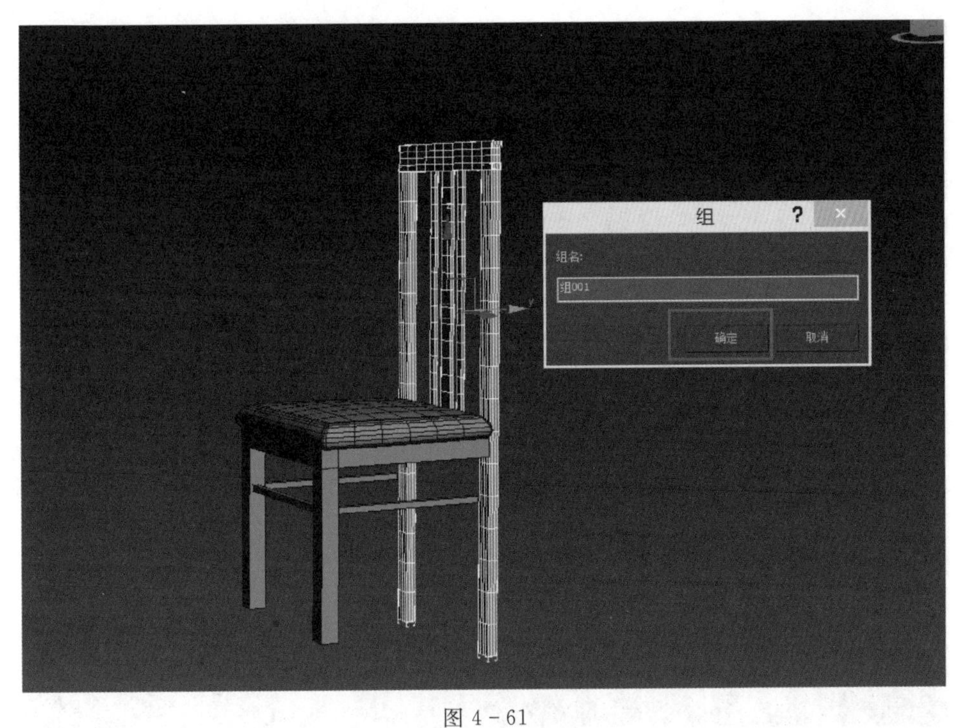
组
组名:
组001
确定
取消

图 4 - 61

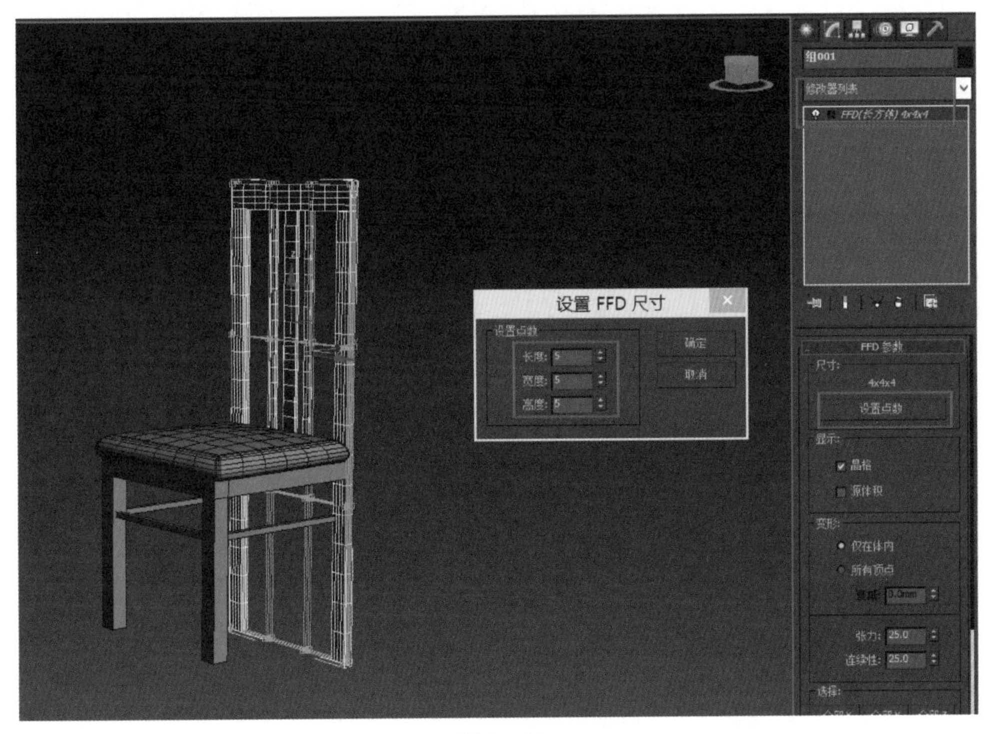
组001
修改器列表
设置 FFD 尺寸
设置点数
长度:
宽度:
高度:
确定
取消
FFD 参数
尺寸:
4x4x4
设置点数
显示:
晶格
源体积
变形:
仅在体内
所有顶点
张力:
连续性:
选择:

图 4 - 62

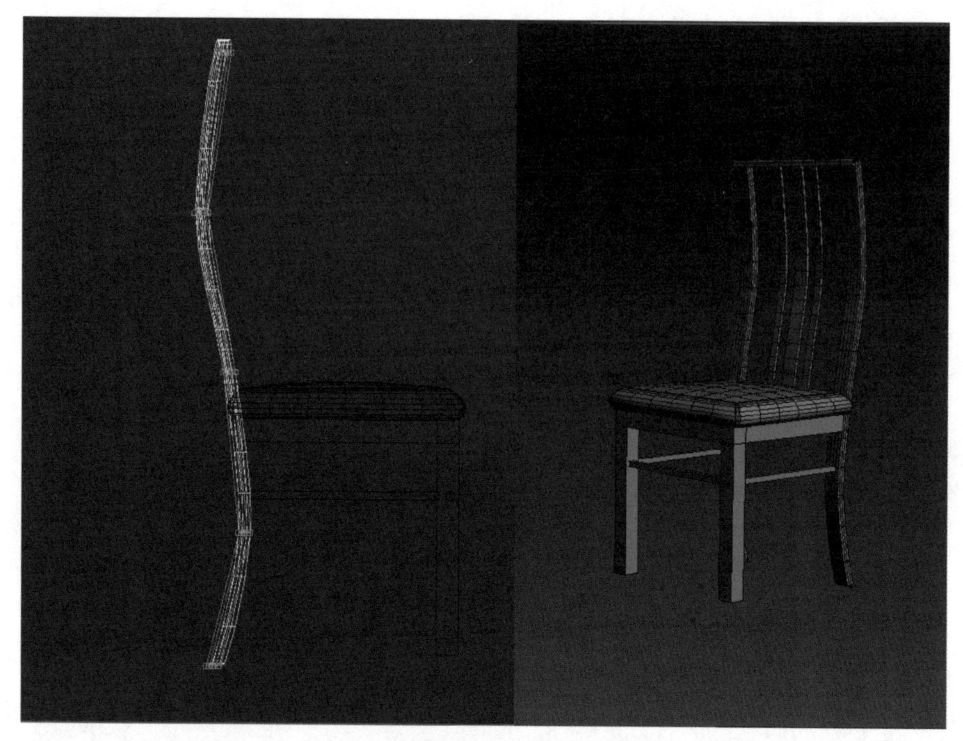

图 4-63

(9)按照之前任务所讲到的方法创建地面,并设置相应的材质和灯光,如图 4-64 所示。

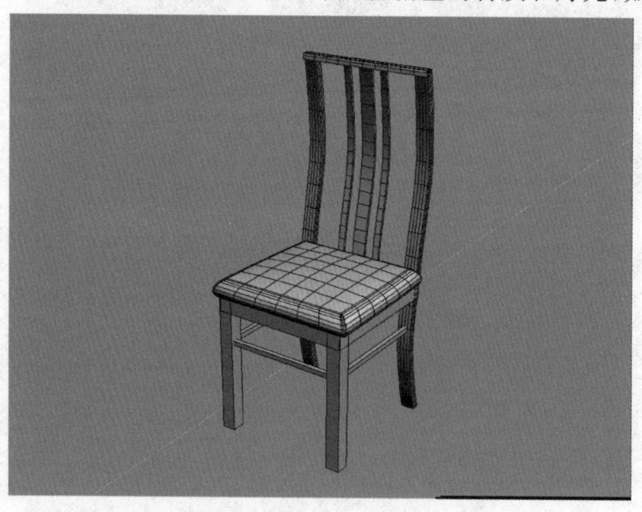

图 4-64

技巧与提示:

地面的创建方法,以及材质和灯光的参数和前三个任务的设置相同,大家可以自行查阅,因此这里不再重复介绍。

(10)在透视口调整合适的视角,按【F9】键,渲染输出,效果如图 4-65 所示。

图 4 - 65

任务五　欧式浴缸

(一)理论基础——编辑顶点

将物体转换为可编辑多边形对象后,就可以对可编辑多边形对象的顶点、边、边界、多边形和元素分别进行编辑。在选择了不同的物体后,【可编辑多边形】的参数设置面板也会发生相应的变化,如图 4 - 66 所示。

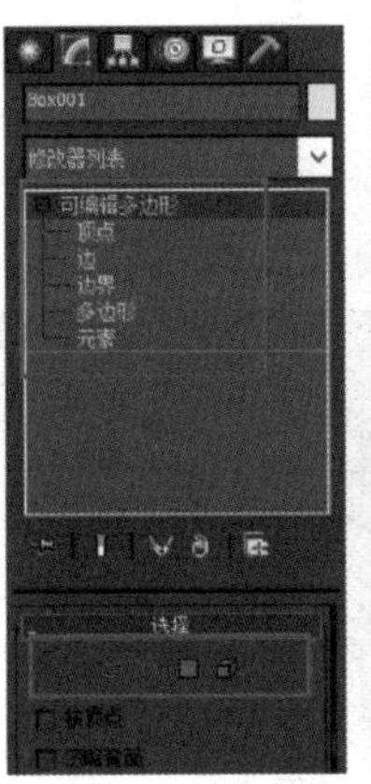

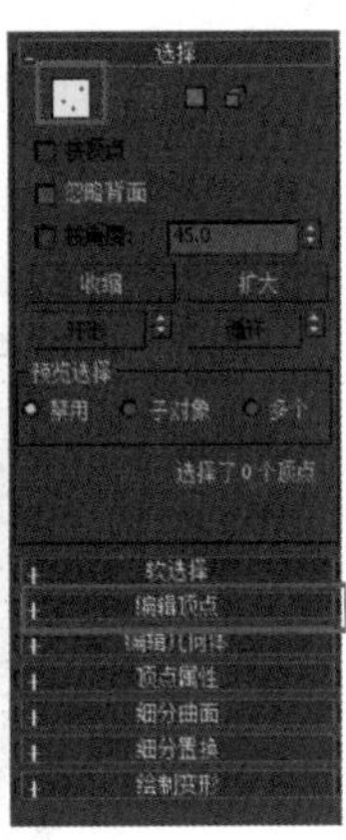

图 4 - 66

进入可编辑多边形的【顶点】级别以后,在【修改】面板中会增加一个【编辑顶点】卷展栏,如图 4 - 67 所示。这个卷展栏下的工具全部是用来编辑顶点的。

【移除】:选中一个或多个顶点后,单击该按钮可以将其移除,然后接合起使用它们的多边形。

【断开】:选中顶点后,单击该按钮可以在与选定顶点相连的每个多边形上都创建一个新顶点,这可以让多边形的转角相互分开,使它们不再相连于原来的顶点上。

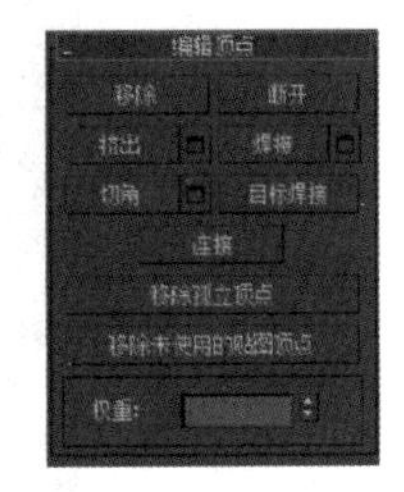

图 4 - 67

【挤出】:直接使用这个工具可以手动在视图中挤出顶点。如果要精确设置挤出的高度和宽度,可以单击后面的【设置】按钮,然后在视图中的【挤出顶点】对话框中输入数值即可,如图4 - 68所示。

【焊接】:对【焊接顶点】对话框中指定的【焊接阈值】范围之内连续选中的顶点进行合并,合并后所有边都会与产生的单个顶点连接。单击后面的【设置】按钮可以设置【焊接阈值】。

【切角】:选中顶点以后,使用该工具在视图中拖曳光标,可以手动为

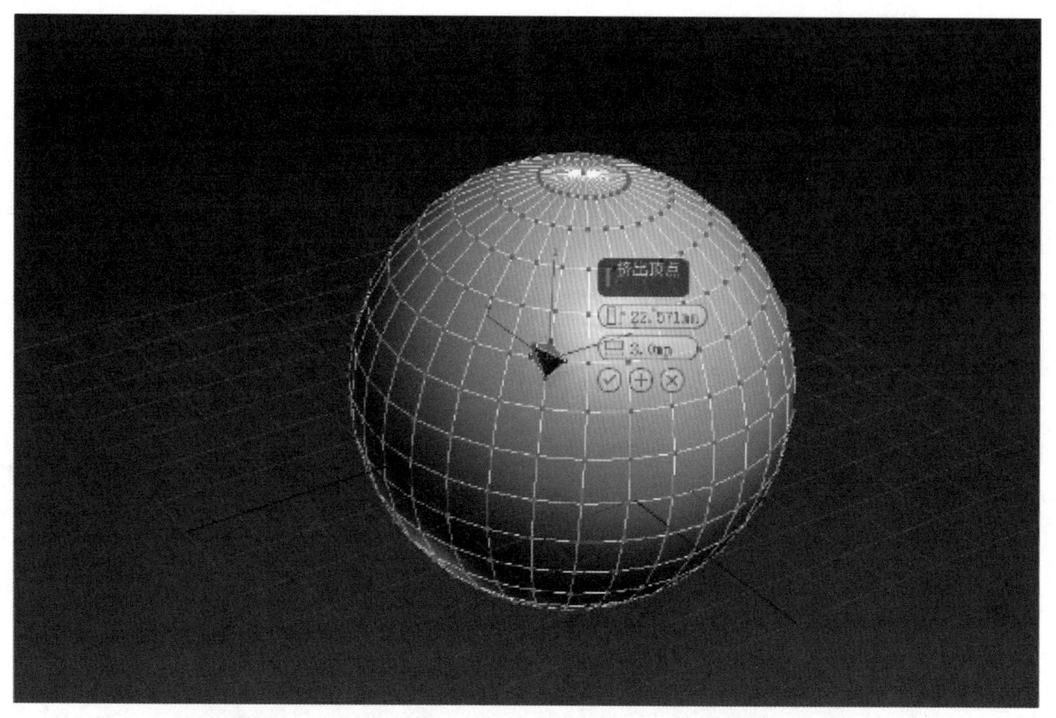

图 4 - 68

顶点切角，如图 4 - 69 所示。单击后面的【设置】按钮，在弹出的【切角】对话框中可以设置精确的【顶点切角量】数值，同时还可以将切角后的面打开，以生成孔洞效果，如图 4 - 70 所示。

图 4 - 69

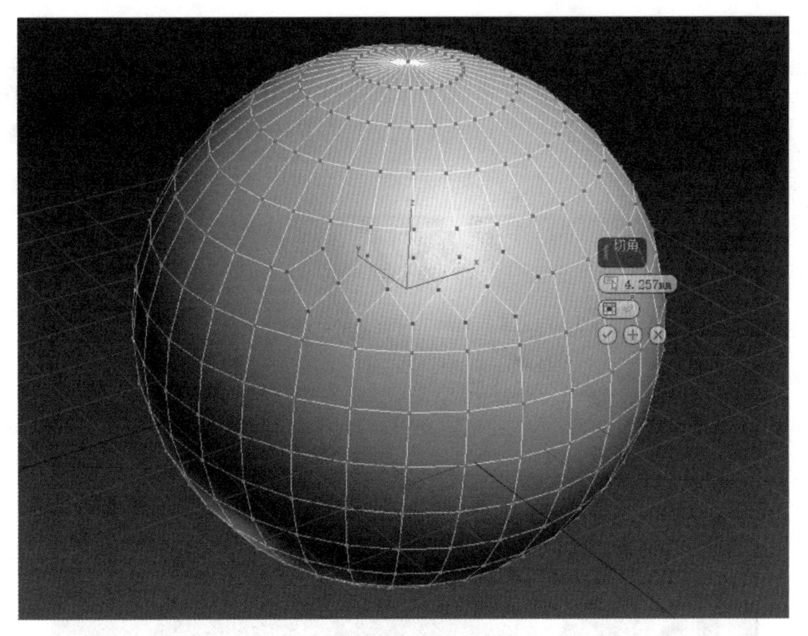

图 4-70

【目标焊接】:选择一个顶点后,使用该工具可以将其焊接到相邻的目标顶点。

技巧与提示:

【目标焊接】工具只能焊接成对的连续顶点。也就是说,选择的顶点与目标顶点有一条边相连。

【连接】:在选中的对角顶点之间创建新的边,如图 4-71 所示。

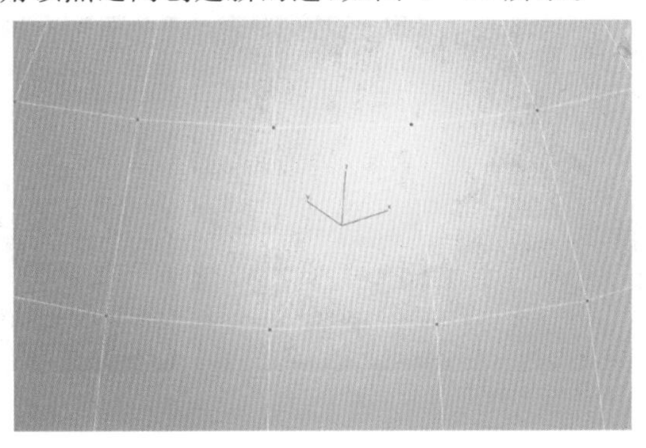

图 4-71

【移除孤立顶点】:删除不属于任何多边形的所有顶点。

【移除未使用的贴图顶点】:某些建模操作会留下未使用的(孤立)贴图顶点,它们会显示在【展开 UVW】编辑器中,但是不能用于贴图,单击该按钮就可以自动删除这些贴图顶点。

【权重】:设置选定顶点的权重,供 NURMS 细分选项和【网格平滑】修改器使用。

(二)课堂案例——欧式浴缸制作

(1)使用【长方体】工具在场景中创建一个长方体，然后在【参数】卷展栏中设置【长度】为 40 mm、【宽度】为 120 mm、【高度】为 55 mm、【长度分段】为 3、【宽度分段】为 4、【高度分段】为 4，如图 4 - 72 所示。

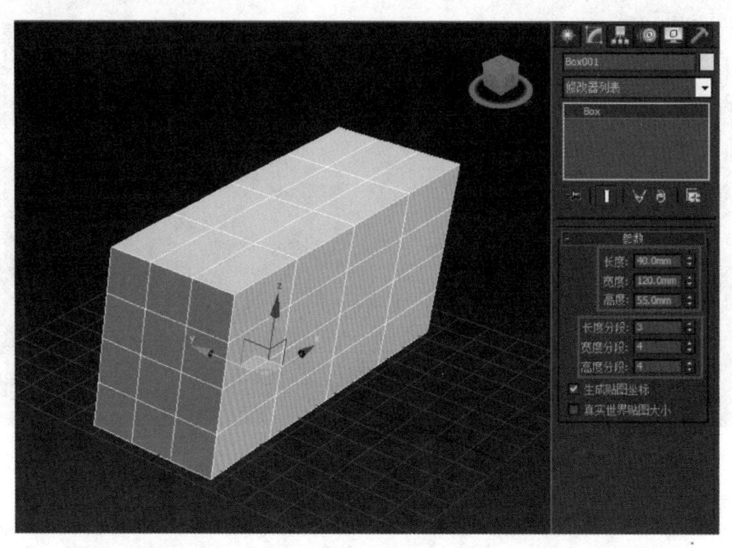

图 4 - 72

(2)将方体转换为可编辑多边形，然后进入【顶点】级别，如图 4 - 73 所示，接着将模型调整成如图 4 - 74 所示的效果。

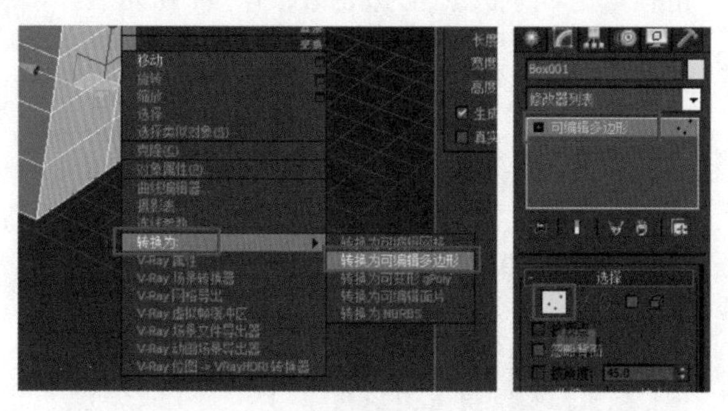

图 4 - 73

(3)继续调整顶点的位置，调节后的效果如图 4 - 75 所示。

(4)进入【多边形】级别，然后选择如图 4 - 76 所示的多边形，接着在【编辑多边形】卷展栏中单击插入按钮后面的【设置】按钮，最后在弹出的对话框中设置【插入量】为 2 mm，如图 4 - 77 所示。

(5)保持对多边形的选择，在【编辑多边形】卷展栏中单击【挤出】按钮后面的【设置】按钮，然后在弹出的对话框中设置【挤出高度】为－17 mm，如图 4 - 78 所示。

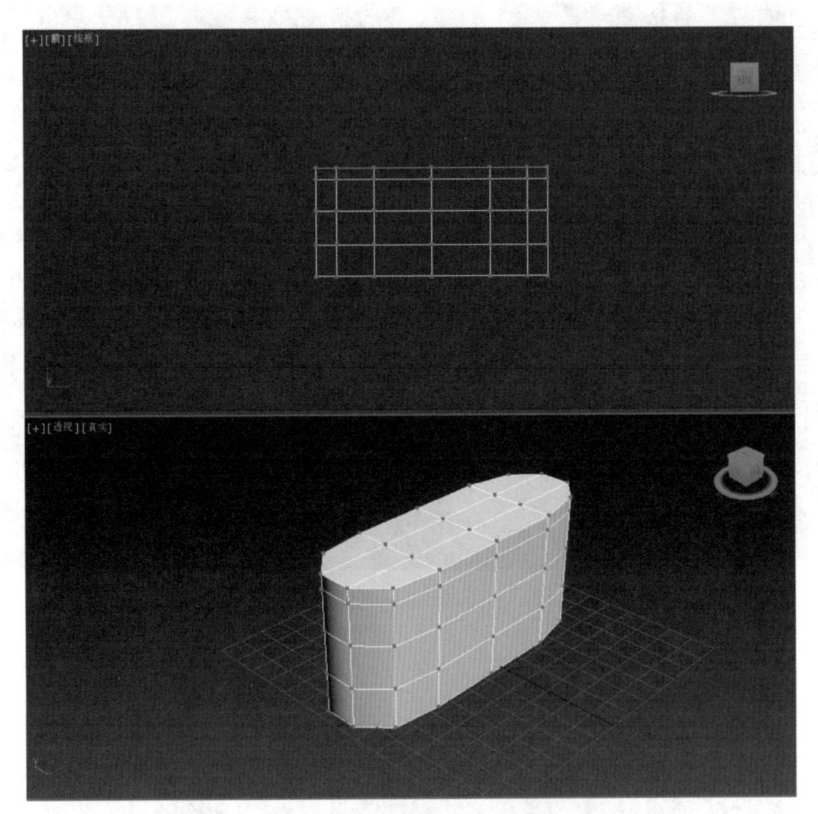

图 4 - 74

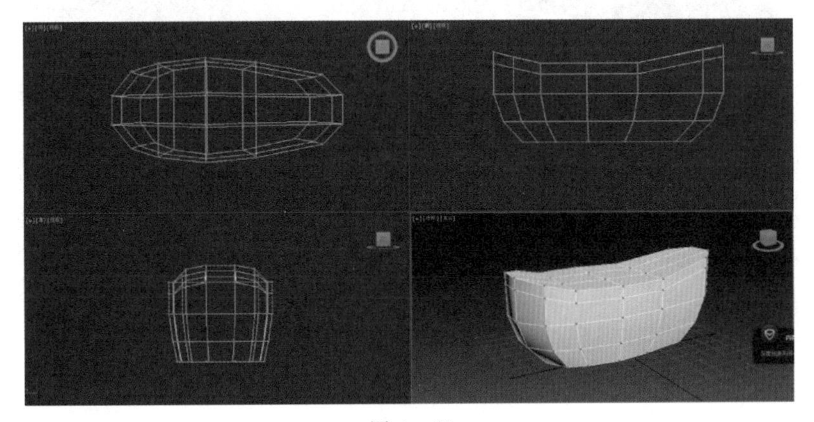

图 4 - 75

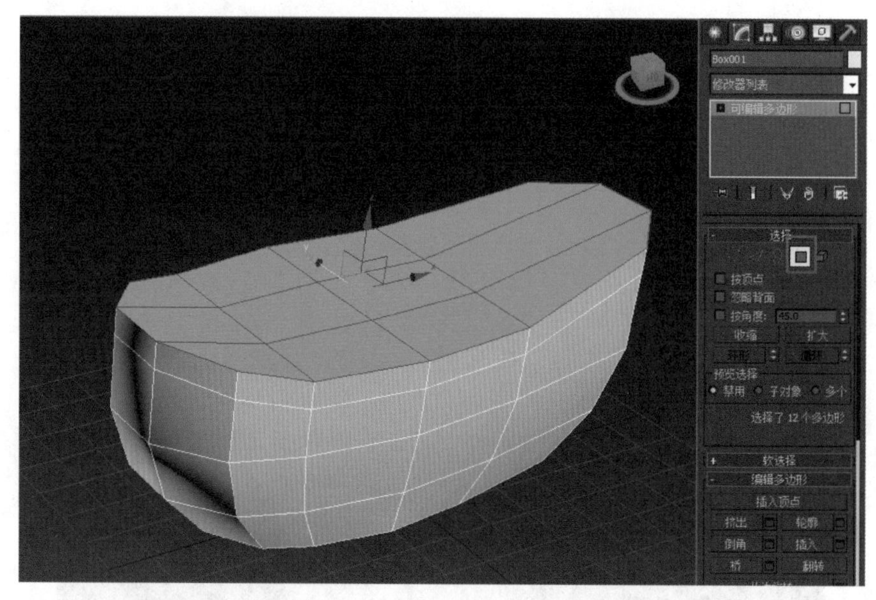
Box001
修改器列表
可编辑多边形
选择
按顶点
忽略背面
按角度: 45.0
收缩
扩大
环形
循环
预览选择
禁用
子对象
多个
选择了 12 个多边形
软选择
编辑多边形
插入顶点
挤出
轮廓
倒角
插入
桥
翻转

图 4 - 76

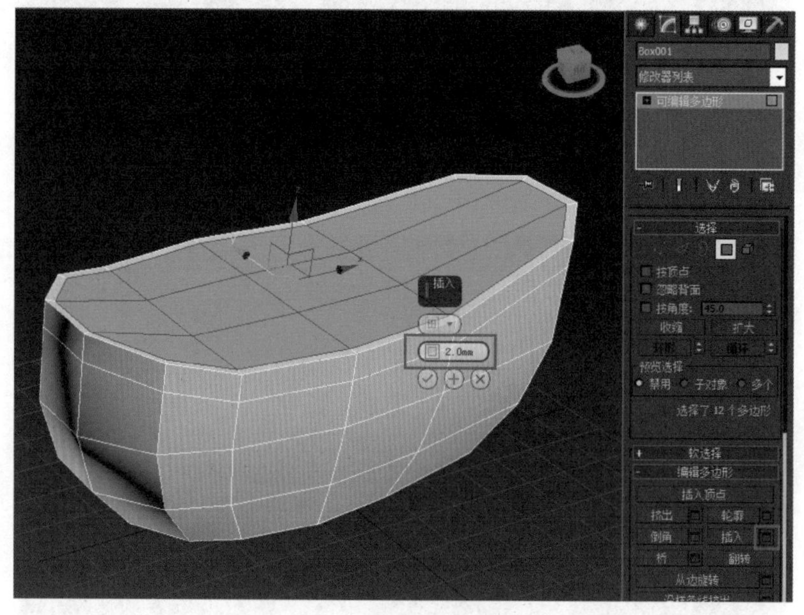
Box001
修改器列表
可编辑多边形
插入
2.0mm
选择
按顶点
忽略背面
按角度: 45.0
收缩
扩大
环形
循环
预览选择
禁用
子对象
多个
选择了 12 个多边形
软选择
编辑多边形
插入顶点
挤出
轮廓
倒角
插入
桥
翻转
从边旋转

图 4 - 77

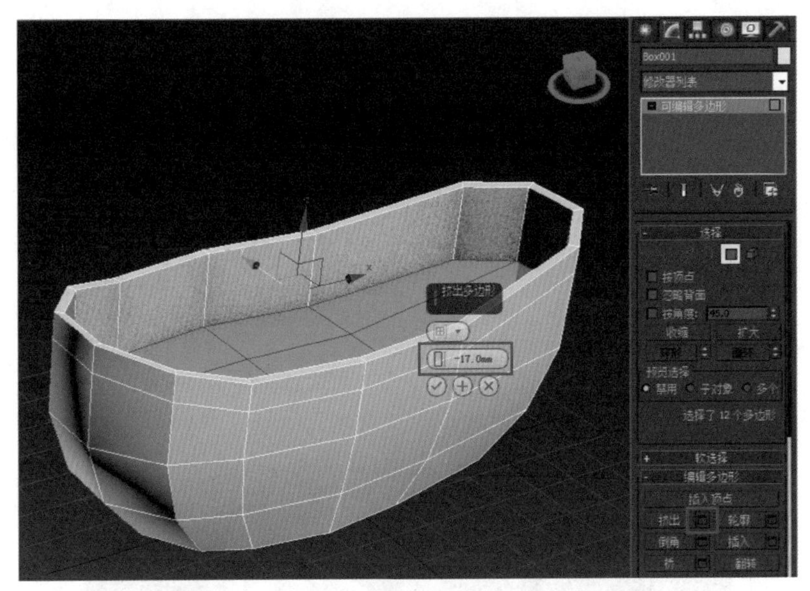

图 4－78

(6)此时通过透视图的效果来看模型的点出现交叉问题,需要进行下面步骤的操作。使用【选择并均匀缩放】工具将多边形进行缩放,如图 4－79 所示。继续在选择这些面的基础上,在【编辑多边形】卷展栏中单击【挤出】按钮后面的【设置】按钮,然后在弹出的对话框中设置【挤出高度】为－14 mm,并缩放调整,如图 4－80 所示。

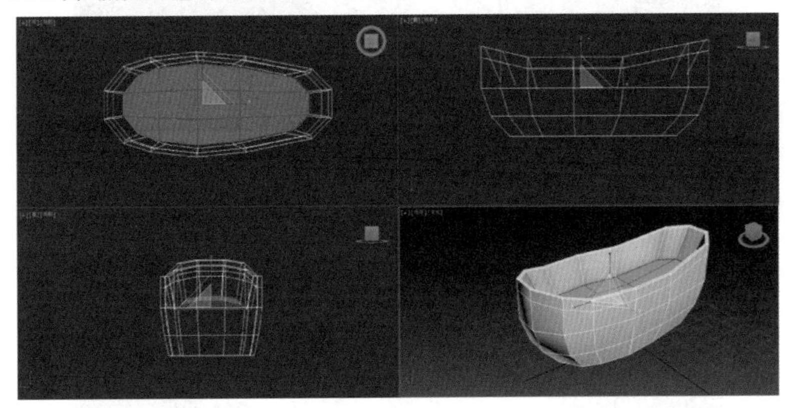

图 4－79

(7)进入【多边形】级别,然后选择如图 4－81 所示的多边形,接着在【编辑多边形】卷展栏中单击【挤出】按钮后面的【设置】按钮,最后在弹出的对话框中设置【挤出类型】为【局部法线】,【挤出高度】为 5 mm,模型效果如图 4－82 所示。

(8)进入【边】级别,然后选择如图 4－83 所示的边,接着在【编辑边】卷栏中单击【切角】按钮后面的【设置】按钮,最后在弹出的对话框中设置【切角量】为 0.6 mm,如图 4－84 所示。

(9)为模型加载一个【网格平滑】修改器,然后在【细分量】卷展栏中设置【迭代次数】为 2,模型效果如图 4－85 所示。

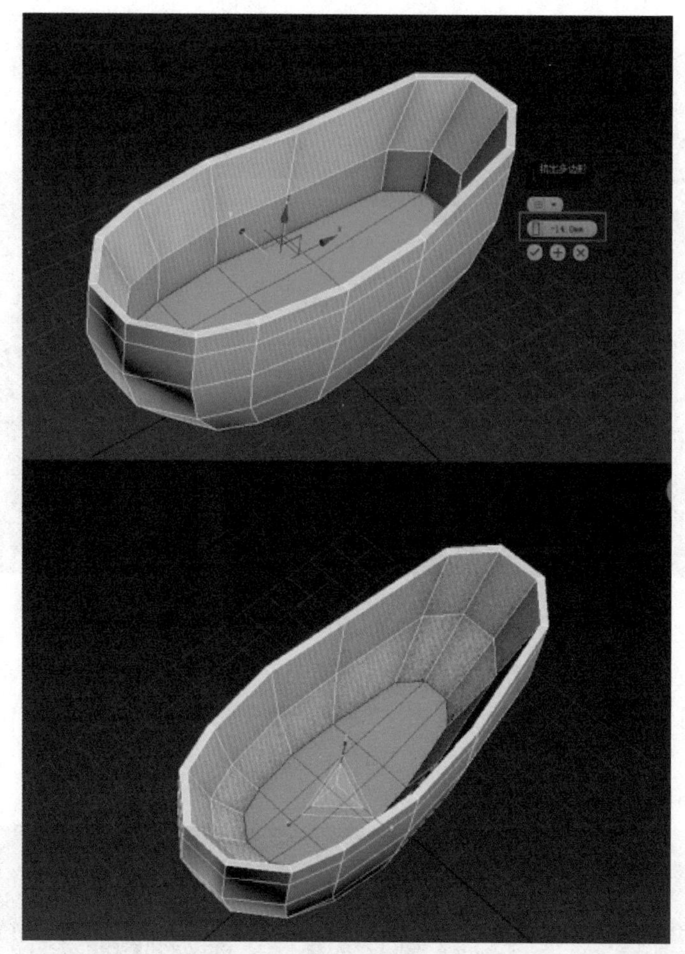

图 4－80

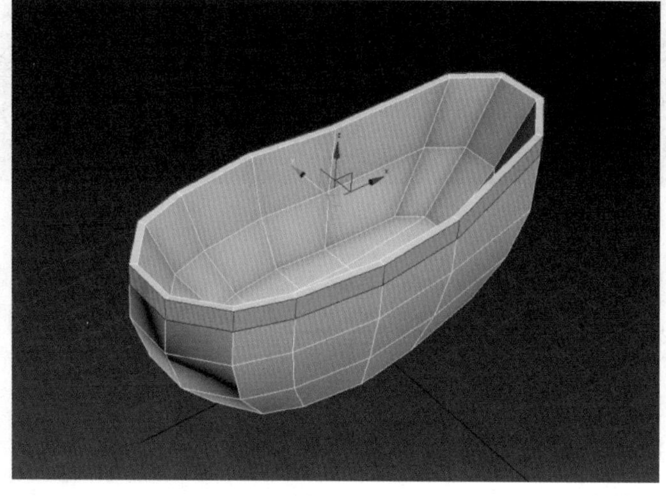

图 4－81

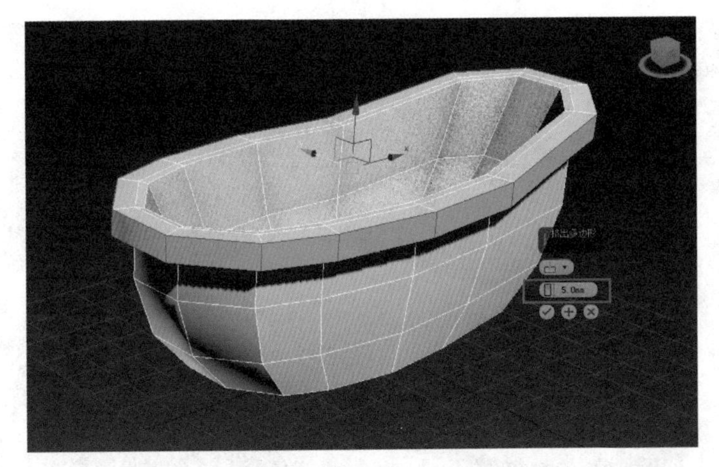

图 4-82

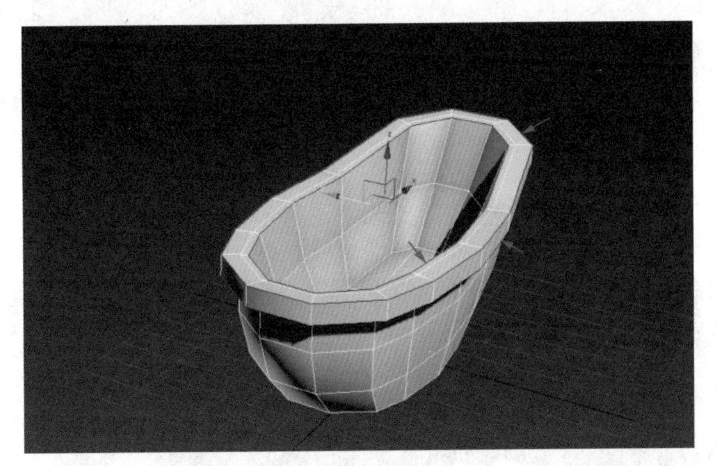

图 4-83

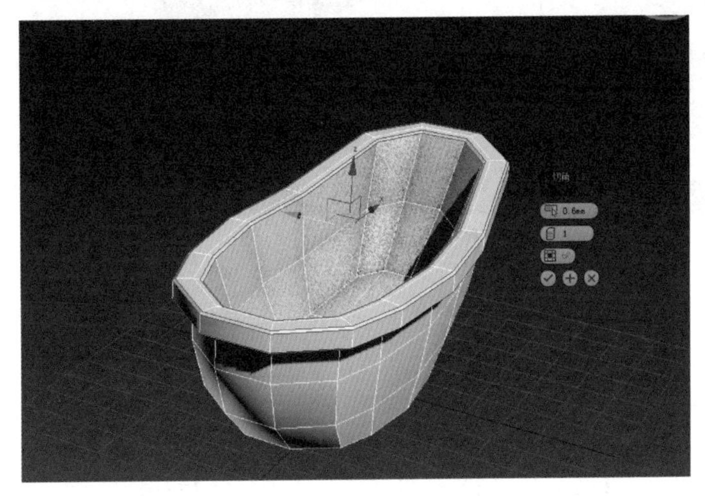

图 4-84

图 4 - 85

(10)使用【长方体】工具在场景中创建一个长方体,然后在【参数】卷展栏中设置【长度】为 11 mm,【宽度】为 8 mm,【高度】为 3 mm,【高度分段】为 3,如图 4 - 86 所示。

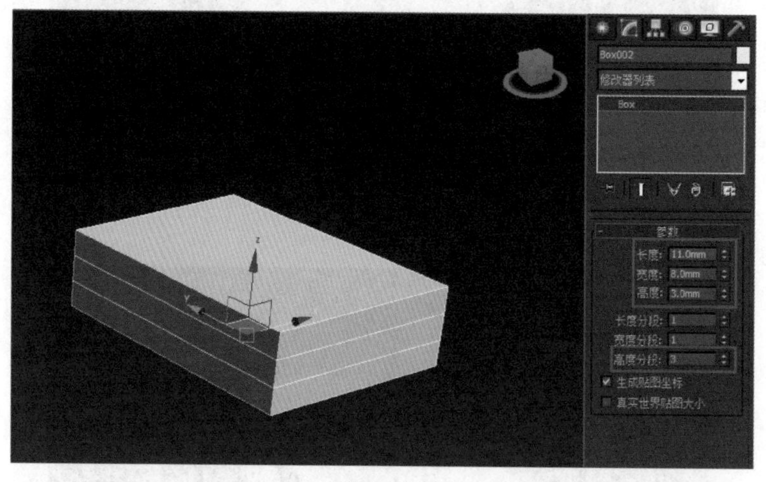

图 4 - 86

(11)将长方体转换为可编辑多边形,然后进入【顶点】级别,接着将模型调整成如图 4 - 87 所示的效果。

(12)进入【边】级别,然后选择如图 4 - 88 所示的边,接着在【编辑边】卷展栏中单击【切角】按钮后面的【设置】按钮,最后在弹出的对话框中设置【切角量】为 0. 3 mm,如图 4 - 89 所示。

(13)为模型加载一个【网格平滑】修改器,然后在【细分量】卷展栏中设置【迭代次数】为 2,模型效果如图 4 - 90 所示。

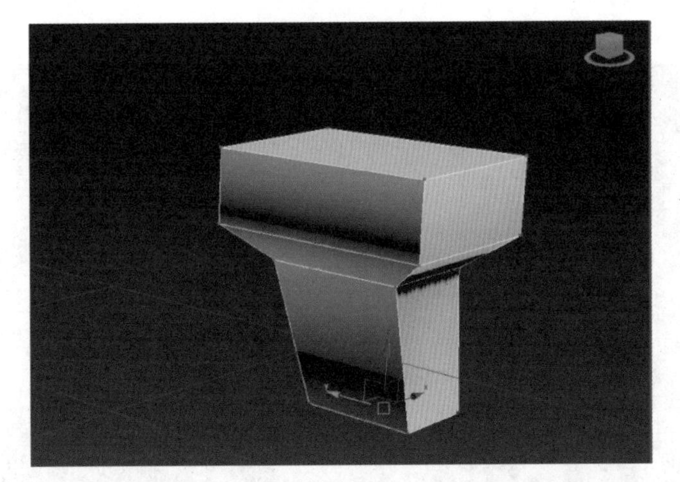

图 4－87

图 4－88

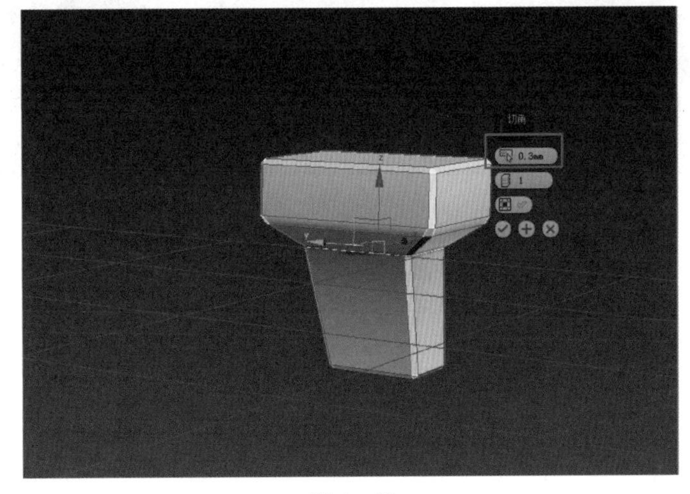

图 4－89

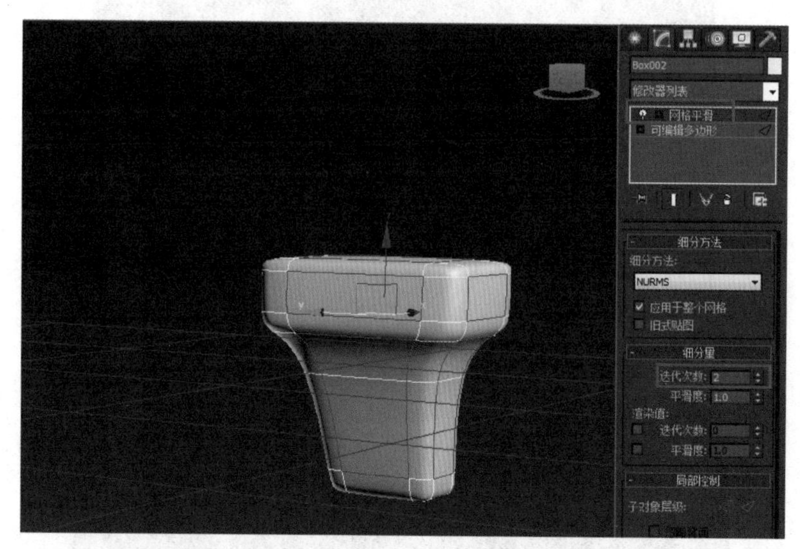

图 4－90

(14)使用【选择并均匀缩放】工具适当调整大小,使用【选择并移动】工具选择底座模型,然后按住【Shift】键的同时移动复制出 3 个模型,并放置到合适的位置,如图 4－91 所示。

图 4－91

(15)按照之前任务所讲到的方法创建地面,并设置相应的材质和灯光,如图 4－92 所示。

(16)在透视口调整合适的视角,按【F9】键,渲染输出,效果如图 4－93 所示。

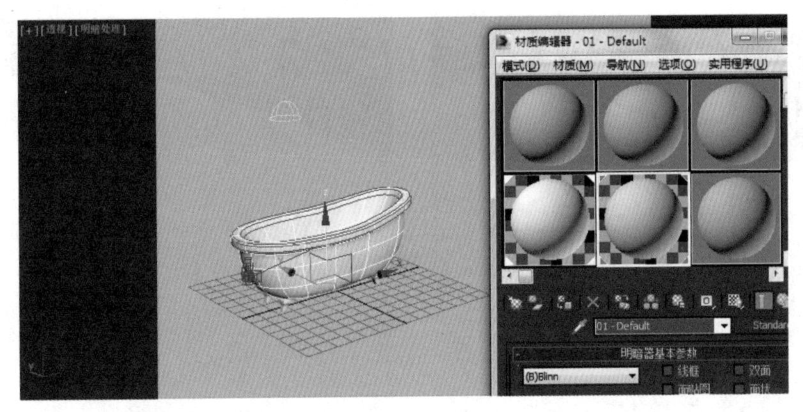

图 4－92

图 4－93

任务六　时尚餐桌

(一)理论基础——编辑边

进入可编辑多边形的【边】级别以后，在【修改】面板中会增加一个【编辑边】卷展栏，如图4－94所示。这个卷展栏下的工具全部是用来编辑边的。

图 4－94

【插入顶点】：在【边】级别下，使用该工具在边上单击鼠标左键，可以在边上添加顶点。

【移除】：选择边后，单击该按钮或按【Backspace】键可以移除边，如图 4－95 所示。如果按【Delete】键，将删除边及与边连接的面。

【分割】：沿着选定边分割网格。对网格中心的单条边应用时，不会起任何作用。

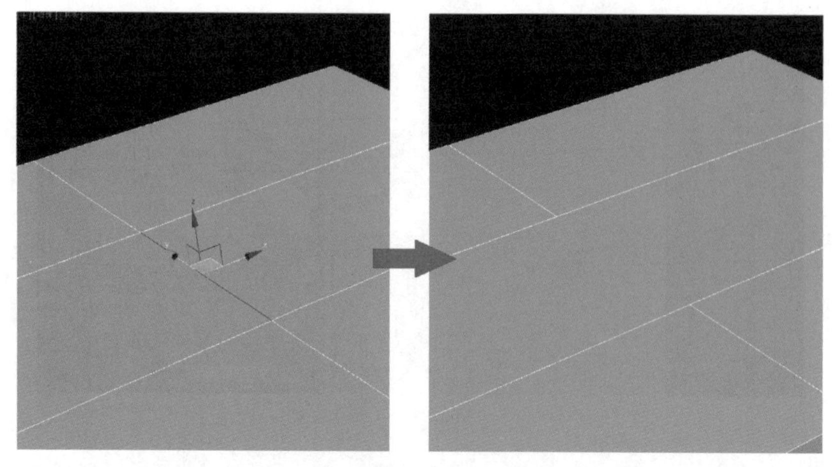

图 4－95

【挤出】:直接使用这个工具可以手动在视图中挤出边。如果要精确设置挤出的高度和宽度,可以单击后面的【设置】按钮,然后在视图中的【挤出边】对话框中输入数值即可,如图 4－96 所示。

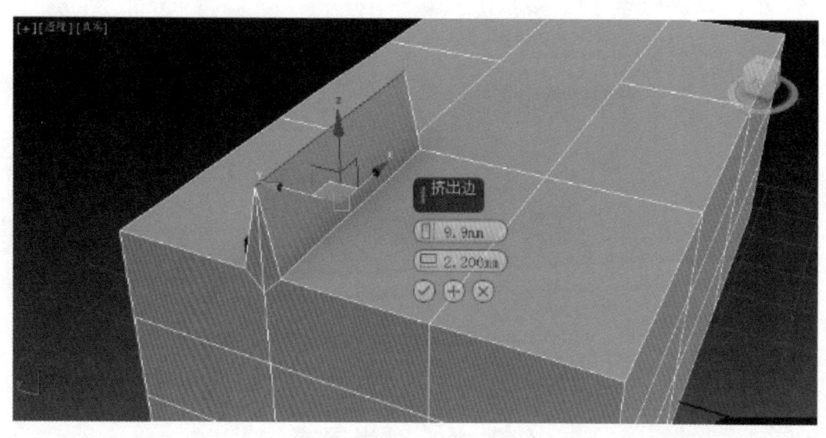

图 4－96

【焊接】:组合【焊接边】对话框设置的【焊接阈值】范围内的选定边。只能焊接仅附着一个多边形的边,也就是边界上的边。

【切角】:这是多边形建模中使用频率最高的工具之一,可以为选定边进行切角(圆角)处理,从而生成平滑的棱角,如图 4－97 所示。

技巧与提示:

在很多时候为边进行切角处理后,都需要模型加载网格平滑修改器,以生成非常平滑的模型。

【目标焊接】:用于选择边并将其焊接到目标边。只能焊接仅附着一个多边形的边,也就是边界上的边。

【桥】使用该工具可以连接对象的边,但只能连接边界边,也就是只在一侧有多边形的边。

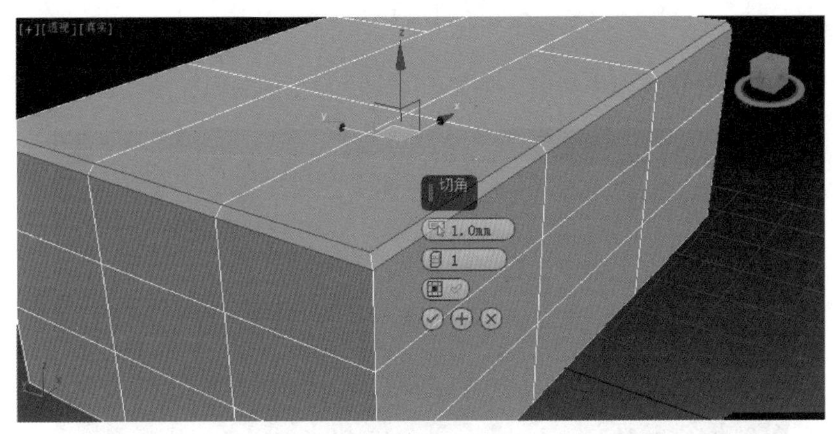

图 4 - 97

【连接】:这是多边形建模中使用频率最高的工具之一,可以在每对选定边之间创建新边,对于创建或细化边循环特别有用。如选择一对竖向的边,则可以在横向上生成边,如图 4 - 98 所示。

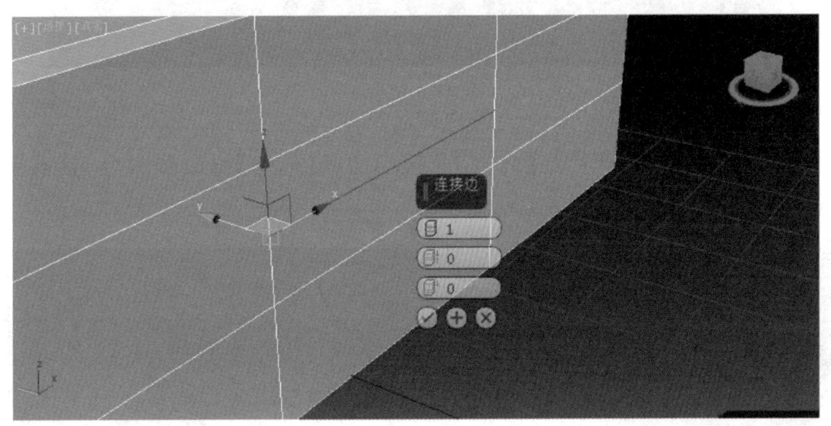

图 4 - 98

【利用所选内容创建图形】:这是多边形建模中使用频率最高的工具之一,可以将选定的边创建为样条线图形。选择边后,单击该按钮可以弹出一个【创建图形】对话框,在该对话框中可以设置图形名称及设置图形的类型,如果选择【平滑】类型,则生成的平滑的样条线,如果选择【线性】类型,则样条线的形状与选定边的形状保持一致。

【权重】:设置选定边的权重,供 NURMS 细分选项和网格平滑修改器使用。

【折缝】:指定对选定边或边执行的折缝操作量,供 NURMS 细分选项和网格平滑修改器使用。

【编辑三角形】:用于通过绘制内边或对角线修改多边形细分为三角形的方式。

【旋转】:用于通过单击对角线修改多边形细分为三角形的方式。使用该工具时,对角线可以在线框和边面视图中显示为虚线。

(二)课堂案例——时尚餐桌制作

(1)使用【线】工具在顶视图中绘制一条如图 4 - 99 所示的封闭样条线。

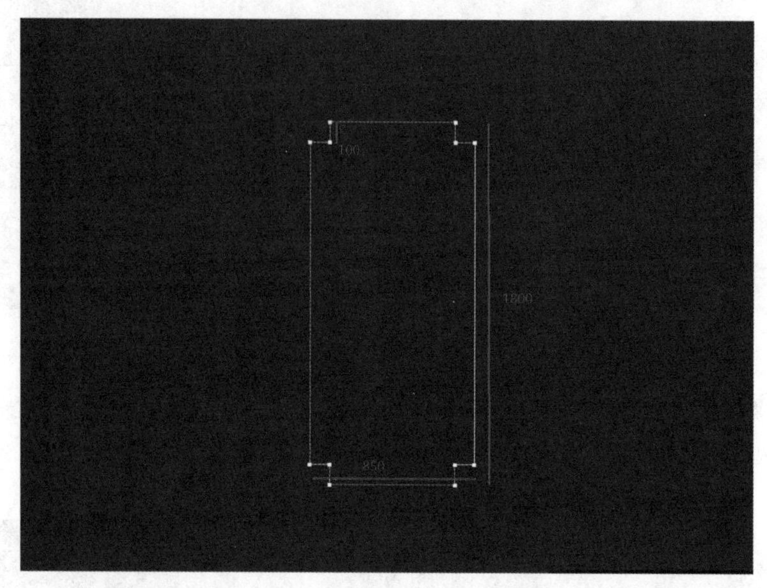

图 4 - 99

(2)选择刚创建的样条线,然后在【修改】面板中加载【挤出】修改器命令,接着展开【参数】卷展栏,设置【数量】为 40 mm,如图 4 - 100 所示。

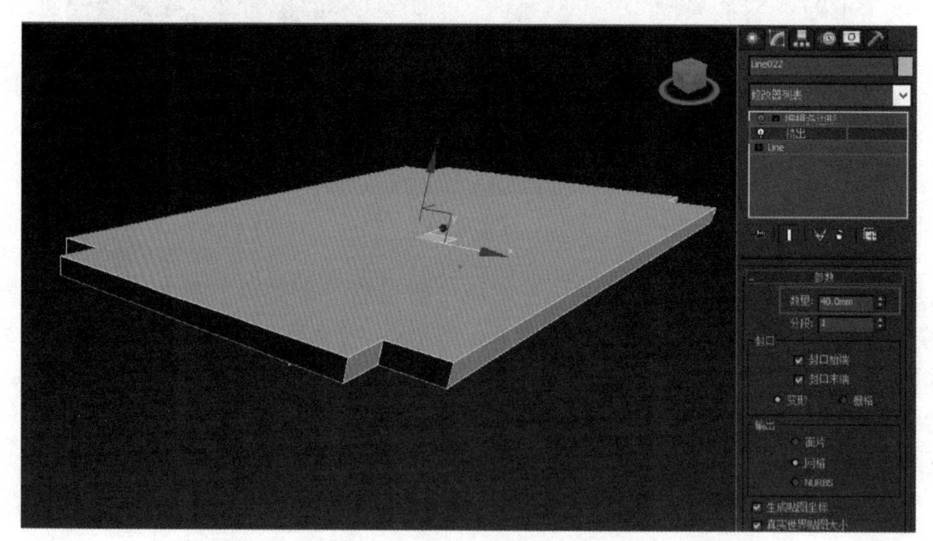

图 4 - 100

(3)选择上一步中的模型,然后为其添加编辑多边形修改器,如图 4 - 101 所示。接着在【边】级别下选择所有的边,如图 4 - 102 所示。

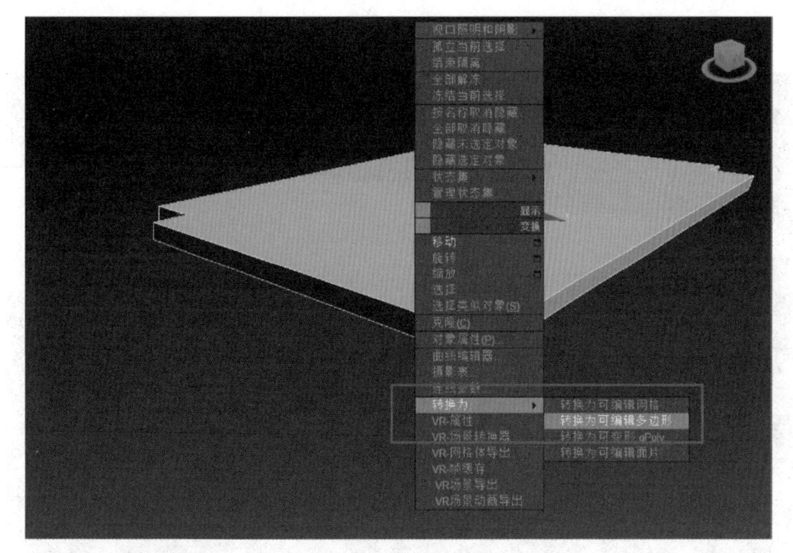

图 4 - 101

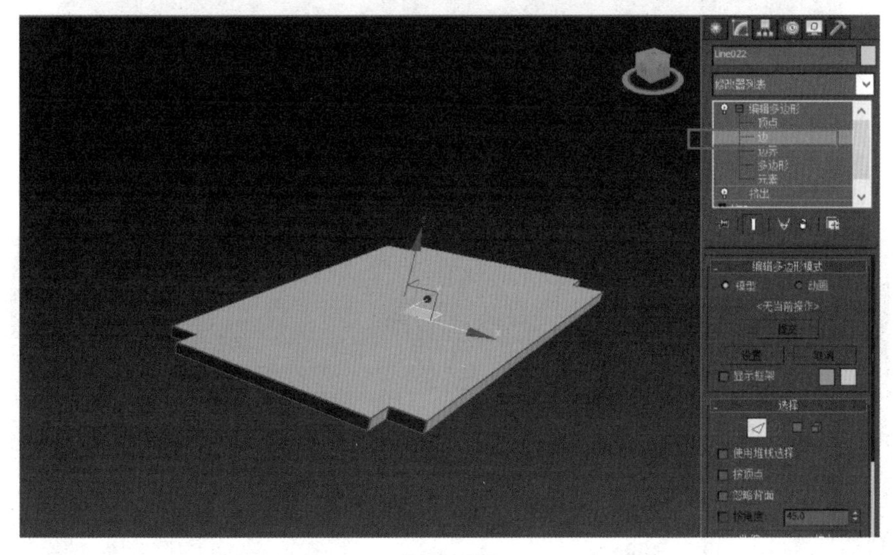

图 4 - 102

(4)单击【切角】按钮后面的【设置】按钮,并设置【切角数量】为 1.5 mm,【分段】为 3,如图 4 - 103所示。

(5)使用同样的方法创建样条线,然后在【修改】面板中加载【挤出】修改器,接着展开【参数】卷展栏,设置【数量】为 20 mm,如图 4 - 104 所示。

(6)使用【长方体】工具在顶视图中创建一个长方体,然后在【修改】面板中展开【参数】卷展栏,设置【长度】为 100 mm,【宽度】为 100 mm,【高度】为 860 mm,【长度分段】为 2,【宽度分段】为 2,如图 4 - 105 所示。

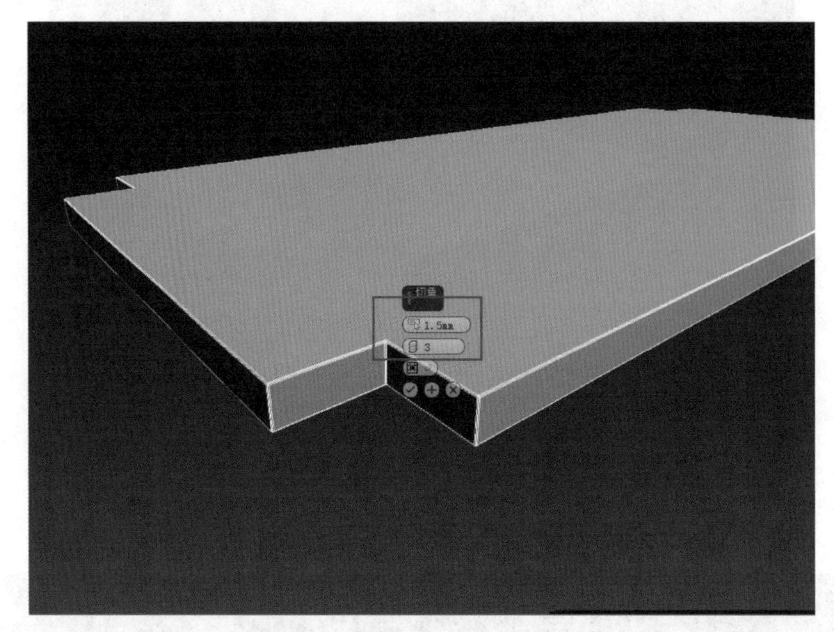
1.5mm
3

图 4 - 103

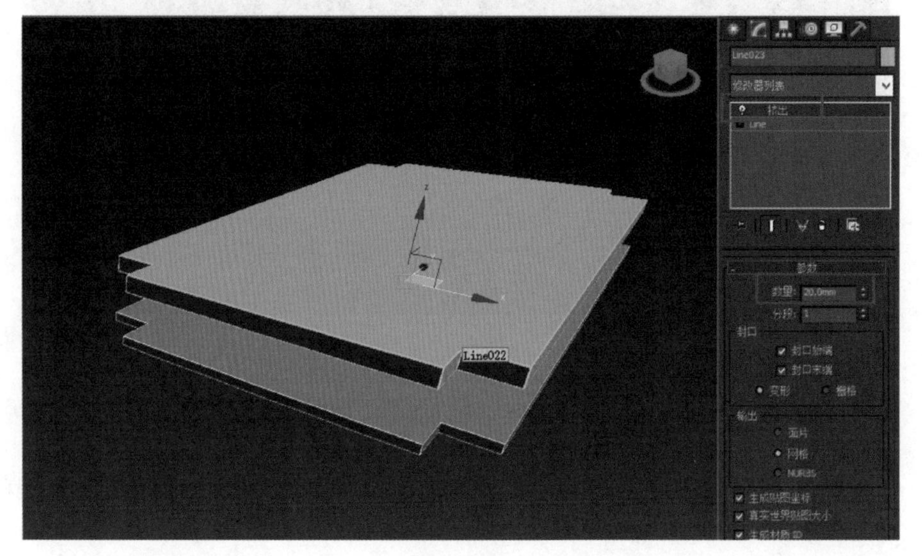
Line022
Line023
修改器列表
Line
数量:
20.0mm
分段:
封口
变形
面片
网格
NURBS
真实世界贴图大小

图 4 - 104

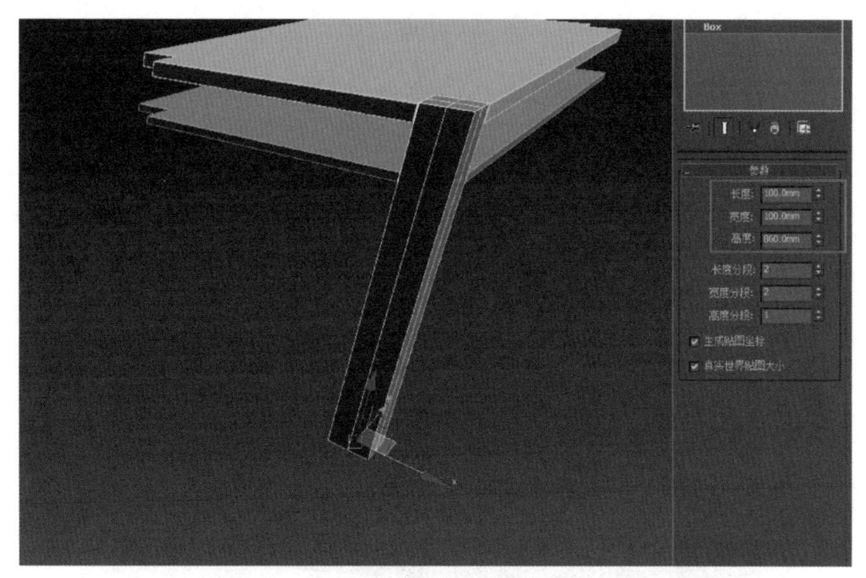

图 4 - 105

(7)选择上一步中的长方体,然后为其添加编辑多边形修改器。接着在【顶点】级别下调整如图 4 - 106 所示的顶点。

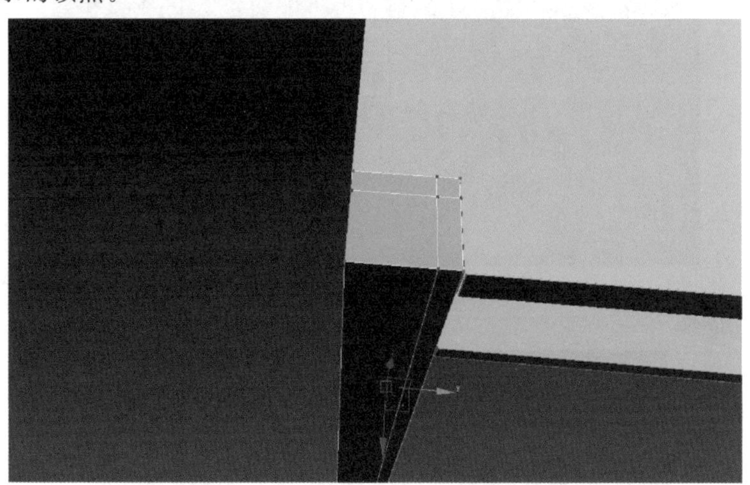

图 4 - 106

(8)继续将顶点的位置进行调节,调节后的效果如图 4 - 107 所示。

(9)在【边】级别下选择如图 4 - 108 所示的边,然后单击【切角】按钮后面的【设置】按钮,并设置【切角数量】为 1.5 mm,【分段】为 3,如图 4 - 109 所示。

(10)再次单击【边】级别按钮,将其取消选择。选择刚创建的餐桌腿模型,然后单击【镜像】按钮,并在弹出的【镜像:世界坐标】对话框中设置【偏移】为－750 mm,在【克隆当前选择】选项组中选中【实例】单选按钮,如图 4 - 110 所示。继续单击【镜像】按钮克隆出其他的两个桌腿,此时模型效果如图 4 - 111 所示。

图 4－107

图 4－108

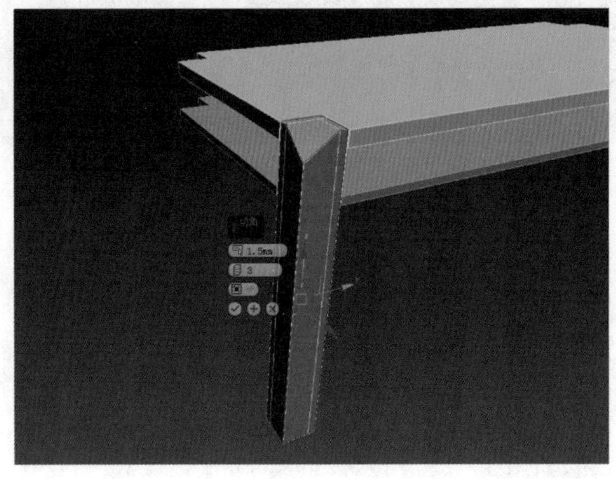

图 4－109

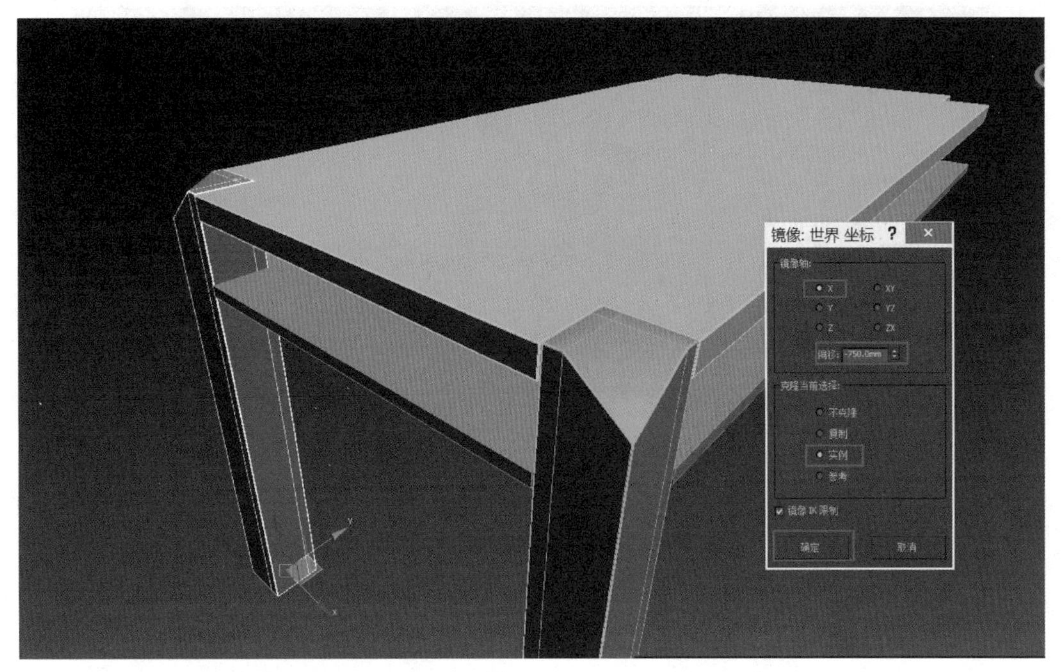
镜像: 世界 坐标
镜像轴:
X
XY
Y
YZ
Z
ZX
偏移: -750.0mm
克隆当前选择:
不克隆
复制
实例
参考
镜像 IK 限制
确定
取消

图 4-110

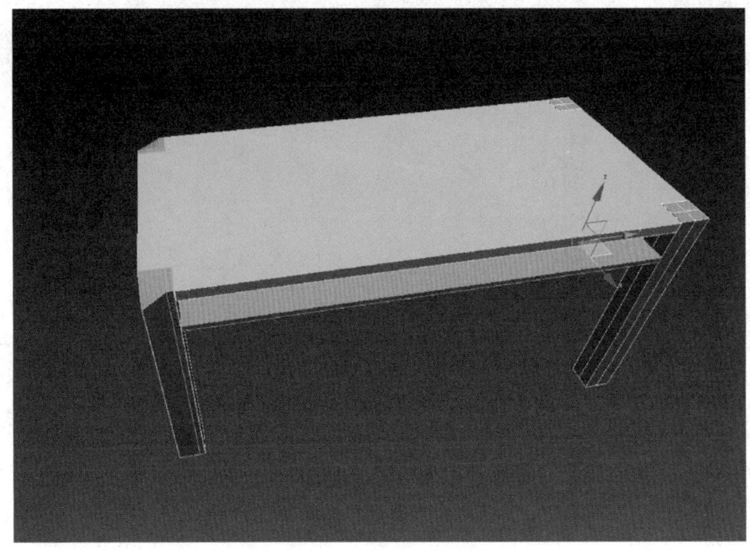

图 4-111

(11)使用【线】工具在前视图中绘制如图 4－112 所示的样条线，然后在【修改】面板中为其加载【挤出】修改器，并设置【数量】为 1600 mm，如图 4－113 所示。

图 4－112

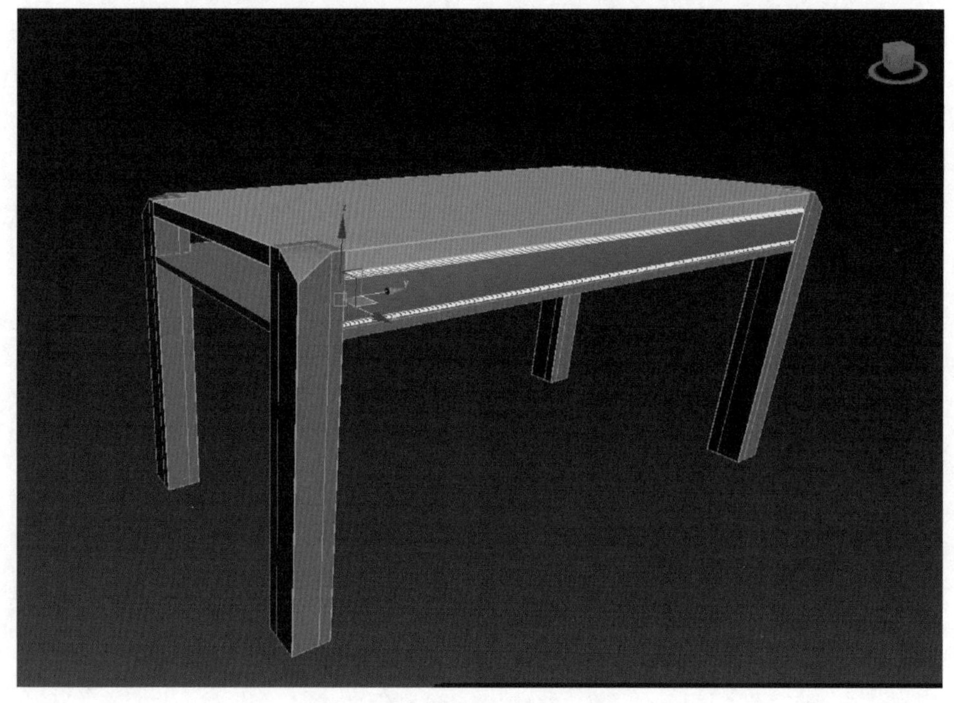

图 4－113

(12)使用上一步中同样的方法,绘制线并加载【挤出】修改器,创建出剩余部分的模型,此时餐桌主体部分模型效果如图 4 - 114 所示。

图 4 - 114

(13)按照之前任务所讲到的方法创建地面,并设置相应的材质和灯光,如图 4 - 115 所示。

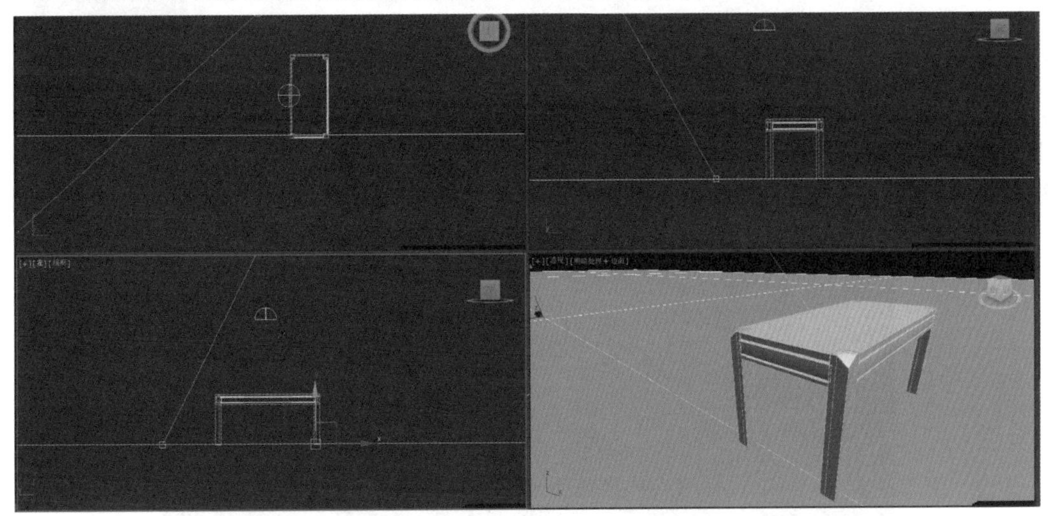

图 4 - 115

(14)在透视口调整合适的视角,按【F9】键,渲染输出,效果如图 4 - 116 所示。

图 4 - 116

任务七　休闲沙发

(一)理论基础——编辑多边形

进入可编辑多边形的【多边形】级别后,在【修改】面板中会增加一个【编辑多边形】卷展栏,如图 4 - 117 所示。这个卷展栏下的工具全部是用来编辑多边形的。

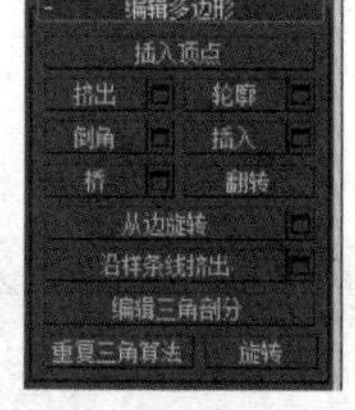

图 4 - 117

【插入顶点】:用于手动在多边形上插入顶点(单击即可插入顶点),以细化多边形。

【挤出】:这是多边形建模中使用频率最高的工具之一,可以挤出多边形。如果要精确设置挤出的高度,可以单击后面的【设置】按钮,然后在视图中的【挤出边】对话框中输入数值即可。挤出多边形时,【高度】为正值时可向外挤出多边形,为负值时可向内挤出多边形,如图 4 - 118 所示。

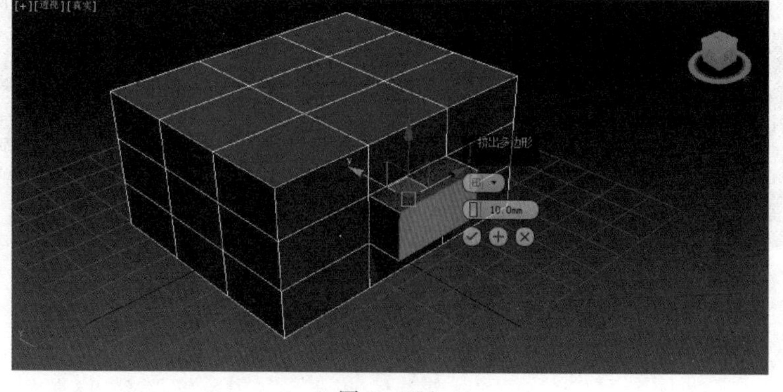

图 4 - 118

【轮廓】:用于增加或减小每组连续选定多边形的外边。

【倒角】:这是多边形建模中使用频率最高的工具之一,可以挤出多边形,同时为多边形进行倒角,如图 4－119 所示。

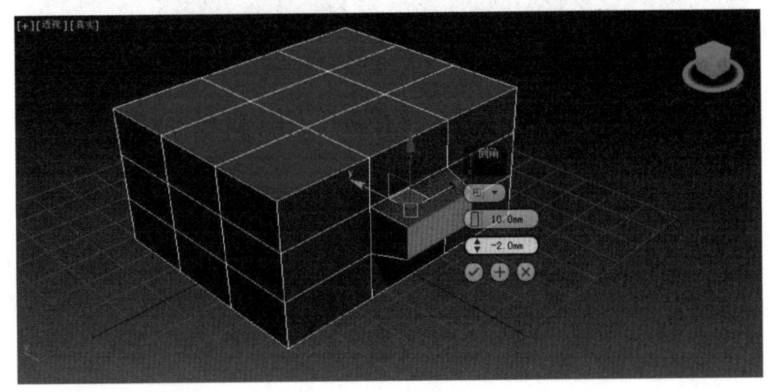

图 4－119

【插入】:执行没有高度的倒角操作,即在选定多边形的平面内执行该操作。

【桥】:使用该工具可以连接对象上的两个多边形或多边形组。

【翻转】:反转选定多边形的法线方向,从而使其面向用户的正面。

【从边旋转】:选择多边形后,使用该工具可以沿着垂直方向拖动任何边,以便旋转选定多边形。

【沿样条线挤出】:沿样条线挤出当前选定的多边形。

【编辑三角剖分】:通过绘制内边修改多边形细分为三角形的方式。

【重复三角算法】:在当前选定的一个或多个多边形上执行最佳三角剖分。

【旋转】使用该工具可以修改多边形细分为三角形的方式。

(二)课堂案例——休闲沙发制作

(1)单击命令面板下的(创建)|(几何体)|切角长方体按钮,在顶视图中创建一个切角长方体,接着在【修改】面板中展开【参数】卷展栏,设置【长度】为 500 mm,【宽度】为 600 mm,【高度】为 200 mm,【圆角】为 20 mm,【长度分段】为 8,【宽度分段】为 8,【高度分段】为 3,如图 4－120 所示。

(2)选择上一步创建的切角长方体,然后在【修改】面板中选择并加载【FFD 4×4×4】修改器,如图 4－121 所示。

(3)进入【控制点】级别,使用【选择并移动】工具,调节控制点的位置,效果如图 4－122 所示。

(4)继续在顶视图创建切角长方体,作为沙发靠垫,修改参数,设置【长度】为 100 mm,【宽度】为 600 mm,【高度】为 400 mm,【圆角】为 70 mm,【长度分段】、【高度分段】、【宽度分段】均为 1,【圆角分段】为 4,如图 4－123 所示。

(5)使用【选择并旋转】工具将靠垫旋转一定角度,并使用【选择并移动】工具将其移动到坐垫的上方,此时沙发靠垫和坐垫模型效果如图 4－124 所示。

(6)在左视图创建一个长方体,设置【长度】为 520 mm,【宽度】为 45 mm,【高度】为 650 mm,

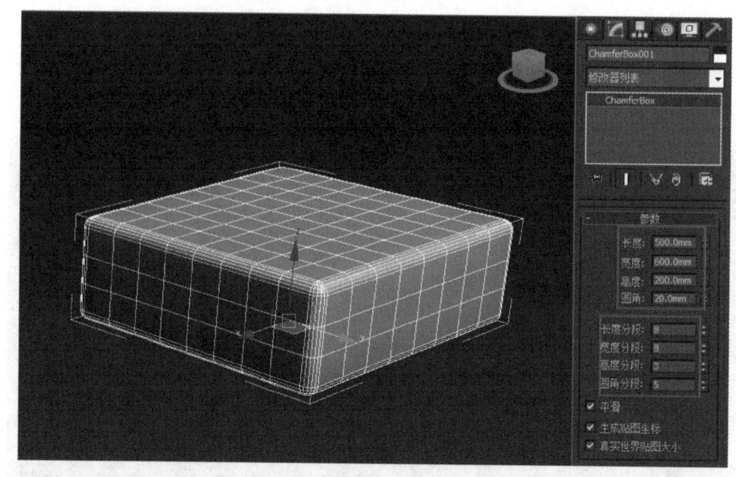

图 4 - 120

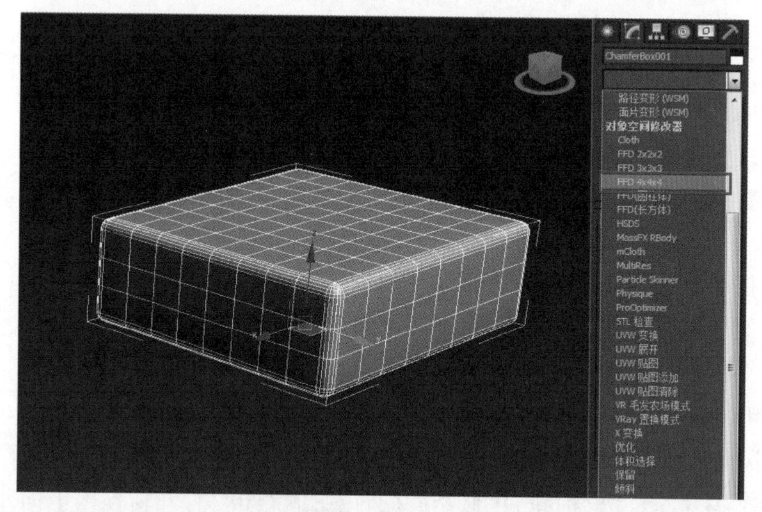

图 4 - 121

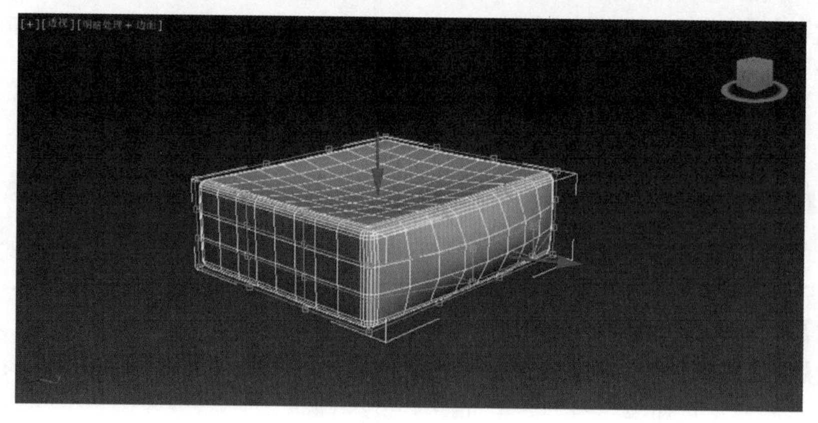

图 4 - 122

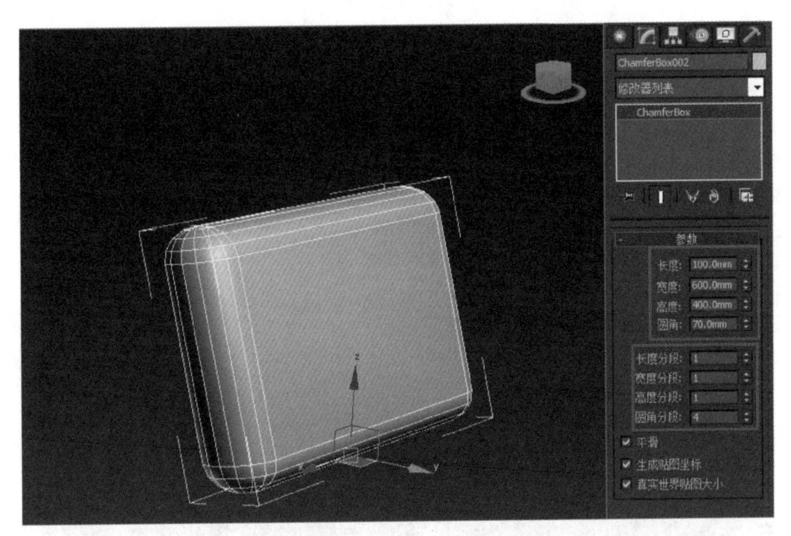

图 4 - 123

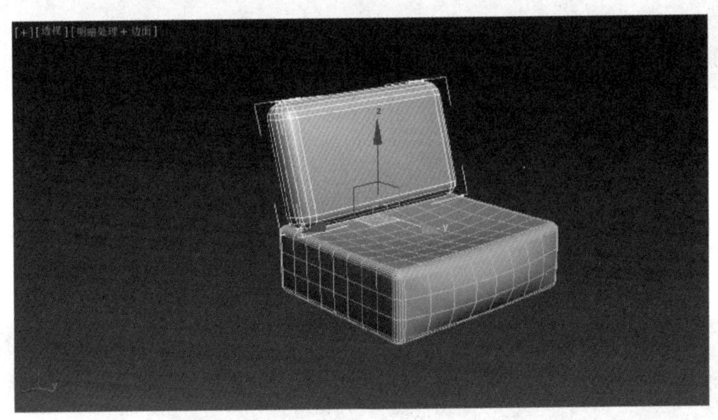

图 4 - 124

【高度分段】为 4，如图 4 - 125 所示。

(7)为长方体加载【编辑多边形】修改器，接着进入【边】级别，选择如图 4 - 126 所示的边，并使用【选择并移动】工具进行位置的调节。

(8)然后继续在【边】级别下，选择如图 4 - 127 所示的边，使用【选择并移动】工具在透视图中沿 X 轴方向拖曳，如图 4 - 128 所示。

(9)在【多边形】级别下选择如图 4 - 129 所示的多边形，接着单击【挤出】按钮后面的【设置】按钮，并设置【数量】为 40 mm。

(10)在【边】级别下选择如图 4 - 130 所示的边，接着单击【切角】按钮后面的【设置】按钮，并设置【高度】为 6 mm，【分段】为 5，如图 4 - 131 所示。

(11)在【多边形】级别下选择如图 4 - 132 所示的多边形。接着单击【分离】按钮后面的【设置】按钮，在弹出的【分离】对话框中选中【以克隆对象分离】复选框，这样可以在不破坏原模型的情况下单独将选择的面进行分离，如图 4 - 133 所示。

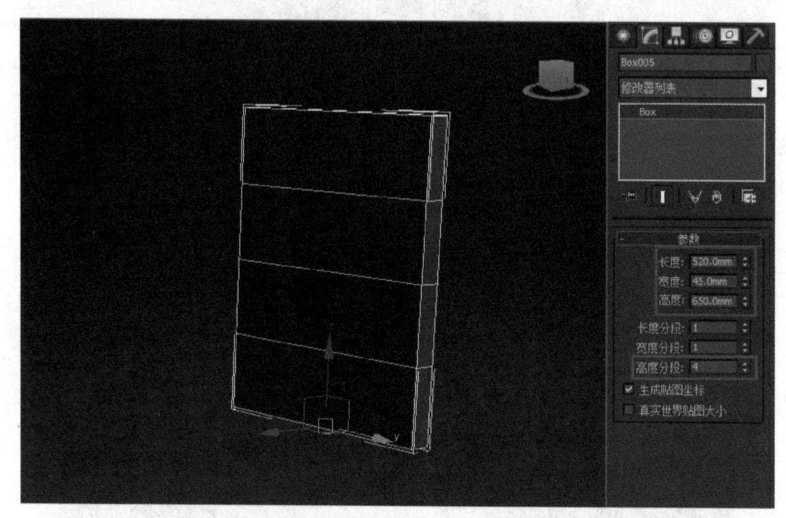
Box005
修改器列表
Box
参数
长度: 520.0mm
宽度: 45.0mm
高度: 650.0mm
长度分段: 1
宽度分段: 1
高度分段: 4
生成贴图坐标
真实世界贴图大小

图 4 - 125

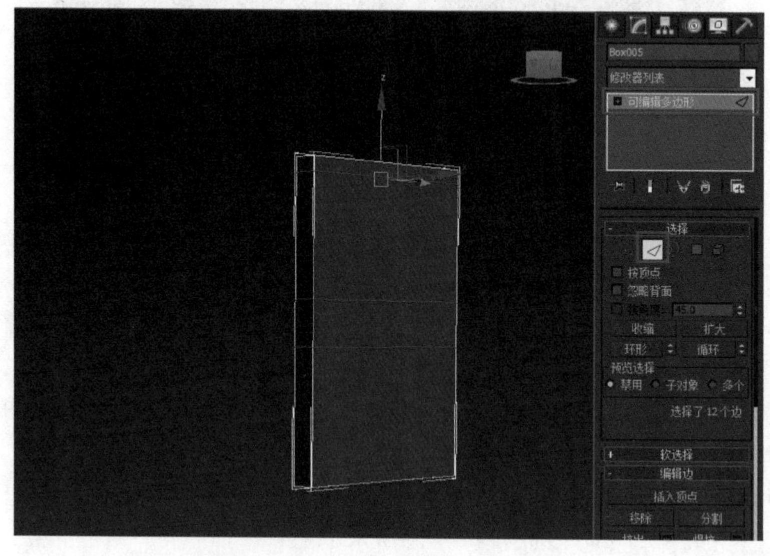
Box005
修改器列表
可编辑多边形
选择
按顶点
忽略背面
按角度: 45.0
收缩
扩大
环形
循环
预览选择
禁用
子对象
多个
选择了 12 个边
软选择
编辑边
插入顶点
移除
分割

图 4 - 126

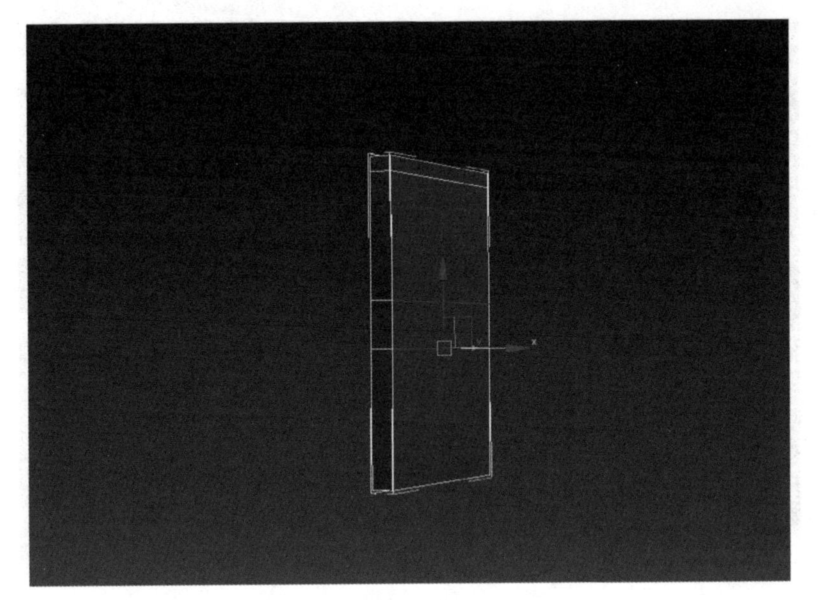

图 4－127

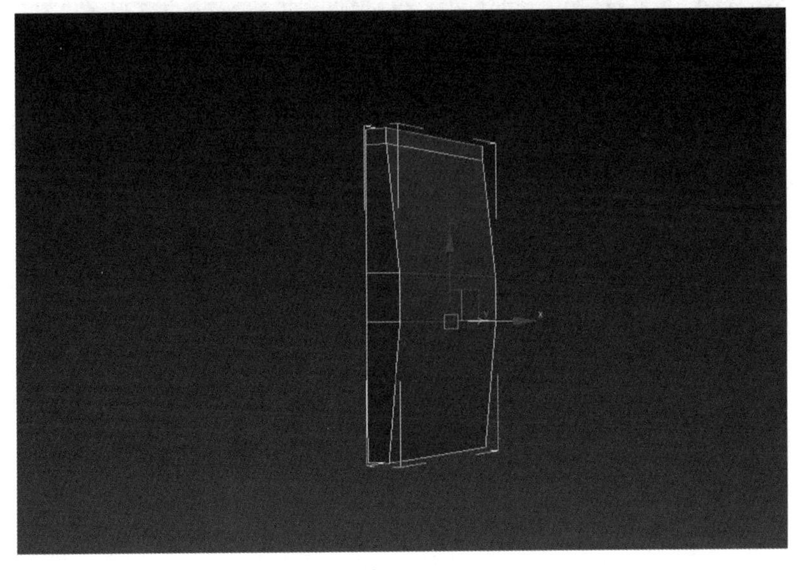

图 4－128

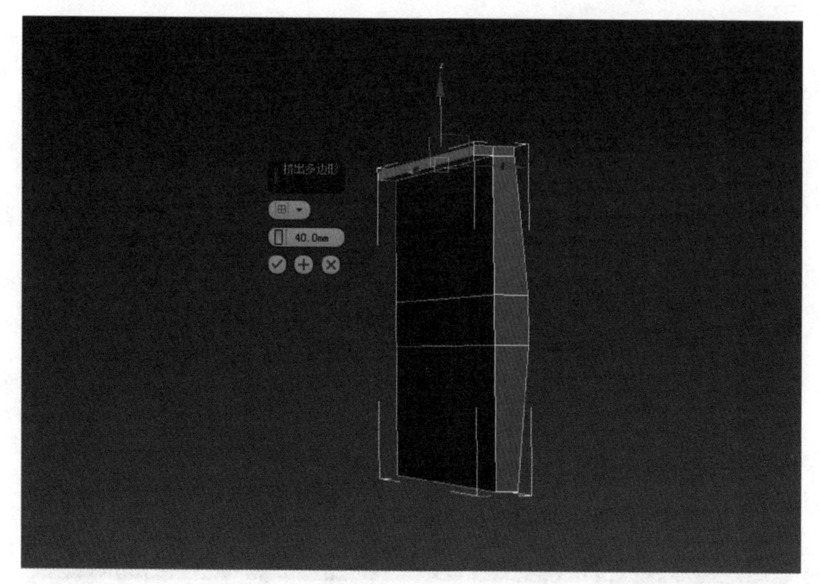
挤出多边形
40.0mm

图 4 - 129

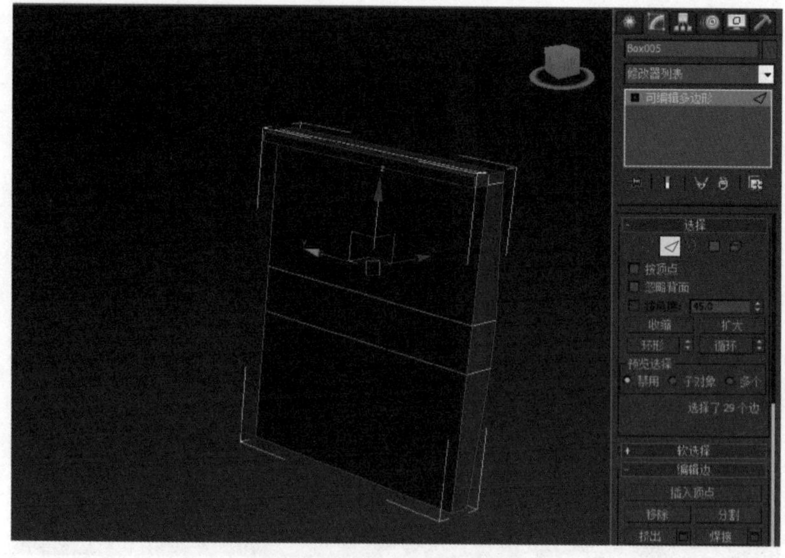
Box005
修改器列表
可编辑多边形
选择
按顶点
忽略背面
收缩
扩大
环形
循环
预览选择
禁用
子对象
多个
选择了 29 个边
软选择
编辑边
插入顶点
移除
分割
挤出
焊接

图 4 - 130

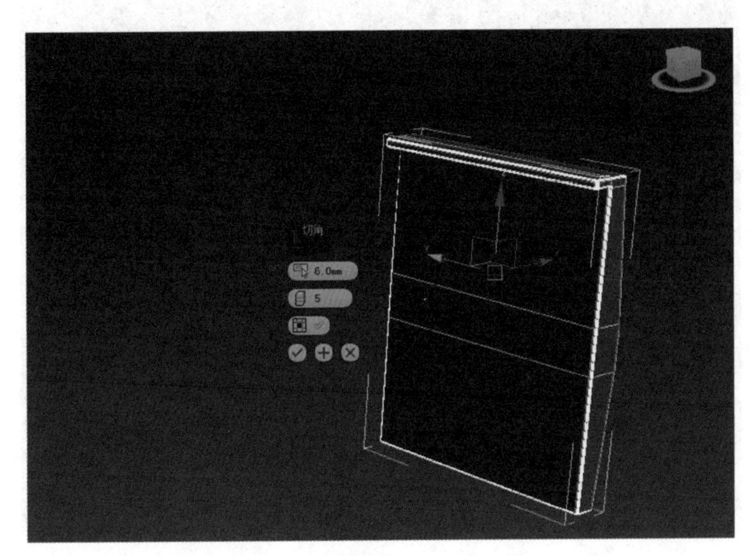
切角
6.0mm
5

图 4－131

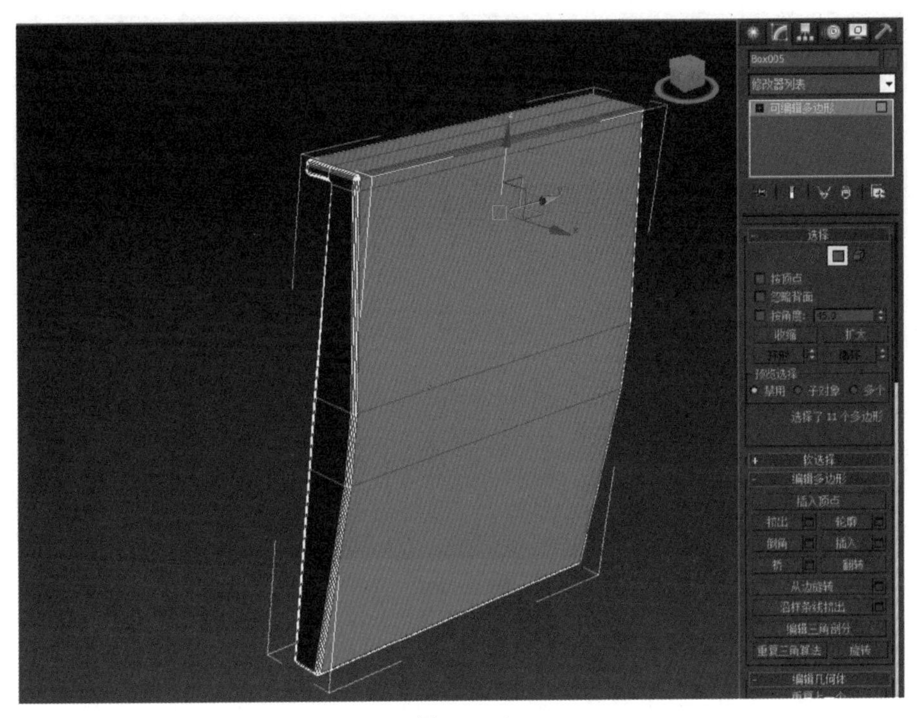
Box005
修改器列表
可编辑多边形
选择
按顶点
忽略背面
按角度:
收缩
扩大
环形
循环
预览选择
禁用
子对象
多个
选择了 11 个多边形
软选择
编辑多边形
插入顶点
挤出
轮廓
倒角
插入
桥
翻转
从边旋转
沿样条线挤出
编辑三角剖分
重复三角算法
旋转
编辑几何体

图 4－132

图 4 - 133

(12)选择上一步中分离出来的对象,对其加载【壳】修改器,并设置【外部量】为 3 mm,如图 4 - 134所示。

图 4 - 134

(13)将创建的沙发扶手与上一步分离出来的对象成组,然后单击【镜像】按钮,并设置【镜像轴】为【X】,设置【克隆当前选择】为【复制】,最后单击【确定】按钮,如图 4 - 135 所示。调整两边扶手的位置,如图 4 - 136 所示。

(14)按照之前任务所讲到的方法创建地面,并设置相应的材质和灯光,如图 4 - 137 所示。

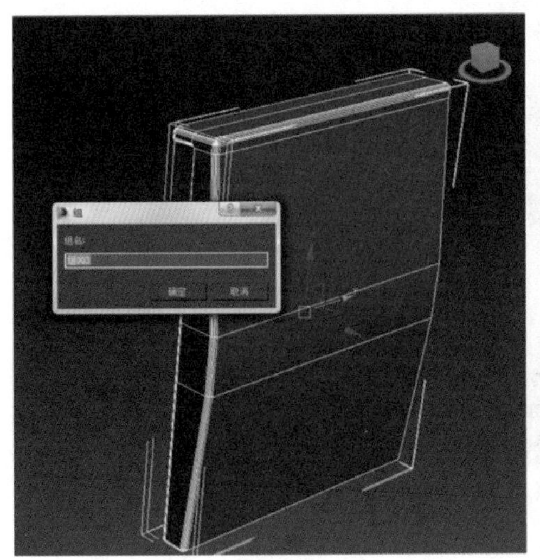

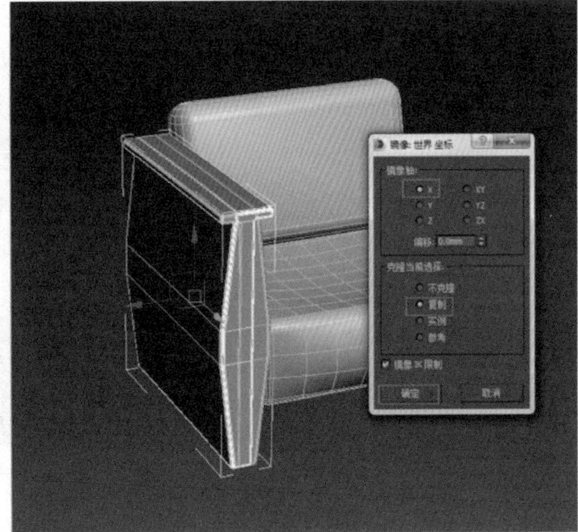

图 4 - 135

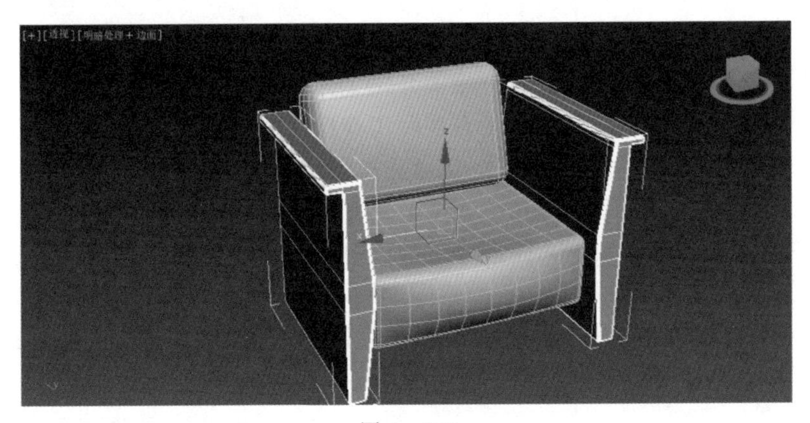

图 4 - 136

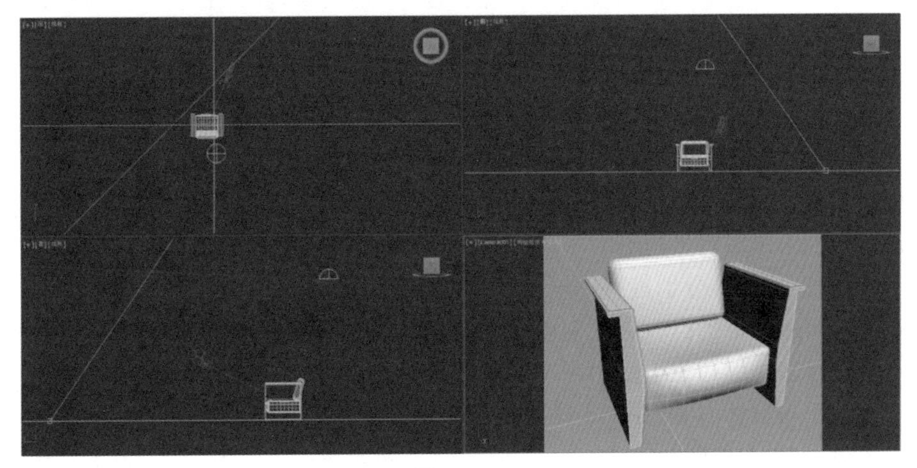

图 4 - 137

(15)在透视口调整合适的视角,按【F9】键,渲染输出,效果如图 4 - 138 所示。

图 4 - 138

☞项目总结

本章节内容较多,重要性也不言而喻,主要介绍了高级建模技术,包括修改器建模和多边形建模,本章是一个非常重要的章节,基本上在实际工作中运用的高级建模技术都包含在本章中,特别是修改器建模技术和多边形建模技术,读者务必要完全掌握,通过对本章的学习,可以掌握具有一定难度的模型的制作思路与方法。本章节共有 7 个项目任务,任务一至任务四分别使用到了弯曲、扭曲、晶格和 FFD 修改器,是修改器命令中几个重要的工具,任务五至任务七运用到了多边形建模技术,在任务案例前,详细讲解了编辑顶点、编辑边、编辑多边形的理论知识点,让读者对相应的重要工具和参数进行系统的学习,帮助读者更好地开展任务案例的实施。

☞项目考核

一、填空题

1. 修改器建模是指在已有基本模型的基础上,在(　　　)面板中添加相应的修改器。

2. (　　　)修改器可以在对象几何体中产生一个旋转效果(就像拧湿抹布)。

3. 晶格修改器设置参数中,基点面类型包括(　　　)、(　　　)和(　　　)3 种类型。

4. 将物体转换为可编辑多边形对象后,就可以对可编辑多边形对象的(　　　)、(　　　)、边界和(　　　)、(　　　)分别进行编辑。

5. 进入可编辑多边形的【顶点】级别以后,在【修改】面板中会增加一个(　　　)卷展栏。

6. (　　　)是多边形建模中使用频率最高的工具之一,可以为选定边生成平滑的棱角。

7. 在物体上单击鼠标右键,在弹出的快捷菜单中选择(　　　)命令。

8. 挤出多边形时,【高度】为(　　　)时可向外挤出多边形,为(　　　)时可向内挤出多边形。

二、选择题

1. 以下选项不属于修改器类型的是(　　)。

A. 置换　　B. 倒角　　C. 车削　　D. 圆角

2. 弯曲修改器中弯曲轴的默认轴是(　　)。

A. X　　B. Y　　C. Z　　D. 以上都不是

3. 可以将图形的线段或边转化为圆柱形结构,并在顶点上产生可选择的关节多面体的修改器是(　　)。

A. 晶格　　B. 扭曲　　C. 车削　　D. FFD

4. FFD(长方体)修改器中,默认的点数为(　　)。

A. 1×1×1　　B. 2×2×2　　C. 3×3×3　　D. 4×4×4

5. 下列选项中不属于编辑多边形可编辑状态的是(　　)。

A. 顶点　　B. 边界　　C. 四边形　　D. 元素

6. 对三维物体进行弯曲命令时上限的值必须为(　　)。

A. 0　　B. 正值　　C. 负值　　D. 1

7. 使用晶格框包围住选中的几何体,然后通过调整晶格的控制点来改变封闭几何体的形状,这种修改器是(　　)。

A. 晶格　　B. 噪波　　C. FFD　　D. 都不是

8. 进行编辑多边形建模时,在进入编辑边级别后,想要同时选中多条边,需要按住键盘上(　　)键。

A. Ctrl　　B. Shift　　C. Alt　　D. Esc

三、实践操作

1. 观察下图,利用所掌握的知识点完成简约床头柜模型的制作。

2. 利用所掌握的建模知识制作如下图所示鼠标模型。

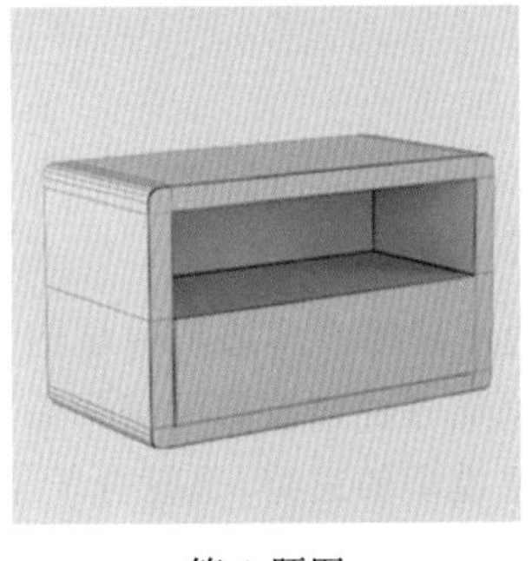

第 1 题图

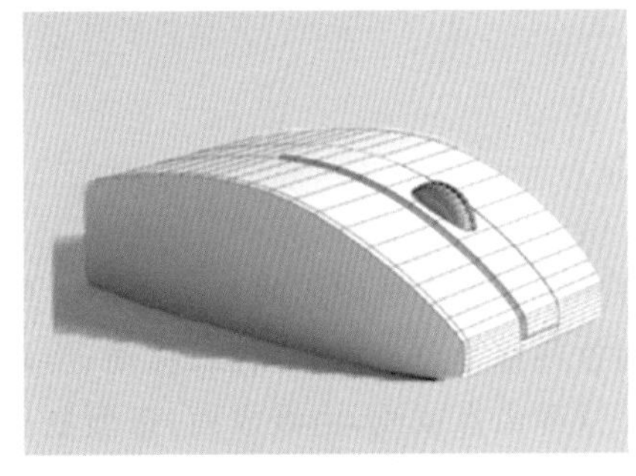

第 2 题图

3. 根据所学建模知识完成下图中的水龙头模型。

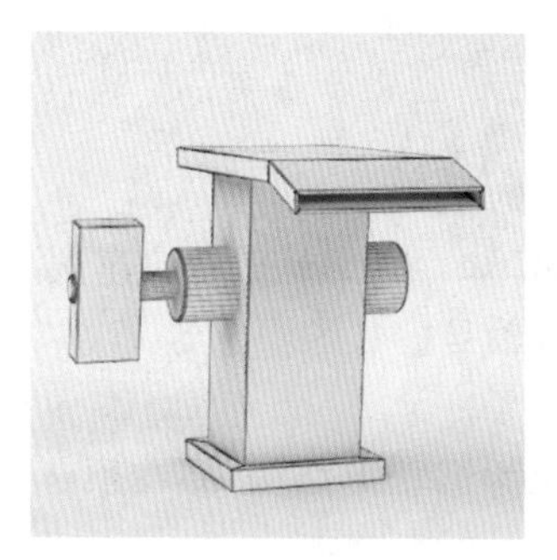

第 3 题图

参考答案

一、1. 修改　2. 扭曲　3. 四面体、八面体、二十面体　4. 顶点、边、多边形、元素　5. 编辑顶点　6. 切角　7. 转换为/转换为可编辑多边形　8. 正值、负值

二、1. D　2. C　3. A　4. D　5. C　6. B　7. C　8. A

三、略

☞教学指导

本章节主要讲解了以修改器建模和多边形建模为主的高级建模技术，除项目三涉及的车削、挤出、倒角剖面等修改器之外，还有像弯曲、扭曲、晶格和 FFD 等常用的修改器。此外在多边形建模中，详细讲解了多边形对象的重要参数。帮助读者更好地理解多边形建模的思路和方法。

根据多边形建模的制作流程、制作特点和掌握难度，任务以任务驱动和示范教学为主，引导读者掌握模型创建的方法和步骤，实现边做边学，理论与技能并重。有助于掌握高级模型的基础理论知识。教学过程充分发掘学生的创造潜能，提高学生解决实际问题的能力，培养学生的创新能力。

☞思政点拨

高级建模方法中最经常被使用的方法之一就是多边形建模。多边形建模的基本对象是点、线和面。通过对这些基本要素进行增删、移动、旋转及添加各种修改器的编辑后，便能制作出需要的任意模型。这种由点成线，由线成面，进而制作任意模型的思路，也符合千年前道家的淳朴思想："道生一，一生二，二生三，三生万物。"

参照任务一至任务四中思政要素的形式，根据任务五至任务七的制作内容及制作过程，理出一到两个关键词，根据关键词写出一句或者多句积极向上、传递正能量的思考和感悟。思路尽量开阔，突破思维定式，内容尽量具有创新性，以培养创新意识和创新思维能力。

任务五　欧式浴缸

任务六　时尚餐桌

任务七　休闲沙发

项目五　材质与贴图

项目五资源

材质可以理解为材料和质感的结合，在渲染过程中，它呈现的效果是各种可视属性的结合，这些可视属性一般指的是色彩、纹理、光滑度、透明度、反射率、折射率、发光度等。正是这些属性，让模型的质地更加真实，三维的虚拟世界才会和真实世界一样缤纷多彩。

另外，贴图在3DS MAX制作效果图中应用非常广泛，合理的应用贴图技术可以制作出真实的贴图，使得材质质感更加突出。

☞项目目标

- 掌握材质的基本知识；
- 掌握各类材质的参数详解；
- 掌握常用材质的设置方法；
- 掌握贴图的基本知识；
- 掌握各类贴图的参数详解；
- 掌握常用贴图的设置方法；
- 养成节约粮食的习惯；
- 珍惜人类的生存环境，培养环保意识；
- 坚持初心，培养抵制、拒绝各种诱惑的意志力。

☞项目概述

材质主要用于表现物体的颜色、质地、纹理、透明度和光泽等特性，依靠各种类型的材质可以制作出现实世界中的任何物体，如图5－1所示。

3DS MAX材质的设置需要有合理的步骤，这样才能节省时间、提高效率。通常，在制作新材质并将其应用于对象时，应该遵循以下步骤。

第1步：指定材质的名称。

第2步：选择材质的类型。

第3步：对于标准或光线追踪材质，应选择着色类型。

第4步：设置漫反射颜色、光泽度和不透明度等参数。

第5步：将贴图指定给要设置贴图的材质通道，并调整参数。

第6步：将材质应用于对象。

第7步：如有必要，应调整UV贴图坐标，以便正确定位对象的贴图。

图 5 - 1

第 8 步:保存材质。

技巧与提示:

在 3DS MAX 中,创建材质是一件非常简单的事情,任何模型都可以被赋予栩栩如生的材质,如在图 5 - 2 中,右图为白模,左图为赋予材质后的效果,可以明显观察到,左图无论是在质感还是在光感上都要好于右图。当编辑好材质后,用户还可以随时返回到【材质编辑器】对话框中对材质的细节进行调整,以获得最佳的材质效果。

图 5 - 2

☞项目任务

任务一　塑料餐具

本任务思政要素：节约粮食，从每一餐的每一盘开始。

（一）理论基础——标准材质

安装好 VRay 渲染器后，材质类型大致分为 27 种，单击【材质编辑器】中的 Standard 按钮，然后在弹出的【材质/贴图浏览器】对话框中可以观察到这 27 种材质类型。

【标准】材质是 3DS MAX 默认的材质，也是使用频率最高的材质之一，它几乎可以模拟真实世界中的任何材质，其参数设置面板如图 5－3 所示。

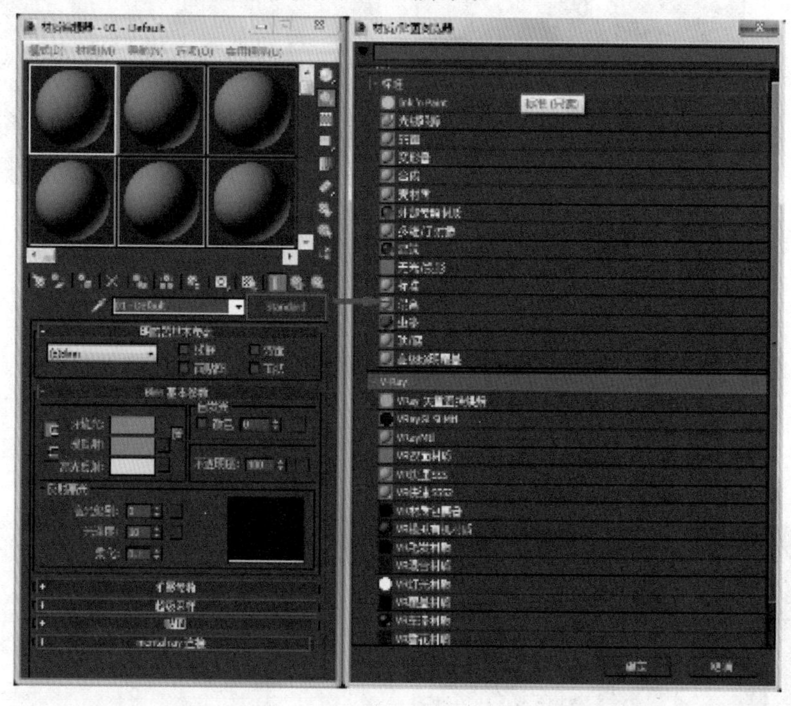

图 5－3

1. 明暗器基本参数卷展栏

在【明暗器基本参数】卷展栏下可以选择明暗器的类型，还可以设置【线框】、【双面】、【面贴图】和【面状】等参数，如图 5－4 所示。

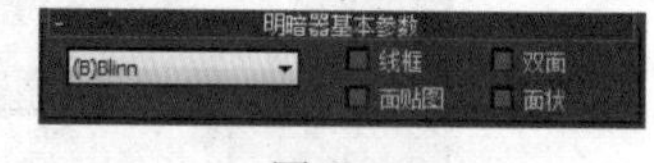

图 5－4

【明暗器列表】包含了 8 种明暗器类型，如图 5－5 所示。

图 5－5

【各向异性】：这种明暗器通过调节两个垂直于正向上的可见高光尺寸之间的差值来提供一种【重折光】的高光效果，这种渲染属性可以很好地表现毛发、玻璃和被擦拭过的金属等物体。

【Blinn】:这种明暗器是以光滑的方式来渲染物体表面,是最常用的一种明暗器。

【金属】:这种明暗器适用于金属表面,它能提供金属所需的强烈反光。

【多层】:这种明暗器与【各向异性】明暗器很相似,但【多层】明暗器可以控制两个高亮区,因此【多层】明暗器拥有对材质更多的控制,第 1 高光反射层和第 2 高光反射层具有相同的参数控制,可以对这些参数使用不同的设置。

【Oren-Nayar-Blinn】:这种明暗器适用于无光表面(如纤维或陶土),与【Blinn】明暗器几乎相同,通过它附加的【漫反射色级别】和【粗糙度】两个参数可以实现无光效果。

【Phong】:这种明暗器可以平滑面与面之间的边缘,也可以真实地渲染有光泽和规则曲面的高光,适用于高强度的表面和具有圆形高光的表面。

【Strauss】:这种明暗器适用于金属和非金属表面,与【金属】明暗器十分相似。

【半透明明暗器】:这种明暗器与【Blinn】明暗器类似,它们之间最大的区别在于该明暗器可以设置半透明效果,使光线能够穿透半透明的物体,并且在穿过物体内部时离散。

【线框】:以线框模式渲染材质,用户可以在【扩展参数】卷展栏下设置线框的【大小】参数,如图 5-6 所示。

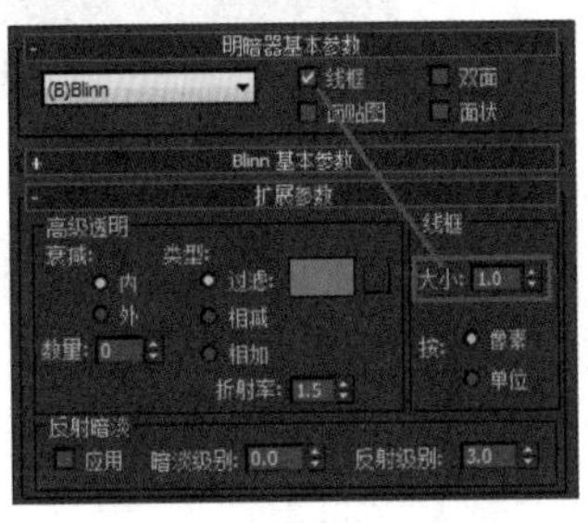

图 5-6

【双面】:将材质应用到选定面,使材质成为双面。

【面贴图】:将材质应用到几何体的各个面。如果材质是贴图材质,则不需要贴图坐标,因为贴图会自动应用到对象的每一个面。

【面状】:使对象产生不光滑的明暗效果,把对象的每个面都作为平面来渲染,可以用于制作加工过的钻石、宝石和任何带有硬边的物体表面。

2. Blinn 基本参数卷展栏

下面以【Blinn】明暗器来讲解明暗器的基本参数。展开【Blinn 基本参数】卷展栏,在这里可以设置材质的【环境光】、【漫反射】、【高光反射】、【自发光】、【不透明度】、【高光级别】、【光泽度】和【柔光】等属性,如图 5-7 所示。

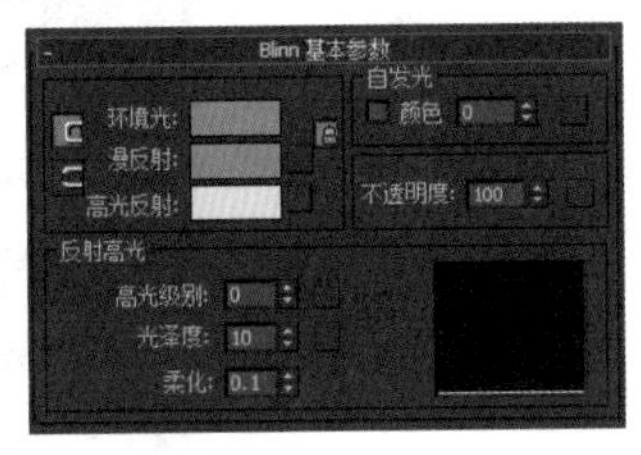

图 5-7

【环境光】:用于模拟间接光,也可以用来模拟光能传递。

【漫反射】:在光照条件较好的情况下(如在太阳光和人工光直射的情况下)物体反射出来的颜色,又被称作物体的【固有色】,也就是物体本身的颜色。

【高光反射】:物体发光表面高亮显示部分的颜色。

【自发光】:使用【漫反射】颜色替换曲面上的任何阴影,从而创建出白炽效果。

【不透明度】:控制材质的不透明度。

【高光级别】:控制【反射高光】的强度。数值越大,反射强度越强。

【光泽度】:控制镜面高亮区域的大小,即反光区域的大小。数值越大,反光区域越小。

【柔化】:设置反光区和无反光区衔接的柔和度。0 表示没有柔化效果;1 表示应用最大量的柔化效果。

(二)课堂案例——塑料餐具的制作

(1)打开【项目五\项目五素材、效果及源文件\任务一\塑料餐具场景.max】,如图 5-8 所示。

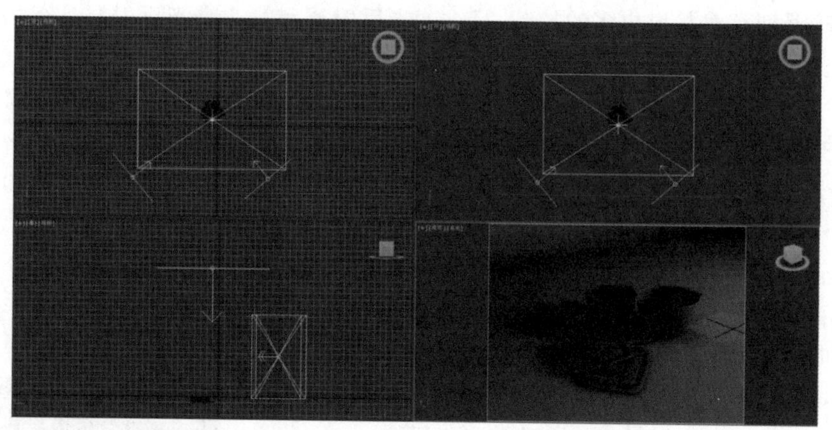

图 5-8

(2)在工具栏单击【材质编辑器】按钮,打开精简材质编辑器,从中选择一个新的材质样本球,设置材质类型为【标准】材质,接着将其命名为【塑料】材质。

(3)在【Blinn 基本参数】卷展栏中设置【环境光】和【漫反射】的红绿蓝为 225、200、40,设置【高光反射】的红绿蓝为 230、230、230,在【反射高光】组中设置【高光级别】为 52、【光泽度】为 50,如图 5-9 所示,设置出黄色塑料材质。

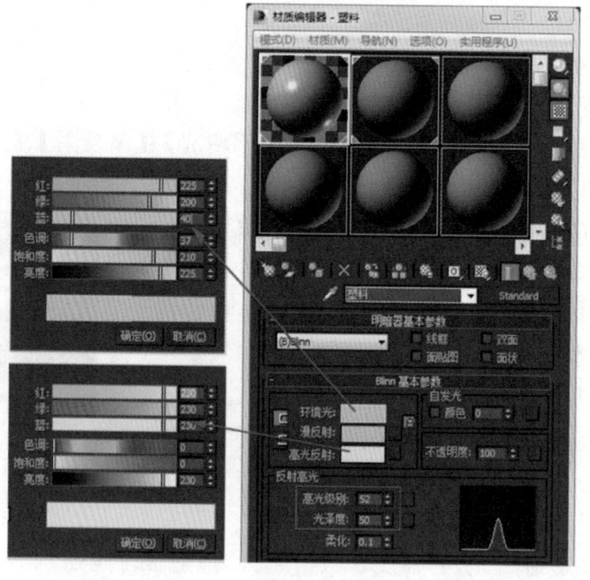

图 5-9

(4)在场景中选择相应的模型,然后在【材质编辑器】对话框中单击【将材质指定给选定对象】按钮,将材质指定为选择的模型对象,如图 5-10 所示。

图 5 - 10

技巧与提示：

本案例详细介绍了如何将材质指定给对象，在后面案例中，这个步骤将会省去。

(5)再次选择一个新的材质样本球，设置材质类型为【标准】材质，接着将其命名为【塑料 2】材质。

(6)在【Blinn 基本参数】卷展栏中设置【环境光】和【漫反射】的红绿蓝为 225、53、44，设置【高光反射】的红绿蓝为 230、230、230，在【反射高光】组中设置【高光级别】为 52、【光泽度】为 50。使用同样的方法设置一个红色塑料材质。将其指定到相应的模型，如图 5 - 11 所示。

(7)按【F9】键渲染当前场景，最终效果如图 5 - 12 所示。

图 5 - 11

图 5 - 12

任务二　碗碟垫

本任务思政要素：应小心呵护人类赖以生存的地球环境。

(一)理论基础——混合材质

【混合】材质可以在模型的单个面上将两种材质通过一定的百分比进行混合，其材质参数设置面板如图 5－13 所示。

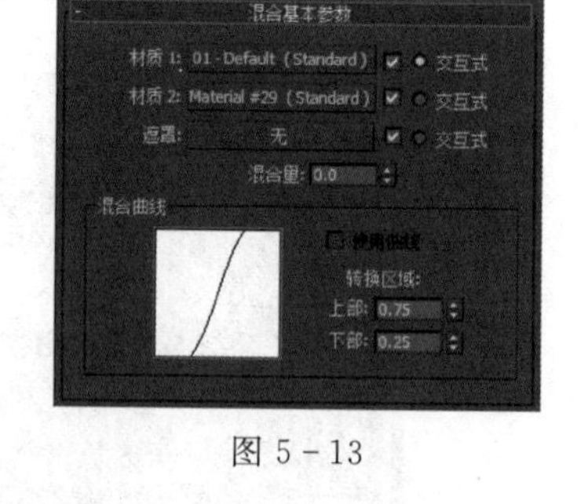

图 5－13

【材质 1/材质 2】:可在其后面的材质通道中对两种材质分别进行设置。

【遮罩】:可以选择一张贴图作为遮罩。利用贴图的灰度值可以决定【材质 1】和【材质 2】的混合情况。

【混合量】:控制两种材质混合的百分比。如果使用遮罩,则【混合量】选项将不起作用。

【交互式】:用来选择哪种材质在视图中以实体着色方式显示在物体的表面。

【混合曲线】:对遮罩贴图中的黑白色过渡区进行调节。

【使用曲线】:控制是否使用【混合曲线】来调节混合效果。

【上部】:用于调节【混合曲线】的上部。

【下部】:用于调节【混合曲线】的下部。

技巧与提示:

在将【标准】材质切换为【混合材质】时,3DS MAX 会弹出一个【替换材质】对话框,提示是丢弃旧材质还是将旧材质保存为子材质,用户可根据实际情况进行选择,这里选择【将旧材质保存为子材质】选项,如图 5－14 所示。

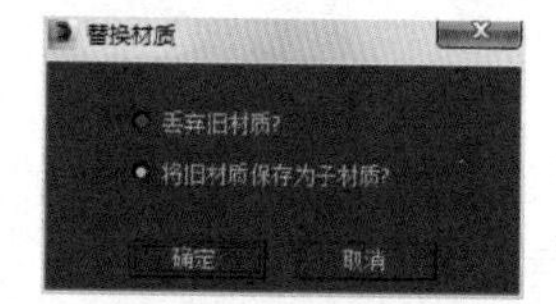

图 5－14

(二)课堂案例——碗碟垫的制作

(1)打开【项目五\项目五素材、效果及源文件\任务二\碗碟垫场景.max】,如图 5－15 所示。

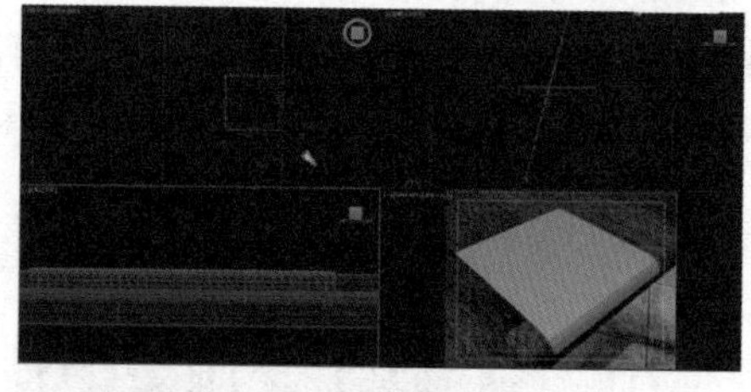

图 5－15

(2)在场景中选择碗碟垫模型,打开【材质编辑器】窗口,单击【标准】按钮,在弹出的【材质/贴图浏览器】窗口中选择【混合】材质,单击【确定】按钮,如图 5－16 所示。

(3)指定的混合材质面板如图 5－17 所示。

(4)单击进入材质 1 的材质面板中,在【Blinn 基本参数】卷展栏中设置【环境光】和【漫反射】的颜色为红绿蓝分别为:255、204、0,如图 5－18 所示。

(5)单击【转到父对象】按钮,返回主材质面板,单击进入材质 2 面板,设置【环境光】和【漫反射】的颜色为红色,如图 5－19 所示。

(6)单击【转到父对象】按钮,返回主材质面板,在【混合基本参数】卷展栏中单击【遮罩】后的【无】按钮,在弹出的【材质/贴图浏览器】中选择【位图】贴图,单击【确定】按钮,如图 5－20 所示。

(7)在弹出的【选择位图图像文件】对话框中选择一个遮罩图像,如图 5－21 所示。

(8)单击【转到父对象】按钮,单击【将材质指定给选定对象】按钮,将材质指定给场景中的碗碟垫模型。按【F9】键渲染当前场景,最终效果如图 5－22 所示。

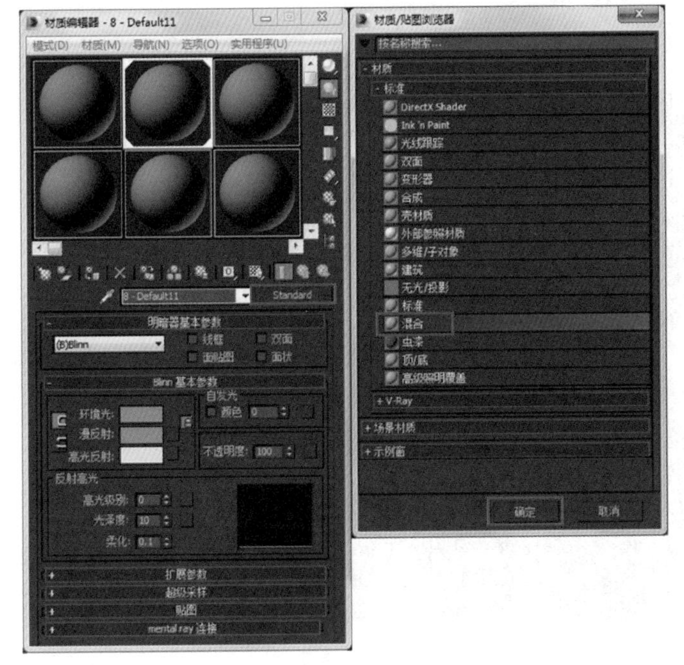

图 5－16

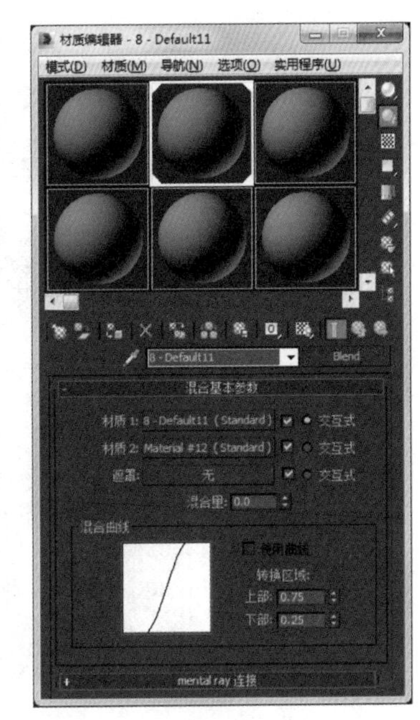

图 5－17

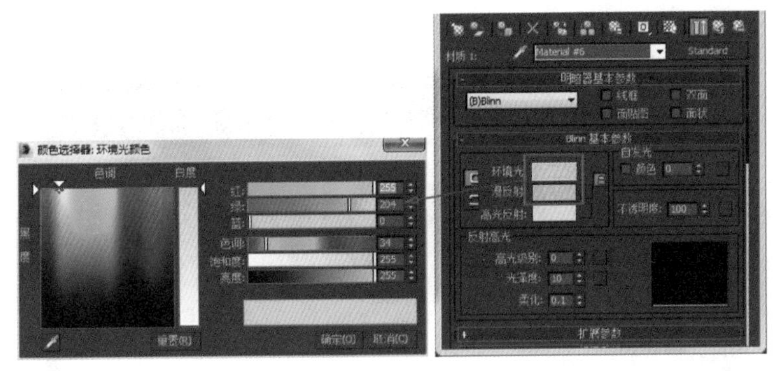

图 5－18

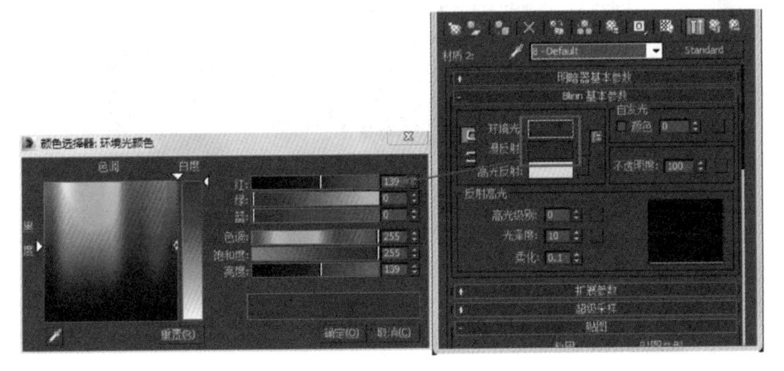

图 5－19

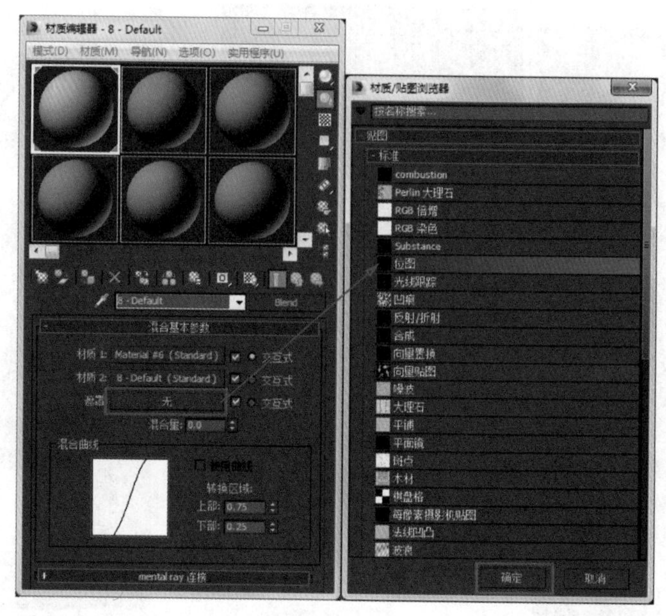
材质编辑器 - 8 - Default
模式(D) 材质(M) 导航(N) 选项(O) 实用程序(U)
8 - Default
Blend
混合基本参数
材质 1: Material #6 (Standard)
材质 2: 8 - Default (Standard)
交互式
无
混合量: 0.0
混合曲线
使用曲线
转换区域:
上部: 0.75
下部: 0.25
mental ray 连接
材质/贴图浏览器
按名称搜索...
贴图
标准
combustion
Perlin 大理石
RGB 倍增
RGB 染色
Substance
位图
光线跟踪
凹痕
反射/折射
合成
向量置换
向量贴图
噪波
大理石
平铺
平面镜
斑点
木材
棋盘格
每像素摄影机贴图
法线凹凸
波浪
确定
取消

图 5 - 20

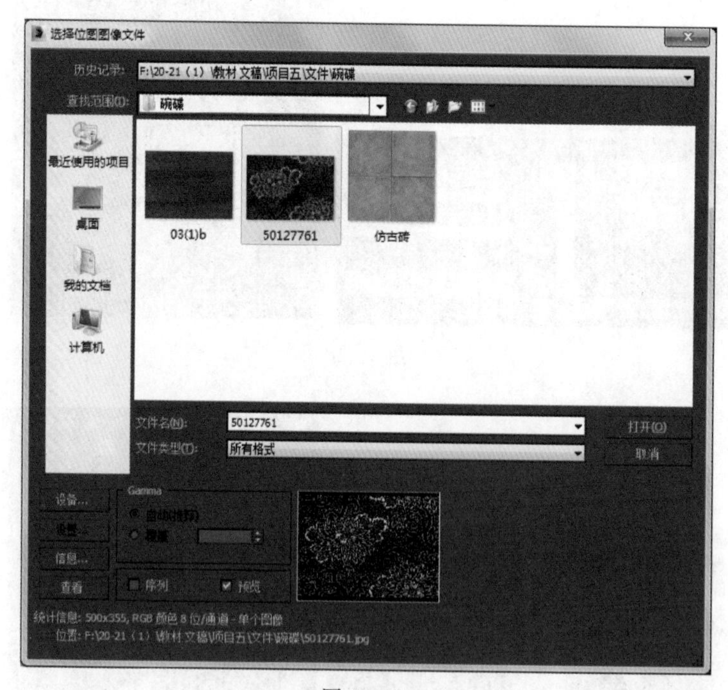
选择位图图像文件
历史记录:
F:\20-21（1）\教材文稿\项目五\文件\碗碟
查找范围(I):
碗碟
最近使用的项目
桌面
我的文档
计算机
03(1)b
50127761
仿古砖
文件名(N):
50127761
文件类型(T):
所有格式
打开(O)
取消
Gamma
设备...
信息...
查看
序列
预览
统计信息: 500x355, RGB 颜色 8 位/通道 - 单个图像
位置: F:\20-21（1）\教材文稿\项目五\文件\碗碟\50127761.jpg

图 5 - 21

图 5-22

任务三　不锈钢水壶

本任务思政要素：发展现代工业，兼顾环境保护，才是可持续发展的基础。

(一)理论基础——VRayMtl 材质

VRayMtl 材质是使用频率最高的一种材质，也是使用范围最广的一种材质，常用于制作室内外效果图。VRayMtl 材质除了能完成一些反射和折射效果外，还能出色地表现出 SS 和 BRDF 等效果，其参数设置面板如图 5-23 所示。

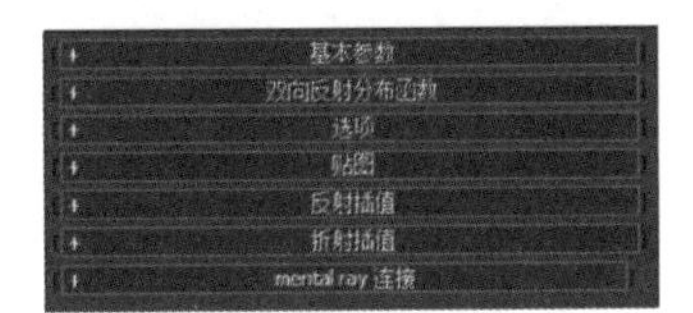

图 5-23

【基本参数】卷展栏如图 5-24 所示。

1)漫反射组

【漫反射】：物体的漫反射用来决定物体的表面颜色。通过单击它的色块，可以调整自身的颜色。单击右边的■按钮可以选择不同的贴图类型。

【粗糙度】：数值越大，粗糙效果越明显，可以用该选项来模拟绒布的效果。

2)反射组

【反射】：这里的反射是靠颜色的灰度来控制的，颜色越白反射越亮，越黑反射越弱；而这里选择的颜色则是反射出来的颜色，和反射的强度是分开来计算的。单击旁边的■按钮，可以使用贴图的灰度来控制反射的强弱。

【菲涅耳反射】：勾选该选项后，反射强度会与物体的入射角度有关系，入射角度越小，反射越强烈。当垂直入射的时候，反射强度最弱。同时，菲涅耳反射的效果也和下面的【菲涅耳折射率】有关。当【菲涅耳折射率】为 0 或 100 时，将

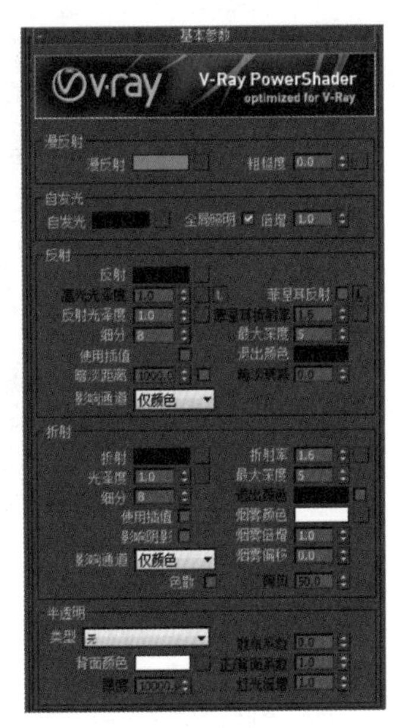

图 5-24

产生完全反射；而当【菲涅耳折射率】从 100 变化到 0 时，反射强烈；同样，当【菲涅耳折射率】从 0 变化到 100 时，反射也强烈。

技巧与提示：

【菲涅耳反射】模拟真实世界中的一种反射现象，反射的强度与摄影机的视点和具有反射功能的物体的角度有关。角度值接近 0 时，反射最强；当光线垂直于表面时，反射功能最弱，这也是物理世界中的现象。

【菲涅耳折射率】：在【菲涅耳反射】中，菲涅耳现象的强弱衰减率可以用该选项来调节。

【高光光泽度】：控制材质的高光大小，默认情况下和【反射光泽度】一起关联控制，可以通过单击旁边的L按钮来解除锁定，从而可以单独调整高光的大小。

【反射光泽度】：通常也被称为【反射模糊】。物理世界中所有的物体都有反射光泽度，只是或多或少而已。默认值 1 表示没有模糊效果，而值越小表示模糊效果越强烈。单击右边的■按钮，可以通过贴图的灰度来控制反射模糊的强弱。

【细分】：用来控制【反射光泽度】的品质，较高的值可以取得较平滑的效果，而较低的值可以让模糊区域产生颗粒效果。注意，细分值越大，渲染速度越慢。

【使用插值】：当勾选该参数时，VRay 能够使用类似【发光图】的缓存方式来加快反射模糊的计算。

【最大深度】：指反射的次数，数值越高，效果越真实，但渲染时间也越长。

【退出颜色】：当物体的反射次数达到最大次数时就会停止计算反射，这时由于反射次数不够造成的反射区域的颜色就用退出颜色来代替。

（二）课堂案例——不锈钢水壶的制作

（1）打开【项目五\项目五素材、效果及源文件\任务三\不锈钢水壶场景. max】，将模型解组，如图 5－25 所示，在场景中选择相应的主体模型。

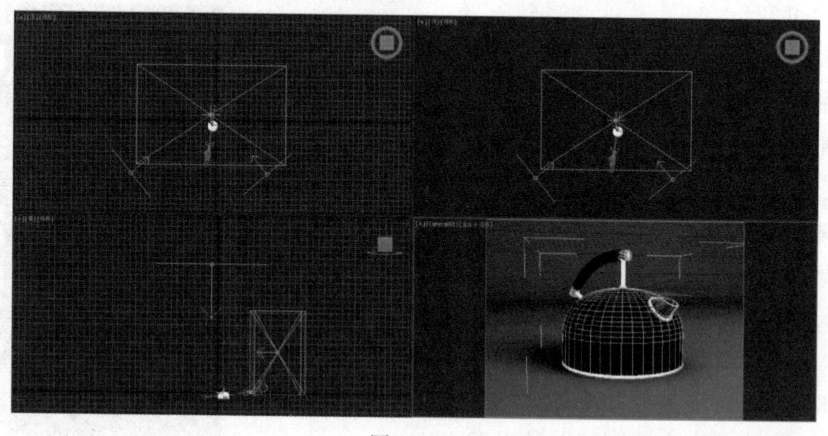

图 5－25

（2）打开材质编辑器，选择一个新的材质样本球，将材质转换为 VRayMtl 材质，在【基本参数】卷展栏中设置【漫反射】的红绿蓝为 43、45、47，如图 5－26 所示。

（3）设置【反射】的红绿蓝为 169、169、169，设置【高光光泽度】为 0.7、【反射光泽度】为 0.9、

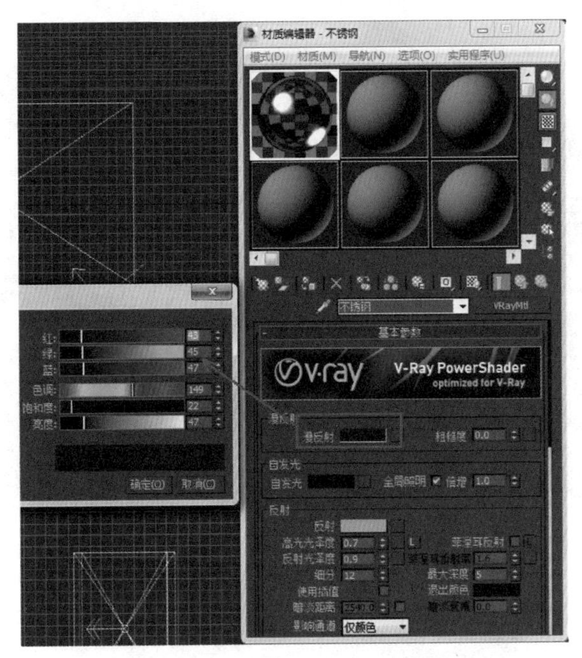

图 5 - 26

【细分】为 12,如图 5 - 27 所示。

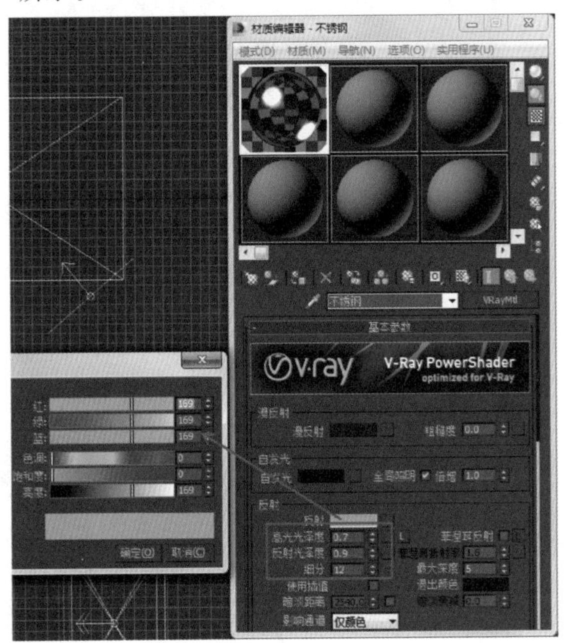

图 5 - 27

(4)单击【将材质指定给选定对象】按钮,将材质指定给场景中处于选择的模型。按照之前【利用标准材质制作塑料材质】制作黑色塑料材质指定给场景中的把手位置,如图 5 - 28

所示。

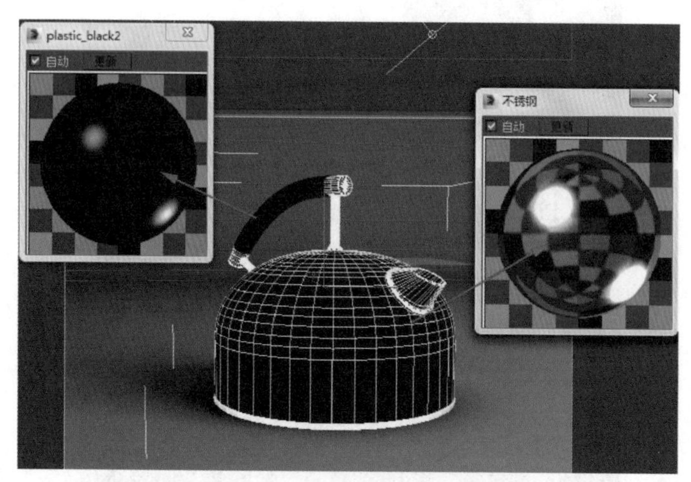

图 5-28

(5)按【F9】键渲染当前场景,最终效果如图 5-29 所示。

图 5-29

任务四　毛巾

本任务思政要素:棉生而洁白如雪,但色彩千变,幸而温暖如初,故久而不衰。

(一)理论基础——VRayMtl 材质贴图

VRayMtl 材质作为在制作室内外效果图使用范围最广的一种材质,除了能完成一些反射和折射效果,在贴图卷展栏中利用凹凸和置换通道添加贴图外,还能出色地表现出一些纹理凹凸质感,其参数设置面板如图 5-30 所示。

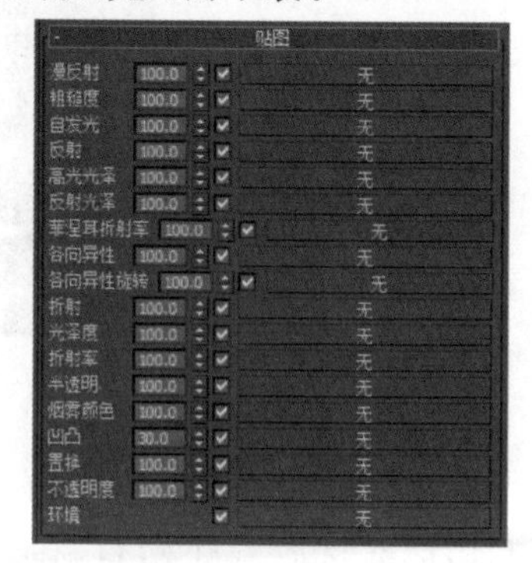

图 5-30

【凹凸】:主要用于制作物体的凹凸效果,在后面的通道中可以加载一张凹凸贴图。

【置换】:主要用于制作物体的置换效果,在后面的通道中可以加载一张置换贴图。

【不透明度】:主要用于制作不透明物体。

【环境】:主要是针对上面的一些贴图而设定的,如【反射】、【折射】等,只是在其贴图的效果上加入了环境贴图效果。

(二)课堂案例——毛巾的制作

(1)打开【项目五\项目五素材、效果及源文件\任务四\毛巾场景.max】场景文件,如图5-31所示,选择其中一条毛巾模型。

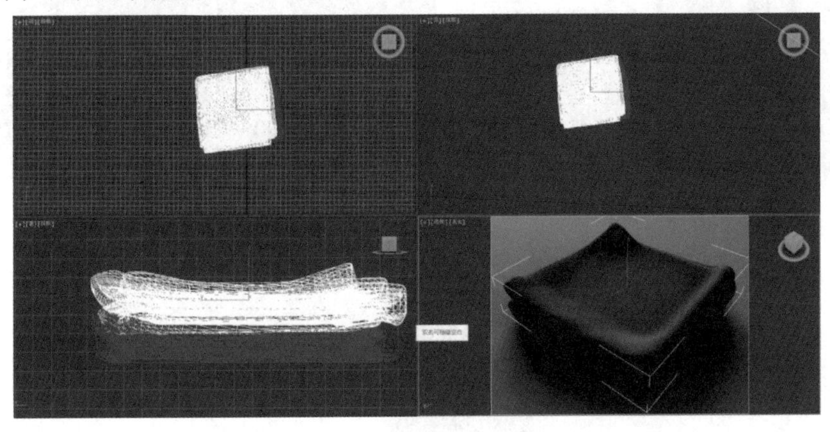

图 5-31

(2)打开材质编辑器,选择一个新的材质样本球,将材质转换为 VRayMtl 材质,在【基本参数】卷展栏中设置【漫反射】的色块为橘红色,如图 5-32 所示。

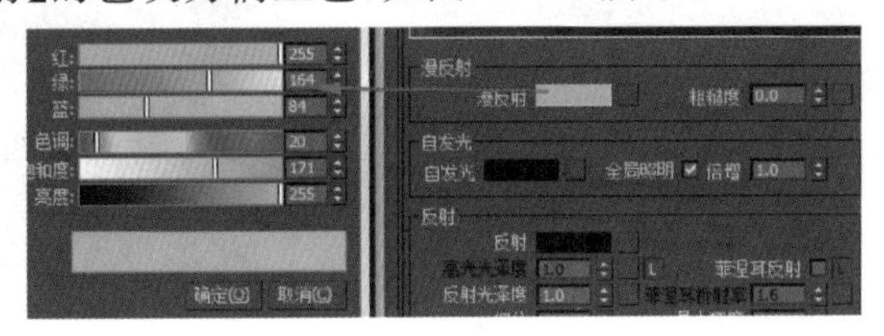

图 5-32

(3)在【贴图】卷展栏中单击【凹凸】后的【无】按钮,在弹出的【材质贴图浏览器】对话框中选择【位图】,选择位图路径为【项目五\项目五素材、效果及源文件\任务四\毛巾凹凸 2.jpg】。进入凹凸贴图层级,使用默认参数。单击【转到父对象】按钮,返回到主材质面板,将【凹凸】后的贴图拖曳到【置换】后的【无】按钮上,在弹出的快捷菜单中选择【复制】,单击【确定】按钮,复制贴图后设置置换【数量】为 8,如图 5-33 所示。

(4)将设置好的材质样本球拖曳到一个新的材质样本球上,重新命名材质名称,设置【漫反射】的色块为蓝色,如图 5-34 所示。

(5)单击■(将材质指定给选定对象)按钮,将材质指定给场景中处于选择的毛巾模型,将另一个蓝色毛巾材质指定给场景中的另一条毛巾,如图 5-35 所示。

(6)按【F9】键渲染当前场景,最终效果如图 5-36 所示。

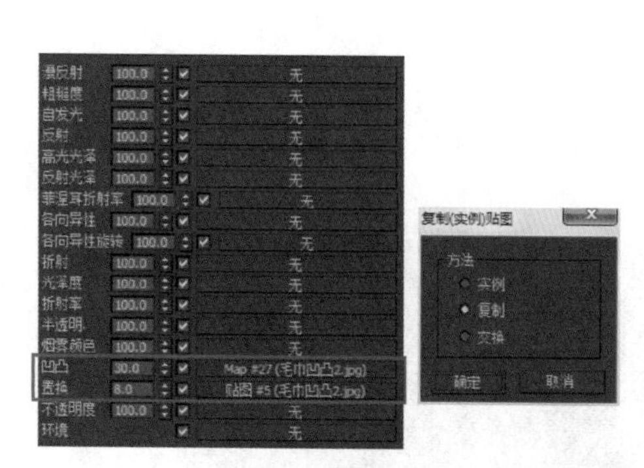

图 5-33

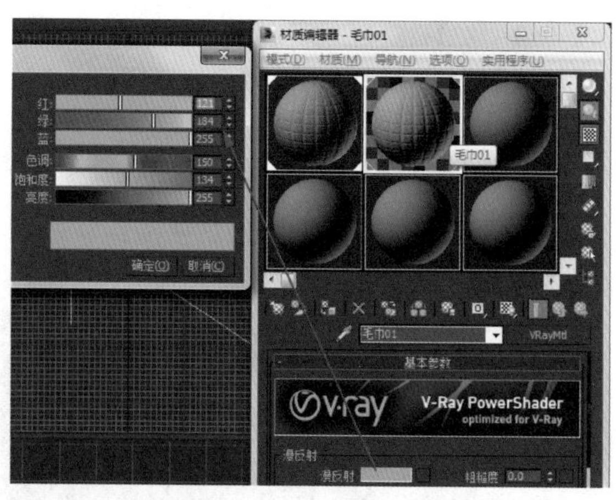

图 5-34

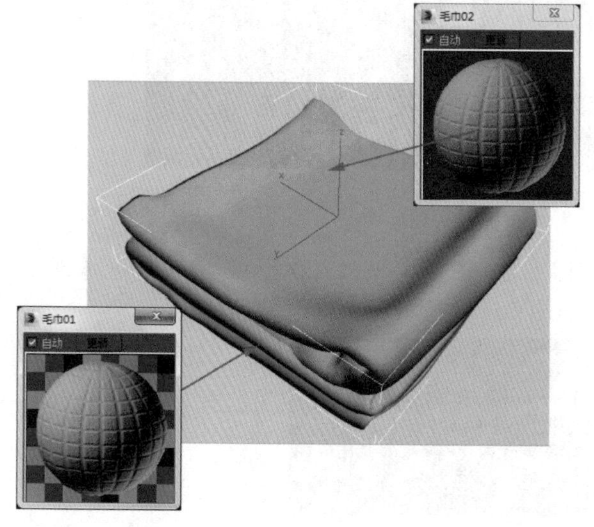

图 5-35

图 5-36

任务五 发光灯管

(一)理论基础——VRay 灯光材质

VRay 灯光材质主要用来模拟自发光效果。当设置渲染器为 VRay 渲染器后,在【材质/贴图浏览器】对话框中可以找到【VRay 灯光材质】,其参数设置面板如图 5-37 所示。

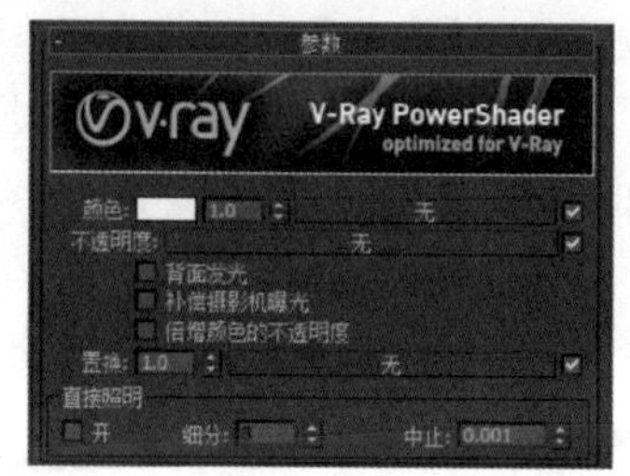

图 5-37

【颜色】:设置对象自发光的颜色,后面的输入框用于设置自发光的强度。通过后面的贴图通道可以加载贴图来代替自发光的颜色。

【不透明度】:用贴图来指定发光体的透明度。

【背面发光】:当勾选该选项时,它可以让材质光源双面发光。

【补偿摄影机曝光】:勾选该选项后,【VRay 灯光材质】产生的照明效果可以用于增强摄影机曝光。

【按不透明度倍增颜色】:勾选该选项后,同时通过下方的【置换】贴图通道加载黑白贴图,可以通过位图的灰度强弱来控制发光强度,白色为最强。

【置换】:在后面的贴图通道中可以加载贴图来控制发光效果。调整数值输入框中的数值可以控制位图的发光强弱,数值越大,发光效果越强烈。

【直接照明】:该选项组用于控制【VRay 灯光材质】是否参与直接照明计算。

【开】:勾选该选项后,【VRay 灯光材质】产生的光线仅参与直接照明计算,即只产生自身亮度及照明范围,不参与间接光照的计算。

【细分】:设置【VRay 灯光材质】所产生光子参与直接照明计算时的细分效果。

【中止】:设置【VRay 灯光材质】所产生光子参与直接照明时的最小能量值,能量小于该数值时光子将不参与计算。

(二)课堂案例——发光灯管的制作

(1)打开【项目五\项目五素材、效果及源文件\任务五\发光灯管场景.max】文件,如图5-38所示。

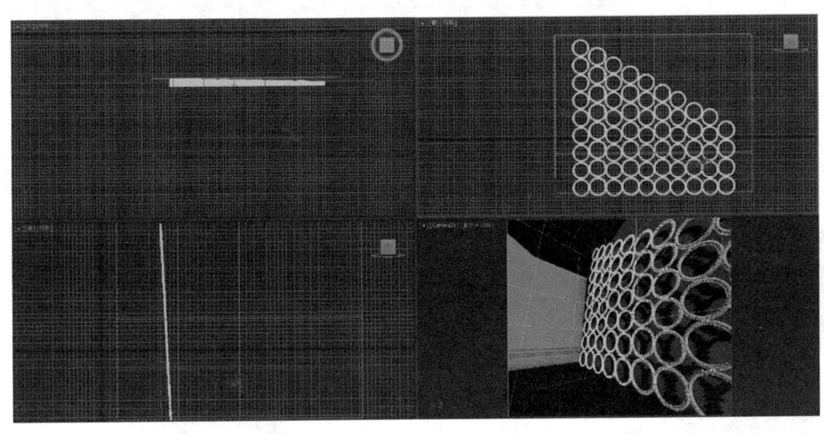

图 5-38

(2)打开材质编辑器,选择一个空白材质球,然后设置材质类型为【VRay 灯光材质】,接着在【参数】卷展栏下设置发光的【颜色】为 2.5,如图 5-39 所示,制作好的灯管材质如 5-40 所示。

(3)下面制作地板材质,选择一个空白材质球,然后设置材质类型为 VRayMtl 材质,在【漫反射】贴图通道中加载一个位图,位图为随书资源文件中的【项目五\项目五素材、效果及源文件\任务五\地板.jpg】,然后在【坐标】卷展栏下设置【瓷砖】的 U 和 V 为 5。设置【反射】颜色红绿蓝为 64、64、64,然后设置【反射光泽度】为 0.8。具体参数设置如图 5-41 所示。

(4)单击■(将材质指定给选定对象)按钮,将制作好的材质分别指定给对应的模型,如图 5-42所示。

(5)按【F9】键渲染当前场景,最终效果如图 5-43 所示。

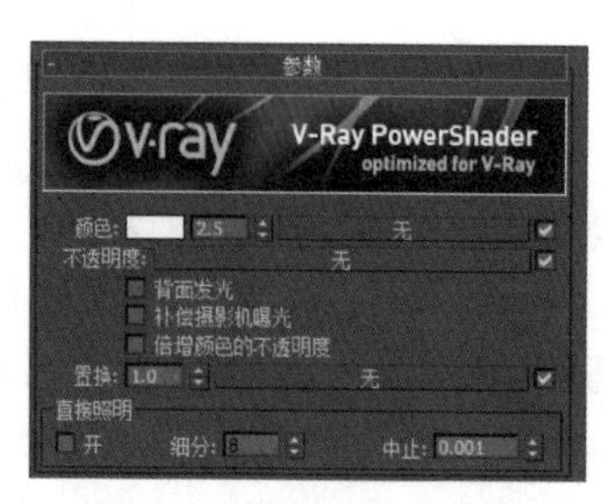

图 5 - 39

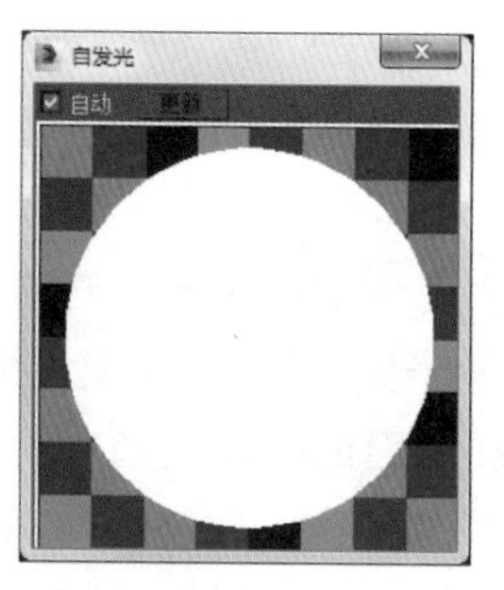

图 5 - 40

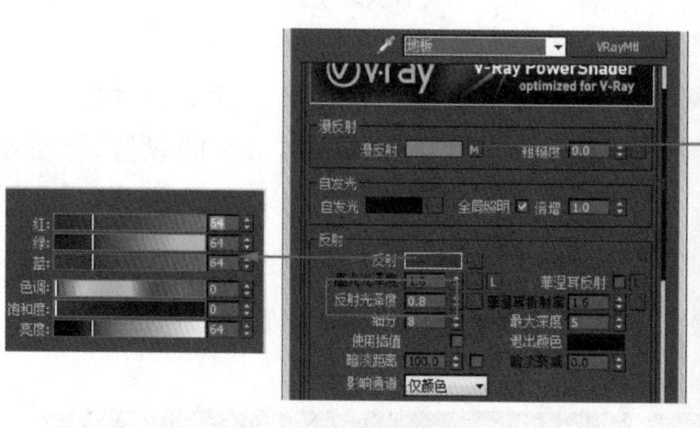

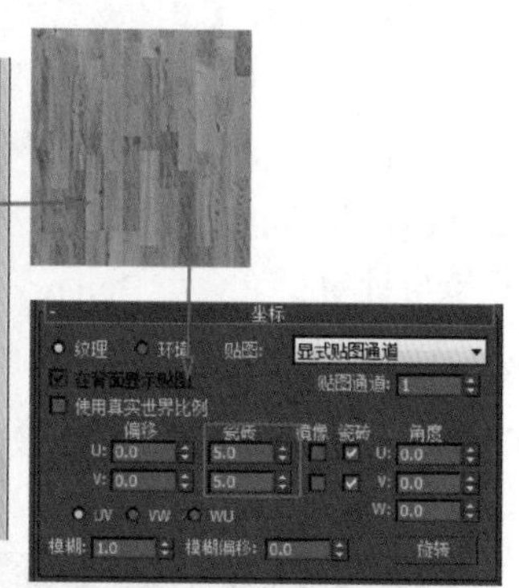

图 5 - 41

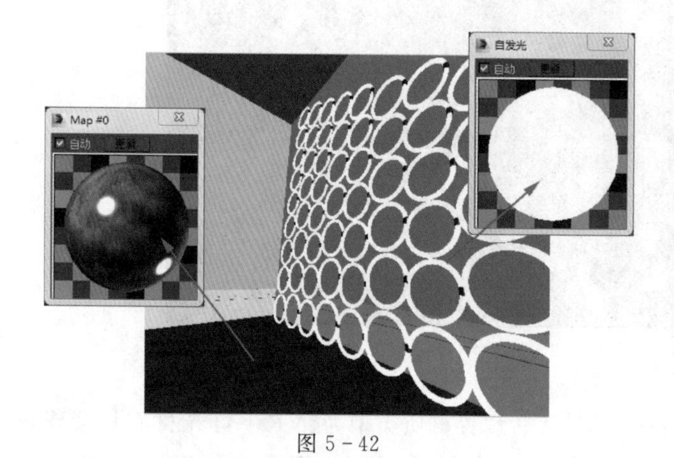

图 5 - 42

图 5 - 43

任务六　植物叶片

(一)理论基础——不透明度贴图

贴图主要用于表现物体材质表面的纹理，利用贴图可以在不用增加模型复杂程度的条件下表现对象的细节，并且可以创建反射、折射、凹凸和镂空等多种效果。通过贴图可以增强模型的质感，完善模型的造型，使三维场景更加接近真实的环境，如图 5 - 44 所示。

展开 VRayMtl 材质的【贴图】卷展栏，在该卷展栏下有很多贴图通道，在这些贴图通道中可以加载贴图来表现物体的相应属性，如图 5－45 所示。

图 5－44

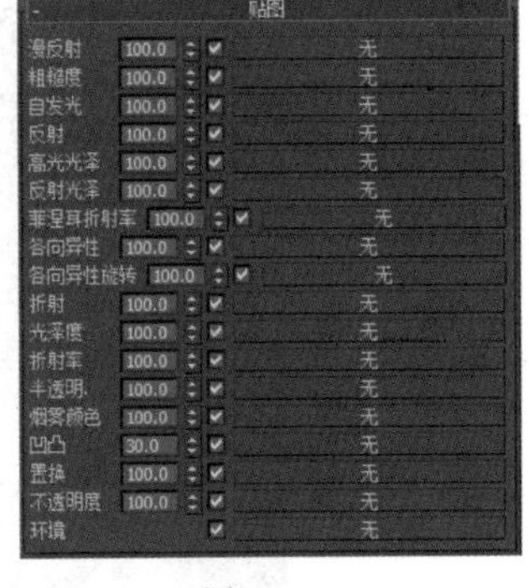

图 5－45

随意单击一个通道，在弹出的【材质贴图浏览器】对话框中可以观察到很多贴图，主要包括【标准】贴图和 VRay 的贴图，如图 5－46 所示。

【不透明度】贴图主要用于控制材质是透明、不透明还是半透明，遵循了“黑透、白不透”的原理，如图 5－47 所示。

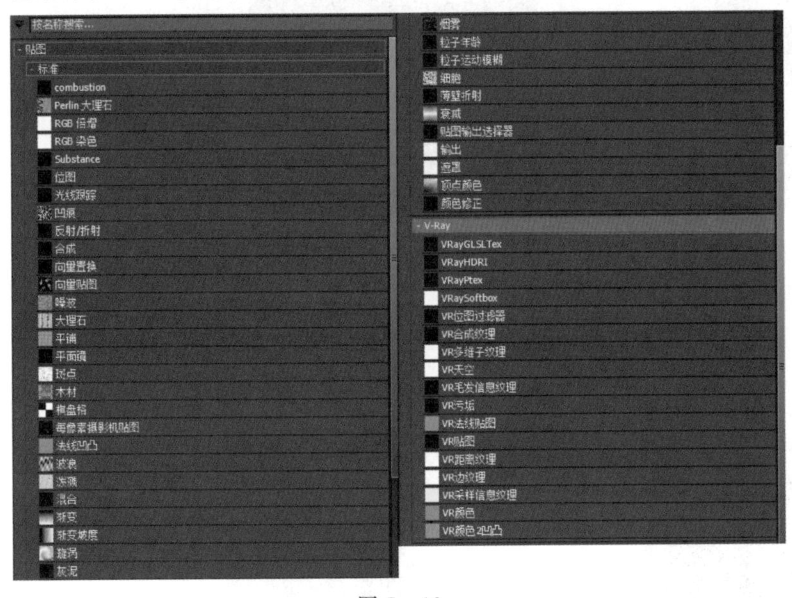

图 5－46

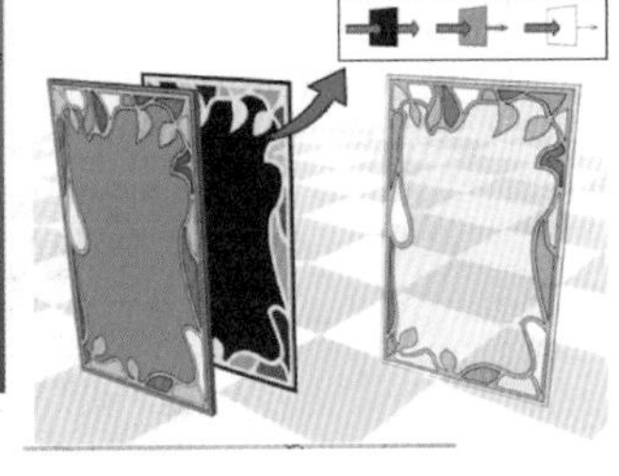

图 5－47

(二)课堂案例——植物叶片的制作

(1)打开【项目五\项目五素材、效果及源文件\任务六\植物叶片场景. max】，如图 5－48 所示。

(2)选择一个空白材质球，设置材质类型为【标准】材质，接着将其命名为【叶子】，在【漫反射】贴图通道中加载一张【项目五\项目五素材、效果及源文件\任务六\oreg_ivy. jpg】文件，如图 5－49 所示。

(3)在【不透明度】贴图通道中加载一张【项目五\项目五素材、效果及源文件\任务六\oreg_

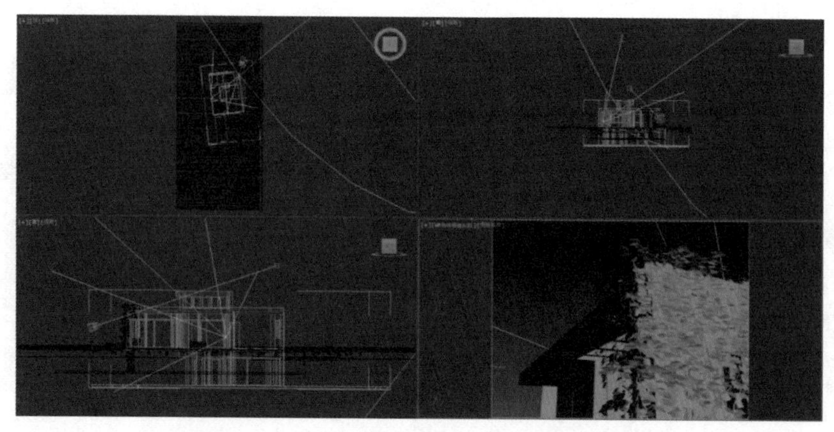

图 5－48

ivy 副本. jpg】文件，在【反射高光】选项组下设置【高光级别】为 40、【光泽度】为 50，如图 5－50 所示。

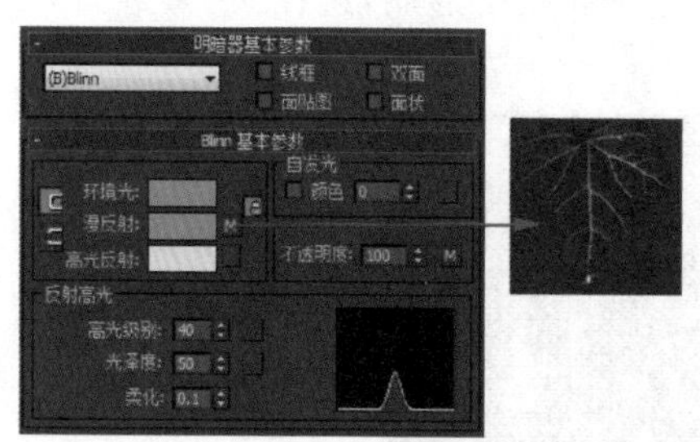

图 5－49

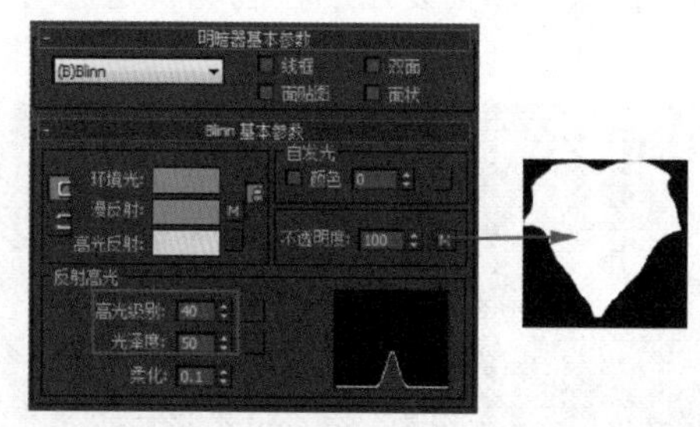

图 5－50

（4）制作好的材质球效果如图 5－51 所示。

（5）单击（将材质指定给选定对象）按钮，将材质指定给场景中树叶部分，然后按【F9】键渲染当前场景，最终效果如图 5－52 所示。

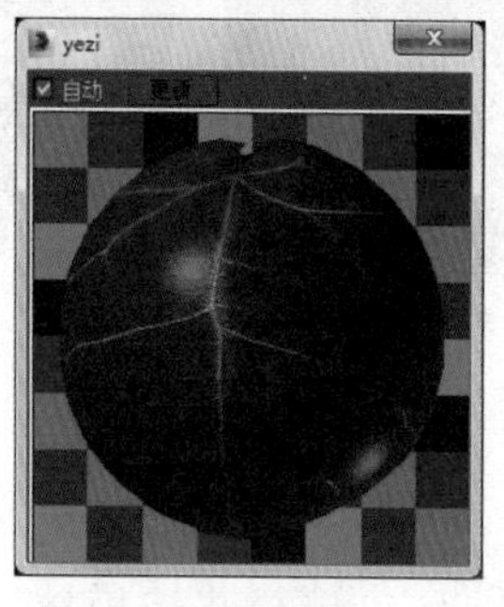

图 5－51

图 5－52

任务七　地砖

（一）理论基础——位图贴图

位图贴图是一种最基本的贴图类型，也是最常用的贴图类型。位图贴图支持很多种格式，包括 flc、avi、bmp、gif、jpeg、png、psd 和 tif 等主流图像格式，如图 5－53 所示。还有一些常见的位图贴图，如图 5－54 所示。

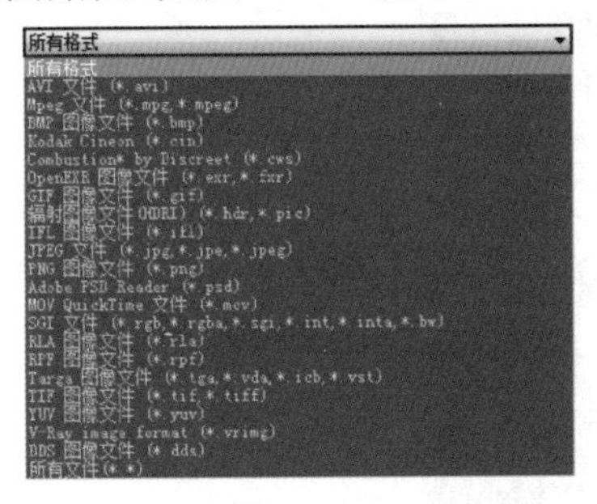

图 5－53

图 5－54

(二)课堂案例——地砖的制作

(1)打开【项目五\项目五素材、效果及源文件\任务七\地砖场景.max】，如图 5－55 所示。

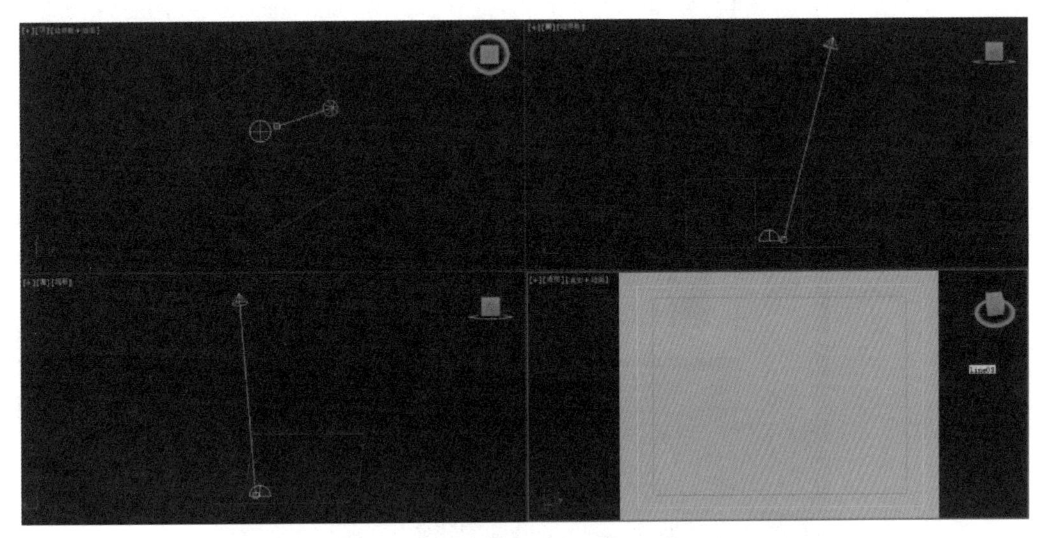

图 5－55

(2)在场景中选择相应的模型，打开材质编辑器，选择一个新的材质样本球，使用默认的标准材质，在【贴图】卷展栏中单击【漫反射颜色】后的【无】按钮，在弹出的【材质/贴图浏览器】中选择【位图】，单击【确定】按钮，如图 5－56 所示。

(3)在弹出的【选择位图图像文件】对话框中选择位图，贴图为随书资源文件中的【项目五\项目五素材、效果及源文件\任务七\仿古砖.jpg】文件，单击【打开】按钮，如图 5－57 所示。

(4)单击【转到父对象】按钮，在【Blinn 基本参数】卷展栏，将【高光级别】设置为 40，【光泽度】为 50，得到如图 5－58 所示的材质效果。

(5)将材质指定给场景中的选定模型，按【F9】键渲染当前场景，最终效果如图 5－59 所示。

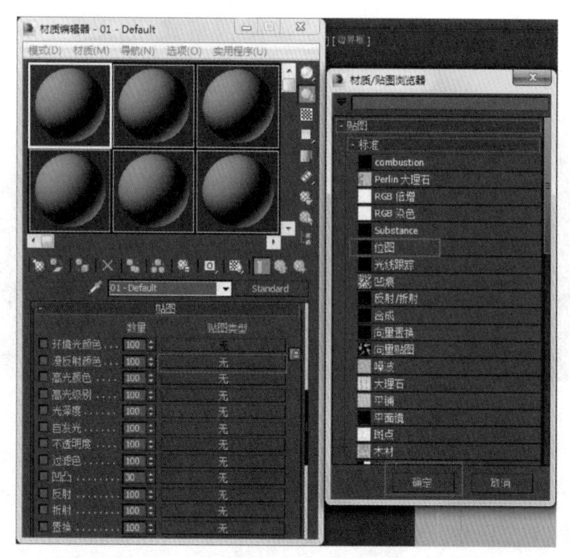

图 5 - 56

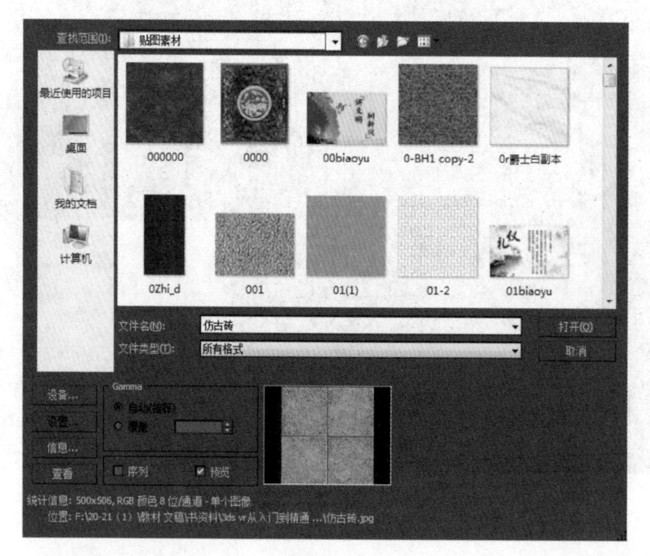

图 5 - 57

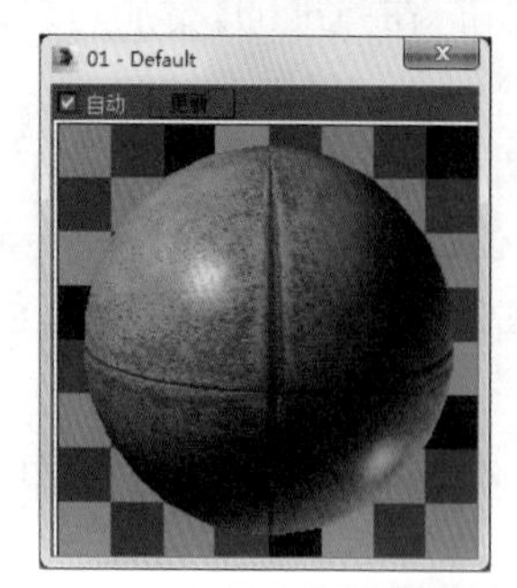

图 5 - 58

图 5 - 59

任务八　渐变工艺瓷器

(一)理论基础——渐变贴图

使用【渐变】程序贴图可以设置 3 种颜色的渐变效果，其参数设置面板如图 5－60 所示。

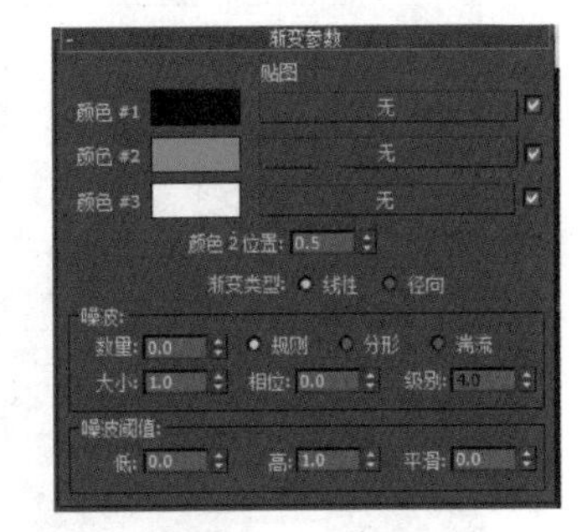

图 5－60

技巧与提示：

渐变颜色可以任意修改，修改后的物体材质颜色也会随之而改变。

(二)课堂案例：渐变工艺瓷器的制作

(1)打开【项目五\项目五素材、效果及源文件\任务八\渐变工艺瓷器场景.max】，利用提供的素材将墙体和桌面的贴图进行添加，如图 5－61 所示。

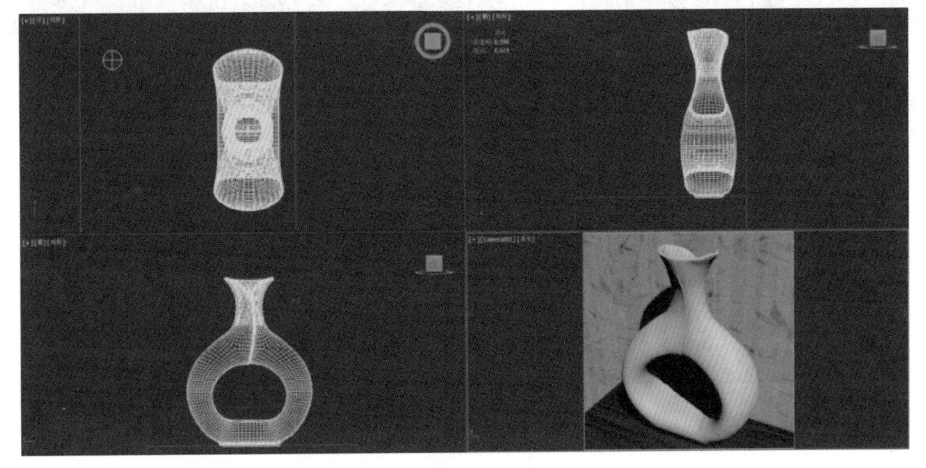

图 5－61

(2)打开材质编辑器，从中选择一个空白材质球，设置【反射高光】组中的【高光级别】为 59、【光泽度】为 42，如图 5－62 所示。

(3)在【贴图】卷展栏中单击【漫反射颜色】后的【无】按钮，在弹出的【材质/贴图浏览器】中选择【渐变】贴图，单击【确定】按钮，如图 5－63 所示。

(4)进入【漫反射颜色】贴图层级，在【渐变参数】卷展栏中设置【颜色＃1】为蓝色，红绿蓝为 5、120、200，【颜色＃2】和【颜色＃3】为白色，红绿蓝为 255、255、255，如图 5－64 所示。

(5)单击【将材质指定给选定对象】按钮，将材质指定给场景中的工艺花瓶模型，并单击【视口中显示明暗处理材质】按钮，在视口中显示材质效果，如图 5－65 所示。

(6)遇到如图 5－65 所示的效果时，可以为模型施加【UVW 贴图】修改器，调整合适的贴图类型和参数，选择对齐组中的【Y】，再点击【适配】，如图 5－66 所示。

(7)按【F9】键渲染当前场景，最终效果如图 5－67 所示。

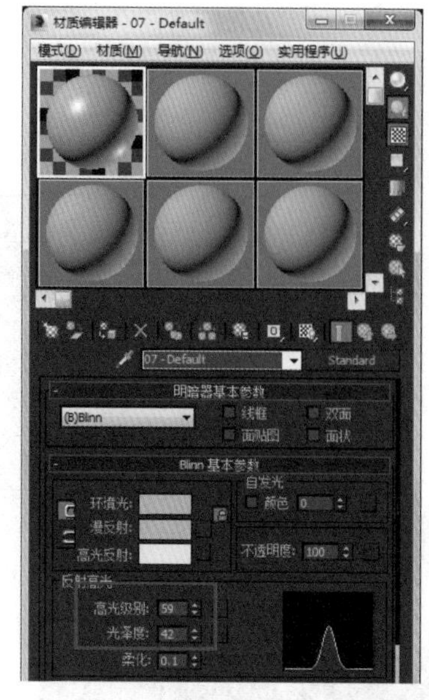

图 5 - 62

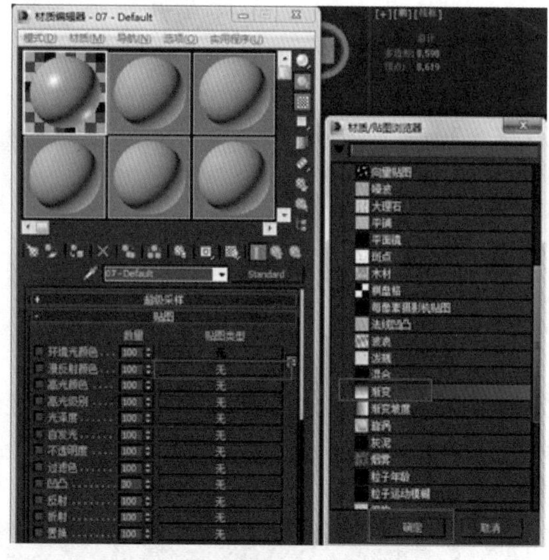

图 5 - 63

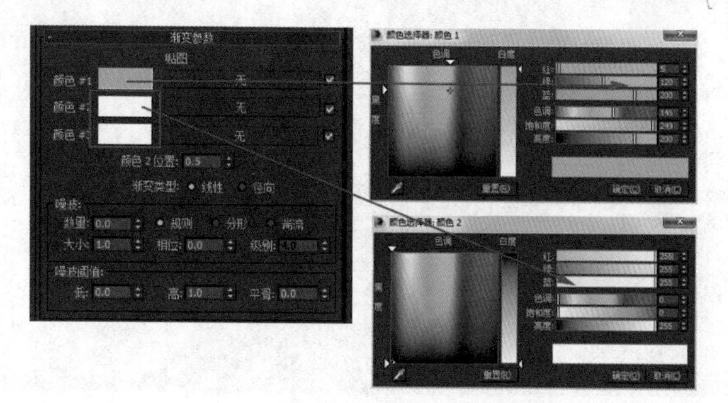

图 5 - 64

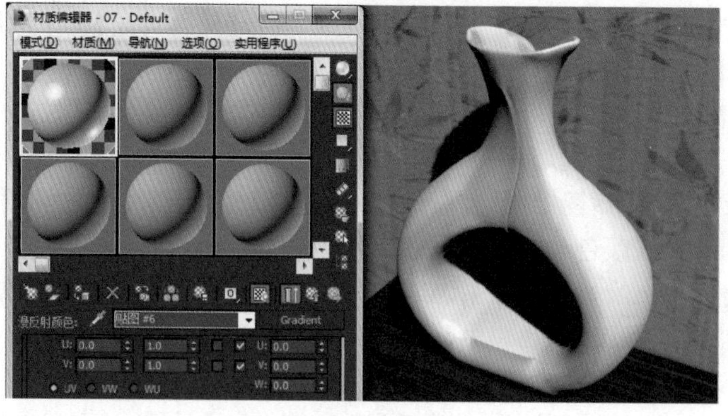

图 5 - 65

图 5-66

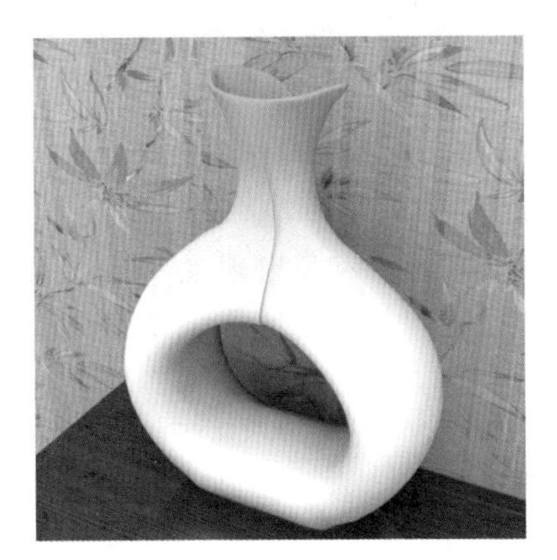

图 5-67

☞项目总结

本章节共有8个任务，前5个任务的主要内容是利用标准材质和VRayMtl材质中的标准材质、混合材质、VRayMtl材质和VRay灯光材质等常用类型，完成各种材质效果的制作。后3个任务主要是利用贴图类型中的不透明度、位图贴图和渐变贴图等常用类型，完成贴图材质效果的表现。需要注意的是，3DS MAX有很多材质与贴图，编者没有将全部的材质表现效果进行编写，深表遗憾。希望读者对于课后实践操作练习题勤加练习，巩固对于材质类型知识点和实践技能的掌握。

☞项目考核

一、填空题

1. 3DS MAX默认的材质是（　　　）。

2.(　　　)可以在模型的单个面上将两种材质通过一定的百分比进行混合。

3. VRayMtl 材质基本参数卷展栏主要包含了(　　　)、(　　　)、(　　　)和半透明。

4. 通过单击(　　　)的色块,可以调整自身的颜色。

5. 反射是靠颜色的灰度来控制的,颜色越(　　　)反射越亮,越(　　　)反射越弱。

6.(　　　)主要用来模拟自发光效果。

7. 当设置渲染器为(　　　)后,在材质/贴图浏览器对话框中可以找到 VRay 灯光材质。

8. 使用【渐变】程序贴图可以设置(　　　)种颜色的渐变效果。

二、选择题

1.(　　　)对材质的不透明度影响最大。

A. 环境贴图　B. 漫反射贴图　C. 不透明度贴图　D. 凹凸贴图

2.(　　　)材质是 3DS MAX 默认的材质,也是使用频率最高的材质之一。

A. 标准　B. VRayMtl　C. 混合　D. 贴图

3.(　　　)靠颜色的灰度来控制,颜色越白反射越亮,越黑反射越弱。

A. 反射　B. 折射　C. 菲涅尔反射　D. 漫反射

4. 菲涅耳反射是模拟真实世界中的一种反射现象,反射的强度与摄影机的视点和具有反射功能的物体的角度有关。角度值接近(　　　)时,反射最强。

1. 100　B. 1　C. 0　D. −1

5. 材质呈现各种可视属性的结合,(　　　)不属于可视属性。

A. 色彩　B. 混合量　C. 光滑度　D. 折射率

三、实践操作

1. 打开【项目五\项目五素材、效果及源文件\实践操作 1\陶瓷玩偶场景. max】文件,按照所掌握的材质贴图知识完成如下图所示的陶瓷玩偶材质效果。

2. 打开【项目五\项目五素材、效果及源文件\实践操作 2\玻璃瓶场景. max】文件,按照所掌握的材质贴图知识完成如下图所示的玻璃瓶材质效果。

3. 打开【项目五\项目五素材、效果及源文件\实践操作 3\布艺沙发场景. max】文件,按照所掌握的材质贴图知识完成如下图所示的布艺沙发材质效果。

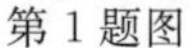

第 1 题图

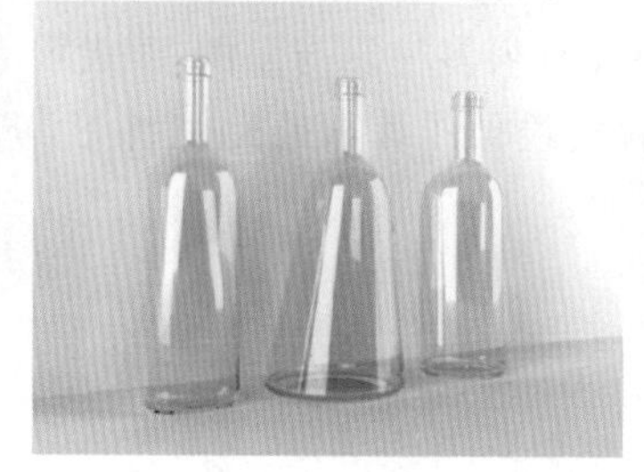

第 2 题图

第 3 题图

参考答案

一、1. 标准材质　2. 混合材质　3. 漫反射、反射、折射　4. 漫反射　5. 白、黑
6. VRay 灯光材质　7. VRay 渲染器　8. 3

二、1. C　2. A　3. A　4. C　5. B

三、略

教学指导

本章主要讲解了常用材质与贴图的使用方法。虽然 3DS MAX 有很多材质与贴图,但是有重要与次要之分。对于材质类型,大家务必要掌握标准材质和 VRayMtl 材质的使用方法;对于贴图类型,大家务必要掌握不透明度贴图、位图贴图和渐变程序贴图的使用方法。只有掌握了这些最重要的材质与贴图的使用方法与相关技巧,才能在用其他材质与贴图类型制作相应材质时得心应手。本章节采用任务驱动的教学方法,以教学任务为桥梁,调动读者学习的积极性。帮助读者既掌握实践技能,又掌握相关理论知识,提高读者解决实际问题的综合能力,培养其在工作中解决问题的能力和创新能力。

思政点拨

材质效果主要靠光参数,例如光在材质表面的反射、折射;而贴图效果主要靠图参数,主要用于显示物体表面的纹理和纹路。现实生活中的物体始终都处在光影中,且表面布满千变万化的纹理和纹路。为了真实还原现实物体,需熟练掌握反射、折射等参数及各种贴图方法,并将这二者完美结合,才能做出 1+1>2 的效果,这与工作中不可或缺的职业素养——团队协作能力不谋而合。

参照任务一至任务四中思政要素的形式,根据任务五至任务八的制作内容及制作过程,理出一到两个关键词,根据关键词写出一句或者多句积极向上、传递正能量的思考和感悟。思路尽量开阔,突破思维定式,内容尽量具有创新性,以培养创新意识和创新思维能力。

任务五　发光灯管

任务六　植物叶片

任务七　地砖

任务八　渐变工艺瓷器

项目六　灯光与摄影机

项目六资源

3DS MAX 的灯光技术，包括光度学灯光、标准灯光和 VRay 灯光，几乎在实际工作中运用的灯光技术都包含在本章中，特别是对于目标灯光、目标聚光灯、目标平行光、VRay 灯光和 VRay 太阳的布光思路与方法，读者务必要完全领会并掌握。

另外本章节将介绍 3DS MAX 的摄影机技术。先介绍真实摄影机的结构及其相关术语，让读者对摄影机有一个大致的概念，然后再介绍目标摄影机与 VRay 物理摄影机。虽然一共有 4 种摄影机，但这两种摄影机是实际工作中使用频率最高的摄影机。

☞项目目标

- 掌握常用灯光的类型；
- 掌握常用灯光的使用方法；
- 掌握灯光的高级综合运用、布光思路及相关技巧；
- 掌握相机的基本知识；
- 掌握目标摄影机、自由摄影机的参数和使用；
- 掌握 VR 摄影机的参数和使用；
- 培养节约资源的理念，养成节约资源的习惯；
- 学会准确找到自己位置的方法，培养大局意识；
- 提升明辨是非的能力，培养积极乐观的精神。

☞项目概述

没有灯光的世界是一片黑暗，在三维场景中也是一样的，即使有精美的模型、真实的材质及完美的动画，如果没有灯光照射也毫无作用，由此可见灯光在三维表现中的重要性。自然界中存在着各种形形色色的光，比如温暖的阳光、微弱的灯光等，如图 6－1 所示。

一、灯光的功能

有光才有影，才能让物体呈现出三维立体感，不同的灯光效果营造的视觉感受也不一样。灯光是视觉画面的一部分，其功能主要有以下 3 点。

第 1 点：提供一个完整的整体氛围，展现出具象实体，营造出空间的氛围。

第 2 点：为画面着色，以塑造空间和形式。

第 3 点：可以让人们集中注意力。

图 6 - 1

二、3DS MAX 中的灯光

利用 3DS MAX 中的灯光可以模拟出真实的【照片级】画面，图 6 - 2 是两张利用 3DS MAX 制作的室内外效果图。

图 6 - 2

在【创建】面板中单击【灯光】按钮，在下拉列表中可以选择灯光的类型。3DS MAX 2014 包含 3 种灯光类型，分别是【光度学】灯光、【标准】灯光和【VRay】灯光，如图 6 - 3 所示。

图 6 - 3

技巧与提示：

若没有安装 VRay 渲染器，系统默认的只有【光度学】灯光和【标准】灯光。

三、3DS MAX 中的摄影机

3DS MAX 中的摄影机在制作效果图和动画时非常有用。3DS MAX 中的摄影机只包含【标准】摄影机，而【标准】摄影机又包含【目标摄影机】和【自由摄影机】两种(图 6 - 4)；安装好 VRay

渲染器后，摄影机列表中会增加一种 VRay 摄影机，而 VRay 摄影机又包含【VR 穹顶摄影机】和【VR 物理摄影机】两种，如图 6 - 5 所示。

图 6 - 4

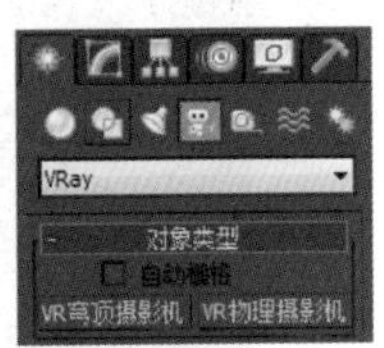

图 6 - 5

☞项目任务

任务一　台灯光效

本任务思政要素：台灯的设计理念——照亮目标但不干扰别人。

（一）理论基础——光度学灯光之目标灯光

【光度学】灯光是系统默认的灯光，共有 3 种类型，分别是【目标灯光】、【自由灯光】和【mr 天空入口】。

目标灯光带有一个目标点，用于指向被照明的物体，如图 6 - 6 所示。目标灯光主要用来模拟现实中的筒灯、射灯和壁灯等，其默认参数包含 10 个卷展栏，如图 6 - 7 所示。

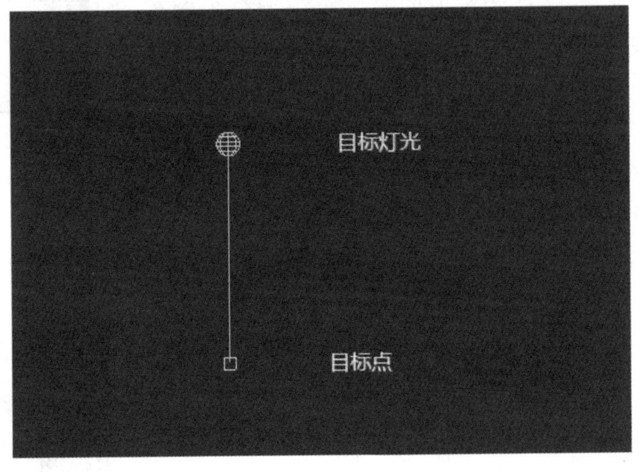

图 6 - 6

图 6 - 7

下面主要针对目标灯光的一些常用卷展栏进行讲解。

1. 常规参数卷展栏

展开【常规参数】卷展栏，如图 6 - 8 所示。

1）灯光属性组

【启用】：控制是否开启灯光。

【目标】：启用该选项后，目标灯光才有目标点；如果禁用该选项，目标灯光没有目标点，将变成自由灯光，如图 6－9 所示。

图 6－8

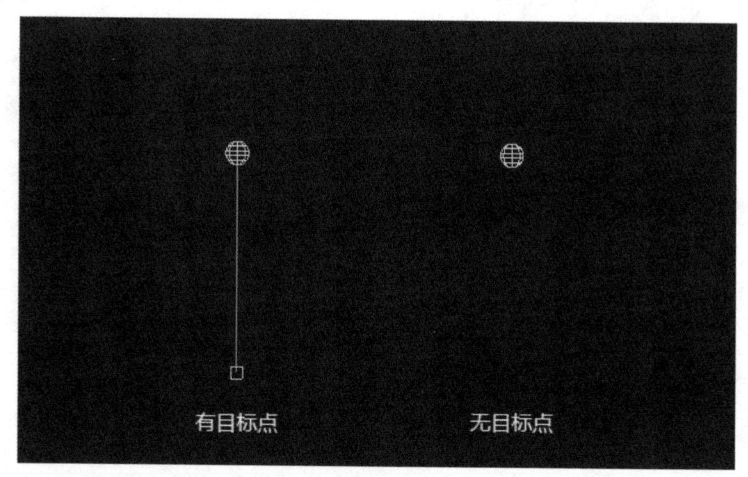

图 6－9

技巧与提示：

目标灯光的目标点并不是固定不可调节的，可以对它进行移动、旋转等操作。

【目标距离】：用来显示目标的距离。

2）阴影组

【启用】：控制是否开启灯光的阴影效果。

【使用全局设置】：启用该选项后，该灯光投射的阴影将影响整个场景的阴影效果；如果关闭该选项，则必须选择渲染器使用一种方式来生成特定的灯光阴影。

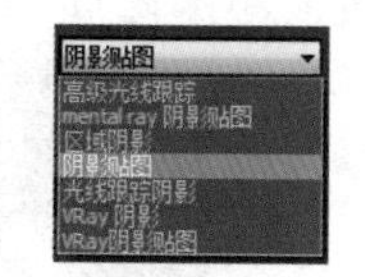

图 6－10

【阴影类型列表】：设置渲染器渲染场景时使用的阴影类型，包括【高级光线跟踪】、【mental ray 阴影贴图】、【区域阴影】、【阴影贴图】、【光线跟踪阴影】、【VRay 阴影】和【VRay 阴影贴图】7 种类型，如图 6－10 所示。

【排除】：将选定的对象排除于灯光效果之外。单击该按钮可以打开【排除/包含】对话框。

3）灯光分布（类型）组

【灯光分布类型列表】：设置灯光的分布类型，包括【光度学 Web】、【聚光灯】、【统一漫反射】和【统一球形】4 种类型。

2. 强度/颜色/衰减卷展栏

展开【强度/颜色/衰减】卷展栏，如图 6－11 所示。

图 6－11

1）颜色组

【灯光】：挑选公用灯光，以近似灯光的光谱特征。

【开尔文】：通过调整色温微调器来设置灯光的颜色。

【过滤颜色】：使用颜色过滤器来模拟置于灯光上的过滤色效果。

2）强度组

【lm】（流明）：测量整个灯光（光通量）的输出功率。100 W 的通用灯泡约有 1750 lm 的光通量。

【cd】(坎德拉):用于测量灯光的最大发光强度,通常沿着瞄准发射。100 W 通用灯泡的发光强度约为 139 cd。

【lx】(勒克斯):测量由灯光引起的照度,该灯光以一定距离照射在曲面上,并面向灯光的方向。

(二)课堂案例——台灯光效的制作

(1)打开【项目六\项目六素材、效果及源文件\任务一\台灯光效场景. max】,如图 6 - 12 所示。

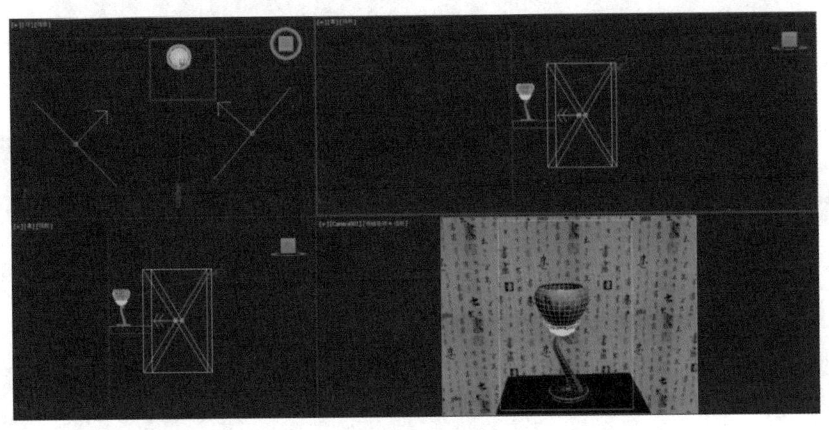

图 6 - 12

(2)单击【(创建)/(灯光)/光度学/目标灯光】按钮,在【左】视图中创建目标灯光,具体灯光位置如图 6 - 13 所示。

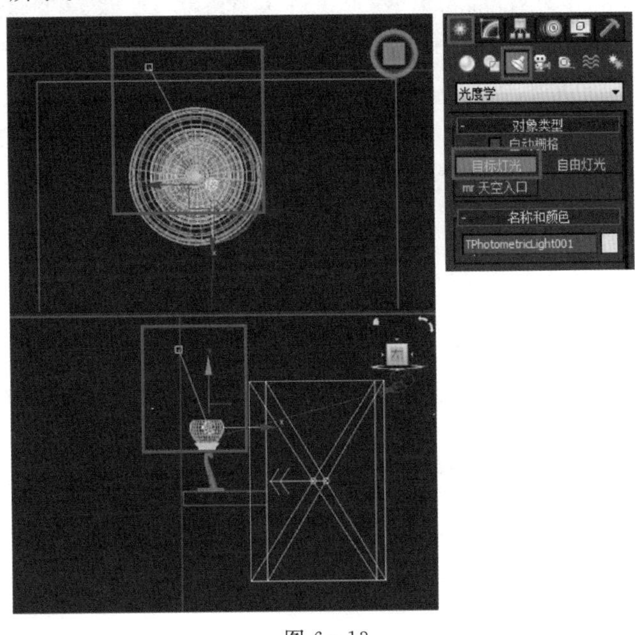

图 6 - 13

(3)在【常规参数】卷展栏中,在【阴影】中勾选【启用】,选择【灯光分布(类型)】为【光度学 Web】,显示【分布(光度学 Web)】卷展栏,如图 6-14 所示,从中单击【选择光度学文件】按钮。

(4)打开【打开光域网 Web 文件】对话框,从中选择随书资源文件中的【项目六\项目六素材、效果及源文件\任务一\材质\cooper. ies】文件,单机【打开】按钮,如图 6-15 所示。

(5)选择光域网之后,在【强度/颜色/衰减】卷展栏中设置【过滤颜色】为暖色,设置【强度】的参数为 400,如图 6-16 所示。这样即可制作出光域网的筒灯效果。

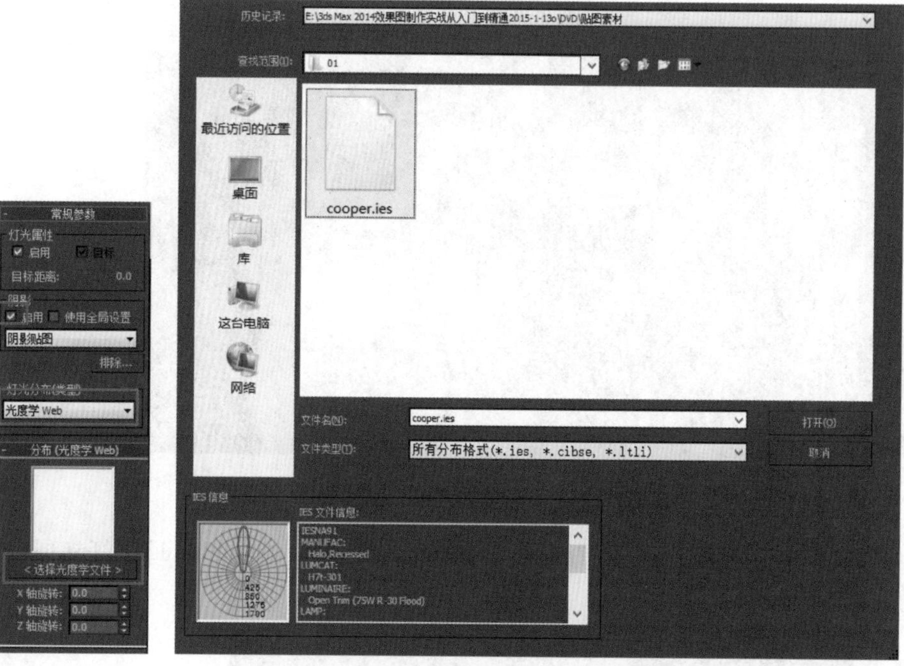

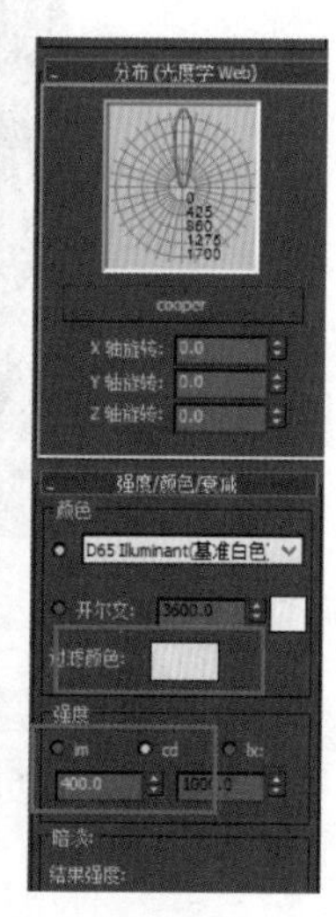

图 6-14　　图 6-15　　图 6-16

(6)按【C】回到摄影机视口,按【F9】键渲染当前场景,最终效果如图 6-17 所示。

图 6-17

任务二　射灯光效

本任务思政要素:射灯目标单一明确,因此需要多盏配合才能呈现效果。

(一)理论基础——标准灯光之目标聚光灯

【标准】灯光包括8种类型，分别是【目标聚光灯】、【自由聚光灯】、【目标平行光】、【自由平行光】、【泛光】、【天光】、【mr Area Omni】和【mr Area Spot】。

目标聚光灯可以产生一个锥形的照射区域，区域以外的对象不会受到灯光的影响，主要用来模拟吊灯、手电筒等发出的灯光。目标聚光灯由透射点和目标点组成，其方向性非常好，对阴影的塑造能力也很强，如图6－18所示，其参数设置面板如图6－19所示。

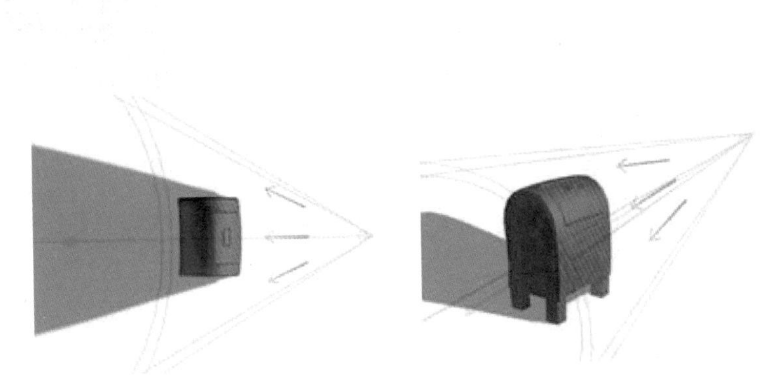

图6－18

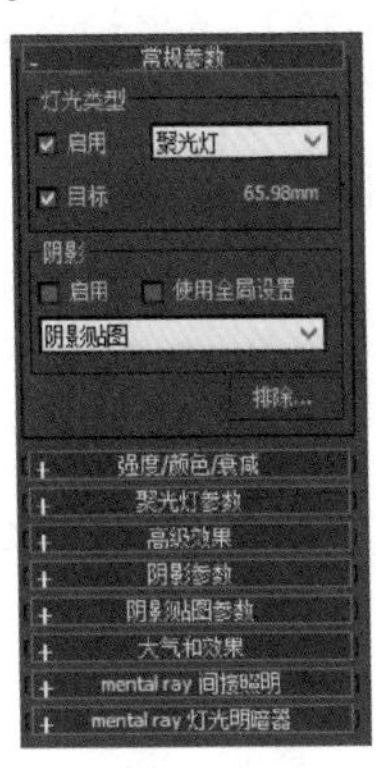

图6－19

1. 常规参数卷展栏

展开【常规参数】卷展栏，如图6－20所示。

1)灯光类型组

【启用】：控制是否开启灯光。

【灯光类型列表】：选择灯光的类型，包含【聚光灯】、【平行光】和【泛光灯】3种，如图6－21所示。

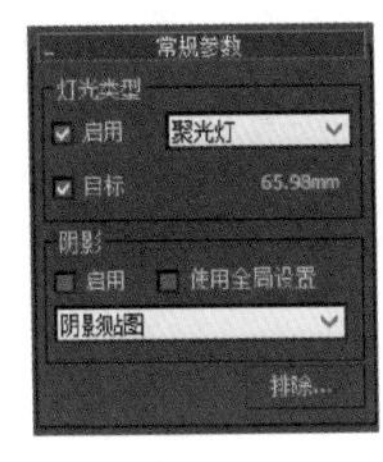

图6－20

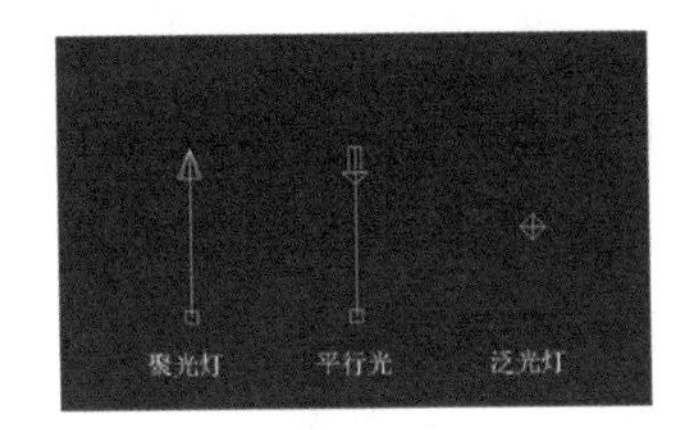

图6－21

技巧与提示：

在切换灯光类型时，可以从视图中很直接地观察到灯光外观的变化。但是切换灯光类型后，场景中的灯光就会变成当前选择的灯光。

【目标】：启用该选项后，灯光将成为目标聚光灯；如果关闭该选项，灯光将变成自由聚光灯。

2)阴影组

【启用】：控制是否开启灯光阴影。

【使用全局设置】：如果启用该选项，该灯光投射的阴影将影响整个场景的阴影效果；如果关闭该选项，则必须选择渲染器使用哪种方式来生成特定的灯光阴影。

【阴影类型】:切换阴影的类型来得到不同的阴影效果。

【排除】:将选定的对象排除于灯光效果之外。

2. 强度/颜色/衰减卷展栏

展开【强度/颜色/衰减】卷展栏,如图 6-22 所示。

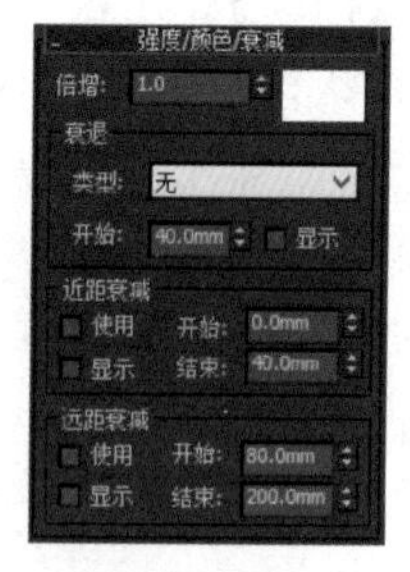

图 6-22

1)倍增组

【倍增】:控制灯光的强弱程度。

【颜色】:用来设置灯光的颜色。

2)衰退组

【类型】:指定灯光的衰退方式。【无】为不衰退;【倒数】为反向衰退;【平方反比】为以平方反比的方式衰退。

技巧与提示:

如果【平方反比】衰退方式使场景太暗,可以打开【环境和效果】对话框,然后在【全局照明】选项组下适当加大【级别】值来提高场景亮度。

【开始】:设置灯光开始衰退的距离。

【显示】:在视口中显示灯光衰退的效果。

3)近距衰减组(该选项组用来设置灯光近距离衰退的参数)

【使用】:启用灯光近距离衰退。

【显示】:在视口中显示近距离衰退的范围。

【开始】:设置灯光开始淡出的距离。

【结束】:设置灯光达到衰退最远处的距离。

4)远距衰减组(该选项组用来设置灯光远距离衰退的参数)

【使用】:启用灯光的远距离衰退。

【显示】:在视口中显示远距离衰退的范围。

【开始】:设置灯光开始淡出的距离。

【结束】:设置灯光衰退为 0 的距离。

(二)课堂案例——射灯光效的制作

(1)打开【项目六\项目六素材、效果及源文件\任务二\射灯光效场景.max】,如图 6-23 所示,使用目标聚光灯模拟追光效果。

(2)打开原始场景文件,如图 6-24 所示。

(3)单击【(创建)/(灯光)/标准/目标聚光灯】按钮,在【左】视图中创建目标聚光灯,在其他 3 个视图中调整灯光,选择灯光及其目标点移动并复制灯光,复制的方式可以选择【实例】,如图 6-25 所示。

(4)复制灯光后,在【常规参数】卷展栏中勾选【阴影】组中的【启用】选项,选择阴影类型为【阴影贴图】;在【强度/颜色/衰减】卷展栏中设置【倍增】为 1,如图 6-26 所示。

(5)按【8】键打开【环境和效果】面板,在【大气】卷展栏中单击【添加】按钮,在弹出的对话框中选择【体积光】效果,单击【确定】按钮,如图 6-27 所示。

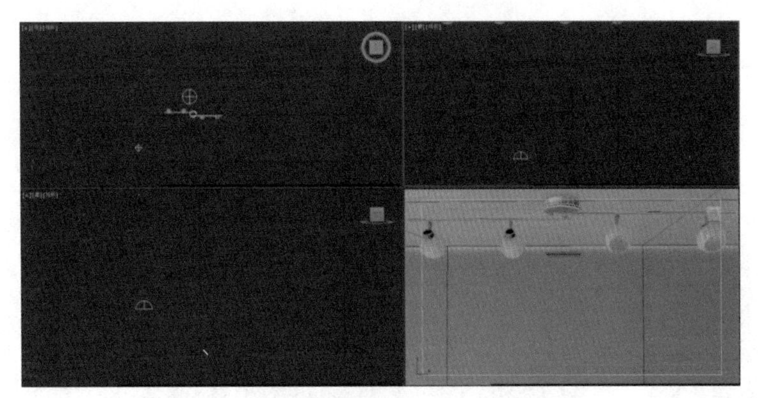

图 6 - 23

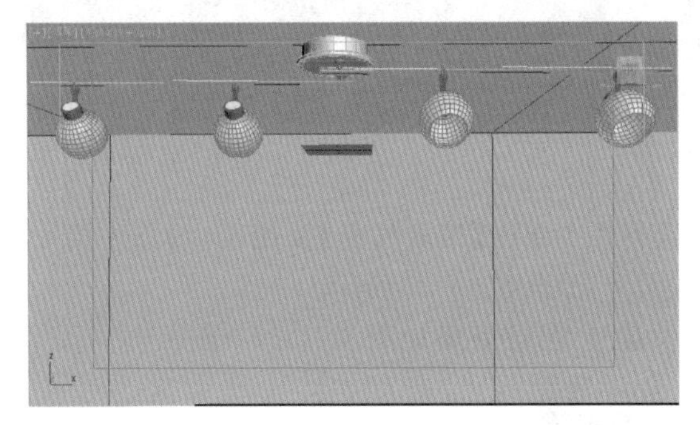

图 6 - 24

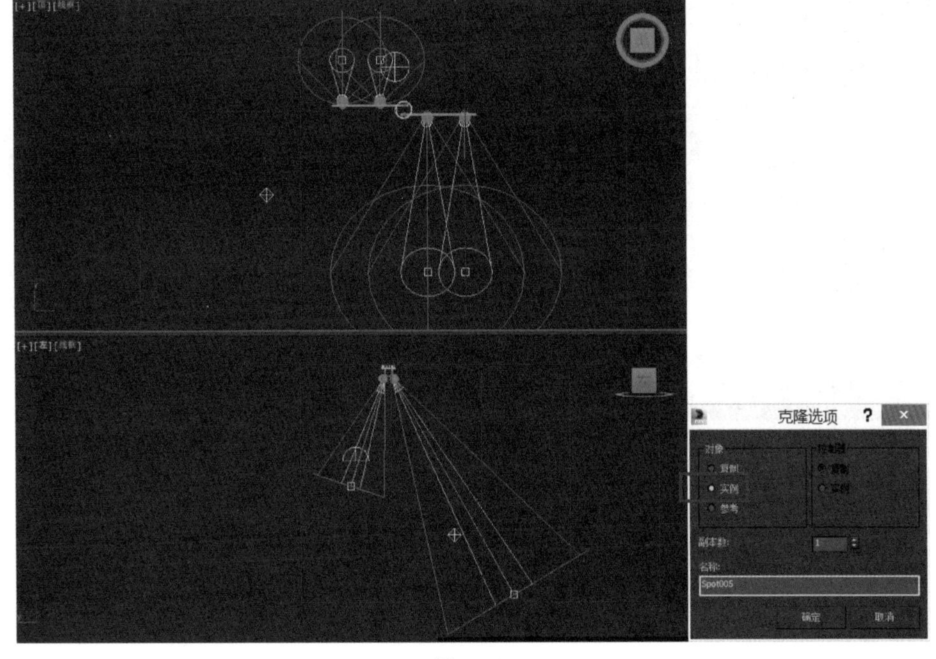

图 6 - 25

图 6 - 26

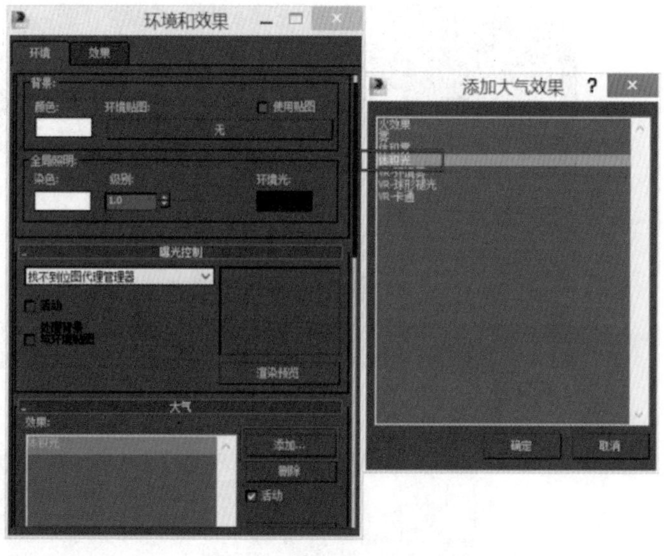

图 6 - 27

(6)在【体积光参数】卷展栏中单击【拾取灯光】按钮，在场景中拾取创建的四盏目标聚光灯，并在【体积】组中设置【密度】为 1，如图 6 - 28 所示。

(7)按【F9】键渲染当前场景，最终效果如图 6 - 29 所示。

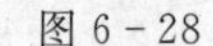
图 6 - 28

图 6 - 29

任务三　阳光阴影

本任务思政要素：有光就有影，但是可以选择站在光里还是阴影里。

(一)理论基础——标准灯光之目标平行光

目标平行光可以产生一个照射区域，主要用来模拟自然光线的照射效果，如图 6 - 30 所示。

如果将目标平行光作为体积光来使用，那么可以用它模拟出激光束等效果。

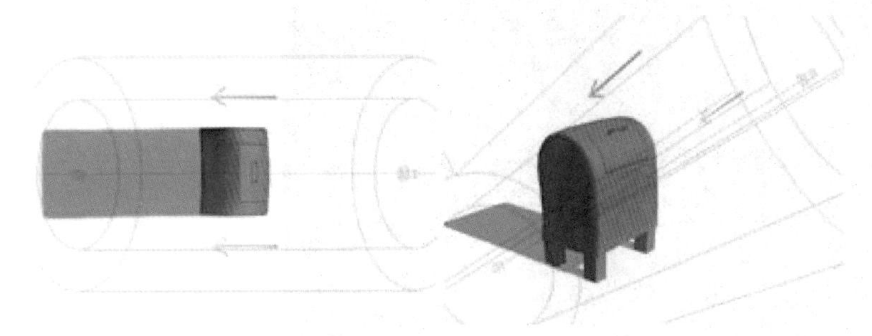

图 6－30

技巧与提示：

虽然目标平行光可以用来模拟太阳光，但是它与目标聚光灯的灯光类型却不相同。目标聚光灯的灯光类型是聚光灯，而目标平行光的灯光类型是平行光，从外形上看，目标聚光灯更像锥形，而目标平行光更像筒形，如图 6－31 所示。

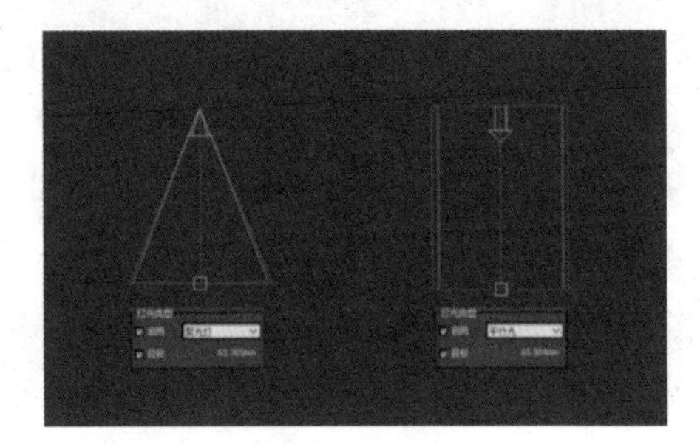

图 6－31

（二）课堂案例——阳光阴影的制作

（1）打开【项目六\项目六素材、效果及源文件\任务三\阳光阴影场景.max】，如图 6－32 所示。

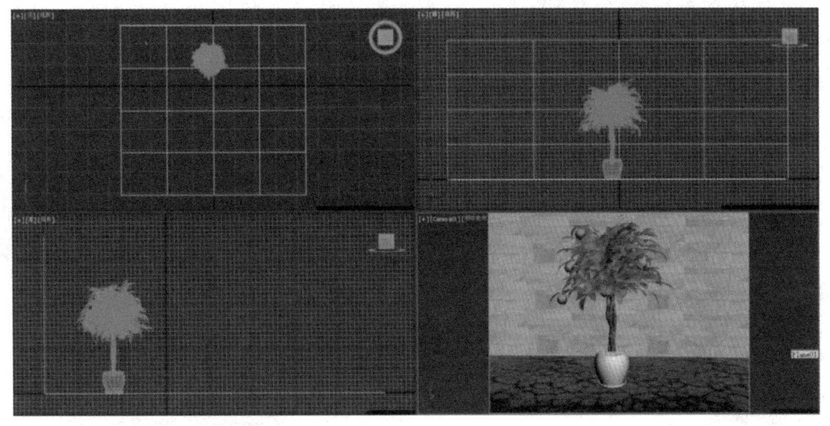

图 6－32

（2）设置灯光类型为【标准】，然后在场景中创建一盏目标平行光，其位置如图 6－33 所示。

（3）选择创建的目标平行光，进入【修改】面板，展开【常规参数】卷展栏，在【阴影】选项组下勾选【启用】选项，接着设置阴影类型为【阴影贴图】，如图 6－34 所示。

（4）展开【强度/颜色/衰减】卷展栏，设置【倍增】为 4。展开【平行光参数】卷展栏，设置【聚光区/光束】为 300 mm，【衰减区/区域】为 600 mm，如图 6－35 所示。

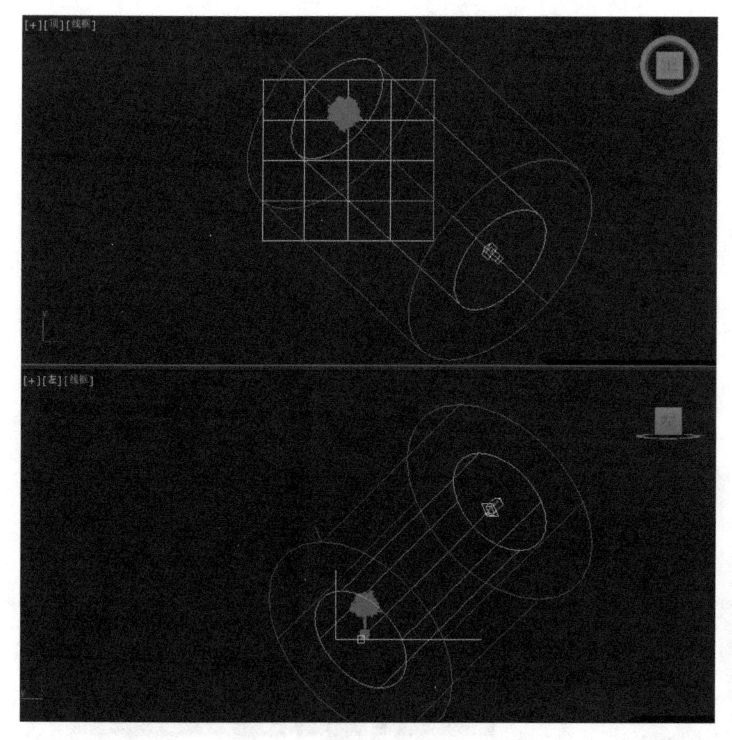

图 6 - 33

图 6 - 34

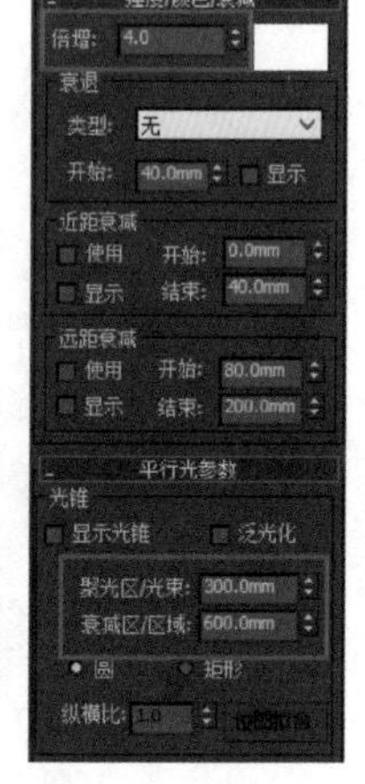

图 6 - 35

(5)展开【高级效果】卷展栏，在【投影贴图】通道中加载素材中提供的【项目六\项目六素材、效果及源文件\任务三\材质\阴影贴图.jpg】文件，如图 6 - 36 所示。

(6)按【C】键切换到摄影机视图，然后按【F9】键渲染当前场景，最终效果如图 6 - 37 所示。

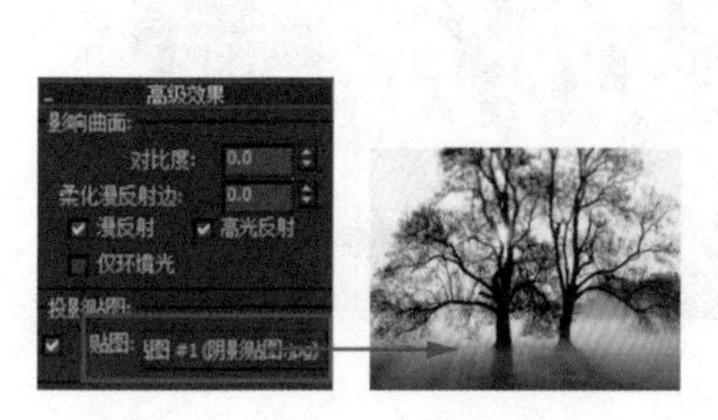

图 6 - 36

图 6 - 37

任务四　艺术灯泡

本任务思政要素：灯光设计需分主次，并且需要牺牲辅助光的部分效果才能呈现完美的整体效果。

(一)理论基础——VRay 灯光

安装好 VRay 渲染器后，在【灯光】创建面板中就可以选择 VRay 灯光。VRay 灯光包含 4 种类型，分别是【VR 灯光】、【VRayIES】、【VR 环境灯光】和【VR 太阳】，如图 6 - 38 所示。

技巧与提示：

将着重讲解 VRay 灯光和 VRay 太阳，其他灯光在实际工作中一般都不会用到。

VRay 灯光主要用来模拟室内光源，是效果图制作中使用频率最高的一种灯光，其参数设置面板如图 6 - 39 所示。

1)常规选项组

【开】：控制是否开启 VRay 灯光。

【类型】：设置 VRay 灯光的类型，共有【平面】、【穹顶】、【球体】和【网格】4 种类型，如图 6 - 40 所示。

图 6 - 38

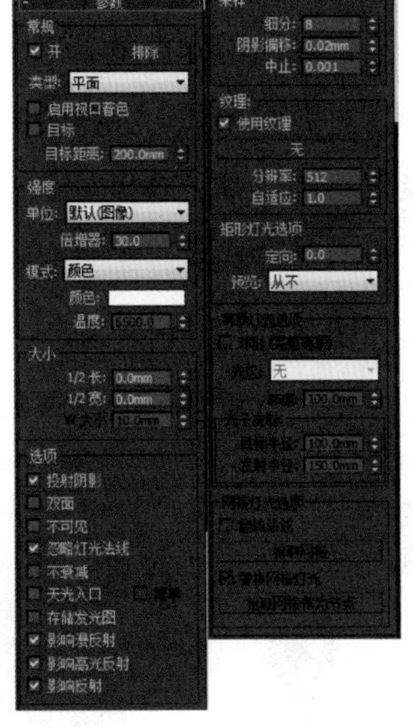

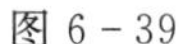
图 6 - 39

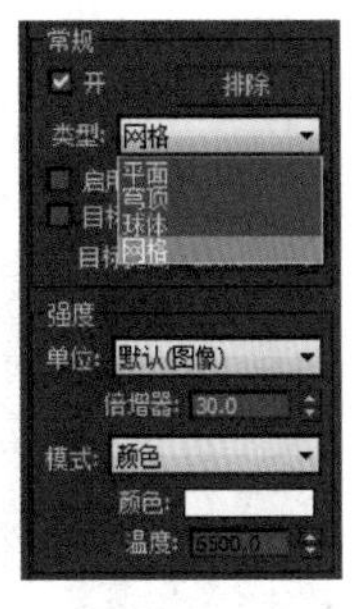

图 6 - 40

【平面】：将 VRay 灯光设置成平面形状。

【穹顶】：将 VRay 灯光设置成边界盒形状。

【球体】：将 VRay 灯光设置成穹顶状，类似于 3DS MAX 的天光，光线来自位于灯光 Z 轴的半球体状圆顶。

【网格】这是一种以网格为基础的灯光。

技巧与提示：

【平面】、【穹顶】、【球体】和【网格】灯光的形状各不相同，因此它们可以运用在不同的场景中，如图 6 - 41 所示。

2)强度选项组

【单位】：指定 VRay 灯光的发光单位，共有【默认(图像)】、【发光率(1 m)】、【亮度(1 m/m^2/sr)】、【辐射率(W)】和【辐射量(W/m^2/sr)】5 种。

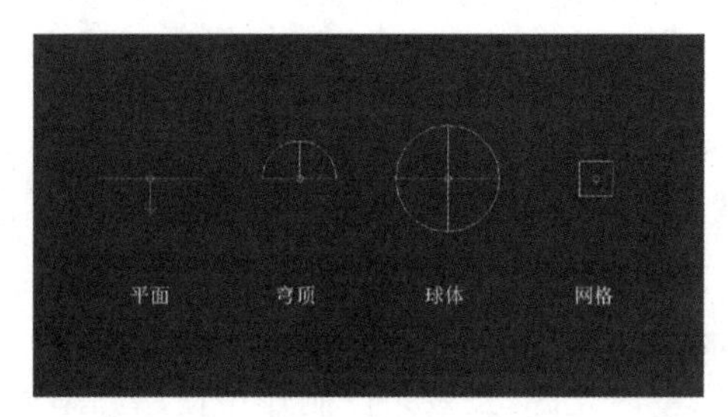

图 6 - 41

【倍增器】:设置 VRay 灯光的强度。

【模式】:设置 VRay 灯光的颜色模式,共有【颜色】和【温度】两种。

【颜色】:指定灯光的颜色。

【温度】:以温度模式来设置 VRay 灯光的颜色。

3)大小选项组

【1/2 长】:设置灯光的长度。

【1/2 宽】:设置灯光的宽度。

【W 大小】:当前这个参数还没有被激活(即不能使用)。另外,这 3 个参数会随着 VRay 灯光类型的改变而发生变化。

4)选项选项组

【投射阴影】:控制是否对物体的光照产生阴影。

【双面】:用来控制是否让灯光的双面都产生照明效果(当灯光类型设置为【平面】时有效,其他灯光类型无效),图 6 - 42 和图 6 - 43 分别是开启与关闭该选项时的灯光效果。

图 6 - 42

图 6 - 43

【不可见】:这个选项用来控制最终渲染时是否显示 VRay 灯光的形状,图 6 - 44 和图 6 - 45 分别是关闭与开启该选项时的灯光效果。

【影响漫反射】:这个选项决定了灯光是否影响物体材质属性的漫反射。

【影响高光反射】:这个选项决定了灯光是否影响物体材质属性的高光。

【影响反射】:勾选该选项时,灯光将对物体的反射区进行光照,物体可以将光源进行反射。

5)采样选项组

【细分】:这个参数控制 VRay 灯光的采样细分。当设置比较低的值时,会增加阴影区域的杂点,但是渲染速度比较快;当设置比较高的值时,会减少阴影区域的杂点,但是会减慢渲染速度。

图 6 - 44

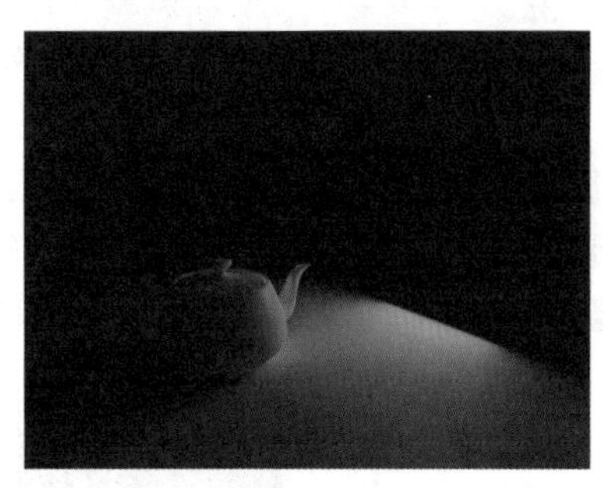
图 6 - 45

(二)课堂案例——艺术灯泡的制作

(1)打开【项目六\项目六素材、效果及源文件\任务四\艺术灯泡场景.max】,如图所示6 - 46所示。

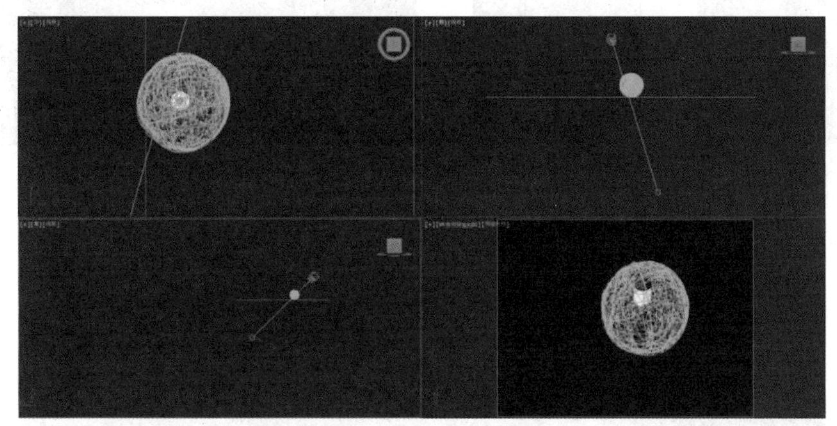
图 6 - 46

(2)设置灯光类型为 VRay,然后在灯泡内创建一盏 VRay 灯光,其位置如图 6 - 47 所示。

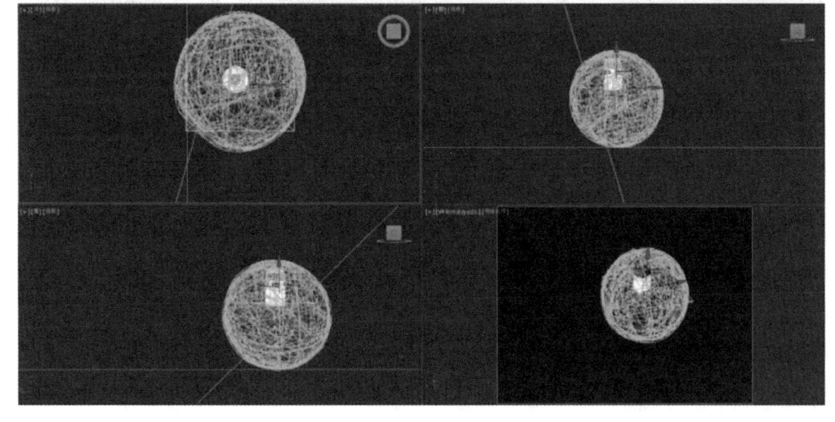
图 6 - 47

(3)选择上一步创建的 VRay 灯光,进入【修改】面板,接着展开【参数】卷展栏,在【常规】选项组下设置【类型】为【球体】。在【强度】选项组下设置【倍增器】为 40。具体参数设置如图 6-48 所示。

(4)然后设置【颜色】为白色。在【大小】选项组下设置【半径】为 24 mm。在【采样】选项组下设置【细分】为 30。具体参数设置如图 6-49 所示。

(5)按【F9】键测试渲染当前场景,效果如图 6-50 所示。

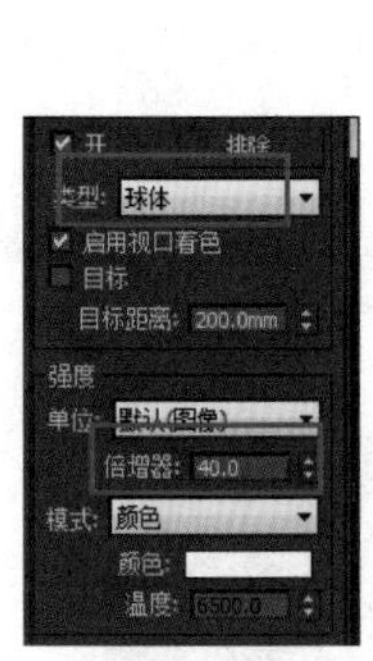

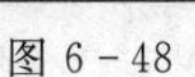
图 6-48

图 6-49

图 6-50

(6)继续在场景上方创建一盏 VRay 灯光作为辅助灯光,如图 6-51 所示。

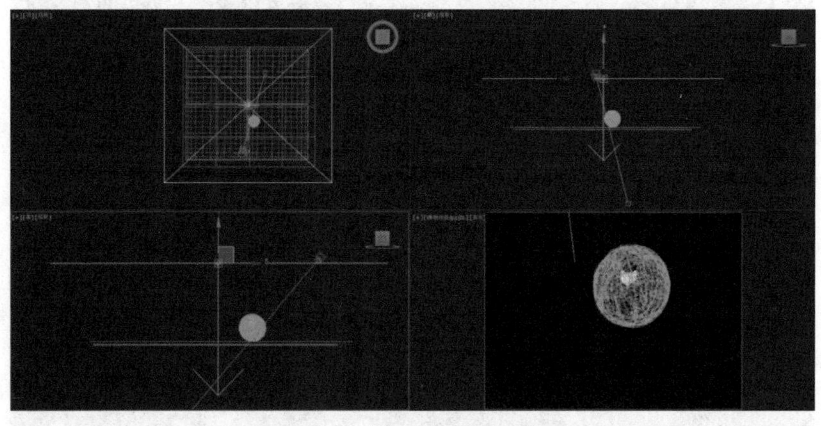

图 6-51

(7)选择上一步创建的 VRay 灯光,进入【修改】面板,接着展开【参数】卷展栏,在【常规】选项组下设置【类型】为【平面】。在【强度】选项组下设置【倍增器】为 0.04。具体参数设置如图 6-52 所示。

(8)然后设置【颜色】为白色。在【大小】选项组下设置【1/2 长】为 1564 mm,【1/2 宽】为 1384 mm。在【选项】选项组下勾选【不可见】。在【采样】选项组下设置【细分】为 30。具体参数设置如图 6-53 所示。

技巧与提示：

注意，在创建 VRay 面灯光时，一般都要勾选【不可见】选项，这样在最终渲染的效果中才不会出现灯光的形状。

(9)按【C】键切换到摄影机视图，然后按【F9】键渲染当前视图，最终效果如图 6－54 所示。

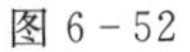

图 6－52

图 6－53

图 6－54

任务五　室内黄昏光照

(二)理论基础——VRay 太阳

VRay 太阳主要用来模拟真实的室外太阳光。VRay 太阳的参数比较简单，只包含一个【VRay 太阳参数】卷展栏，如图 6－55 所示。

图 6－55

【启用】：阳光开关。

【不可见】：开启该选项后，在渲染的图像中将不会出现太阳的形状。

【影响漫反射】：这个选项决定了灯光是否影响物体材质属性的漫反射。

【影响高光】：这个选项决定了灯光是否影响物体材质属性的高光。

【投射大气阴影】：开启该选项以后，可以投射大气的阴影，以得到更加真实的阳光效果。

【浊度】：这个参数控制空气的浊度，它影响 VRay 太阳和 VRay 天空的颜色。比较小的值表示晴朗干净的空气，此时 VRay 太阳和 VRay 天空的颜色比较蓝；较大的值表示灰尘含量大的空气（比如沙尘暴），此时 VRay 太阳和 VRay 天空的颜色呈现为黄色甚至橘黄色，图 6－56 和图6－57分别是【浊度】值为 2 和 10 时的阳光效果。

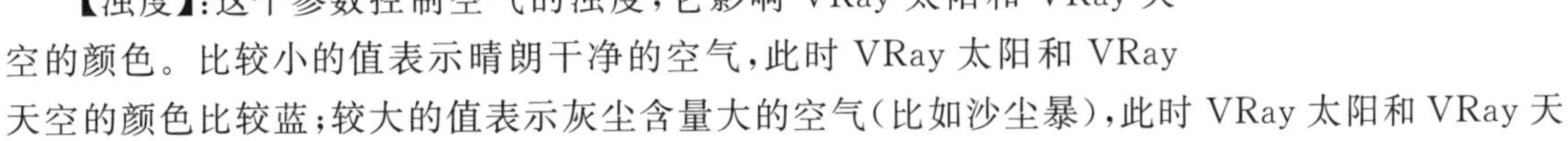

技巧与提示：

当阳光穿过大气时，一部分冷光被空气中的浮尘吸收，照射到大地上的光就会变暖。

图 6-56

图 6-57

【臭氧】:这个参数是指空气中臭氧的含量,较小的值的阳光比较黄,较大的值的阳光比较蓝,图 6-58 和图 6-59 分别是【臭氧】值为 0 和 1 时的阳光效果。

图 6-58

图 6-59

【强度倍增】:这个参数是指阳光的亮度,默认值为 1。

技巧与提示:

【浊度】和【强度倍增】是相互影响的,因为当空气中的浮尘多的时候,阳光的强度就会降低。【大小倍增】和【阴影细分】也是相互影响的,这主要是因为影子虚边越大,所需的细分就越多,也就是说【尺寸倍增】值越大【阴影细分】的值就要适当增大。因为当影子为虚边阴影(面阴影)的时候,就会需要一定的细分值来增加阴影的采样,不然就会有很多杂点。

【大小倍增】:这个参数是指太阳的大小,它的作用主要表现在阴影的模糊程度上,较大的值可以使阳光阴影比较模糊。

【阴影细分】:这个参数是指阴影的细分,较大的值可以使模糊区域的阴影产生比较光滑的效果,并且没有杂点。

(二)课堂案例——室内黄昏光照的制作

(1)打开【项目六\项目六素材、效果及源文件\任务五\室内黄昏光照场景.max】,如图6-60所示。

(2)单击【(创建)/(灯光)/VRay/VRay 太阳】按钮,在视图中按住并拖动鼠标创建 1 盏 VRay 太阳灯光,其位置如图 6-61 所示,此时会弹出【VRay 太阳】对话框,单击【是】按钮即可。

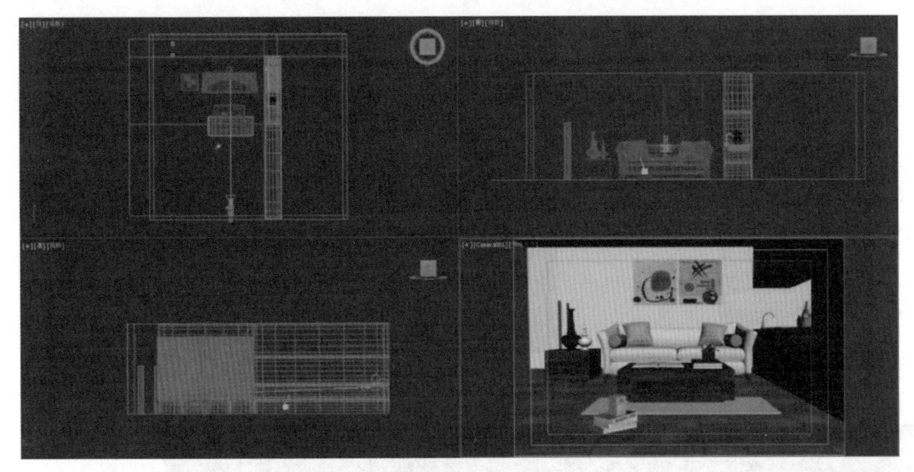

图 6－60

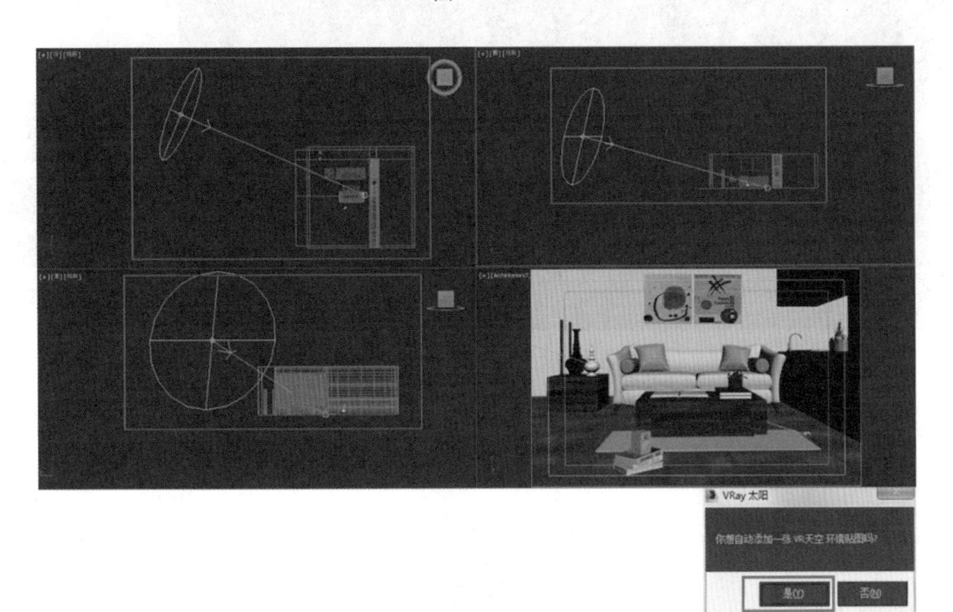

图 6－61

(3)选择上一步创建的 VRay 太阳灯光，然后在【修改】面板中设置【强度倍增】为 1.2，【大小倍增】为 5，【阴影细分】为 15，如图 6－62 所示。

(4)按【F9】键渲染当前场景，效果如图 6－63 所示。可以看到渲染图像偏暗，需要添加辅助光源。

(5)单击【 (创建)/ (灯光)/VRay/VRay 灯光】按钮，在左视口按住并拖动创建 1 盏 VRay 灯光，其位置如图 6－64 所示。

(6)选择上一步创建的 VRay 灯光，进入【修改】面板，接着展开【参数】卷展栏，在【常规】选项组下设置【类型】为【平面】。在【强度】选项组下设置【倍增器】为 22。具体参数设置如图 6－65 所示。

图 6 - 62

图 6 - 63

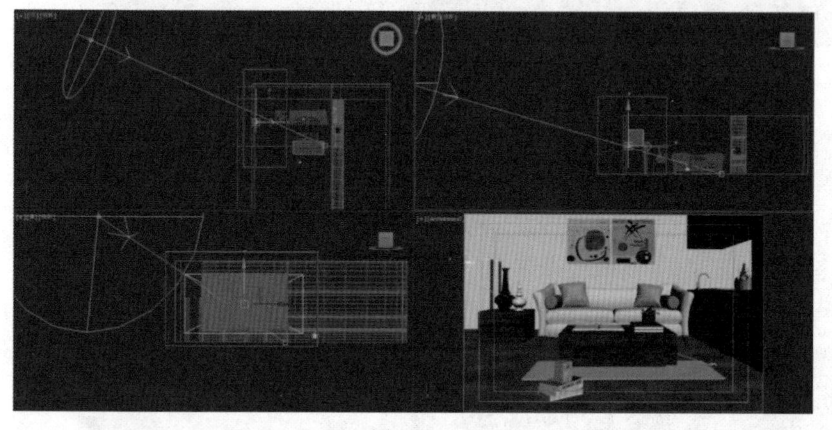

图 6 - 64

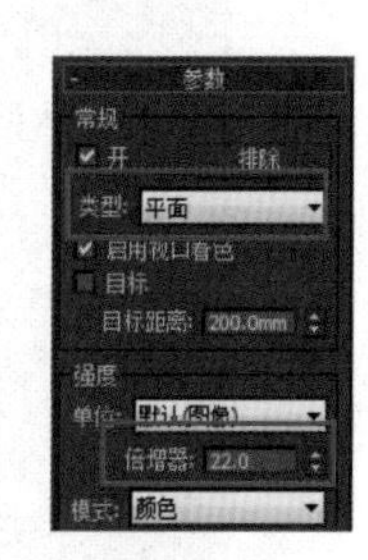

图 6 - 65

(7)然后设置【颜色】的红绿蓝为 252、179、115。在【大小】选项组下设置【1/2 长】为 95 mm,【1/2 宽】为 45mm。在【选项】选项组下勾选【不可见】。在【采样】选项组下设置【细分】为 15。具体参数设置如图 6 - 66 所示。

(8)按【F9】键渲染当前场景,效果如图 6 - 67 所示。

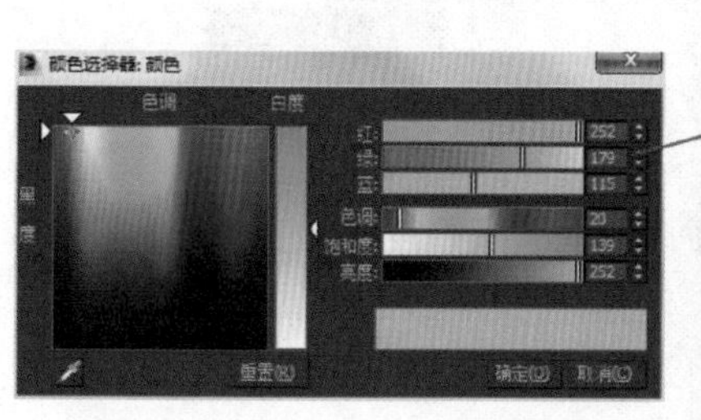

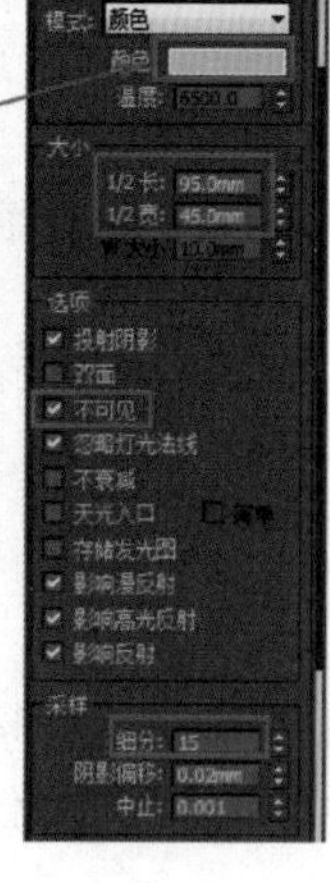

图 6 - 66

图 6 - 67

(9)在左视口按住并拖动创建1盏VRay灯光，其位置如图6-68所示。

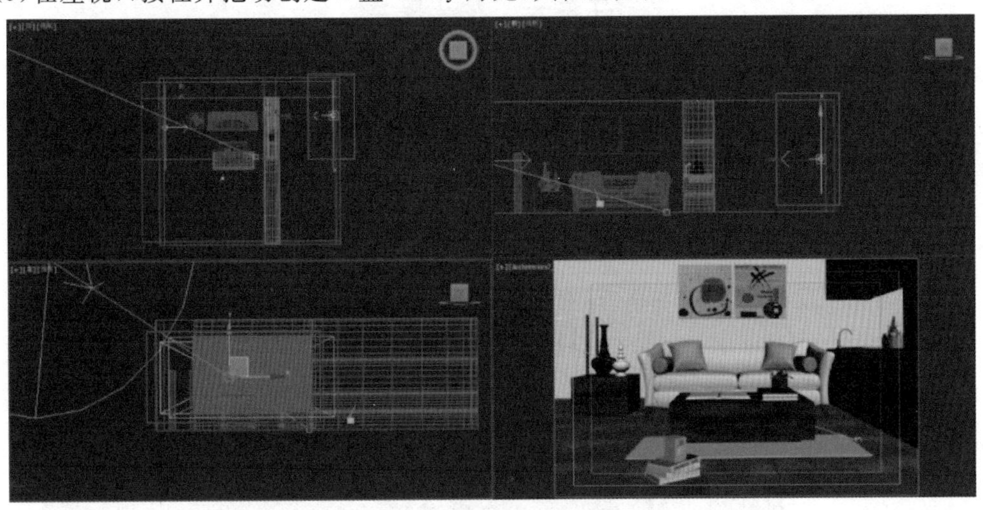

图6-68

图6-69

(10)选择上一步创建的VRay灯光，进入【修改】面板，接着展开【参数】卷展栏，在【常规】选项组下设置【类型】为【平面】。在【强度】选项组下设置【倍增器】为40。具体参数设置如图6-69所示。

(11)然后设置【颜色】的红绿蓝为：85、112、154。在【大小】选项组下设置【1/2长】为80 mm，【1/2宽】为40 mm。在【选项】选项组下勾选【不可见】。取消选中的【影响高光反射】和【影响反射】复选框，在【采样】选项组下设置【细分】为15。具体参数设置如图6-70所示。

(12)按【F9】键渲染当前场景，效果如图6-71所示。

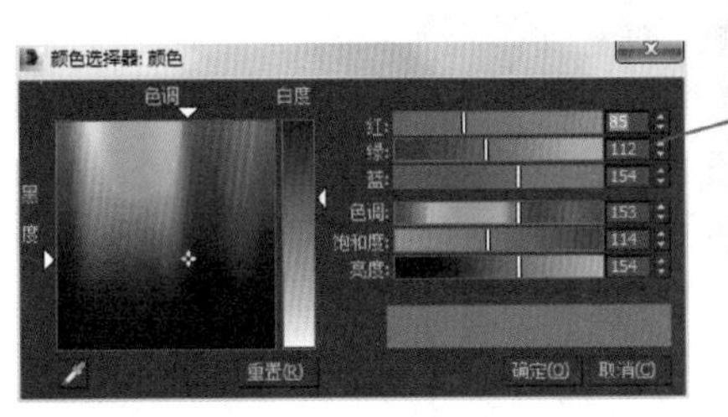

图6-70

图6-71

任务六　花朵景深

(一)理论基础——目标摄影机

1. 摄影机创建的思路

摄影机的创建大致有以下两种思路:

(1)在【创建】面板中单击【摄影机】按钮,然后单击【目标】按钮,最后在视图中拖曳进行创建,如图6-72所示。

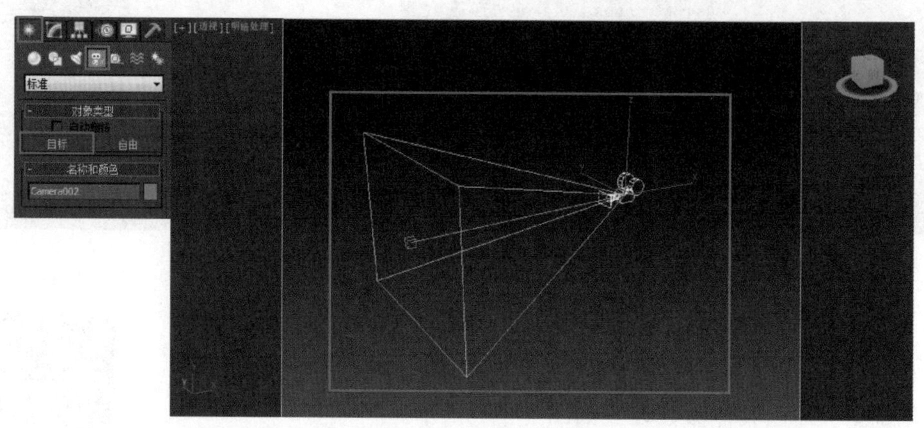

图6-72

(2)在透视图中选择好角度(可以按住Alt鼠标中键旋转视图以选择合适的角度),然后在该角度按【Ctrl+C】组合键创建该角度的摄影机,如图6-73所示。

图6-73

使用以上两种方法都可以创建摄影机,此时在视图中按下快捷键【C】即可切换到摄影机视图,按下快捷键【P】即可切换到透视图。

在摄影机视图状态下,可以使用3DS MAX界面右下方的按钮,进行推拉摄影机、透视、侧滚摄影机、视野、平移摄影机、环游摄影机等调节,如图6-74所示。

图6-74

2. 目标摄影机

目标摄影机可以查看所放置的目标周围的区域,它比自由摄影机更容易定向,因为只需将目标对象定位在所需位置的中心即可。使用【目标】工具在场景中拖曳光标可以创建一台目标摄影机,目标摄影机包含目标点和摄影机两个部件,如图6-75所示。

在默认情况下，目标摄影机的参数包含【参数】和【景深参数】两个卷展栏，如图 6－76 所示。当在【参数】卷展栏下设置【多过程效果】为【运动模糊】时，目标摄影机的参数就变成了【参数】和【运动模糊参数】两个卷展栏，如图 6－77 所示。

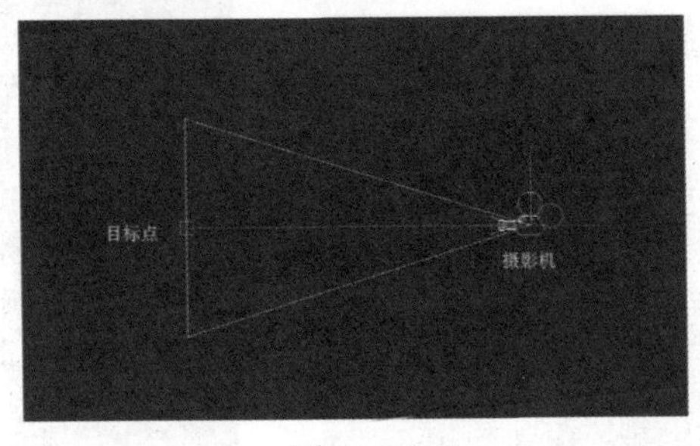

图 6－75

图 6－76

图 6－77

(二)课堂案例——花朵景深的制作

(1)打开【项目六\项目六素材、效果及源文件\任务六\花朵景深场景.max】，如图 6－78 所示。

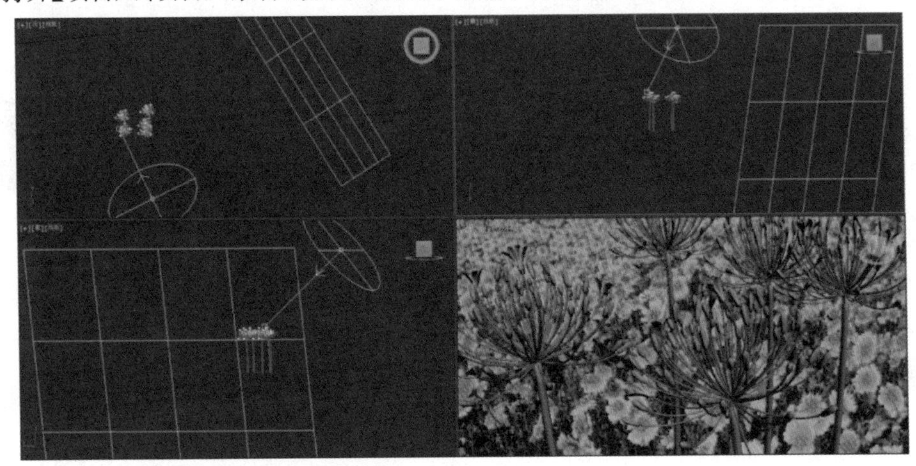

图 6－78

(2)设置摄影机类型为【标准】，然后在前视图中创建一台目标摄影机，使摄影机的查看方向对准花朵模型，其位置如图 6－79 所示。

(3)选择目标摄影机，在【参数】卷展栏下设置【镜头】为 41 mm，【视野】为 47.405°，接着设置【目标距离】为 112 mm(目标距离的数值要灵活设置，目标点的落点位置的物体是最为清晰的)。具体参数如图 6－80 所示。

(4)在透视图中按【C】键切换到摄影机视图，按【F9】键测试渲染当前场景，效果如图 6－81所示。

技巧与提示：

虽然创建了目标摄影机，但是并没有产生景深效果，这是因为还没有在渲染中开启景深。

(5)按【F10】键打开【渲染设置】对话框，然后单击【VRay】选项卡，接着展开【VRay：摄影机】卷展栏，最后在【景深】选项组中勾选【开】选项和【从摄影机获取】选项，如图 6－82 所示。

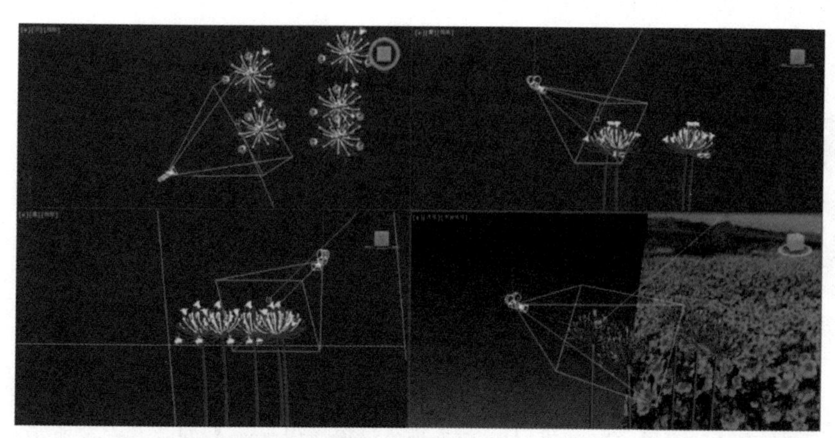

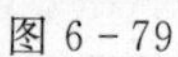
图 6－79

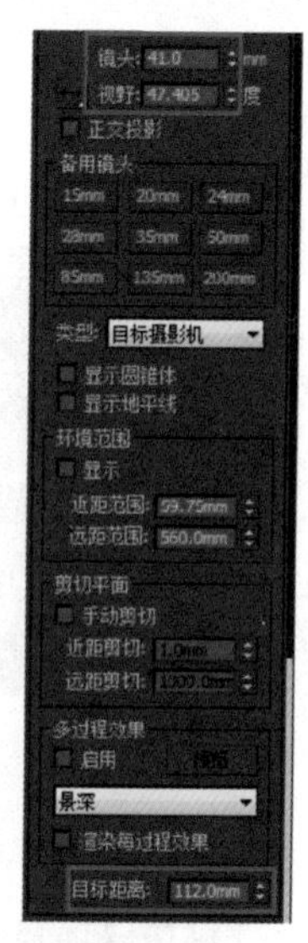

图 6－80

图 6－81

图 6－82

图 6－83

技巧与提示:

勾选【从摄影机获取】选项后，摄影机焦点位置的物体在画面中最清晰，而距离焦点较远的物体将会很模糊。

(6)按【F9】键测试渲染当前场景，效果如图 6－83 所示。

任务七　测试光圈

(一)理论基础——VRay 物理摄影机

VRay 物理摄影机相当于一台真实的摄影机，有光圈、快门、曝光、ISO 等调节功能，它可以对场景进行拍照。使用【VR 物理摄影机】工具在视图中拖曳光标可以创建一台 VRay 物理摄影机，可以观察到 VRay 物理摄影机同样包含摄影机和目标点两个部件，如图 6－84 所示。

【VRay 物理摄影机】的参数包含 5 个卷展栏，如图 6 - 85 所示。

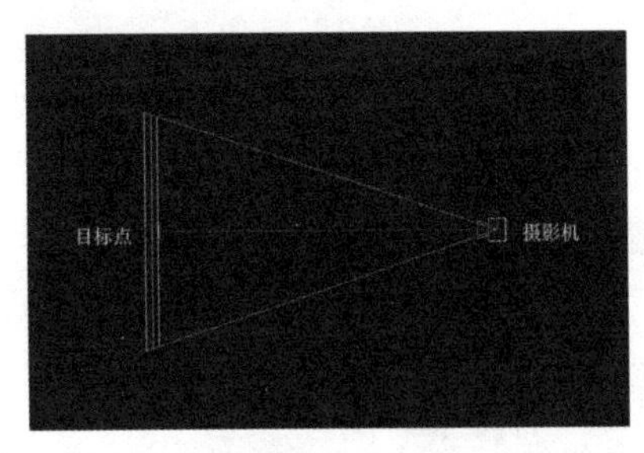

图 6 - 84

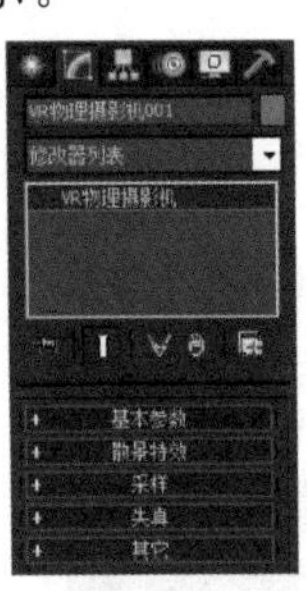

图 6 - 85

(二)课堂案例——光圈的测试

(1)打开【项目六\项目六素材、效果及源文件\任务七\测试光圈场景.max】，如图 6 - 86 所示。

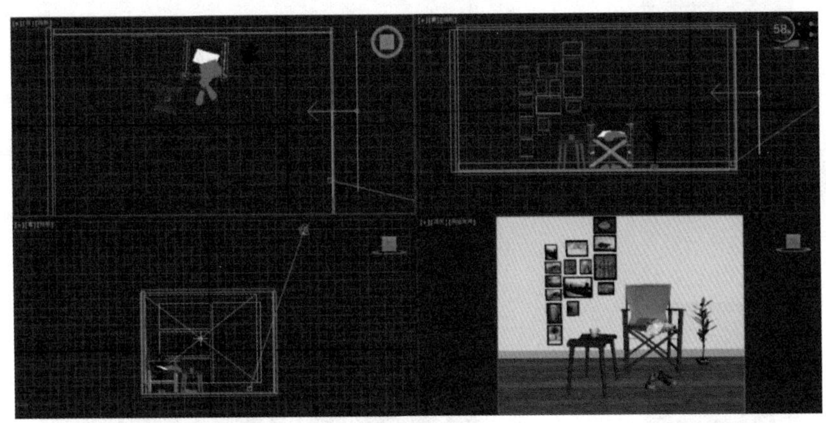

图 6 - 86

(2)设置摄影机类型为【VRay】，然后在前视图中创建一台 VRay 物理摄影机，使摄影机的位置如图 6 - 87 所示。

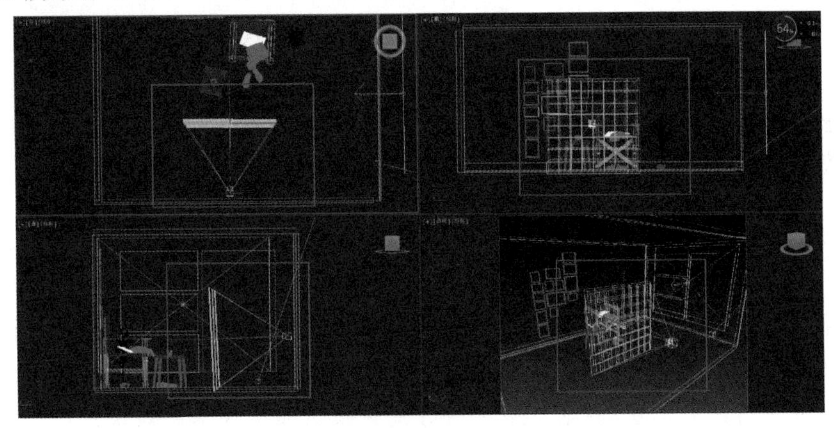

图 6 - 87

(3)选择摄影机,然后单击【修改】,在【基本参数】卷展栏下设置【胶片规格】为 54,【焦距】为 40,【光圈数】为 1.6,具体参数如图 6-88 所示。

(4)在透视图中按【C】键切换到摄影机视图,按【F9】键测试渲染当前场景,效果如图 6-89 所示。

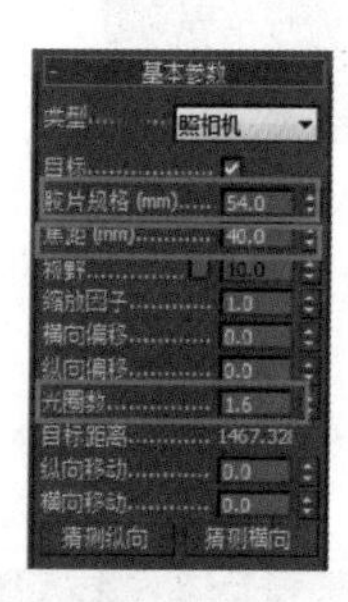

图 6-88

图 6-89

(5)再次选择摄影机,然后单击【修改】,在【基本参数】卷展栏下设置【胶片规格】为 54,【焦距】为 40,【光圈数】为 3,具体参数如图 6-90 所示。按【C】键切换到摄影机视图,按【F9】键测试渲染当前场景,效果如图 6-91 所示。

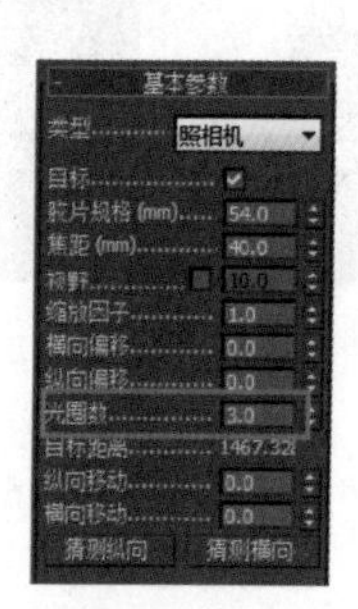

图 6-90

图 6-91

(6)经过对比渲染效果,我们得出如下结论:使用 VR 物理摄影机,并调节【光圈数】的数值可以有效地控制最终渲染场景的明暗程度,当设置【光圈数】为比较小的数值时,最终渲染呈现出比较亮的效果;当设置【光圈数】为比较大的数值时,最终渲染呈现出比较暗的效果。

☞项目总结

本章节共有 7 个任务,前 5 个任务围绕灯光技术进行开展,任务一以光度学灯光中较为常用的目标灯光为理论基础,进行台灯光效的练习。任务二和任务三围绕标准灯光中的目标聚光灯和目标平行光进行任务实施,使学生掌握射灯光源照明和室外阴影效果的应用能力。另外,非常重要的 VRay 灯光和 VRay 太阳在任务四和任务五中通过任务实施让读者详细了解。最后的任务六和任务七讲解了目标摄影机与 VRay 物理摄影机的具体应用。

☞项目考核

一、填空题

1. 3DS MAX 的灯光技术，包括光度学灯光、(　　　)和(　　　)。

2. 若没有安装 VRay 渲染器，系统默认的只有(　　　)灯光和(　　　)灯光。

3. 3DS MAX 中的摄影机只包含标准摄影机，而标准摄影机又包含(　　　)和(　　　)两种。

4. 标准灯光的灯光类型列表包含(　　　)、(　　　)和(　　　)3 种。

5. VRay 灯光包含 4 种类型，分别是(　　　)、(　　　)、(　　　)和(　　　)。

6. VRay 太阳中，强度倍增指阳光的亮度，默认值为(　　　)。

7. 在透视视图中按下快捷键(　　　)即可切换到摄影机视图，按下快捷键(　　　)即可切换到透视图。

8. 控制最终渲染时是否显示 VRay 灯光形状的是(　　　)。

二、选择题

1. 光度学灯光是系统默认的灯光，(　　　)不属于光度学灯光。

A. 目标灯光　B. mr 天空入口　C. 自由灯光　D. VRay 灯光

2. (　　　)不属于标准灯光。

A. 目标聚光灯　B. 目标平行光　C. 自由平行光　D. 自由聚光灯

3. 将 VRay 灯光设置成边界盒形状的是(　　　)。

A. 穹顶　B. 平面　C. 球体　D. 网格

4. 在透视窗口调整好视角，(　　　)组合键可以创建该角度的摄影机。

A. Ctrl+G　B. Ctrl+V　C. Ctrl+C　D. Ctrl+L

5. (　　　)类型可以将 VRay 灯光设置成穹顶状，类似于 3DS MAX 的天光。

A. 穹顶　B. 球体　C. 平面　D. 网格

三、实践操作

1. 打开【项目六\项目六素材、效果及源文件\实践操作 1\筒灯灯光场景. max】文件，利用所掌握的灯光知识完成如下图所示的筒灯灯光效果。

2. 打开【项目六\项目六素材、效果及源文件\实践操作 2\室外阳光场景. max】文件，利用所掌握的 VRay 太阳灯光知识完成如下图所示的室外阳光效果。

3. 打开【项目六\项目六素材、效果及源文件\实践操作 3\灯箱照明场景. max】文件，按照所掌握的 VRay 灯光知识完成如下图所示的灯箱照明效果。

第 1 题图

第 2 题图

第 3 题图

参考答案

一、1. 标准灯光、VRay 灯光　2. 光度学、标准　3. 目标摄影机、自由摄影机
4. 聚光灯、平行光、泛光灯　5. VRay 灯光、VRayIES、VRay 环境灯光、VRay 太阳
6. 1　7. C、P　8. 不可见

二、1. D　2. D　3. A　4. C　5. B

三、略

☞教学指导

本章主要讲解了 3DS MAX 中的各种灯光的相关运用，灯光的类型虽然比较多，但是有重要与次要之分。对于目标灯光、目标聚光灯、目标平行光、VRay 灯光和 VRay 太阳，请大家务必要仔细领会其重要参数的作用，并且要多加练习这些灯光的布置方法。另外，本章还讲解了目标摄影机与 VRay 物理摄影机的使用方法。前者多用于制作景深及运动模糊特效，而后者多用在效果图中。灯光和摄影机类型众多，编者也是根据重要与次要之分，利用任务实施让大家对本章节内容进行系统的学习和掌握。

☞思政点拨

灯光的作用是给场景提供光，而摄像机用来录制影像，他们之间没有太大的关系。但是深挖摄像机的原理发现，有光才能留下影像。没有光的摄像机里只能看见无尽的黑，而在有光的世界里依靠着摄像机的选择，能记录更美的画面。

参照任务一至任务四中思政要素的形式，根据任务五至任务七的制作内容及制作过程，理出一到两个关键词，根据关键词写出一句或者多句积极向上、传递正能量的思考和感悟。思路尽量开阔，突破思维定式，内容尽量具有创新性，以培养创新意识和创新思维能力。

任务五　室内黄昏光照

任务六　花朵景深

任务七　测试光圈

项目七　环境和效果

项目七资源

现实世界中，所有物体都处在场景中，而场景中或多或少都有一些特定环境和氛围，例如沙尘、雾和光束等。三维动画中将这些进行拓展和放大，烘托场景氛围，提升动画效果，因此，3DS MAX 提供了云、雾、火、体积雾和体积光等环境制作功能。此外还增加了镜头、模糊、亮度和对比度等提升渲染效果功能，便于将制作好的场景通过渲染处理成用户所需的图片或动画视频。

☞项目目标

- 掌握场景背景和全局照明的设置方法；
- 掌握曝光控制类型、作用和设置方法；
- 掌握大气的设置方法和技巧；
- 掌握镜头效果、模糊、亮度和对比度等效果的设置方法和技巧；
- 学会感恩、学会奉献，树立为和谐社会做贡献的志向；
- 理解成就别人才能成就自己思想内涵；
- 养成制订计划和目标的职业习惯，培养排除万难、坚持到底的基本职业素养。

☞项目概述

1. 环境

环境中首先提供了背景与全局照明设置，通过改变场景的背景和更改场景的整体色调来烘托场景的气氛，同时还提供曝光控制，也称为色调贴图，便于像照相一样精准的控制每一幅画面的亮度，同时还提供了大气效果，用来模拟云、雾、火和光，便于逼真地模拟自然环境。打开【环境和效果】对话框的方法主要有以下 3 种：

方法一：执行【渲染/环境】菜单命令。

方法二：执行【渲染/效果】菜单命令。

方法三：按大键盘上的【8】键。

打开的【环境和效果】对话框如图 7－1 所示。

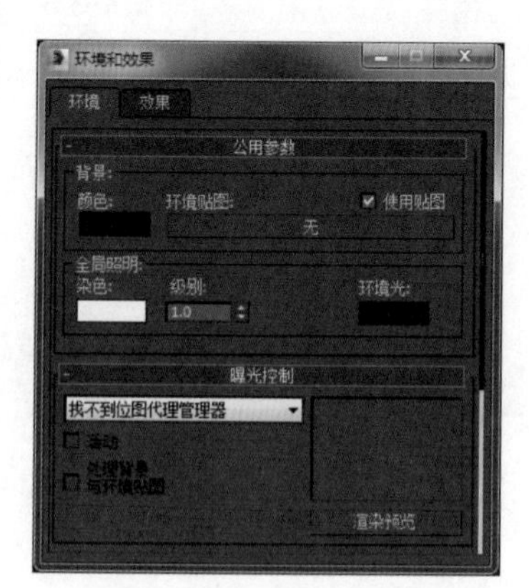

图 7－1

2. 效果

在效果页签中，提供了模糊、亮度和对比度、景深、胶片颗粒、镜头效果、运动模糊等特殊镜头效果，这些效果仅在输出时作为一种渲染效果，与之前的场景叠加在一起，形成一个模拟部分摄像机镜头效果，或者是对图像进行二次亮度和对比度调整的效果。

图 7-2 和图 7-3 都是优秀的三维场景作品，主要使用体积雾、体积光等效果制作而成。

图 7-2

图 7-3

☞项目任务

任务一　规划图效果

本任务思政要素：树立明确目标，才能规划未来；有计划的未来，才能分步实现。

（一）理论基础——环境

1. 背景与全局照明

一副优秀的作品，不仅要有精细的模型、真实的材质和合理的渲染参数，同时还要求有符合当前场景的背景和全局照明效果，这样才能烘托出场景的气氛。

【基本参数】卷展栏包括背景和全局照明两部分。

背景主要用来设置背景的颜色或者贴图。

【颜色】：设置环境的背景颜色。

【环境贴图】：在其贴图通道中加载一张环境贴图作为背景。

环境贴图添加的操作步骤如下：

第一步，打开材质编辑器（或者按下【M】键），使用材质编辑器调整贴图的参数；

第二步，选择【渲染/环境】菜单（或按【8】）；

第三步，执行下列任意一个操作。

· 单击【环境贴图】按钮，出现【材质/贴图浏览器】。从列表中选择贴图类型，如果选择【位图】贴图类型，将继续显示一个文件对话框，选择图像文件即可。

· 将贴图直接拖动到【环境贴图】按钮上。

【使用贴图】：启用则使用贴图作为背景，禁用则渲染没有贴图背景的场景。

技巧与提示：

设置的环境贴图如果需要更改贴图或调整贴图参数，则需要使用材质编辑器。对于精简材质编辑器，将【环境贴图】按钮拖动到示例窗中，对于 Slate 材质编辑器，将该按钮拖动到活动视图中。这时出现一个对话框，选择【实例】。贴图就处于材质编辑器中，直接更改材质编辑器中的参数就是对其进行调整。

【全局照明】卷展栏用于设置染色效果和环境光，甚至可以设置动画。

【染色】：如果该颜色不是白色，那么场景中的所有灯光（环境光除外）都将被染色。

【级别】：增强或减弱场景中所有灯光的亮度。值为 1 时，所有灯光保持原始设置；增加该值可以加强场景的整体照明；减小该值可以减弱场景的整体照明。

【环境光】：设置环境光的颜色。

要更改全局照明的颜色和染色，操作步骤如下：

第一步，选择【渲染/环境】菜单（或按【8】）；

第二步，单击标记为【染色】的色样，颜色选择器将出现；

第三步，使用颜色选择器设置应用于除环境光以外的所有照明的染色；

第四步，使用【级别】微调器增加场景的总体照明，着色视口更新为显示全局照明更改；

第五步，关闭【环境】对话框，3DS MAX 在渲染场景时使用全局照明参数。

2. 曝光控制

曝光控制是用于调整渲染的输出级别和颜色范围的插件组件，就像调整胶片曝光一样。曝光控制下有 6 种曝光控制类型，如图 7－4 所示。

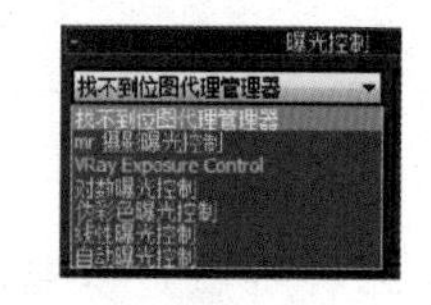

图 7－4

【mr 摄影曝光控制】：可以提供像摄影机一样的控制，包括快门速度、光圈和胶片速度，以及对高光、中间调和阴影的图像控制。

【VRay 曝光控制】：用来控制 VRay 的曝光效果，可调节曝光值、快门速度和光圈等数值。

【对数曝光控制】：用于亮度、对比度，以及在有天光照明的室外场景中。对数曝光控制类型适用于【动态阈值】非常高的场景。

- 【仅影响简介照明】：启用该选项时，对数曝光控制仅应用于间接照明的区域。
- 【室外日光】：启用该选项时，可以转换适合室外场景的颜色。

【伪彩色曝光控制】：这是一个照明分析工具，可以直观地观察和计算场景中的照明级别。

- 【数量】：设置所测量的值。
- 【窥度】：显示曲面上的入射光的值。
- 【亮度】：显示曲面上的反射光的值。
- 【样式】：选择显示值的方式。
- 【彩色】：显示光谱。
- 【灰度】：显示从白色到黑色范围的灰色调。
- 【比例】：选择用于映射值的方法。
- 【对数】：使用对数比例。
- 【线性】：使用线性比例。
- 【最小值】：设置在渲染中要测量和表示的最小值。
- 【最大值】：设置在渲染中要测量和表示的最大值。

·【物理比例】:设置曝光控制的物理比例,主要用于非物理灯光。

·【光谱条】:显示光谱与强度的映射关系。

【线性曝光控制】:可以从渲染中进行采样,并且可以使用场景的平均亮度来将物理值映射为 RGB 值。它适合用在动态范围很低的场景中。

【自动曝光控制】:可以从渲染图像中进行采样,并生成一个直方图,以便在渲染的整个动态范围中提供良好的颜色分离。

·【活动】:控制是否在渲染中开启曝光控制。

·【处理背景与环境贴图】:启用时,场景背景贴图和场景环境贴图将受曝光控制的影响。

·【渲染预览】:单击该按钮可以预览要渲染的缩略图。

·【亮度】:调整转换颜色的亮度,范围为 0～200,默认值为 50。

·【对比度】:调整转换颜色的对比度,范围为 0～100,默认值为 50。

·【曝光值】:调整渲染总体亮度,范围为－5～5。负值使图像变暗,正值使图像变亮。

·【物理比例】:设置曝光控制的物理比例,主要用在非物理灯光中。

·【颜色修正】:勾选该选项后,颜色修正会改变所有颜色,使色样中的颜色显示为白色。

·【降低暗区饱和度级别】:勾选该选项后,渲染出来的颜色会变暗。

(二)课堂案例——规划图效果制作

(1)打开【项目七\项目七素材、效果及源文件\任务一\规划图场景. max】文件,按住【Shift＋Q】快捷键,渲染效果如图 7－5 所示。

(2)周边颜色比较白,通过染色改变整体色调。按【8】,打开【环境和效果】浮动窗口,如图 7－6 所示。

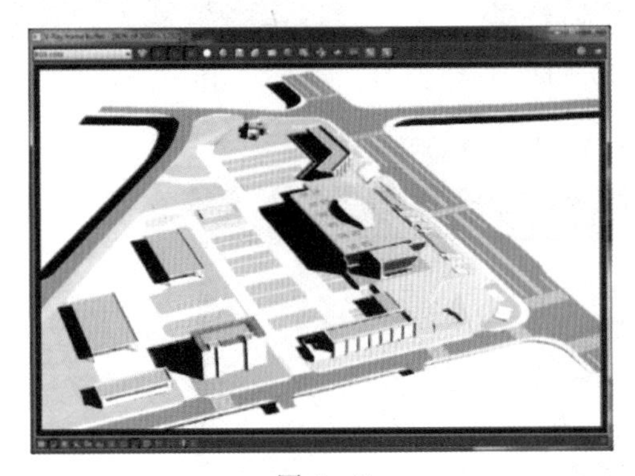

图 7－5

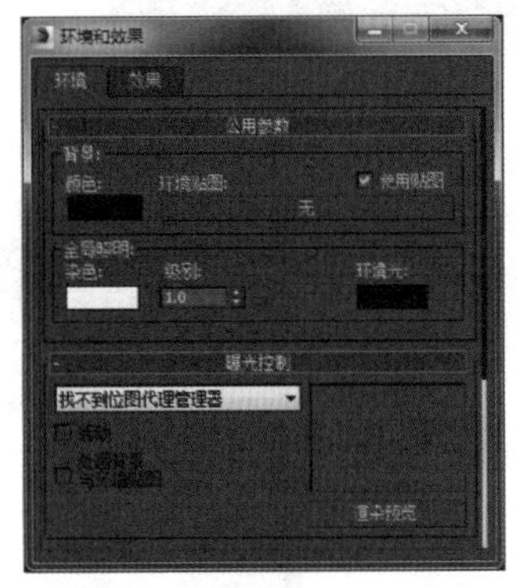

图 7－6

(3)单击【染色】下的白的方块,弹出【颜色选择器】对话框,设置【亮度】为 200,如图 7－7 所示,单击【确定】。

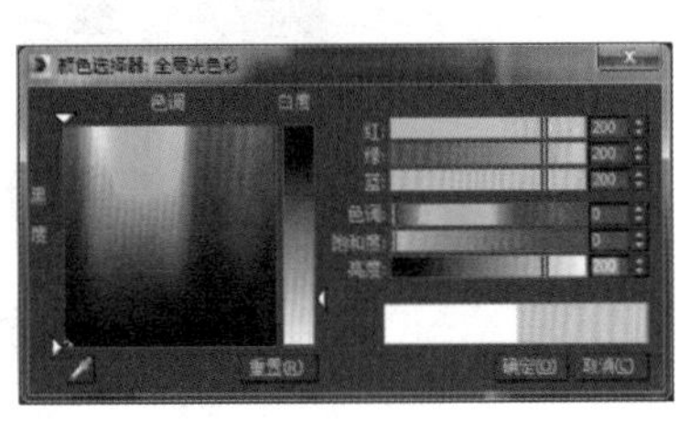

图 7－7

(4)再次按住【Shift＋Q】快捷键,渲染效果如图 7－8 所示。

(5)空白部分也可以换成草地图片。选中【VRayPlane】,单击键盘上的【Delete】键删除。再次按【8】打开

【环境和效果】，单击【环境贴图】下的【无】按钮，打开【材质/贴图浏览器】，如图 7－9 所示。

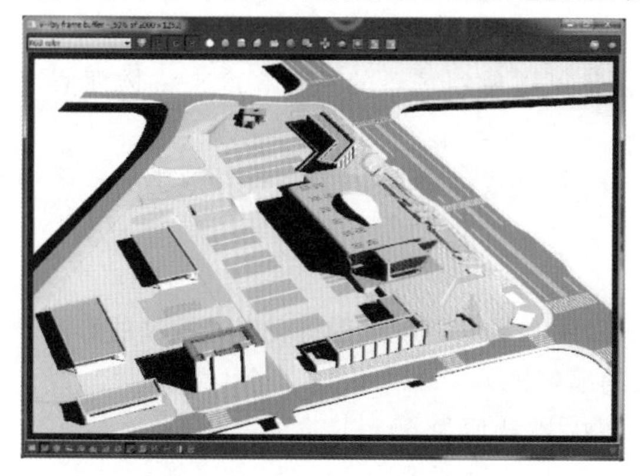

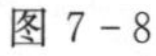

图 7－8

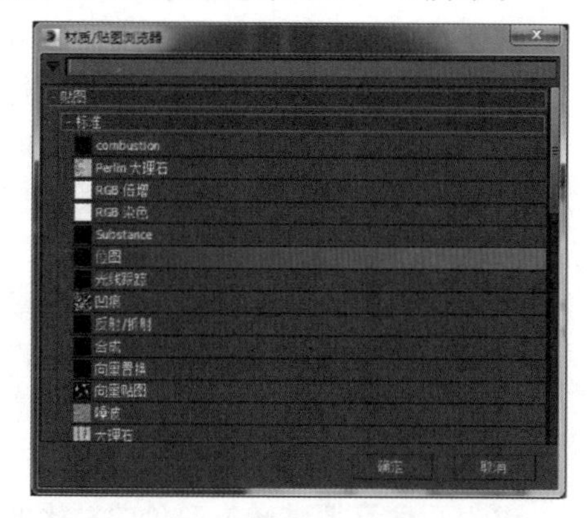

图 7－9

(6)双击【位图】，在弹出的【选择位图图像文件格式】对话框，选择 021.jpg 图片，效果如图 7－10 所示。

(7)按快捷键【M】，打开【材质编辑器】，将环境贴图下的按钮拖动至一个空白材质球上，在弹出的【材质(副本)贴图】对话框中选择【实例】，单击【确定】按钮，如图 7－11 所示。

(8)在【坐标】卷展栏下设置【瓷砖】数均为 100，如图 7－12 所示。

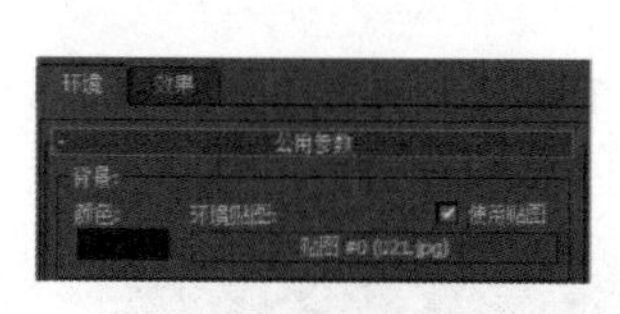

图 7－10

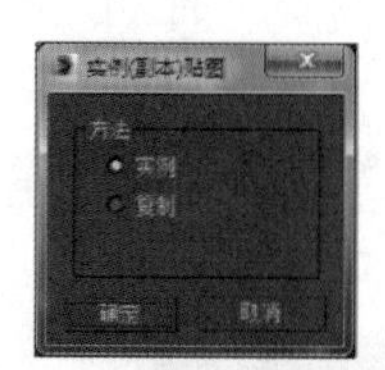

图 7－11

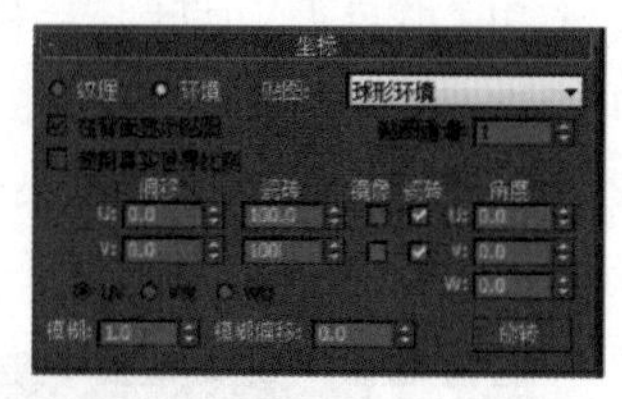

图 7－12

(9)再次按住【Shift＋Q】快捷键，渲染效果如图 7－13 所示。

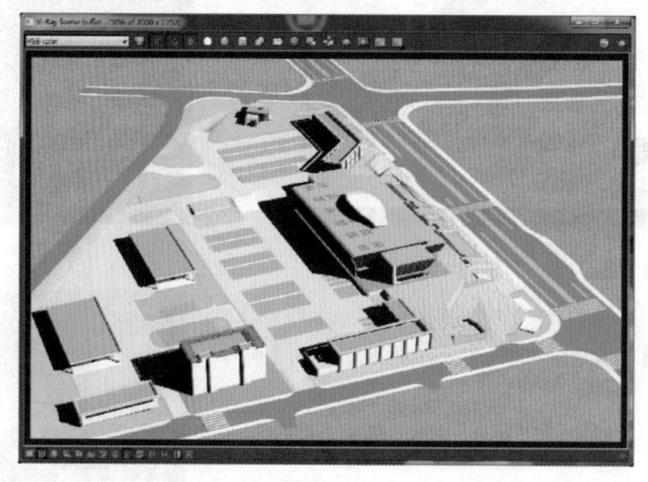

图 7－13

任务二　燃烧的蜡烛

本任务思政要素：春蚕到死丝方尽，蜡炬成灰泪始干。

(一)理论基础——大气效果

3DS MAX 中的大气环境效果可以用来模拟自然界中的云、雾、火和体积光等环境效果。使用这些特殊环境效果可以逼真地模拟出自然界的各种气候，同时还可以增强场景的景深感，使场景显得更为广阔，有时还能起到烘托场景气氛的作用，如图 7 - 14 所示。

图 7 - 14

1. 火效果

使用火效果环境可以制作出火焰、烟雾和爆炸等效果，添加的具体方法如下。

第一步：打开【环境和效果】对话框；

第二步：打开【大气】卷展栏；

第三步：单击【添加】按钮，弹出【添加大气效果】卷展栏；

第四步：选择【火效果】，单击【确定】按钮。

在下面出现的【火效果参数】卷展栏中设置火效果相关参数，如图 7 - 15 所示。

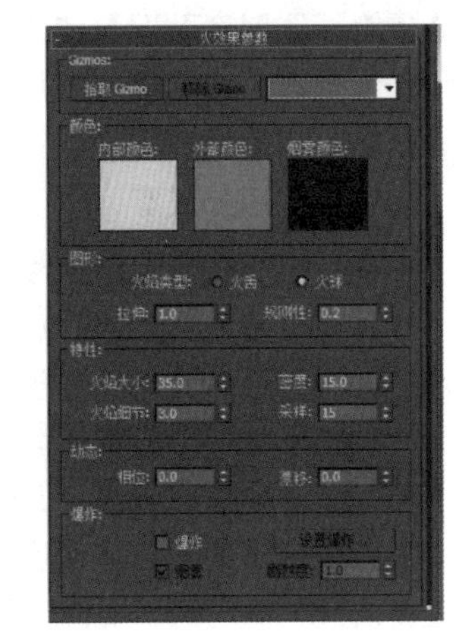

图 7 - 15

【拾取 Gizmo】：单击该按钮可以拾取场景中要产生火效果的 Gizmo 对象。

【移除 Gizmo】：单击该按钮可以移除列表中所选的 Gizmo。

【内部颜色】：设置火焰中最密集部分的颜色。

【外部颜色】：设置火焰中最稀薄部分的颜色。

【烟雾颜色】：当勾选【爆炸】选项时，该选项才可以使用，主要用来设置爆炸的烟雾颜色。

【火焰类型】：共有【火舌】和【火球】两种类型。【火舌】选项表示沿着中心使用纹理创建带方向的火焰，这种火焰类似于篝火，其方向沿着火焰装置的局部 Z 轴；【火球】选项表示创建圆形的爆炸火焰。

【拉伸】：将火焰沿着装置的 Z 轴进行缩放，该选项最适合创建【火舌】火焰。

【规则性】：修改火焰填充装置的方式，范围为 1～0。

【火焰大小】：设置装置中各个火焰的大小。装置越大，需要的火焰也越大，使用 15～30 范围内的值可以获得最佳的火效果。

【火焰细节】：控制每个火焰中显示的颜色更改量和边缘的尖锐度，范围为 0～10。

【密度】：设置火焰效果的不透明度和亮度。

【采样】：设置火焰效果的采样率。值越高，生成的火焰效果越细腻，但是会增加渲染时间。

【相位】:控制火焰效果的速率。

【漂移】:设置火焰沿着火焰装置的 Z 轴的渲染方式。

【爆炸】:勾选该选项后,火焰将产生爆炸效果。

【设置爆炸】:单击该按钮可以打开【设置爆炸相位曲线】对话框,在该对话框中可以调整爆炸的【开始时间】和【结束时间】。

【烟雾】:控制爆炸是否产生烟雾。

【剧烈度】:改变【相位】参数的涡流效果。

技巧与提示:

火效果不产生任何照明效果,若要模拟产生的灯光效果,需要添加灯光。

2. 雾效果

雾效果会呈现雾或烟的外观,可使对象随着与摄影机距离的增加逐渐衰减,或提供分层雾效果,使所有对象或部分对象被雾笼罩。雾添加方法和火效果相同,雾的具体参数如图 7 - 16 所示。

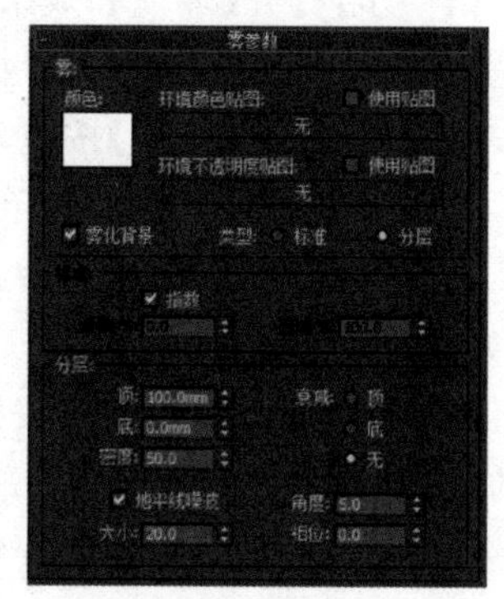

图 7 - 16

【颜色】:设置雾的颜色。

【环境颜色贴图】:从贴图导出雾的颜色。

【使用贴图】:使用贴图来产生雾效果。

【环境不透明度贴图】:使用贴图来更改雾的密度。

【雾化背景】:将雾应用于场景的背景。

【标准】:使用标准雾。

【分层】:使用分层雾。

【指数】:随距离增加按指数增大密度。

【近端%】:设置雾在近距范围的密度。

【远端%】:设置雾在远距范围的密度。

【顶】:设置雾层的上限(使用世界单位)。

【底】:设置雾层的下限(使用世界单位)。

【密度】:设置雾的总体密度。

【衰减:顶/底/无】:添加指数衰减效果。

【地平线噪波】:启用地平线噪波系统。地平线噪波系统影响雾层的地平线,用来增强雾的真实感。

【大小】:应用于噪波的缩放系数。

【角度】:确定受影响的雾与地平线的角度。

【相位】:用来设置噪波动画。

3. 体积雾

环境可以允许在一个限定的范围内设置和编辑雾效果。体积雾和雾最大的一个区别在于体积雾是三维的雾,是有体积的。体积雾多用来模拟烟云等有体积的气体,体积雾添加方法也和火效果相同。体积雾效果具体参数如图 7 - 17 所示。

【拾取 Gizmo】:单击该按钮可以拾取场景中要产生体积雾效果的 Gizmo 对象。

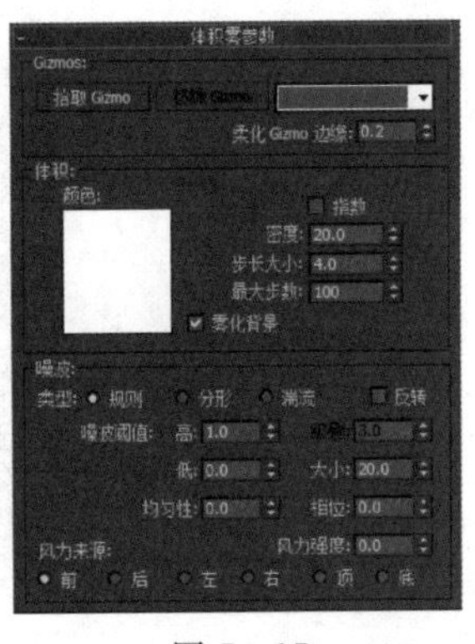

图 7－17

【移除 Gizmo】:单击该按钮可以移除列表中所选的 Gizmo。移除 Gizmo 后,Gizmo 仍在场景中,但是不再产生体积雾效果。

【柔化 Gizmo 边缘】:羽化体积雾效果的边缘,值越大,边缘越柔滑。

【颜色】:设置雾的颜色。

【指数】:随距离增加按指数增大密度。

【密度】:控制雾的密度,范围为 0～20。

【步长大小】:确定雾采样的粒度,即雾的【细度】。

【最大步数】:限制采样量,以便雾的计算不会永远执行。该选项适合于雾密度较小的场景。

【雾化背景】:将体积雾应用于场景的背景。

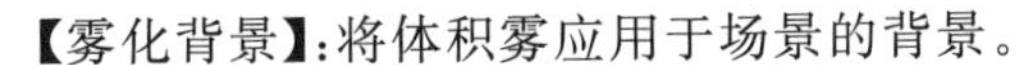

【类型】:有【规则】、【分形】、【湍流】和【反转】4 种类型可供选择。

【噪波阈值】:限制噪波效果,范围为 0～1。

【级别】:设置噪波迭代应用的次数,范围为 1～6。

【大小】:设置烟卷或雾卷的大小。

【相位】:控制风的种子。如果【风力强度】大于 0,雾体积会根据风向来产生动画。

【风力强度】:控制烟雾远离风向(相对于相位)的速度。

【风力来源】:定义风来自哪个方向。

(二)课堂案例——燃烧的蜡烛制作

(1)单击(创建)|(几何体)|圆柱体(圆柱体)按钮,在顶视图中拖动鼠标创建一个圆柱体,参数如图 7－18 所示。

(2)进入(修改)命令面板,在【修改器列表】下拉列表框中选择【噪波】修改器,参数如图 7－19所示。

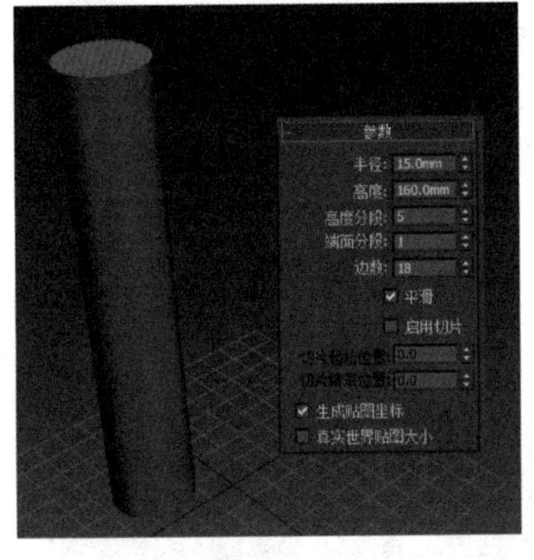

图 7－18

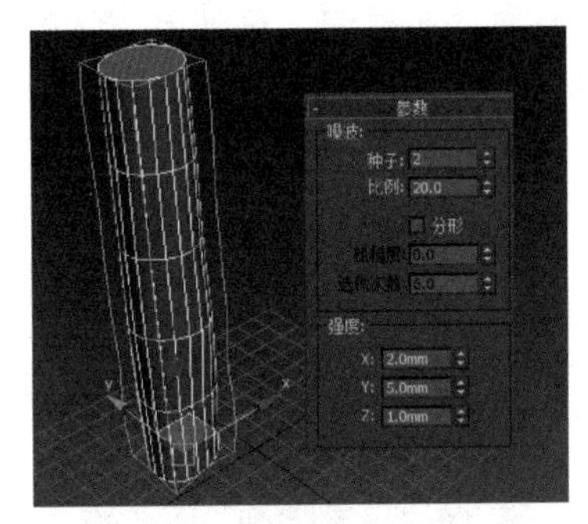

图 7－19

(3)激活前视图。单击(创建)|(图形)|线(线)按钮,在前视图创建如图 7－20 所示的曲线。

(4)在修改命令面板的下拉列表框中选择【车削】修改器,旋转生成三维造型,使用移动工具

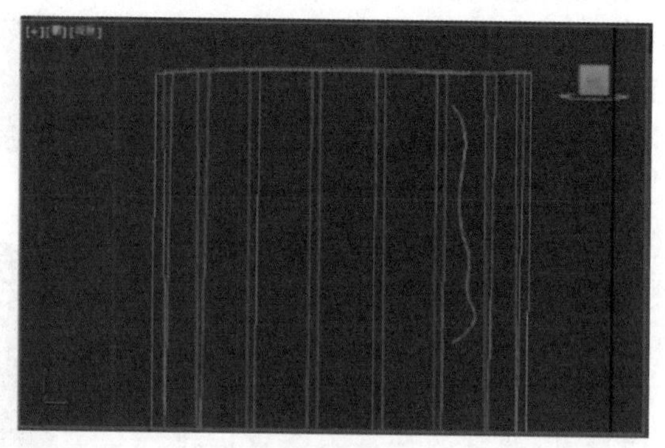

图 7－20

将其移动到合适位置，参数和效果如图 7－21 所示。

(5)重复上述过程，旋转得到烛泪。得到的造型如图 7－22 所示。

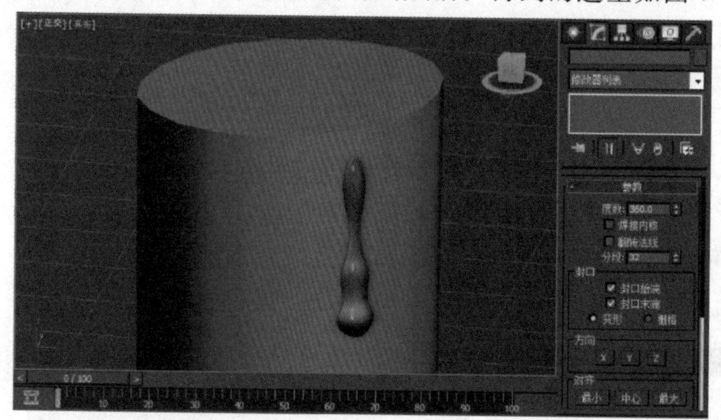

图 7－21

图 7－22

(6)单击(创建)|(几何体)| 圆柱体 (圆柱体)按钮，在顶视图中创建一个圆柱体作为蜡烛的烛芯。使用移动工具调整好圆柱体的位置，如图 7－23 所示。

(7)在修改命令面板的下拉列表中选择【FFD(长方体)】，设置参数如图 7－24 所示，单击【设置点数】按钮，在弹出的对话框中将【长度】设为 4，【宽度】设置为 6，【高度】为 4，得到 4×6×4 的方阵。

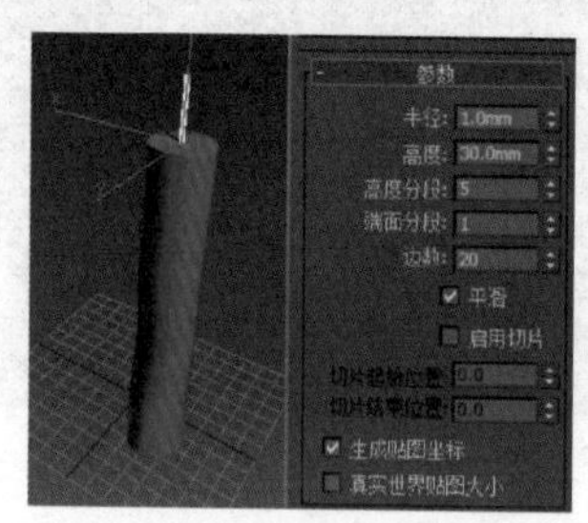

图 7－23

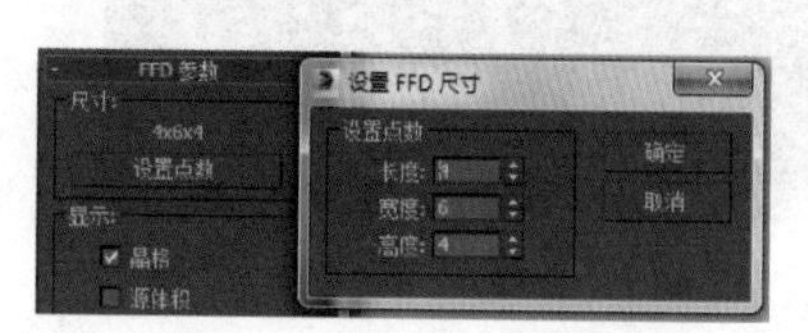

图 7－24

(8)在修改命令面板的修改器堆栈中单击【FFD(长方体)】前的【＋】号将其展开，单击其下一级的【控制点】选项，进入控制点次物体层级。使用移动工具对方阵上的顶点进行移动编辑，如图 7－25 所示，使蜡烛的烛芯变得弯曲。

(9)创建受热熔化流淌到桌面的蜡烛油模型。单击(创建)|(图形)|线(线)按钮，在顶视图创建如图 7－26 所示的曲线。

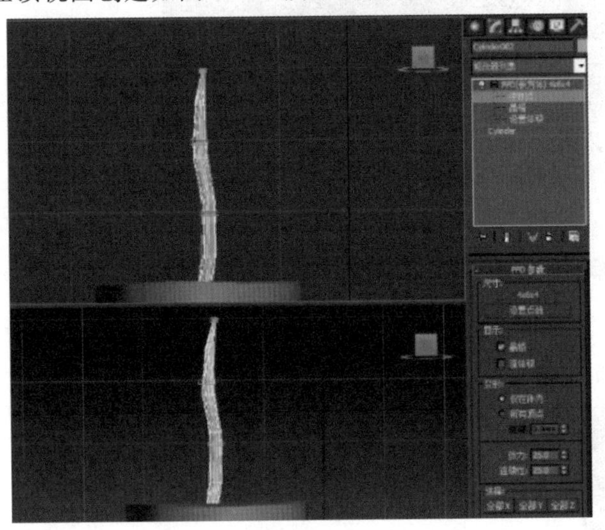

图 7－25

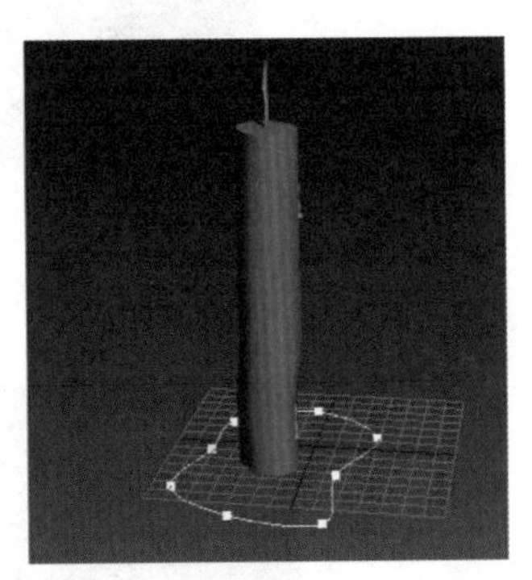

图 7－26

(10)框选有所的点，右键单击，选择【平滑】，调整点位置，使曲线变得更加圆滑，如图 7－27 所示。

(11)在修改命令面板的下拉列表框中选择【倒角】修改器，参照图 7－28 中的参数，得到的三维造型如图 7－29 所示。

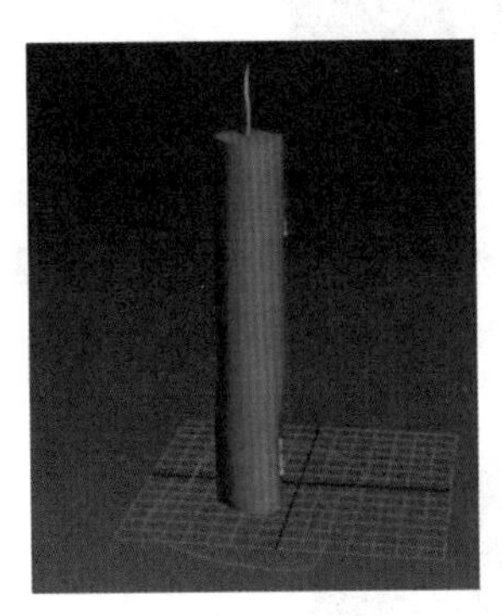

图 7－27

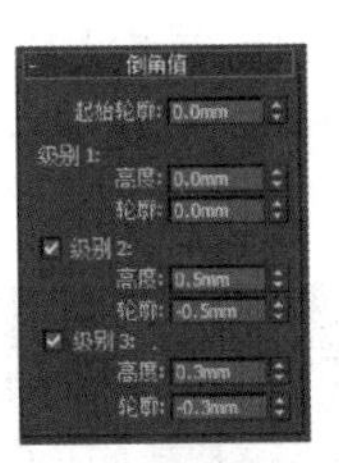

图 7－28

图 7－29

(12)选择(几何体)|扩展基本体(扩展几何体)|切角圆柱体(切角圆柱体)，在顶视图中创建切角圆柱体，作为桌面，参数如图 7－30 所示。

(13)按【M】键打开【材质编辑器】对话框，单击一个材质样本示例球，单击【Standard】按钮，在弹出的对话框中选择【光线跟踪】选项，在【光线跟踪基本参数】卷展栏的下拉列表框中选择【Blinn】选项。设置【漫反射】色彩 RGB 值为 215、8、3，【高光颜色】的 RGB 值为 60、42、12。展开【扩展参数】卷展栏，在其中将【半透明】RGB 值设置为 10、12、0，如图 7－31 所示。选中蜡烛以

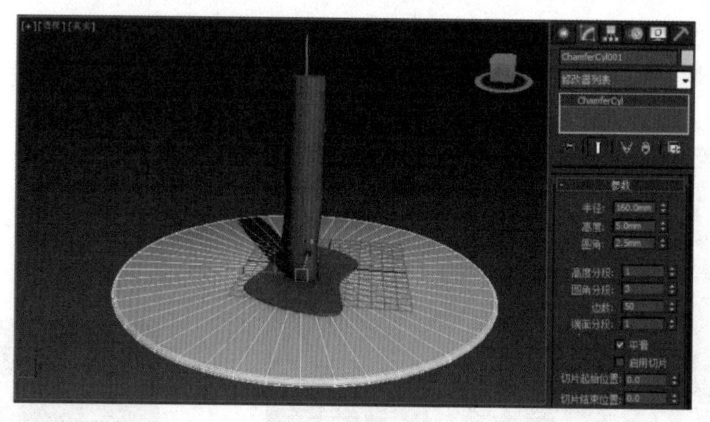

图 7 - 30

及蜡油模型，并指定材质。给烛芯和桌面指定材质，效果如图 7 - 32 所示。

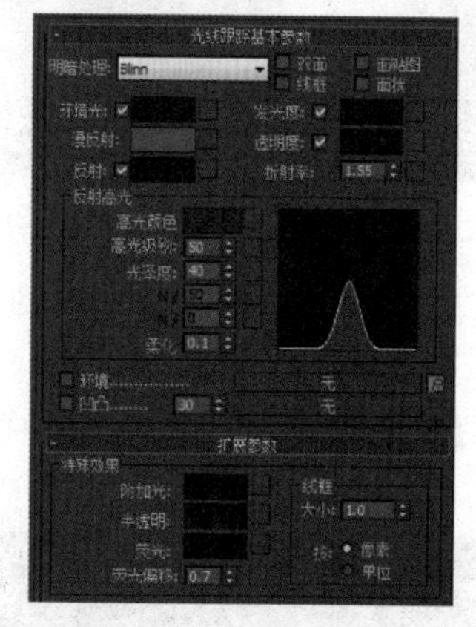

图 7 - 31

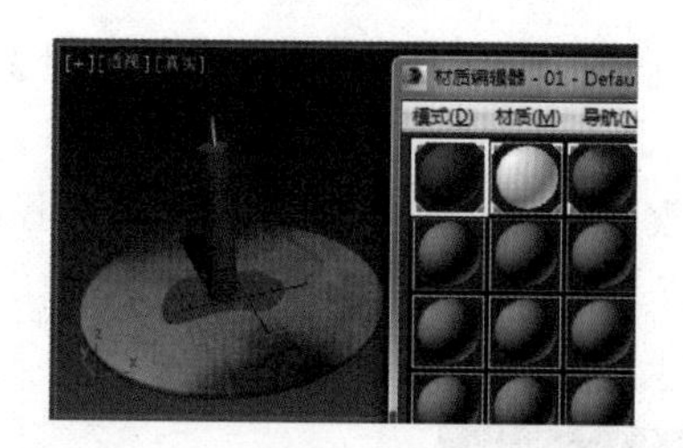

图 7 - 32

(14)给蜡烛添加火焰特效。进入 (创建)| (辅助对象)，在下拉列表框中选择【大气和效果】选项，单击【球体 Gizmo】按钮，在顶视图中创建球体，在【球体参数】卷展栏中设置【半径】为 2.5 mm，并选中【半球】复选框，如图 7 - 33 所示，使其成为一个半球，并垂直拉伸，结果如图 7 - 34所示。

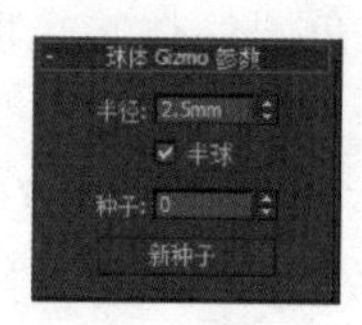

图 7 - 33

图 7 - 34

(15)选定球体,在修改命令面板的【大气和效果】卷展栏中单击【添加】按钮,在弹出的对话框中选择【火效果】选项,然后选中【火效果】后单击【设置】按钮,弹出【火效果参数】对话框。设置【内部颜色】的 RGB 值为 255、212、3,【外部颜色】的 RGB 值为 247、143、32,其余参数设置如图 7 - 35 所示,效果如图 7 - 36 所示。

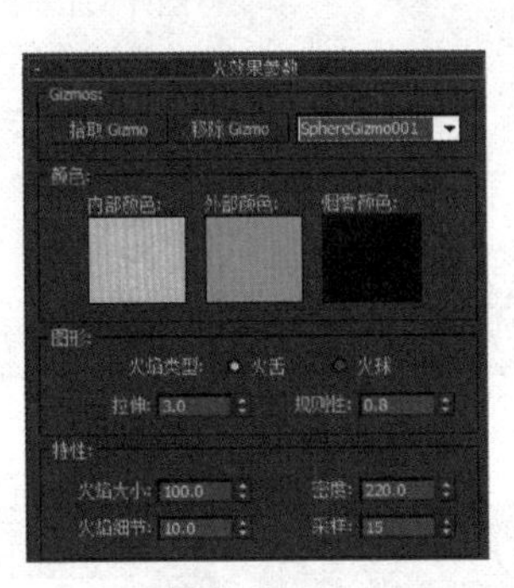

图 7 - 35

图 7 - 36

(16)单击 (创建)| (灯光)| 泛光 (泛光灯)按钮,创建一盏【目标聚光灯】和四盏【泛光灯】,位置如图 7 - 37 所示,其中每盏灯的参数如图 7 - 38～图 7 - 42 所示。

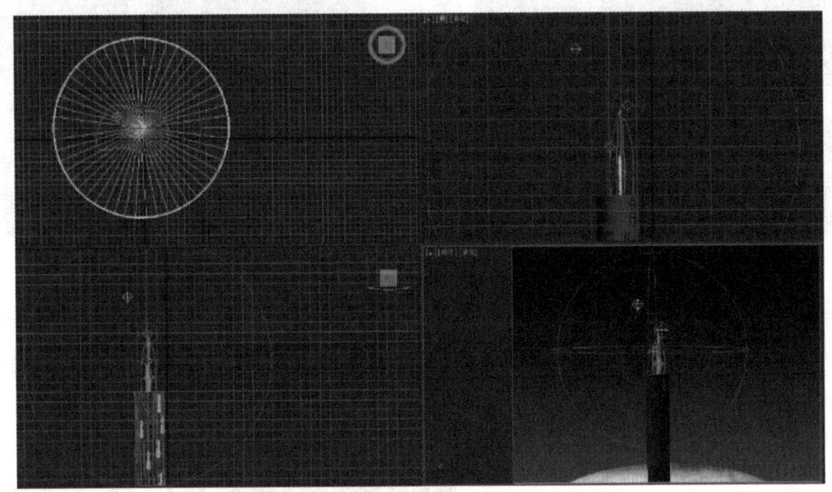

图 7 - 37

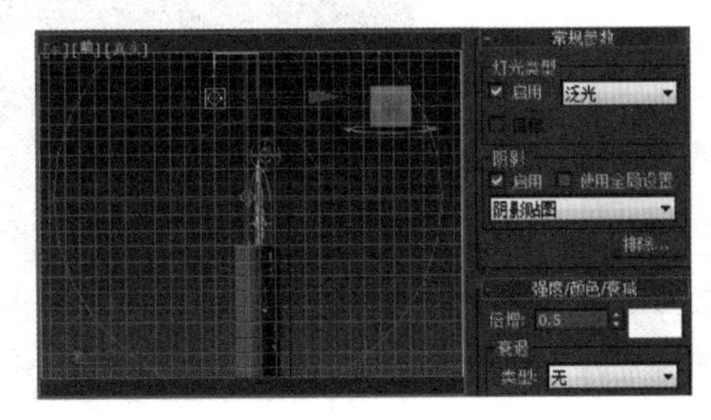

图 7 - 38

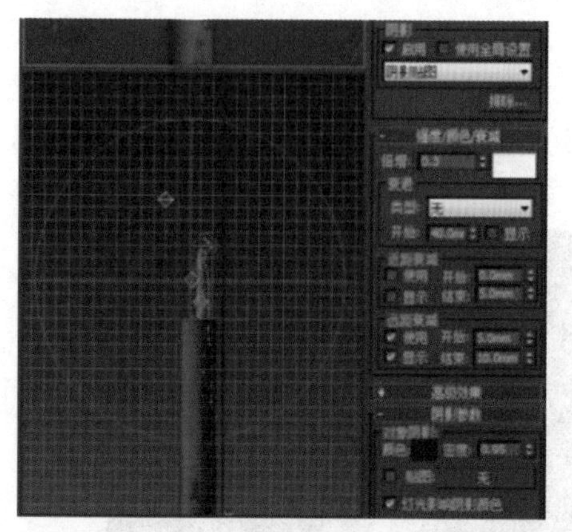

图 7 - 39

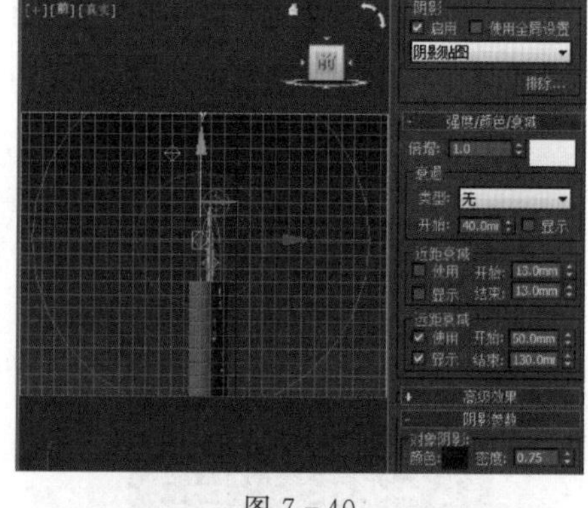

图 7 - 40

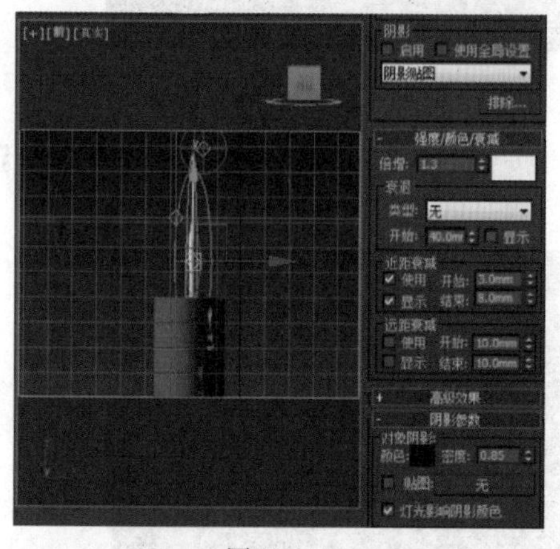

图 7 - 41

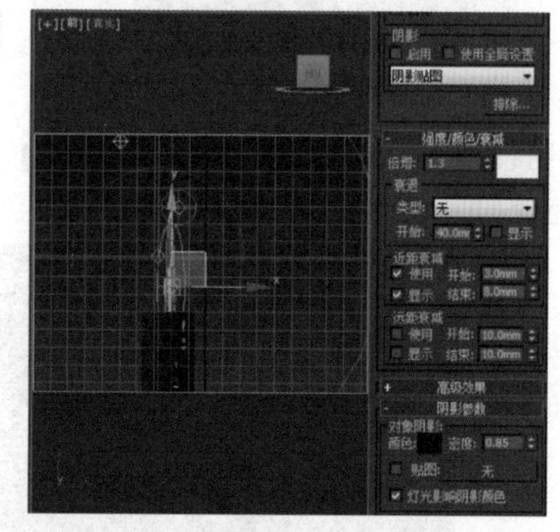

图 7 - 42

(17)单击【渲染/环境】菜单,打开【环境和效果】对话框,在【大气和效果】卷展栏中单击【添加】按钮,在弹出的对话框中选择【体积光】选项,单击【确定】按钮,在拾取光灯时选择最下面的泛光灯,如图 7 - 43 所示。

(18)按住【Shift+Q】快捷键渲染,效果如图 7 - 44 所示。

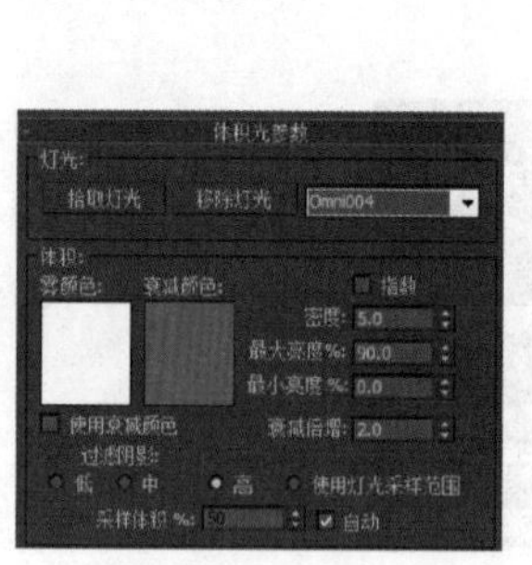

图 7 - 43

图 7 - 44

任务三　射入室内的光

本任务思政要素：射入黑暗世界的光，可以照亮尘埃。

（一）理论基础——体积光

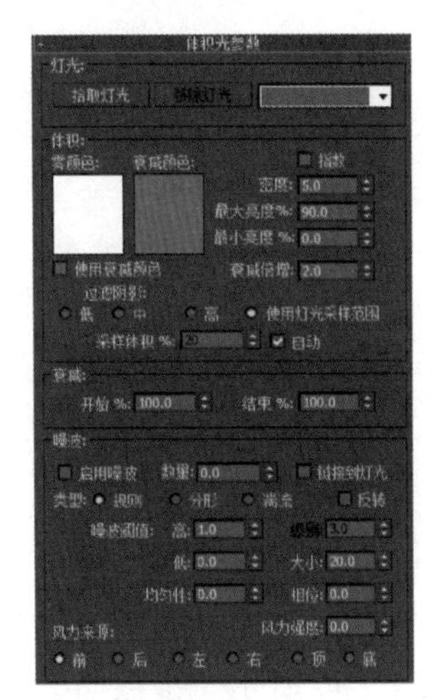

图 7－45

体积光环境可以用来制作带有光束的光线，可以指定给灯光（部分灯光除外，如 VRay 太阳）。体积光可以被物体遮挡，从而形成光芒透过缝隙的效果，常用来模拟树与树之间的缝隙中透过的光束。体积光的具体参数如图 7－45 所示。

【拾取灯光】：拾取要产生体积光的光源。

【移除灯光】：将灯光从列表中移除。

【雾颜色】：设置体积光产生的雾的颜色。

【衰减颜色】：体积光随距离而衰减。

【使用衰减颜色】：控制是否开启衰减颜色功能。

【指数】：随距离增加按指数增大密度。

【密度】：设置雾的密度。

【最大/最小亮度％】：设置可以达到的最大和最小的光晕效果。

【衰减倍增】：设置衰减颜色的强度。

【过滤阴影】：通过提高采样率（以增加渲染时间为代价）来获得更高质量的体积光效果，包括【低】、【中】、【高】3 个级别。

【使用灯光采样范围】：根据灯光阴影参数中的采样范围值来使体积光中投射的阴影变模糊。

【采样体积％】：控制体积的采样率。

【自动】：自动控制【采样体积％】的参数。

【开始％/结束％】：设置灯光效果开始和结束衰减的百分比。

【启用噪波】：控制是否启用噪波效果。

【数量】：应用于雾的噪波的百分比。

【链接到灯光】：将噪波效果链接到灯光对象。

（二）课堂案例——射入室内的光制作

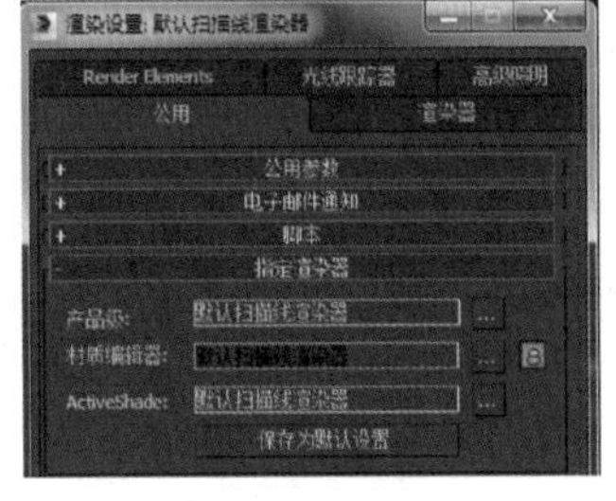

图 7－46

（1）打开【项目七\项目七素材、效果及源文件\任务三\射入室内的光场景.max】文件，单击【渲染/渲染设置】菜单，展开【指定渲染器】卷展栏，如图 7－46 所示。

（2）单击【产品级】后面的 ... 按钮，弹出【选择渲染器】对话框，选择【NVIDIA mental ray】渲染器，如图 7－47 所示。单击【确定】按钮，然后关闭【选择渲染器】对话框。

（3）选择顶视图，单击（创建）|（灯光）| 标准 （标准）| 目标平行光 （目标平行光）按钮，在如图 7－48 所示位置创

建灯光，在左视图选中灯光，将灯光提升一定的高度。目标平光的具体参数如图 7－49 所示。

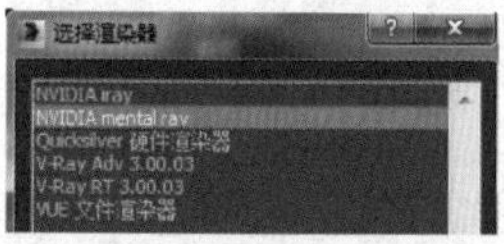

图 7－47

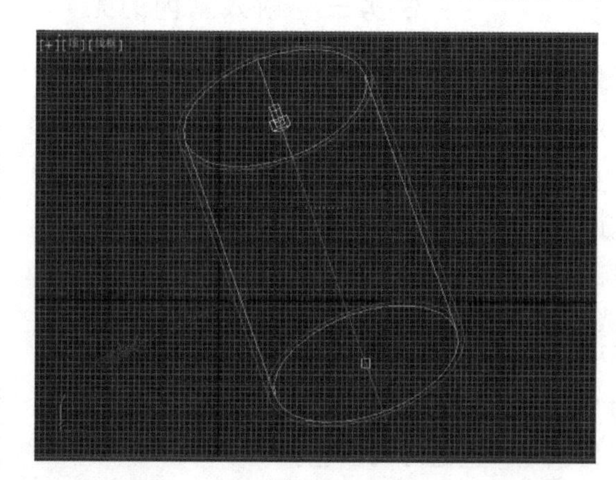

图 7－48

图 7－49

（4）选择顶视图，选择【创建/灯光/标准】，创建【泛光灯】，在左视图将灯光提升一定的高度。如图 7－50 所示。参数如图 7－51 所示。

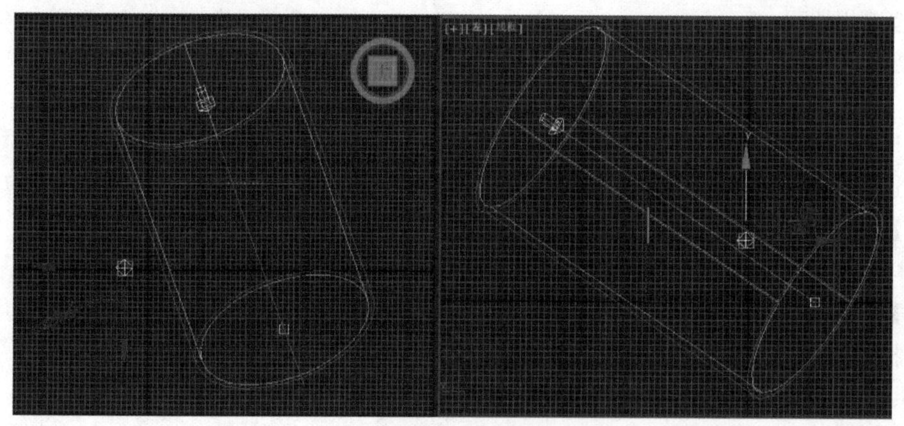

图 7－50

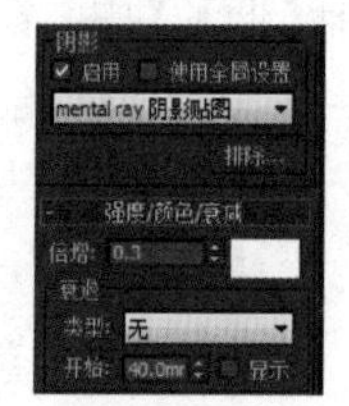

图 7－51

（5）按快捷键【8】，打开【环境和效果】浮动窗口，单击【大气】卷展栏下的【添加】按钮。弹出【添加大气效果】对话框，双击【体积光】，设置【体积光参数】卷展栏下的参数，如图 7－52 所示。

（6）按【Shift＋Q】，快速渲染效果如图 7－53 所示。

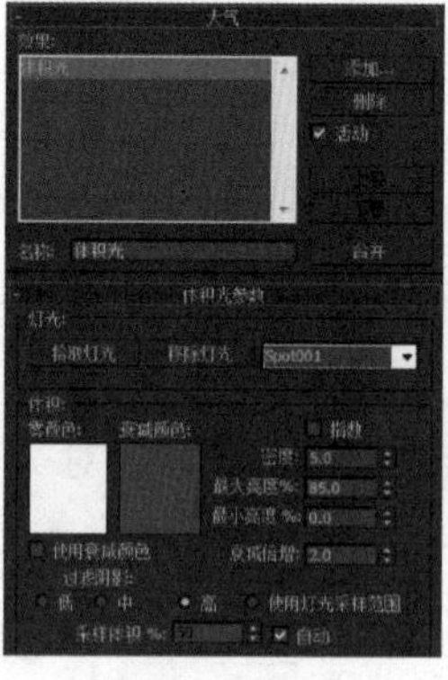

图 7－52

图 7－53

任务四　旧课桌

(一)理论基础——亮度与对比度以及色彩平衡

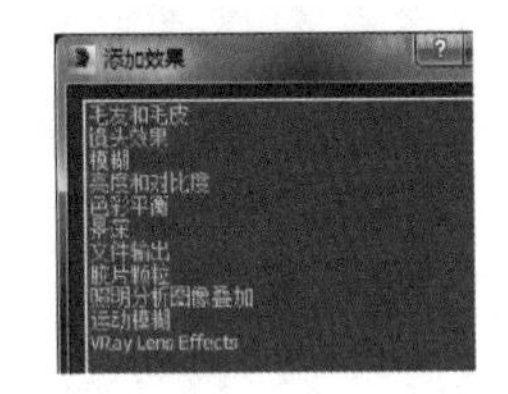

图 7 - 54

在效果面板中可以为场景添加【镜头效果】、【模糊】、【亮度和对比度】、【色彩平衡】、【景深】、【胶片颗粒】、【运动模糊】等效果，如图 7 - 54 所示。

1. 亮度与对比度

使用亮度和对比度可以调整图像的对比度和亮度。因此可以用于将渲染场景对象与背景图像或动画进行匹配。【亮度和对比度参数】卷展栏包含以下参数，如图 7 - 55 所示。

【亮度】：增加或减少所有色元(红色、绿色和蓝色)，范围从 0～1.0。

【对比度】：压缩或扩展最大黑色和最大白色之间的范围，范围从 0～1.0。

【忽略背景】：将效果应用于 3DS MAX 场景中除背景以外的所有元素。

2. 色彩平衡

使用色彩平衡效果可以通过独立控制 RGB 通道操纵相加/相减颜色。【色彩平衡参数】卷展栏包含以下参数，如图 7 - 56 所示。

【青/红】：调整红色通道。

【洋红/绿】：调整绿色通道。

【黄/蓝】：调整蓝色通道。

【保持发光度】：启用此选项后，在修正颜色的同时保留图像的发光度。

【忽略背景】：启用此选项后，可以在修正图像模型时不影响背景。

3. 模糊

使用模糊效果可以通过 3 种不同的方法使图像变得模糊，分别是均匀型、方向型、径向型。模糊效果根据像素选择选项卡所选择的对象应用于各个像素，使整个图像变模糊，其参数包含【模糊类型】和【像素选择】两大部分，具体如图 7 - 57 所示。

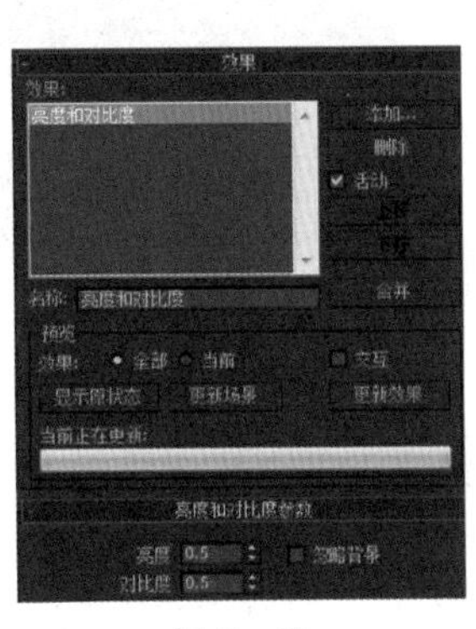

图 7 - 55

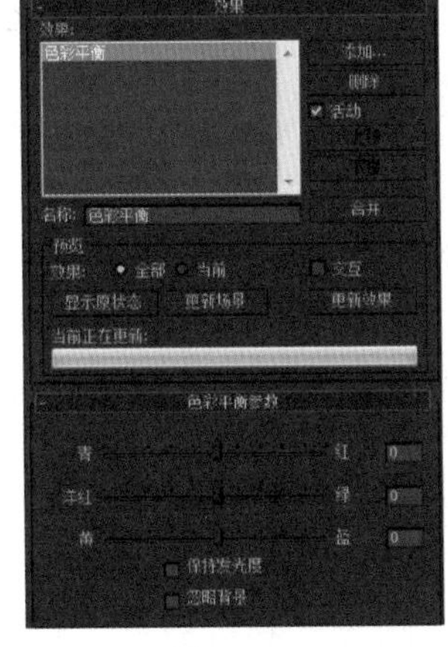

图 7 - 56

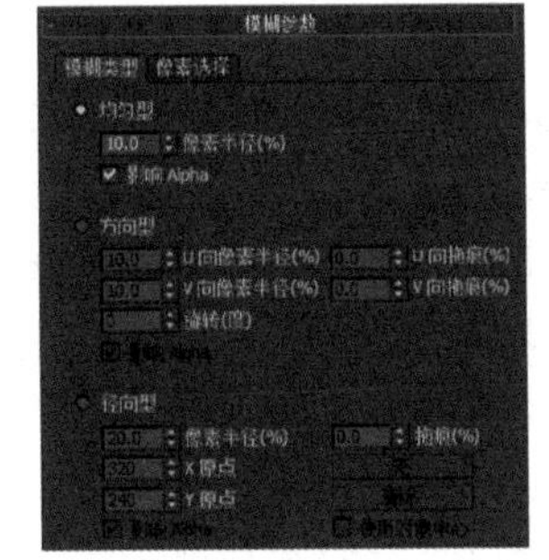

图 7 - 57

1)【模糊类型】面板

均匀型:将模糊效果均匀应用在整个渲染图像中。

【像素半径】:设置模糊效果的半径。

【影响 Alpha】:启用该选项时,可以将均匀型模糊效果应用于 Alpha 通道。

方向型:按照方向型参数指定的任意方向应用模糊效果。

【UV 向像素半径(%)】:设置模糊效果的水平/垂直强度。

【UV 向拖痕(%)】:通过为 U/V 轴的某一侧分配更大的模糊权重为模糊效果添加方向。

【旋转(度)】:通过【U 向像素半径(%)】和【V 向像素半径(%)】来应用模糊效果的 U 向像素和 V 向像素的轴。

【影响 Alpha】启用该选项时,可以将方向型模糊效果应用于 Alpha 通道。

径向型:以径向的方式应用模糊效果。

【像素半径(%)】:设置模糊效果的半径。

【拖痕(%)】:通过为模糊效果的中心分配更大或更小的模糊权重为模糊效果添加方向。

【XY 原点】:以像素为单位,对渲染输出的尺寸指定模糊的中心。

【无】:指定以中心作为模糊效果中心的对象。

【清除】:移除对象名称。

【影响 Alpha】:启用该选项时,可以将径向型模糊效果应用于 Alpha 通道。

【使用对象中心】:启用该选项后,无按钮无指定的对象将作为模糊效果的中心。

2)【像素选择】面板(图 7-58)

整个图像:启用该选项后,模糊效果将影响整个渲染图像。

【加亮(%)】:加亮整个图像。

【混合(%)】:将模糊效果和整个图像参数与原始的渲染图像进行混合。

非背景:启用该选项后,模糊效果将影响除背景图像或动画以外的所有元素。

【羽化半径(%)】:设置应用于场景的非背景元素的羽化模糊效果的百分比。

亮度:影响亮度值介于最小值(%)和最大值(%)微调器之间的所有像素。

【最小值/最大值(%)】设置每个像素要应用模糊效果所需的最小和最大亮度值。

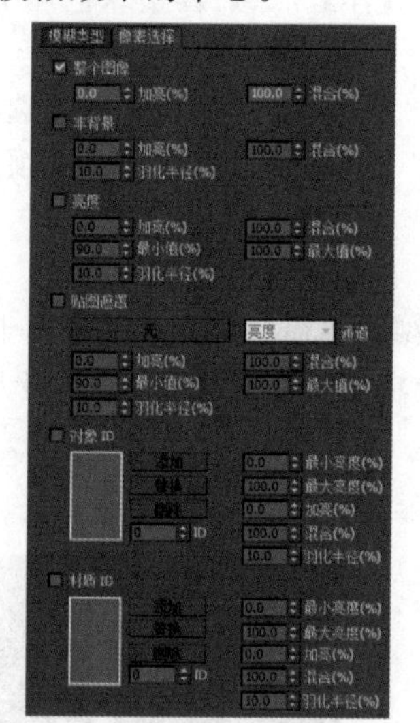

图 7-58

贴图遮罩:通过在材质/贴图浏览器对话框选择的通道和应用的遮罩来应用模糊效果。

对象 ID:如果对象匹配过滤器设置,会将模糊效果应用于对象或对象中具有特定对象 ID 的部分(在 G 缓冲区中)。

材质 ID:如果材质匹配过滤器设置,会将模糊效果应用于该材质或材质中具有特定材质效果通道的部分。

【常规设置羽化衰减】使用曲线来确定基于图形的模糊效果的羽化衰减区域。

(二)课堂案例——旧课桌制作

(1)打开【项目七\项目七素材、效果及源文件\任务四\旧课桌模型. max】文件，场景效果如图 7－59 所示。

(2)将材质球 1 赋给桌子。单击【漫反射】后面的按钮，选择【贴图】，在打开的对话框中选择【mu3. jpg】，单击▩(视口中显示明暗处理材质)按钮，如图 7－60 所示。

图 7－59

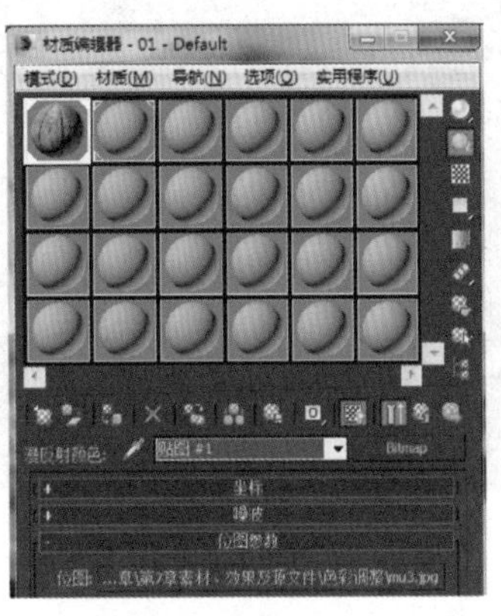

图 7－60

(3)选中桌子，将材质球 2 赋给地面。选择【参数】卷展栏下的【长方体】，如图 7－61 所示。

图 7－61

(4)选中地面，单击【漫反射】后面的按钮，选择【贴图】，在打开的对话框中选择【地面. jpg】，单击▩(视口中显示明暗处理材质)按钮，添加目标聚光灯，调整灯光位置，勾选【阴影】，如图 7－62所示。

(5)按快捷键【8】打开【渲染/环境】对话框，选择【效果】，单击【添加】按钮，在弹出的【添加效

图 7 - 62

果】对话框中选择【色彩平衡】。设置【色彩平衡参数】分别为－20、－20、30，勾选【保持发光度】，如图 7 - 63 所示。

(6)按【Shift＋Q】快捷键，快速渲染，如图 7 - 64 所示。

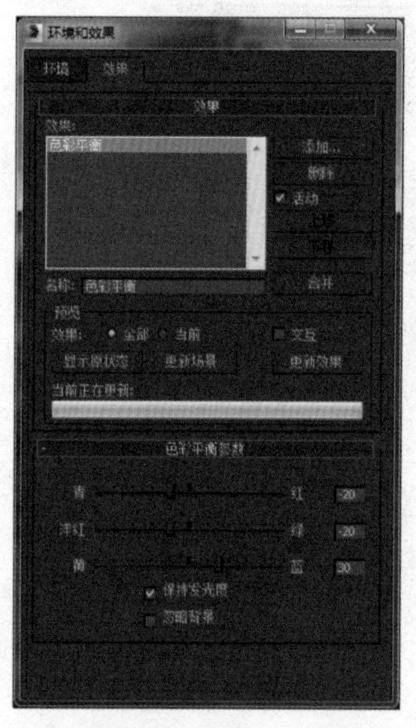

图 7 - 63

图 7 - 64

(7)继续单击【添加】按钮，在弹出的【添加效果】对话框中选择【亮度和对比度】。设置【对比度】为 0.8，调整成暮色下的桌子效果，如图 7 - 65 所示。

(8)更改【亮度】为 0.8，调整成夜晚灯光下的效果，如图 7 - 66 所示。

图 7－65

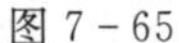

图 7－66

任务五　镜头特效

(一)理论基础——镜头效果

在效果面板中可以为场景添加【镜头效果】、【模糊】、【亮度和对比度】、【色彩平衡】、【景深】、【胶片颗粒】、【运动模糊】和【VRay 镜头效果】等效果。

1. 镜头效果

使用【镜头效果】可以模拟照相机拍照时镜头所产生的光晕效果，这些效果包括【光晕】、【光环】、【射线】、【自动二级光斑】等，如图 7－67 所示。

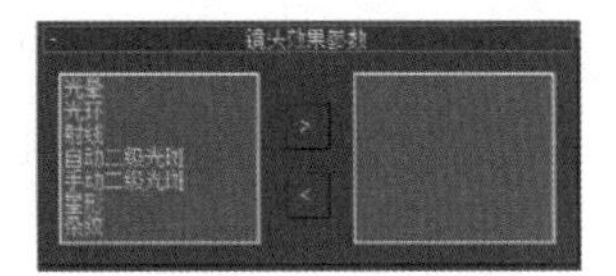

图 7－67

技巧与提示：

在【镜头效果参数】卷展栏下选择镜头效果，单击按钮可以将其加载到右侧的列表中，以应用镜头效果；单击按钮可以移除加载的镜头效果。

镜头效果包含一个【镜头效果全局】卷展栏。该卷展栏分为【参数】和【场景】两个页签，如图 7－68 所示。

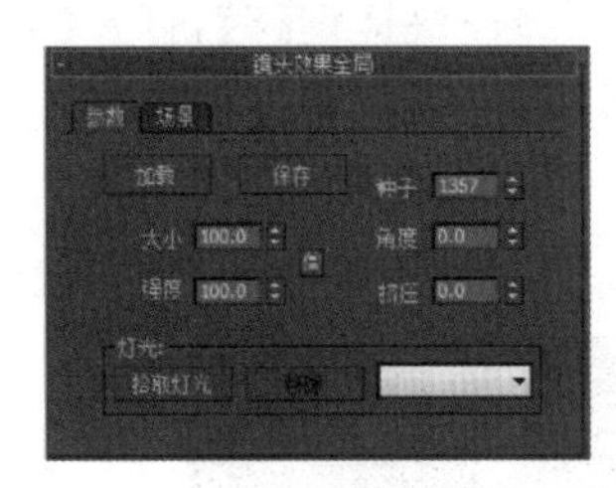

图 7－68

1)【参数】页签

【加载】：单击该按钮可以打开【加载镜头效果文件】对话框，在该对话框中可选择要加载的 Izv 文件。

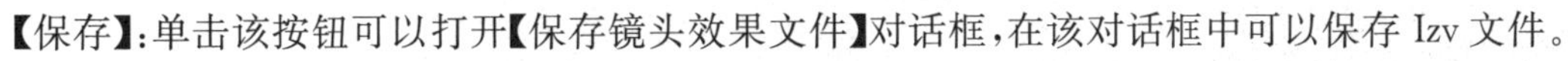

【保存】：单击该按钮可以打开【保存镜头效果文件】对话框，在该对话框中可以保存 Izv 文件。

【大小】：设置镜头效果的总体大小。

【强度】：设置镜头效果的总体亮度和不透明度。值越大，效果越亮越不透明；值越小，效果越暗越透明。

【种子】：为镜头效果中的随机数生成器提供不同的起点，并创建略有不同的镜头效果。

【角度】：当效果与摄影机的相对位置发生改变时，该选项用来设置镜头效果在默认位置的旋转量。

【挤压】：在水平方向或垂直方向挤压镜头效果的总体大小。

【拾取灯光】：单击该按钮可以在场景中拾取灯光。

【移除】:单击该按钮可以移除所选择的灯光。

2)【场景】面板(图 7 - 69)

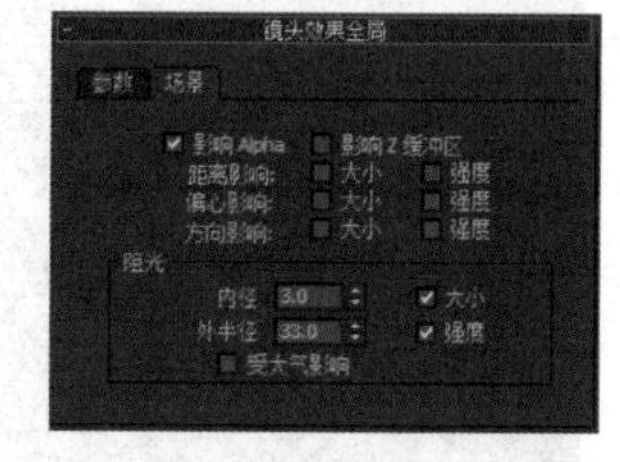

图 7 - 69

【影响 Alpha】:如果图像以 32 位文件格式来渲染,那么该选项用来控制镜头效果是否影响图像的 Alpha 通道。

【影响 Z 缓冲区】:存储对象与摄影机的距离。Z 缓冲区用于光学效果。

【距离影响】:控制摄影机或视口的距离对光晕效果的大小和强度的影响。

【偏心影响】:产生摄影机或视口偏心的效果,影响其大小和强度。

【方向影响】:聚光灯相对于摄影机的方向,影响其大小或强度。

【内径】:设置效果周围的内径,另一个场景对象必须与内径相交才能开始阻挡效果。

【外半径】:设置效果周围的外径,另一个场景对象必须与外径相交才能开始阻挡效果。

【大小】:调整阻挡效果的大小。

【强度】:调整阻挡效果的强度。

【受大气影响】:控制是否允许大气效果阻挡镜头效果。

(二)课堂案例——镜头特效制作

(1)打开【项目七\项目七素材、效果及源文件\任务五\镜头效果模型.max】文件,场景效果如图 7 - 70 所示。

(2)按快捷键【8】,打开【环境和效果】对话框,在【效果】选项卡下单击【添加】,在弹出的【添加效果】对话框中选择【镜头效果】,单击【确定】按钮,如图 7 - 71 所示。

(3)选择【镜头效果】,然后在【镜头效果参数】卷展栏下的左侧列表中选择【光晕】选项,接着单击 >(右移)按钮,将其加载到右侧列表中,如图 7 - 72 所示。

图 7 - 70

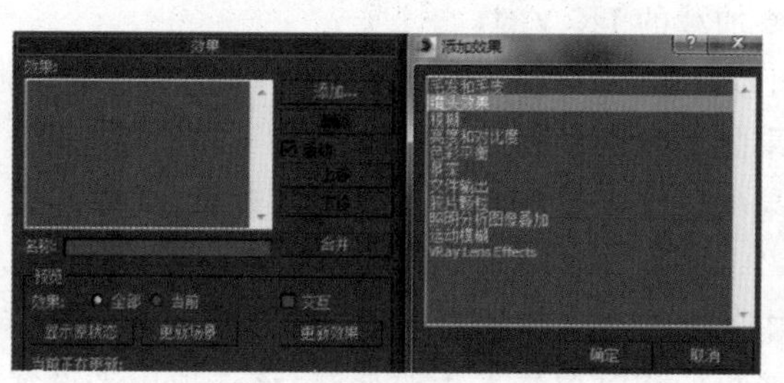

图 7 - 71

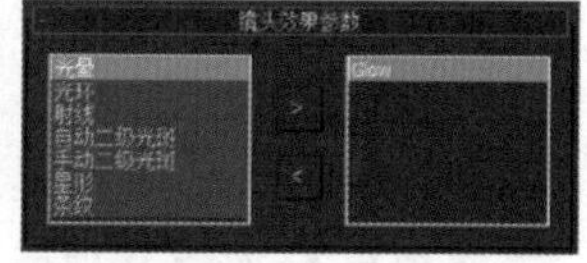

图 7 - 72

(4)展开【镜头效果全局】卷展栏,然后单击 拾取灯光 (拾取灯光)按钮,接着在视图中拾取两盏泛光灯,如图 7 - 73 所示。

(5)展开【光晕元素】卷展栏，然后在【参数】选项卡中设置【强度】为【60】，接着在【径向颜色】选项组中设置【边缘颜色】为 R:255、G:144、B:0，具体参数如图 7-74 所示。

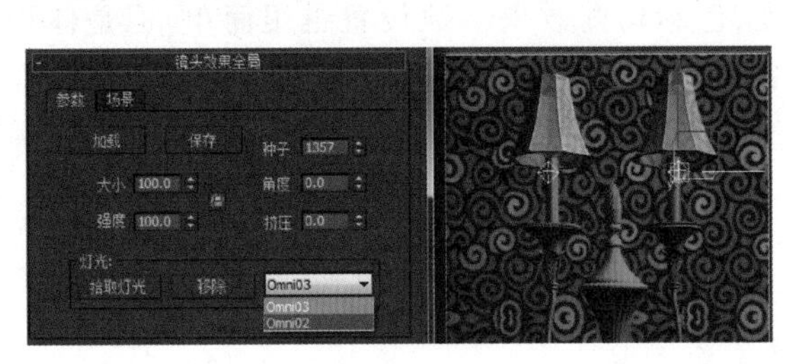

图 7-73

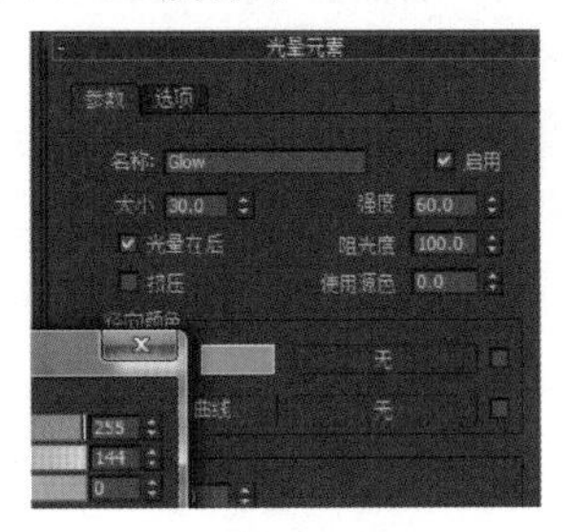

图 7-74

(6)返回到【镜头效果参数】卷展栏，然后将左侧的【条纹】效果加载到右侧的列表中，接着在【条纹元素】卷展栏下设置【强度】为 8，如图 7-75 所示。

(7)返回到【镜头效果参数】卷展栏，将左侧的【射线】效果加载到右侧的列表中，接着在【射线元素】卷展栏下设置【强度】为 35，如图 7-76 所示。

(8)返回【镜头效果参数】卷展栏，然后将左侧的【手动二级光斑】效果加载到右侧的列表中，接着在【手动二级光斑元素】卷展栏下设置【强度】为 80，如图 7-77 所示。

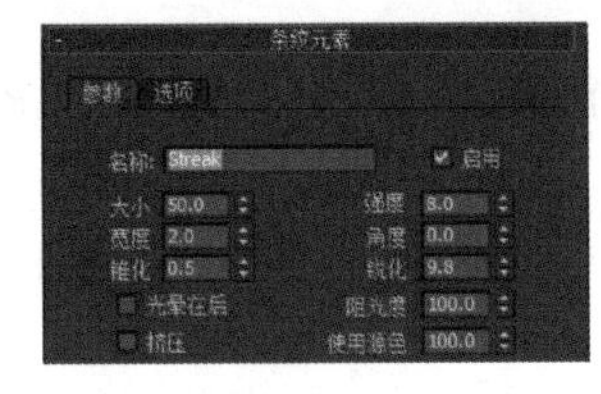

图 7-75

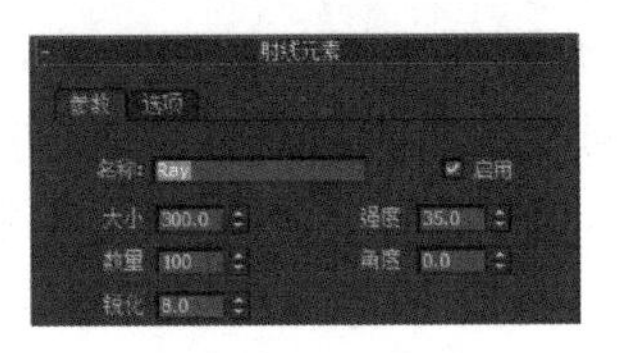

图 7-76

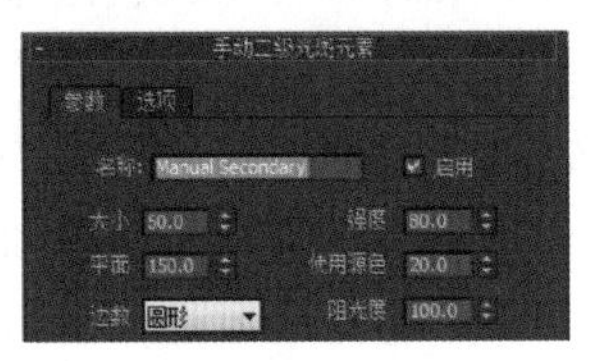

图 7-77

(9)按【F9】渲染，效果如图 7-78 所示。

图 7-78

☞项目总结

本项目共有 4 个任务，前两个任务的主要内容是利用 3DS MAX 中提供的环境替换规划图的地面，使得规划图效果更加逼真；为燃烧的蜡烛制作烛焰效果，完成燃烧蜡烛效果图制作。这两个案例中主要使用了公用参数中的环境贴图和大气效果中的火效果，环境贴图的使用较为简单，但是火效果参数设置复杂很多，需要熟练掌握。同时注意火效果不但需要使用辅助物体确定火焰位置，还需要使用灯光模拟火光的阴影效果，后两个任务主要使用了效果中的体积光和效果中的对比度、色彩均衡等效果，对比度、色彩均衡效果参数设置也很简单，但是体积光的参数则相对比较复杂。为了烘托场景或者制作一些特定的场景效果，还有很多效果需要熟练掌握。

☞项目考核

一、填空题

1. 打开【环境和效果】对话框的快捷键是（　　　）。

2. 利用环境和效果选项卡中的（　　　）卷展栏的参数可以设置场景的曝光控制方式。

3. 利用（　　　）卷展栏中的参数可以为场景添加大气效果，以模拟现实中的大气现象。

4. 利用环境和效果对话框中的（　　　）卷展栏中的参数可以为场景添加渲染特效。

5. 使用添加效果中的（　　　）渲染特效可以模拟摄影机拍摄时灯光周围的光晕效果，使用（　　　）渲染特效可以调整渲染图像的色调。

6. 设置的环境贴图如果需要更改贴图或调整贴图参数，在精简材质编辑器模式下，需要将【环境贴图】按钮拖动到示例窗中，同时在出现的对话框中选择（　　　）。

7. 火效果不产生任何照明效果，若要模拟产生的灯光效果，需要添加（　　　）来实现。

8. 体积雾和雾最大的一个区别在于体积雾是三维的雾，是（　　　）。

9. 要打开【设置爆炸相位曲线】对话框，在该对话框中可以调整爆炸的【开始时间】和【结束时间】，必须勾选或效果下的（　　　）。

10.（　　　）根据灯光阴影参数中的采样范围值来使体积光中投射的阴影变模糊。

二、选择题

1.（　　　）在设置场景的环境和效果时，利用大气效果可以制作光透过缝隙和光线中灰尘的效果。

A. 体积光　　B. 火效果　　C. 体积雾　　D. 雾

2. 可以像摄影机一样调整快门速度、光圈和胶片速度，并对图像的高光、中间调和阴影进行控制的是（　　　）。

A. 自动曝光控制　　B. mr 摄影曝光控制　　C. 对数曝光控制　　D. 线性曝光控

3. 下面说法错误的是（　　　）。

A. 火舌选项表示沿着中心使用纹理创建带方向的火

B. 火舌适合创建篝火

C. 火球的方向是沿着火焰装置得到局部 Z 轴

D. 火球适合创建圆形的爆炸火焰

4. 使对象随着与摄影机距离的增加逐渐衰减的是（　　　），能提供分层雾效果的是(　　　)。

A. 分层雾,标准雾　B. 标准,分层　C. 雾,分层　D. 雾,体积雾

5. 要使用体积光制作带有光束的光线时需指定光源,但(　　　)却不可以被指定为光源。

A. 目标聚光灯　B. VRay 太阳　C. 自由聚光灯　D. 泛光灯

6. 镜头效果包含一个(　　　)卷展栏,它分为(　　　)和(　　　)两个页签。

A. 镜头效果全局,参数,场景　B. 镜头效果全局,效果,场景

C. 镜头效果参数,效果,场景　D. 镜头效果参数,参数,场景

7. 使用模糊效果可以通过 3 种不同的方法使图像变得模糊,分别是(　　　)。

A. 均匀型、横向型、径向型　B. 均匀型、方向型、平面型

C. 横向型、方向型、径向型　D. 均匀型、方向型、径向型

8. 像素选择模糊中不包括(　　　)。

A. 整个图像　B. 非背景　C. 亮度　D. 对比度

三、实践操作

1. 打开【项目七\项目七素材、效果及源文件\实践操作 1\神庙模型. max】文件,对比两张图片,将左图场景效果调成右图场景效果,命名为“晨雾中的神庙”。

第 1 题图

2. 打开【项目七\项目七素材、效果及源文件\实践操作 2\模糊场景文件. max】,使用【胶片颗粒】和【模糊】效果制作下图。

3. 打开【项目七\项目七素材、效果及源文件\实践操作 3\打火机模型. max】,使用【火效果】制作下图的蓝色火焰。

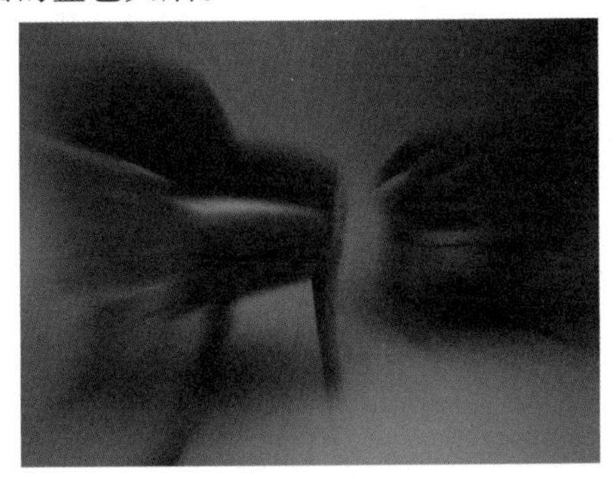

第 2 题图

第 3 题图

参考答案

一、1. 8　2. 曝光控制　3. 大气　4. 效果　5. 镜头效果，色彩平衡　6. 实例　7. 灯光　8. 有体积的　9. 爆炸　10. 使用灯光采样范围

二、1. A　2. B　3. C　4. B　5. B　6. A　7. D　8. D

三、略

☞教学指导

环境和效果是 3DS MAX 中使用起来相对比较简单的部分，但是在烘托氛围和特效制作中发挥着极其重要的地位，本项目选择四个具有代表性的案例，通过使用背景处理、火焰效果、体积光效果、色彩平衡及对比度等环境和效果内容完成任务制作，重点在介绍基本操作，同时着重强化任务拓展能力培养。授课过程以这四个案例为引子，引导同学们深入掌握和熟悉其他环境和效果制作方法，启发同学们进行环境处理和氛围烘托效果制作，培养学生的创新能力和创造能力。

☞思政点拨

如果把场景中的模型比作电影中的主角，那么环境和效果就是其中的配角和群演。缺少了配角和群演的电影生硬而且不接地气。因此，只有场景中的每个组成部件放在合适的位置，发挥各自作用，才能组成一个宏大而完美的场景。其实每个人也一样，都承担着不同的角色，只有兢兢业业地做好本职工作，才能做成大事，才能成就平凡而伟大的自己。

参照任务一至任务三中思政要素的形式，根据任务四至任务五的制作内容及制作过程，理出一到两个关键词，根据关键词写出一句或者多句积极向上、传递正能量的思考和感悟。思路尽量开阔，突破思维定式，内容尽量具有创新性，以培养创新意识和创新思维能力。

任务四　旧课桌

任务五　镜头特效

附件 A 快捷键

主界面

适应透视图格点	Shift+Ctrl+A
动画模式(开关)	N
改变到后视图	K
背景锁定(开关)	Alt+Ctrl+B
前一时间单位	.
下一时间单位	,
循环改变选择方式	Ctrl+F
默认灯光(开关)	Ctrl+L
当前视图暂时失效	D
专家模式,全屏(开关)	Ctrl+X
是否显示几何体内框(开关)	Ctrl+E
显示第一个工具条	Alt+1
暂存场景	Alt+Ctrl+H
取回场景	Alt+Ctrl+F
冻结所选物体	6
跳到最后一帧	END
跳到第一帧	HOME
显示/隐藏相机	Shift+C
显示/隐藏几何体	Shift+O
显示/隐藏帮助物体	Shift+H
显示/隐藏网格	G
显示/隐藏光源	Shift+L
显示/隐藏粒子系统	Shift+P
显示/隐藏空间扭曲物体	Shift+W
锁定用户界面(开关)	Alt+0
脚本编辑器	F11
法线对齐	Alt+N
向下轻推网格	小键盘-
向上轻推网格	小键盘+
NURBS 表面显示方式	Alt+L 或 Ctrl+4
NURBS 调整方格 1	Ctrl+1
NURBS 调整方格 2	Ctrl+2
NURBS 调整方格 3	Ctrl+3
偏移捕捉	Alt+Ctrl+空格
打开一个 MAX 文件	Ctrl+O
平移视图	Ctrl+P
交互式平移视图	I
放置高光	Ctrl+H
播放/停止动画	/
刷新所有视图	1
用前一次的参数进行渲染	Shift+Q 或 F9
渲染配置	Shift+R 或 F10
旋转视图模式	Ctrl+R 或 V
选择父物体	PageUp
选择子物体	PageDown
显示所有视图网格(开关)	Shift+G
显示/隐藏命令面板	3
显示/隐藏浮动工具条	4
显示最后一次渲染的图画	Ctrl+I
显示/隐藏主要工具栏	Alt+6
显示/隐藏安全框	Shift+F
百分比捕捉(开关)	Shift+Ctrl+P
循环通过捕捉点	Alt+空格
间隔放置物体	Shift+I
改变到光线视图	Shift+4
循环改变子物体层级	Ins
贴图材质修正	Ctrl+T
激活动态坐标(开关)	X
全部解冻	7
根据名字显示隐藏的物体	5
刷新背景图像	Alt+Shift+Ctrl+B
用方框快显几何体(开关)	Shift+B
打开虚拟现实	数字键盘 1
虚拟视图向下移动	数字键盘 2
虚拟视图向左移动	数字键盘 4
虚拟视图向右移动	数字键盘 6

虚拟视图放大	数字键盘 7
虚拟视图向中移动	数字键盘 8
虚拟视图缩小	数字键盘 9
实色显示场景中的几何体(开关)	F3
全部视图显示所有物体	Shift+Ctrl+Z
视窗缩放到选择物体范围	E
缩放范围	Alt+Ctrl+Z
视窗放大两倍	Shift+数字键盘+
视窗缩小一半	Shift+数字键盘−
回到上一场景操作	Ctrl+A
撤销场景操作	Ctrl+Z
匹配到相机视图	Ctrl+C
材质编辑器	M
最大化当前视图(开关)	Alt+W
新建场景	Ctrl+N
回到上一视图操作	Shift+A
撤销视图操作	Shift+Z
在 xy/yz/zx 锁定中循环改变	F8
约束到 X 轴	F5
约束到 Y 轴	F6
约束到 Z 轴	F7
保存文件	Ctrl+S
透明显示所选物体(开关)	Alt+X
选择锁定(开关)	空格
减淡所选物体的面(开关)	F2

显示/隐藏所选物体的支架	J
打开/关闭捕捉	S
角度捕捉(开关)	A
子物体选择(开关)	Ctrl+B
加大动态坐标	+
减小动态坐标	−
精确输入转变量	F12
显示几何体外框(开关)	F4
视图背景	Alt+B
放大镜工具	Z
根据框选进行放大	Ctrl+w
视窗交互式放大	[
视窗交互式缩小	]
删除物体	Delete
排列	Alt+A
显示降级适配(开关)	O
改变到顶视图	T
改变到底视图	B
改变到摄像机视图	C
改变到前视图	F
改变到用户视图	U
改变到右视图	R
改变到透视图	P
根据名字选择子物体	H

视频编辑

加入过滤器项目	Ctrl+F
加入输入项目	Ctrl+I
加入图层项目	Ctrl+L
加入输出项目	Ctrl+O
加入新的项目	Ctrl+A

加入场景事件	Ctrl+S
编辑当前事件	Ctrl+E
执行序列	Ctrl+R
新的序列	Ctrl+N

轨迹视图

加入关键帧	A
前一时间单位	<
下一时间单位	>
编辑关键帧模式	E
编辑区域模式	F3
编辑时间模式	F2

展开对象切换	O
展开轨迹切换	T
函数曲线模式	F5 或 F
锁定所选物体	空格
向上移动高亮显示	↓
向下移动高亮显示	↑

向左轻移关键帧	←
向右轻移关键帧	→
位置区域模式	F4
向下收拢	Ctrl+↓
向上收拢	Ctrl+↑

打开的 UVW 贴图

进入编辑 UVW 模式	Ctrl+E
调用 *.uvw 文件	Alt+Shift+Ctrl+L
保存 UVW 为 *.uvw 格式的文件	Alt+Shift+Ctrl+S
打断选择点	Ctrl+B
分离边界点	Ctrl+D
过滤选择面	Ctrl+空格
水平翻转	Alt+Shift+Ctrl+B
垂直翻转	Alt+Shift+Ctrl+V
冻结所选材质点	Ctrl+F
隐藏所选材质点	Ctrl+H
全部取消隐藏	Alt+H
从堆栈中获取面选集	Alt+Shift+Ctrl+F
从面获取选集	Alt+Shift+Ctrl+V
锁定所选顶点	空格
水平镜像	Alt+Shift+Ctrl+N
垂直镜像	Alt+Shift+Ctrl+M
水平移动	Alt+Shift+Ctrl+J
垂直移动	Alt+Shift+Ctrl+K
像素捕捉	S
平面贴图面/重设 UVW	Alt+Shift+Ctrl+R
水平缩放	Alt+Shift+Ctrl+I
垂直缩放	Alt+Shift+Ctrl+O
移动材质点	Q
旋转材质点	W
等比例缩放材质点	E
焊接所选的材质点	Alt+Ctrl+W
焊接到目标材质点	Ctrl+W
Unwrap 的选项	Ctrl+O
更新贴图	Alt+Shift+Ctrl+M
将 Unwrap 视图扩展到全部显示	Alt+Ctrl+Z
框选放大 Unwrap 视图	Ctrl+Z
缩放到 Gizmo 大小	Shift+空格
缩放(Zoom)工具	Z

NURBS 编辑

CV 约束法线移动	Alt+N
CV 约束到 U 向移动	Alt+U
CV 约束到 V 向移动	Alt+V
显示曲线	Shift+Ctrl+C
显示控制点	Ctrl+D
显示格子	Ctrl+L
NURBS 面显示方式切换	Alt+L
显示表面	Shift+Ctrl+S
显示工具箱	Ctrl+T
显示表面整齐	Shift+Ctrl+T
根据名字选择本物体的子层级	Ctrl+H
锁定 2D 所选物体	空格
选择 U 向的下一点	Ctrl+→
选择 V 向的下一点	Ctrl+↑
选择 U 向的前一点	Ctrl+←
选择 V 向的前一点	Ctrl+↓
柔软所选物体	Ctrl+S
转换到 Curve	CV
转换到 CurveCV 层级	Alt+Shift+Z
转换到 Curve 层级	Alt+Shift+C
转换到 Imports 层级	Alt+Shift+I
转换到 Point 层级	Alt+Shift+P
转换到 SurfaceCV 层级	Alt+Shift+V
转换到 Surface 层级	Alt+Shift+S
转换到上一层级	Alt+Shift+T
转换降级	Ctrl+X

附件 B　中英文对照

File	文件
New	新建
Reset	重置
Open	打开
Save	保存
Save As	保存为
Save Selected	保存选择
XRef Objects	外部引用物体
XRef Scenes	外部引用场景
Merge	合并
Merge Animation	合并动画动作
Replace	替换
Import	输入
Export	输出
Export Selected	选择输出
Archive	存档
Summary Info	摘要信息
File Properties	文件属性
View Image File	显示图像文件
History	历史
Exit	退出
Edit	编辑
Undo or Redo	取消/重做
Hold and Fetch	保留/引用
Delete	删除
Clone	克隆
Select All	全部选择
Select None	空出选择
Select Invert	反向选择
Select By	参考选择
Color	颜色选择
Name	名字选择
Rectangular Region	矩形选择
Circular Region	圆形选择

Fabce Region	连点选择
Lasso Region	套索选择
Region	区域选择
Window	包含
Crossing	相交
Named Selection Sets	命名选择集
Object Properties	物体属性
Tools	工具
Transform Type—In	键盘输入变换
Display Floater	视窗显示浮动对话框
Selection Floater	选择器浮动对话框
Light Lister	灯光列表
Mirror	镜像物体
Array	阵列
Align	对齐
Snapshot	快照
Spacing Tool	间距分布工具
Normal Align	法线对齐
Align Camera	相机对齐
Align to View	视窗对齐
Place Highlight	放置高光
Isolate Selection	隔离选择
Rename Objects	物体更名
Group	群组
Ungroup	撤销群组
Open	开放组
Close	关闭组
Attach	配属
Detach	分离
Explode	分散组
Views	查看
Viewport Configuration	视窗配置
Undo View Change/Redo View Change	取消/重做视窗变化

Save Active View/Restore Active View	保存/还原当前视窗
Grids	栅格
Show Home Grid	显示栅格命令
Activate Home Grid	活跃原始栅格命令
Activate Grid Object	活跃栅格物体命令
Activate Grid to View	栅格及视窗对齐命令
Viewport Background	视窗背景
Update Background Image	更新背景
Reset Background Transform	重置背景变换
Show Transform Gizmo	显示变换坐标系
Show Ghosting	显示重像
Show Key Times	显示时间键
Shade Selected	选择亮显
Show Dependencies	显示关联物体
Match Camera to View	相机与视窗匹配
Add Default Lights To Scene	增加场景缺省灯光
Redraw All Views	重画所有视窗
Activate All Maps	显示所有贴图
Deactivate All Maps	关闭显示所有贴图
Update During Spinner Drag	微调时实时显示
Adaptive Degradation Toggle	绑定适应消隐
Expert Mode	专家模式
Create	创建
Standard Primitives	标准图元
Box	立方体
Cone	圆锥体
Sphere	球体
GeoSphere	三角面片球体
Cylinder	圆柱体
Tube	管状体
Torus	圆环体
Pyramid	角锥体
Plane	平面
Teapot	茶壶
Extended Primitives	扩展图元
Hedra	多面体

Torus Knot	环面纽结体
Chamfer Box	斜切立方体
Chamfer Cylinder	斜切圆柱体
Oil Tank	桶状体
Capsule	角囊体
Spindle	纺锤体
L—Extrusion	L 形体按钮
Gengon	导角棱柱
C—Extrusion	C 形体按钮
RingWave	环状波
Hose	软管体
Prism	三棱柱
Shapes	形状
Line	线条
Text	文字
Arc	弧
Circle	圆
Donut	圆环
Ellipse	椭圆
Helix	螺旋线
NGon	多边形
Rectangle	矩形
Section	截面
Star	星形
Lights	灯光
Target Spotlight	目标聚光灯
Free Spotlight	* * * 聚光灯
Target Directional Light	目标平行光
Directional Light	平行光
Omni Light	泛光灯
Skylight	天光
Target Point Light	目标指向点光源
Free Point Light	* * * 点光源
Target Area Light	指向面光源
IES Sky	IES 天光
IES Sun	IES 阳光
Sunlight System and Daylight	太阳光及日光系统
Camera	相机
Free Camera	* * * 相机
Target Camera	目标相机

Particles	粒子系统
Blizzard	暴风雪系统
PArray	粒子阵列系统
PCloud	粒子云系统
Snow	雪花系统
Spray	喷溅系统
Super Spray	超级喷射系统
Modifiers	修改器
Selection Modifiers	选择修改器
Mesh Select	网格选择修改器
Poly Select	多边形选择修改器
Patch Select	面片选择修改器
Spline Select	样条选择修改器
Volume Select	体积选择修改器
FFD Select	自由形式变形选择修改器
NURBS Surface Select	NURBS 表面选择修改器
Patch/Spline Editing	面片/样条线修改器
Edit Patch	面片修改器
Edit Spline	样条线修改器
Cross Section	截面相交修改器
Surface	表面生成修改器
Delete Patch	删除面片修改器
Delete Spline	删除样条线修改器
Lathe	车床修改器
Normalize Spline	规格化样条线修改器
Fillet/Chamfer	圆切及斜切修改器
Trim/Extend	修剪及延伸修改器
Mesh Editing	表面编辑
Cap Holes	顶端洞口编辑器
Delete Mesh	编辑网格物体编辑器
Edit Normals	编辑法线编辑器
Extrude	挤压编辑器
Face Extrude	面拉伸编辑器
Normal	法线编辑器
Optimize	优化编辑器
Smooth	平滑编辑器
STL Check	STL 检查编辑器
Symmetry	对称编辑器
Tessellate	镶嵌编辑器
Vertex Paint	顶点着色编辑器
Vertex Weld	顶点焊接编辑器

Animation Modifiers	动画编辑器
Skin	皮肤编辑器
Morpher	变体编辑器
Flex	伸缩编辑器
Melt	熔化编辑器
Linked XForm	连结参考变换编辑器
Patch Deform	面片变形编辑器
Path Deform	路径变形编辑器
Surf Deform	表面变形编辑器
* Surf Deform	空间变形编辑器
UV Coordinates	贴图轴坐标系
UVW Map	UVW 贴图编辑器
UVW XForm	UVW 贴图参考变换编辑器
Unwrap UVW	展开贴图编辑器
Camera Map	相机贴图编辑器
* Camera Map	环境相机贴图编辑器
Cache Tools	捕捉工具
Point Cache	点捕捉编辑器
Subdivision Surfaces	表面细分
Mesh Smooth	表面平滑编辑器
HSDS Modifier	分级细分编辑器
Free Form Deformers	自由形式变形工具
FFD Box/FFD Cylinder	盒体和圆柱体自由形式变形工具
Parametric Deformers	参数变形工具
Bend	弯曲
Taper	锥形化
Twist	扭曲
Noise	噪声
Stretch	缩放
Squeeze	压榨
Push	推挤
Relax	松弛
Ripple	波纹
Wave	波浪
Skew	倾斜
Slice	切片
Spherify	球形扭曲
Affect Region	面域影响
Lattice	栅格
Mirror	镜像

Displace	置换
XForm	参考变换
Preserve	保持
Surface	表面编辑
Material	材质变换
Material By Element	元素材质变换
Disp Approx	近似表面替换
NURBS Editing	NURBS 面编辑
NURBS Surface Select	NURBS 表面选择
Surf Deform	表面变形编辑器
Disp Approx	近似表面替换
Radiosity Modifiers	光能传递修改器
Subdivide	细分
Subdivide	超级细分
Character	角色人物
Create Character	创建角色
Destroy Character	删除角色
Lock/Unlock	锁住与解锁
Insert Character	插入角色
Save Character	保存角色
Bone Tools	骨骼工具
Set Skin Pose	调整皮肤姿势
Assume Skin Pose	还原姿势
Skin Pose Mode	表面姿势模式
Animation	动画
IK Solvers	反向动力学
HI Solver	非历史性控制器
HD Solver	历史性控制器
IK Limb Solver	反向动力学肢体控制器
SplineIK Solver	样条反向动力控制器
Constraints	约束
Attachment Constraint	附件约束
Surface Constraint	表面约束
Path Constraint	路径约束
Position Constraint	位置约束
Link Constraint	连结约束
LookAt Constraint	视觉跟随约束
Orientation Constraint	方位约束
Transform Constraint	变换控制
Link Constraint	连接约束
Position/Rotation/Scale	PRS 控制器

Transform Script	变换控制脚本
Position Controllers	位置控制器
Audio	音频控制器
Bezier	贝塞尔曲线控制器
expression_r	表达式控制器
Linear	线性控制器
Motion Capture	动作捕捉
Noise	噪波控制器
Quatermion	TC
TCB	控制器
Reactor	反应器
Spring	弹力控制器
Script	脚本控制器
XYZ	XYZ 位置控制器
Attachment Constraint	附件约束
Path Constraint	路径约束
Position Constraint	位置约束
Surface Constraint	表面约束
Rotation Controllers	旋转控制器
Scale Controllers	比例缩放控制器
Add Custom Attribute	加入用户属性
Wire Parameters	参数绑定
Wire Parameters	参数绑定
Parameter Wiring Dialog	参数绑定对话框
Make Preview	创建预视
View Preview	观看预视
Rename Preview	重命名预视
Graph Editors	图表编辑器
Track View—Curve Editor	轨迹窗曲线编辑器
Track View—Dope Sheet	轨迹窗拟定图表编辑器
NEW Track View	新建轨迹窗
Delete Track View	删除轨迹窗
Saved Track View	已存轨迹窗
New Schematic View	新建示意观察窗
Delete Schematic View	删除示意观察窗
Saved Schematic View	显示示意观察窗
Rendering	渲染
Render	渲染
Environment	环境
Effects	效果
Advanced Lighting	高级光照

Render To Texture	贴图渲染
Raytracer Settings	光线追踪设置
Raytrace Global Include/Exclude	光线追踪选择
Activeshade Floater	活动渲染窗口
Activeshade Viewport	活动渲染视窗
Material Editor	材质编辑器
Material/Map Browser	材质/贴图浏览器
Video Post	视频后期制作
Show Last Rendering	显示最后渲染图片
RAM Player	RAM 播放器
Customize	用户自定义
Customize User Interface	定制用户界面
Load Custom UI Scheme	加载自定义用户界面配置
Save Custom UI Scheme	保存自定义用户界面配置
Revert to Startup Layout	恢复初始界面
Show UI	显示用户界面
Command Panel	命令面板
Toolbars Panel	浮动工具条
Main Toolbar	主工具条
Tab Panel	标签面板
Track Bar	轨迹条
Lock UI Layout	锁定用户界面

Configure Paths	设置路径
Units Setup	单位设置
Grid and Snap Settings	栅格和捕捉设置
Viewport Configuration	视窗配置
Plug-in Manager	插件管理
Preferences	参数选择
MAXScript	MAX 脚本
New Script	新建脚本
Open Script	打开脚本
Run Script	运行脚本
MAX Script Listener	MAX 脚本注释器
Macro Recorder	宏记录器
Visual MAXScript Editer	可视化 MAX 脚本编辑器
Help	帮助
User Referebce	用户参考
MAX Script Reference	MAX 脚本参考
Tutor ials	教程
Hotkey Map	热键图
Additional Help	附加帮助
3DS MAX on the Web	3DS MAX 网页
Plug	插件信息
Authorize 3DS MAX	授权信息
About 3DS MAX	关于 3DS MAX